크로마토그래피 및 질량 분석학의 이해

명승운 지음

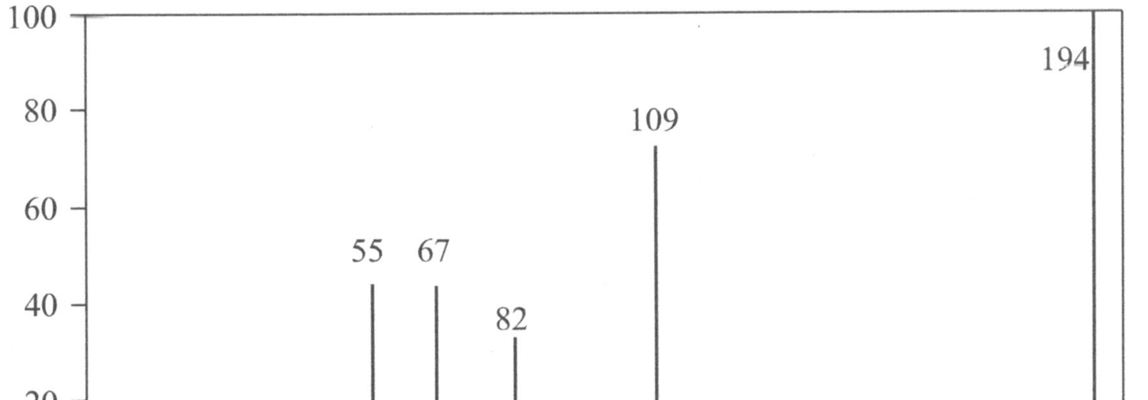

자유아카데미

머리말

화학 분석 과학자는 인간들의 미약한 지식을 통해서 "하나님이 만들어 놓은 창조의 세계에 감추어진 것들을 알아내는 일을 하는 자"들이라고 생각한다.

2002년 『실용적인 기체 · 액체 크로마토그래피와 질량 분석학』이라는 제목으로 책을 출간한 이래 몇 번의 개정을 하였고, 이를 바탕으로 2018년 『크로마토그래피 및 질량 분석학의 이해』라는 새로운 제목으로 다시 책을 발간하게 되어 무척 보람되고 기쁘다.

그동안 GC와 HPLC를 비롯한 크로마토그래프 기기와 질량 분석기(MS)의 많은 발전이 있었으며, 이들을 응용하는 범위도 의약품, 식품, 환경, 화장품, 법과학 등으로 더욱 다양화되었다. 그리고 이에 맞춰 이러한 고가의 장비를 운영하고 있는 실험실도 기하급수적으로 증가하였다.

근래에는 달걀에서 사용금지 농약 검출, 생리대에서 휘발성 유기 화합물(VOCs) 검출 등이 시회적인 이슈가 되었는데, 이들 또한 GC/MS, LC/MS를 사용한 화학 분석에 기초하고 있다.

이처럼 크로마토그래피 및 질량 분석기를 사용하는 연구자들이 날로 증가하고 있지만, 기기 회사에서 제공하는 매뉴얼이나 사용자 교육만으로는 폭넓은 기기의 응용과 유지 관리에 한계가 있을 수밖에 없으며, 여기에 크로마토그래피와 질량 분석학에 대해 국문으로 발간된 책 역시 극소수인 상황이다. 따라서 이 책은 학부나 대학원에서 배우기 힘들었던 내용을 비롯하여, 실험실에서의 경험과 이론적인 배경이 조화를 이룬 내용으로 구성하고자 하였다.

이전 책에서의 내용들에서 크로마토그래피(GC와 HPLC) 부분을 상당량 줄였으며, 반면에 날로 새롭게 발전하고 응용 분야를 넓혀가고 있는 질량 분석법(MS)에 대한 이론과 응용에 더 많은 지면을 할애하고자 하였다. 이 책이 연구자들이 크로마토그래피와 질량 분석을 이해하고 응용하는 데 조금이라도 도움이 되기를 기원한다.

좋은 책을 위해 최선을 다했지만 미흡한 부분이 있을 수 있다. 출간 후에라도 수정사항이 있을 경우에는 자유아카데미 홈페이지(www.freeaca.com) 자료실에 제공할 예정이다.

"이 <크로마토그래피 및 질량 분석학의 이해>는 2017학년도 경기대학교 연구년 수혜로 저술되었음"에 감사드립니다.

2018년 늦가을

저자 명승운

차례

1장 크로마토그래피 이론

2장 기체 크로마토그래피

3장 액체 크로마토그래피

4장 질량 분석법

01

크로마토그래피 이론

'크로마토그래피(chromatography)'는 혼합물을 분리하기 위한 화학 기술로서, 혼합물들은 컬럼을 통해서 움직이는 '이동상(mobile phase)'에 용해되어서, '컬럼(column)'이라고 하는 관 내에 고정되어 있는 '정지상(stationary phase)'을 통과하면서 분리가 이루어진다. 이는 이후에 다루어질 기체 크로마토그래피와 액체 크로마토그래피에 공통적으로 적용되는 이론적인 내용이다.

1.1 컬럼 내에서 용질의 거동

혼합물 시료가 컬럼 안으로 주입된 후 화학종들은 컬럼을 통해서 이동하기 시작하고, 각 성분별 이동 속도가 달라서 그림 1.1과 같이 시료띠라고 불리는 여러 개의 띠로 분리된다. 컬럼 내에서 정지상과의 상호작용(분배)이 적은 물질(A)은 빠르게 컬럼 밖으로 빠져나오고, 반면에 정지상과의 상호작용을 많이하는 물질(B)은 상대적으로 느리게 나오게 되는데, 이와 같이 크로마토그래피(chromatography)는 컬럼 내에서 머무름의 차이를 통해서 혼합물을 분석하는 방법이다.

컬럼 안으로 들어간 용질 분자(분석 물질)들이 컬럼 내부에서 **정지상**(stationary phase)과 **이동상**(mobile phase) 사이에 **분배**(partition)되는 동적인 과정은 다음과 같다(그림 1.2).

용질 분자들이 정지상과 이동상 사이에 분포되는 것을 **분배 계수**(partition coefficient, *K*)로 정의하는데, 이는 정지상에 존재하는 용질 분자의 농도 대 이동상에 있는 용질 분자의 농도비이다.

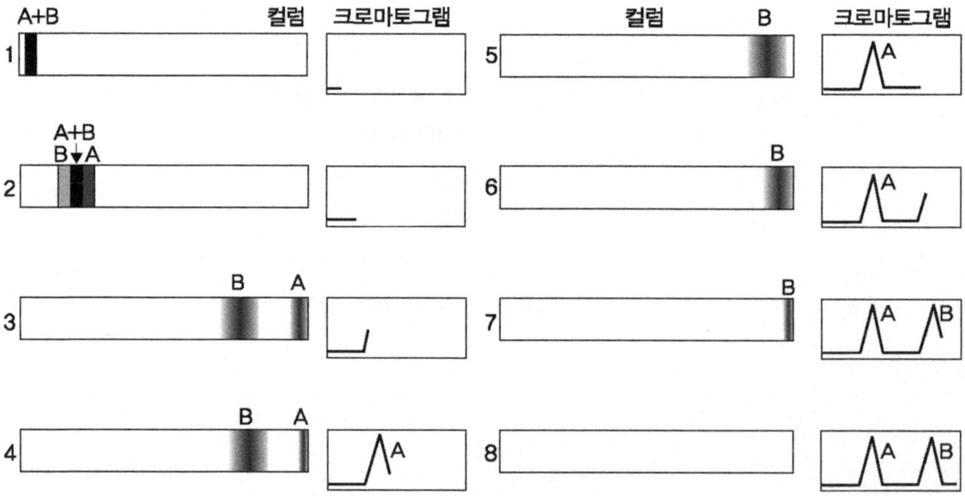

그림 1.1 화합물 A와 B 혼합물 분리

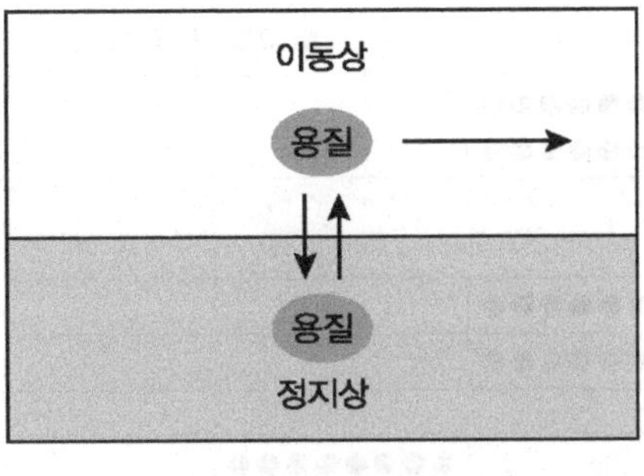

그림 1.2 용질의 이동상과 정지상 간의 분배

$$K = \frac{\text{정지상에 있는 성분의 농도}}{\text{이동상에 있는 성분의 농도}}$$

정지상 속에 녹아 있는 용질 분자들은 컬럼을 통해서 이동하지 못하지만, 이동상에 있는 용질 분자들은 이동상과 섞여 있기 때문에 이동상과 같은 속도로 컬럼을 통하여 이동한다. 그림 1.3은 분배 계수가 1인 경우에 시간 경과에 따라서 분석 물질이 정지상과 이동상 간에 분배되는 과정을 나타내고 있다. 용질 분자들이 컬럼을 따라 이동하는 동안 앞서서 이동하는 이동상에 있는 용질 분자들은 새로운 정지상과 접촉하여 분배 계수에 따라서 곧바로 분배된다. 정지상과 이동상 간의 용질 분자의 수가 일정한 분배 계수가 되도록 하기 위해서는 시료 후반부의 끝에 있는 용질 분자들이 정지상을 빠져나와서 이동상으로 들어가야 한다. 이러한 과정이 수없이 반복되면서 분석 물질들은 컬럼을 통해서 이동하는 시료띠가 생성된다. 이동상에 의해서 컬럼의 끝에 도달하게 되는 용질 분자들은 농도가 시간의 함수로 측정되는 검출기로 들어간다. 검출된 용질 분자들은 정상적으로는 Gaussian 형태(종 모양)로 분포되기 때문에 이러한 모양의 피크가 얻어지며 피크의 너비는 시료띠의 너비에 비례한다.

정지상 내에 머물고 있는 용질 분자의 분율이 클수록(K가 클수록) 컬럼을 통과하여 이동하는 용질 분자의 속도는 느려지며 그 결과 컬럼 내에서 머무름 시간이 길어진다. 반면에 정지상에 있는 용질 분자의 분율이 낮을수록(K가 낮을수록) 컬럼을 통과하는 용질의 속도는 증가하므로 머무름 시간은 짧아진다. 따라서 용질들이 다른 분배 계수를 가질 때 혼합물들은 분리가 일어난다. 즉, 각 용질이 컬럼 내에서 머무르는 시간이 다를 때 분리가 일어난다.

물리·화학적 성질이 다른 용질은 특정 정지상에서 다르게 분배되므로 다른 머무름 시간을 갖게 되며, 이는 화합물의 피크들이 분리되는 크로마토그램을 통해서 관찰된다. 두 개의 피크가 동시에 용리되면(즉, 그들이 동일한 머무름 시간을 가진 경우), 두 화합물의 분배 계수는 특정 정지상과 그 컬럼의 온도(GC에서) 또는 이동상

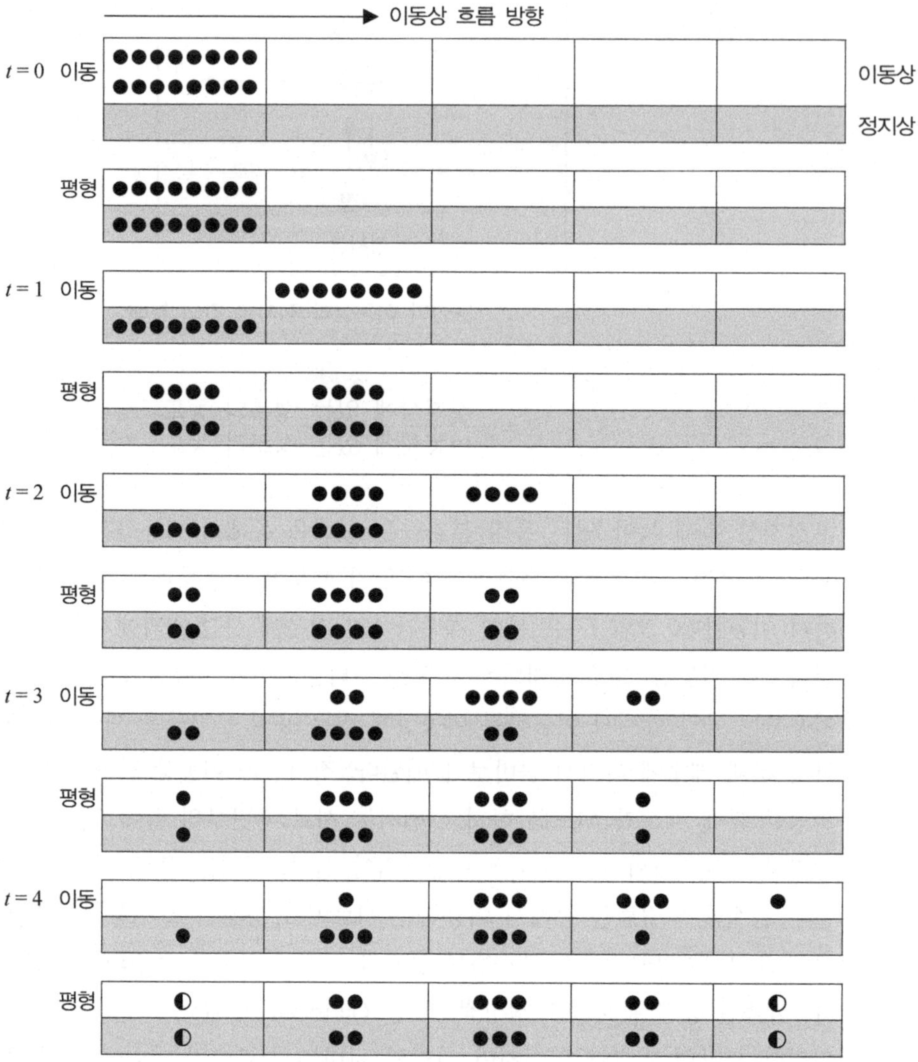

그림 1.3 컬럼 내에서 용질의 정지상과 이동상 간의 분포[1]

용매의 조성(LC에서)에서 분배 계수가 같다는 것을 의미한다. 따라서 컬럼의 정지상을 바꾸거나, 컬럼의 온도를 변화시키거나, 이동상 용매의 조성을 조절하여 화합물의 머무름을 변화시켜서 화합물들의 분리가 가능해질 수 있다.

1 김경례, 기체 크로마토그래피, 자유아카데미, (2000).

1.2 머무름 인자들

컬럼 내에서 용질들의 머무름 차이를 통해서 시료 성분들의 정성·정량 분석을 하는 것이 크로마토그래피 분석의 근본적인 목표이다. 용질의 머무름은 **머무름 시간**(t_R)으로 표현하는 것이 가장 일반적이며, 분석 시작점(시료 주입 시점)으로부터 해당 분석 물질의 피크 꼭짓점까지의 시간이다(그림 1.4).

사실, 이동상에서는 모든 용질들이 동일한 시간만큼 지내게 되는데 이를 **불감 시간**(dead time, t_0)이라고 한다. 이 시간은 정지상에서 머무름이 없는(즉, 정지상과 상호작용이 없는) 물질을 주입함으로써 얻어질 수 있는데, 이를 위해서 GC에서는 공기, 메테인, 뷰테인, SF_6와 같은 기체들이 사용되고, LC에서는 메탄올이나 아세토나이트릴 등 이동상 용매를 사용하며, 컬럼이나 검출기의 종류에 따라 다르게 선택된다. 모든 용질들은 이동상에서는 같은 시간을 지내게 되므로 크로마토그래피에서 용질의 머무름 차이는 실제적으로는 정지상에서의 머무름 시간의 차이이다. 따라서 정지상에서 지내는 시간을 **조정 머무름 시간**(adjusted retention time, t_R')이라고 하며 다음과 같이 정의된다.

$$t_R' = t_R - t_0$$

일반적으로, 머무름 시간은 여러 번 반복 실험하였을 때 ±0.01 ~ 0.05분 정도만 변한다. 하지만 장기간에 걸쳐서는 동일한 GC와 LC에서 동일한 조건의 분석 파라미터에서 분석이 수행되었다고 할지라도 분석 환경과 전기적인 변화에 의해서 약간씩 머무름 시간이 변하게 된다. 이러한 이유 때문에 다른 머무름 척도가 사용되기도 한다.

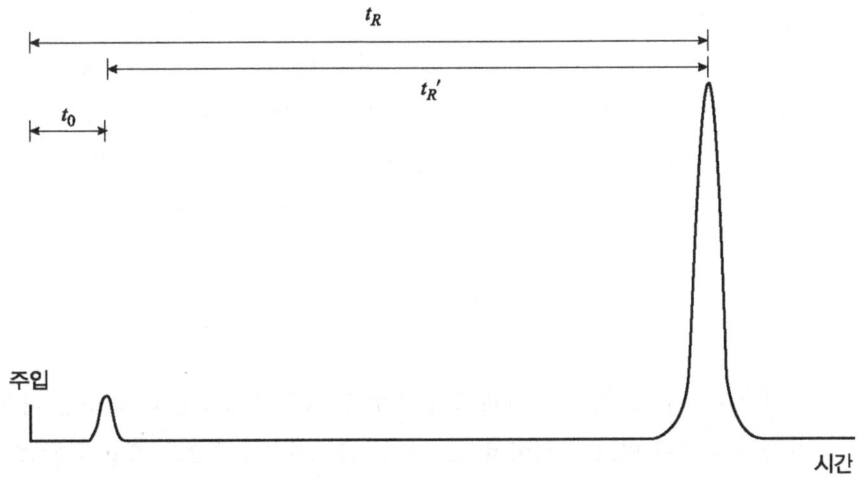

그림 1.4 불감 시간(t_0)과 머무름 시간(t_R)

즉, 이동상의 부피 속도 또는 선형 속도의 변화에 대한 요인을 없애기 위해서 사용되는 인자로서 **머무름 비**(retention ratio, k)가 있는데 이는 용질이 정지상에 머무르는 시간($t_R - t_0$)에 대한 이동상에서 머무르는 시간(t_0)의 상대적인 양이다.

$$k = \frac{t_R - t_0}{t_0}$$

머무름 비는 단위가 없고 컬럼 간에 직접적인 비교가 가능하므로 유용하다. 예를 들어 k가 6인 피크는 k가 3인 피크보다 정지상에서 2배로 머무름을 나타낸다. 그러나 머무름 시간이 6분인 피크가 머무름 시간이 3분인 피크보다 2배 머무르는 것은 아니다.

또한 머무름의 척도로서 피크 간의 분리(거리나 시간)를 고려할 필요가 있는데 이는 **선택 인자**(selectivity factor, α)로서 다음과 같은 식으로 주어진다.

$$\alpha = \frac{k_2}{k_1}$$

여기서 k_1은 빨리 용리되는 피크의 머무름 비이며, k_2는 늦게 용리되는 피크의 머무름 비이다. 선택 인자(α)가 1.0이면 두 개의 용질 피크가 겹쳐서 용리되는 것을 의미하며, 선택 인자가 1.0보다 크면 두 피크는 분리되었다는 것을 나타낸다.

1.3 분리능

선택 인자(α)가 크다 할지라도 피크의 너비가 고려되지 않았기 때문에 분리가 되지 않는 경우도 있을 수 있다. 피크의 너비가 넓은 두 피크의 상대 머무름이 클지라도 부분적으로 공용리되는 경우가 있다. 이 때문에 두 피크 간의 크로마토그래피 분리 관계를 설명하는 데는 피크의 너비와 머무름 시간 차이를 고려한 **분리능**(resolution, R)이 사용되는데, 다음 두 식 중 하나를 사용하여 계산된다.

$$R = 1.18\left(\frac{t_{R2} - t_{R1}}{w_{h1} + w_{h2}}\right), \quad R = 2\left(\frac{t_{R2} - t_{R1}}{w_{b1} + w_{b2}}\right)$$

여기서 t_{R1}과 t_{R2}는 피크 1과 2의 머무름 시간이며, w_{h1}과 w_{h2}는 피크 1과 2의 중간 높이에서의 피크 너비이며, w_{b1}과 w_{b2}는 피크 1과 2의 바탕선에서의 피크 너비이다. 피크가 완전히 분리된 가장 낮은 분리능은 1.5이며, 1.5보다 작으면 완전한 분리

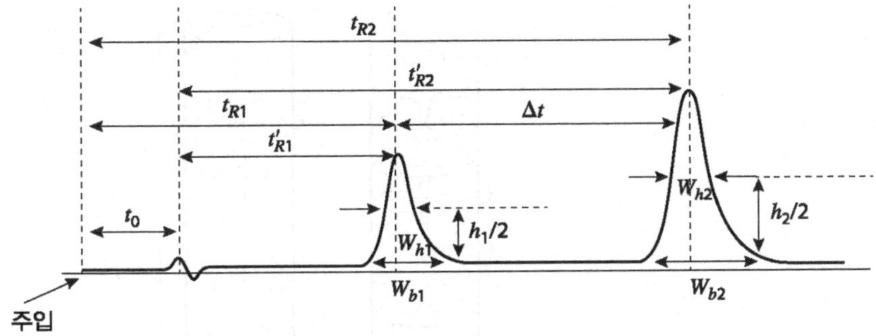

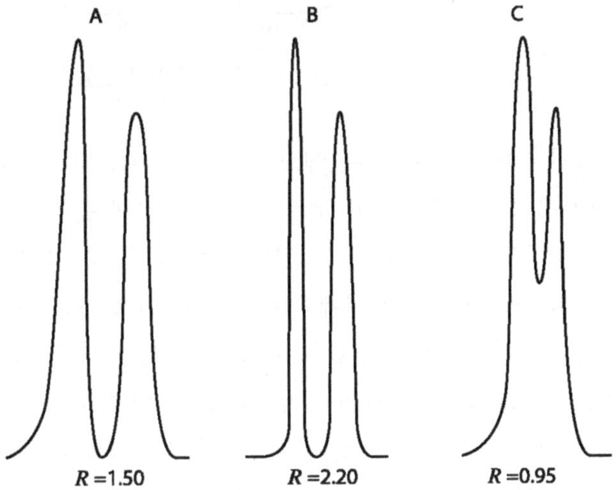

그림 1.5 크로마토그래피에서 분리능

가 일어나지 않은 것이다(그림 1.5).

1.4 단이론

최적의 크로마토그램 결과를 얻기 위해서는 분리 정도와 피크 너비가 중요한 요소가 된다. 앞에서 언급되었듯이 피크 너비는 바탕선이나 피크 높이의 중간 지점에서 측정된다. 컬럼의 효율을 나타낼 수 있는 피크의 너비는 **이론단수**(the number of theoretical plates, N)와 **단높이**(plate height, H)를 사용하여 표현할 수 있다. 크로마토그래프 장치에는 단(plate)이란 것이 없지만 증류 이론에서 빌려온 이 개념은 컬럼의 성능을 표현하는 데 사용되고 있다(**단이론**(plate theory)).

크로마토그래피에서의 단수(N), 단높이(H), 컬럼 길이(L)와의 관계는 다음과 같이 설명될 수 있다. 그림 1.6에서 증류관의 길이는 동일하지만 원뿔형 단(plate)이 10개

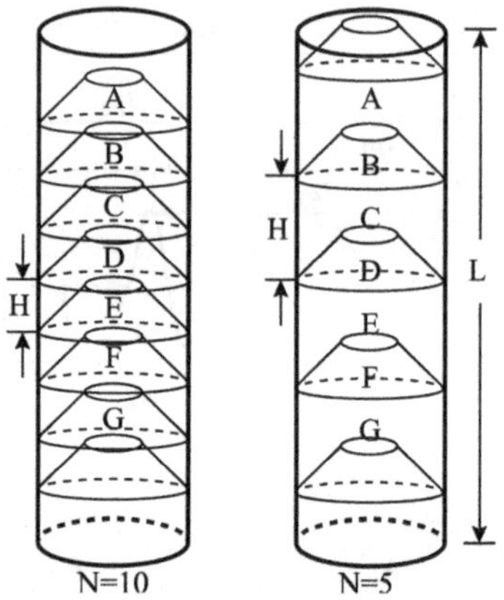

그림 1.6 컬럼 길이와 단높이

인 증류관과 단이 5개인 증류관에 혼합물(A ~ G)을 넣고서 가열하면 휘발성이 큰 물질은 높이 올라가고 휘발성이 낮은 화합물은 낮게 올라갈 것이다. 증류관 주변에는 냉각수가 공급되고 있기 때문에 증발된 물질들은 응축되어 각 원뿔형 단의 아래에 모이게 된다. $N = 10$인 증류관에서는 화합물 A ~ G 모두가 분리되어 개별적으로 얻어지게 될 것이며, $N = 5$인 증류관에서는 A, BC, DE, FG가 얻어지게 되어 분리되지 않는 화합물(BC, DE, FG)들이 있게 된다. 즉, 단수(N)가 많은(단높이(H)가 낮은) 증류관에서는 혼합물이 모두 개별 물질들로 분리되었지만, 단수가 적은(단높이가 높은) 관에서는 부분적인 분리만 얻어진 것이다.

이와 같이 크로마토그래피의 단이론에서도 마찬가지로 컬럼의 길이(L), 단높이(H), 이론단수(N)를 그대로 적용할 수 있는데, 단높이가 낮을수록 이론단수가 클수록 분리 효율이 증가한다.

따라서 동일한 머무름 시간을 갖는 피크는 낮은 이론단수의 컬럼을 사용했을 때보다는 높은 이론단수의 컬럼을 사용하였을 때가 피크의 너비가 좁아지므로 분리능이 증가할 수 있다. 따라서 높은 이론단수의 컬럼이 바람직하다.

한편, 이론단수 N은 다음 식 중 하나로 계산될 수 있다.

$$N = 5.545\left(\frac{t_R}{w_h}\right)^2, \quad N = 5.545\left(\frac{t_R}{w_h}\right)^2$$

정확한 단수(N) 값을 얻기 위해서는 머무름 시간과 피크 너비의 값은 같은 단위를 가져야 하며(시간이나 길이), 이들 값을 머무름 시간으로 계산하거나 인쇄된 크로마토그램을 통하여 측정할 수도 있다. 다른 컬럼들을 비교하거나 테스트할 때 N은 동일한 머무름 비(k) 값을 가진 피크들이 사용되는 것이 중요하다. 이론적으로는 피크의 머무름 시간에 무관하게 이론단수는 동일해야 한다. 하지만 실제적으로는 같은 컬럼과 크로마토그램에서 낮은 머무름 비 값의 피크에 대해서 높은 이론단수가 얻어진다. 이론단수를 계산할 때에 가장 의미 있는 값은 k가 5 ~ 10인 피크이다. 대부분의 컬럼에 대해서 전형적인 이론단수는 미터당 1,500 ~ 4,000이며, 때때로 '컬럼 효율'이란 용어가 이론단수와 맞바꾸어 사용되기도 한다(즉, 높은 이론단수는 높은 컬럼 효율을 나타낸다).

컬럼의 효율을 나타내는 데는 이론단수와 더불어 **이론단 해당 높이**(the height equivalent to a theoretical plate, HETP)(혹은 **단높이**(plate height, H)라고도 함)가 사용되기도 하는데 다음과 같이 계산된다.

$$H = \frac{L}{N}$$

여기서 L은 mm로 나타낸 컬럼의 길이이며, N은 단수이며 단위가 없으므로 H의 단위도 mm이다.

이론단 높이(H)는 피크 너비에 관한 컬럼의 효과, 즉 컬럼의 효율을 나타낸다. 단높이는 작은 것이 바람직한데, 이는 컬럼의 길이당 이론단의 수가 더 많음을 나타내기 때문이다(그림 1.6). 단높이는 단수와 동일한 정보를 제공해 주므로 이론단수 대신에 사용되기도 한다.

1.5 Van Deemter 식

시료띠(피크)의 너비를 넓게 하는, 즉 컬럼의 효율에 영향을 미치는 주요인으로는 정지상과 이동상에서의 **다중 경로**(multiple path)(혹은 **소용돌이 확산**(eddy diffusion)이라고도 함), **세로 확산**(longitudinal diffusion), **질량 이동**(mass transfer)이 있다. 이동상의 속도 함수와 단높이(H)를 도시하면 포물선 함수(그림 1.7)가 나타나는데, 이를 나타내는 식이 **van Deemter** 식이다.

$$H = A + \frac{B}{\sqrt{u}} + C \cdot u$$

여기서 H는 단높이, u는 이동상의 평균 선형 속도, A는 다중 경로 흐름항, B는 세로 확산항, C는 질량 이동에 대한 저항을 나타낸다. **van Deemter 곡선**이라 불리는 이들 도시는 컬럼의 종류, 용질의 머무름, 분석 조건에 의존한다. 곡선에서의 H의 최소점은 컬럼이 최대의 효율로 작동되는, 즉 띠넓힘의 양이 최소화되는 이동상의 속도(u)

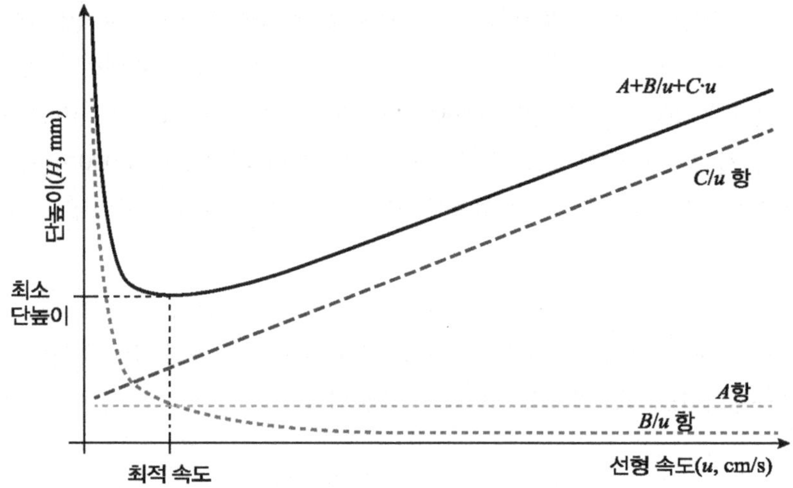

그림 1.7 van Deemter 곡선

를 나타낸다.

van Deemter 식에서 상수(A, B, C)는 작동 조건이 정해지면 띠넓힘 혹은 컬럼 효율에 영향을 미치는 인자들을 예측할 수 있도록 다음과 같이 확장될 수 있다.

$$H = 2\lambda d_p + \frac{2\gamma D_g}{u} + \frac{8kd_f^2}{\pi^2(1+k)^2 D_l}u$$

여기서 d_p는 컬럼 충전 입자의 평균 지름, d_f는 정지상의 막 두께, λ는 충전 불규칙 상수, γ는 우회 보정 상수, D_g은 이동상에서 용질의 확산 계수, D_l은 정지상에서 용질의 확산 계수이다.

단이론에서 단높이가 낮을수록 혼합물은 분리가 잘 이루어진다는 것을 알았는데 이는 크로마토그래피에서 피크 너비의 넓어짐과 직접 관련이 있고 단높이는 컬럼의 효율과 직접 연결된다. 따라서 앞선 단높이와 관련된 van Deemter 식들에서 각 항을 최소화하면 효율이 극대화될 수 있다.

van Deemter 식에서 A항은 **다중 경로**(multiple path) 또는 **소용돌이 확산**(eddy diffusion) 항이다. 컬럼 내에 정지상이 채워진 충전 컬럼에서는 용질 분자와 이동상이 이동할 수 있는 여러 경로가 있다. 이 이동 경로 길이의 차이는 컬럼 내에서 용질 분자들의 머무름 시간의 차이를 나타내는 결과를 가져온다. 즉, 동일한 용질들이 컬럼을 빠져나가는 시간 차이가 생겨 띠넓힘(피크가 넓어짐) 현상을 가져오게 한다(그림 1.8). 입자가 구형일수록(λ), 입자의 크기 분포가 작을수록(λ), 입자의 지름(d_p)이 작을수록, 컬럼의 충전이 고를수록(λ), 컬럼의 지름이 작을수록 띠넓힘의 정도는 감소한다. 하지만 정지상 입자들이 채워져 있지 않은 모세관 컬럼에서는 용질 분자가 고체 충전 물질 사이로 이동하지 않고 그 경로는 이동상의 이동 속도와는 무관하기

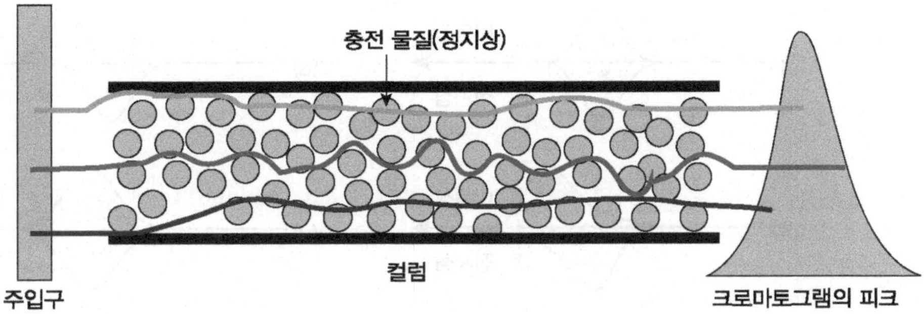

그림 1.8 소용돌이 확산

때문에 *A*항은 영이 된다.

van Deemter 식에서 *B*항은 **세로 확산**(longitudinal diffusion) 항이다. 용질 분자는 고농도 지역(띠의 중심)으로부터 저농도 지역(띠의 양쪽 가장자리)으로 확산되며, 확산 속도는 이동상 내에서의 용질 분자의 확산 계수(D_g)에 비례한다. 밀도가 높거나 압력이 높은 이동상에서는 확산되는 양이 적게 된다(*LC*의 경우). 우회 보정(γ)은 용질의 직선 경로와 평균 실제 경로 간의 차이를 조절해 준다. 이동상의 속도가 증가하면 시료가 컬럼에서 머무름 시간이 줄어들어 컬럼 내에서의 확산이 일어나는 시간은 짧아진다. 따라서 세로 확산에 의한 띠넓힘의 양은 감소한다. 그림 1.9는 용질의 농도를 거리의 함수로 나타내었는데, 이는 용질의 컬럼 내에 머무름 시간이 컬럼 내에서의 이동 거리와 비례 관계에 있기 때문이다. 즉, van Deemter 식의 B/u에서 이동상의 속도 u가 증가하면 용질이 컬럼에서 머무는 시간이 감소하므로 세로 확산이 줄어들어서 단높이 *H*가 감소하므로 컬럼의 효율이 증가(띠넓힘이 감소)하게 되고, 이동상의 속도가 감소하면 그 반대가 된다.

van Deemter 식에서 C항은 **질량 이동**(mass transfer)항이다. 이는 용질 분자들이 이동상과 정지상 사이에 이동(분배)할 수 있는 속도와 관계되는 항이다. 용질 분자들은

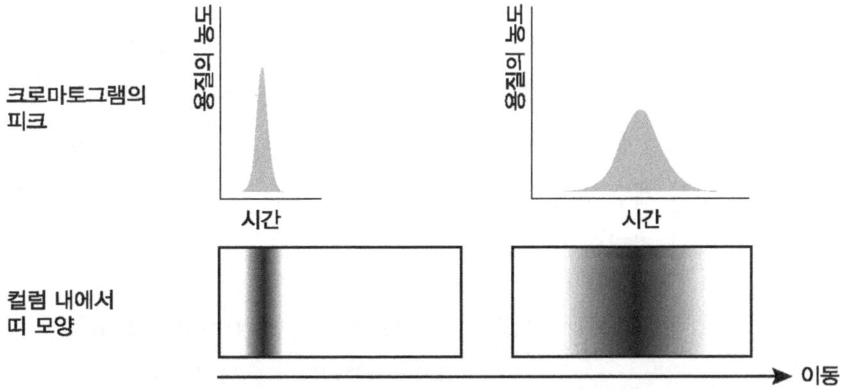

그림 1.9 세로 확산에 의한 띠넓힘 현상

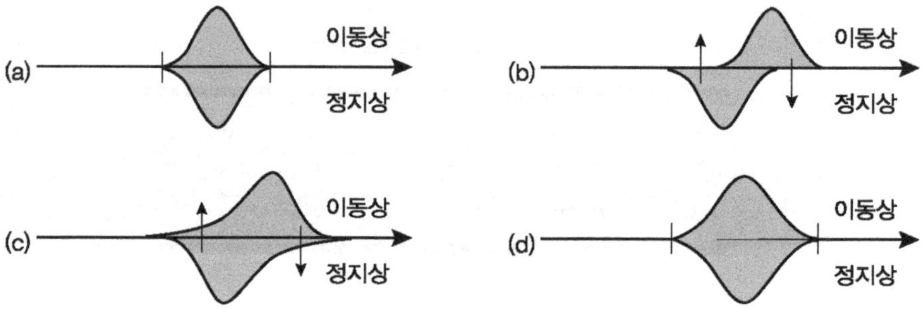

그림 1.10 질량 이동에 의한 띠넓힘 현상

두 상 사이에 분배되어서 정지상과 이동상 내에서 시료띠를 형성하게 된다. 이동상이 컬럼을 통해서 용질 분자의 일부분을 이동상의 진행 방향으로 옮김에 따라서 이동상의 시료띠 앞부분에 있는 용질 분자들은 분배 계수에 의존하여 정지상(정지상 시료띠의 앞부분)으로 들어가게 된다(그림 1.10(b)). 같은 분배 계수를 유지하기 위해서, 정지상 시료띠의 뒷부분에 있는 용질 분자는 이동상(이동상 시료띠의 끝부분)으로 나오게 된다(그림 1.10(c)). 이 과정에서 용질들은 이동상에 있는 용질과 정지상 사이에 빠른 분배 평형이 이루어지지 못해서 띠넓힘이 일어나게 된다. 즉, 그림 1.10(a)는 두 상 간의 이상적인 평형에 의한 Gaussian 피크를 나타내지만, 그림 1.10(b)와 그림 1.10(c)에서는 계속해서 이동하는 이동상에 의해서 용질들이 각 상들로 빠르게 움직일(분배) 수 없어서 평형에 방해가 되어, 결국은 띠가 넓어지게 된다(그림 1.10(d)). 즉, 이동상의 속도가 빠를수록 용질 분자가 두 상 사이에 재분포되기 전에 컬럼의 끝을 향해 더 빨리 이동상 시료띠를 움직이게 한다. 따라서 질량 이동에 대한 장애(시간적 지연)에 의한 띠넓힘 크기는 이동상의 속도가 증가함에 따라서 증가하게 되며, van Deemter 식의 $C \cdot u$에서 u가 증가하면 H가 증가하게 되어 컬럼의 효율이 감소, 즉 띠넓힘 증가가 일어난다.

이와 같이 띠넓힘은 이동상의 속도가 높을 때나 낮을 때도 일어나므로 최적의 이동상 속도에 대한 적정점을 찾는 것이 중요하다. 지나치게 높거나 낮은 이동상의 속도는 낮은 효율(높은 H)을 가져온다. 이는 포물선형의 van Deemter 곡선의 모양에서 알 수 있다(그림 1.7). 최적의 이동상 속도는 절충점이 있지만 다소간 효율에서의 저하에도 불구하고 분석 시간의 감소를 위하여 이동상의 속도를 높게 하는 것이 일반적이다.

모세관 컬럼에서 Golay 식은 다음과 같고 D_g와 D_l은 각각 이동상과 정지상에서 용질의 확산 계수, u는 이동상의 선형 속도, k는 머무름 인자, d_f는 정지상의 두께와 r_c는 모세관 칼럼의 반지름이다.

$$\mathrm{H} = \frac{2D_g}{u} + \frac{2kd_f^2 u}{3(1+k)^2 D_l} + \frac{(1+6k+11k^2)r_c^2 u}{24(1+k)^2 D_g}$$

1.6 크로마토그램

'크로마토그램(chromatogram)'은 분석 물질의 컬럼 내에서 머무름 시간 대 검출기에 대한 감응도(세기)에 대한 도시이며(그림 1.11), 각 피크는 시료 중에 있는 단일 성분(용질)을 나타낸다. 보통 분석 물질이 컬럼을 통과하는 데 걸리는 시간이 크로마토그램에서 해당하는 피크에 표시되며, 피크의 크기(면적이나 높이)와 더불어 머무름 시간에 대한 표가 크로마토그램과 함께 표시된다. 만약 두 개 또는 그 이상의 용질이 같은 속도로 컬럼을 통과하면 같은 머무름 시간에 단일 피크로 나타나게 되며 이를 **공용리**(co-elution)라고 한다. 두 용질이 완전히 다른 이동 속도를 가지게 되면 먼저 나온 피크는 다음 피크가 용리되기 전에 이미 바탕선에 닿아서 이들 피크는 완전히 분리된다.

특정한 컬럼에 대해서 이동상의 흐름 속도와 컬럼의 온도(GC), 이동상 용매의 조성(LC)이 동일하면 같은 용질은 재현성 있는 머무름 시간(± 0.05분)을 가져야 한다. 머무름 시간에 기초를 두어 화합물을 확인하는 것이 크로마토그래피에서 **정성 분석**이 된다. 이는 알고 있는 화합물('표준 물질'이라 함)을 분석한 후 머무름 시간이 알려지면, 동일한 조건들을 사용하여 분석한 미지 시료의 머무름 시간과 비교함으로써 수행된다. 시료를 분석한 결과 동일한 머무름 시간에서 피크가 나타나면 같은 성분일 가능성이 크다(정성 분석). 하지만 동일한 머무름 시간에 한 개 이상의 성분이 있을 수 있으므로 절대적이라고 할 수는 없다.

만약 둘 이상의 성분이 한 크로마토그램에서 같은 머무름 시간을 갖게 된다면, 이는 분석 성분이 시료 내 방해 성분과 겹쳐서 존재하고 있음을 의미하므로 각 성분의 정확한 구조 확인 또는 정성 분석이 어려워질 수도 있다. 그러므로 다른 컬럼(즉, 다

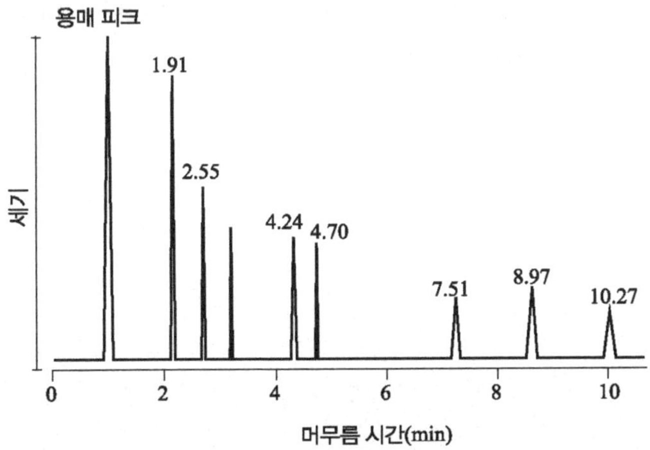

그림 1.11 전형적인 크로마토그램

른 정지상)을 사용하거나 컬럼의 온도(GC) 혹은 이동상 용매의 조성(LC)을 변경하여 피크들을 분리하여야 할 것이다. 또한, 크로마토그래프에 질량 분석기(MS)와 같은 추가적인 정보를 제공해 주는 특정 검출기를 연결하면 성분 규명에 더 신뢰성이 있게 되는데, 질량 분석기를 사용하면 크로마토그램에서의 머무름 시간 외에 공용리 또는 부분적인 공용리에 의한 스펙트럼의 영향을 점검할 수 있기 때문에 성분 규명을 확실하게 할 수 있다.

한편, 크로마토그램 피크의 면적 또는 높이는 분석 물질의 양에 비례하므로 이를 통해서 **정량 분석**이 이루어진다. 표준 물질에서의 각 성분의 양은 알려져 있기 때문에 간단한 비로서 시료에서의 각 성분의 양이 계산된다. 하지만 동일한 농도라 할지라도 분석 물질의 검출기에 대한 감응도에 따라서 피크의 크기가 달라질 수도 있음을 유의할 필요가 있다. 표준 물질의 피크 면적이 시료에서 피크 면적의 2배가 되면 시료 내에 존재하는 성분의 양은 표준 물질의 절반이 된다. 이는 분석하는 정량 범위 내에서 피크 면적과 농도가 선형 감응이 있다는 가정에서 이루어진다. 또한, 분석 물질의 양이 동일할지라도 검출기에 대한 감응도의 차이 때문에 피크의 크기가 달라질 수 있다는 것을 명심하여야 할 것이다. 만약에 둘 또는 그 이상의 피크가 부분적으로 공용리되면 각 피크의 면적을 정확하게 측정하는 것은 더 힘들어진다. 비록 부분적으로 공용리되는 피크를 가지고도 만족할만한 결과를 나타낼 수도 있지만 완전히 피크를 분리하는 것이 바람직하다.

어떤 검출기들은 컬럼으로부터 용리되는 어떤 성분에 대해서는 감응하지 않을 수도 있다(선택성 검출기(selective detector)라고 함). 이 경우에는 크로마토그램에 나타난 피크의 숫자보다 실제로는 시료 내에 더 많은 수의 성분이 존재할 수 있다. 이런 형태의 검출기를 사용하면 크로마토그램에 나타난 피크 숫자가 줄어들게 되어 분리가 쉽게 되는 경우도 있다. 즉, 두 개 또는 그 이상의 성분이 공용리될지라도 검출기의 선택 감응 때문에 단지 측정하고자 하는 피크만 나타남으로써 해당 성분에 대한 정성·정량 분석이 쉽게 이루어질 수 있다.

02

기체 크로마토그래피

2.1 서론

기체 크로마토그래프(gas chromatograph, GC)는 환경, 임상 의학, 식품, 석유 화학, 화학 등의 여러 분야에서 비극성이며, 휘발성이 있으며, 열에 안정적이며, 분자량이 낮은 화합물들의 정성・정량 분석을 위해서 널리 사용되고 있는 분석 기기이다.

GC에서는 유기 용매에 용해된 혼합물이나 기체상 혼합물 시료를 가열된 시료 주입구에 주입하여 기화시킨 후, 흐르고 있는 이동상 기체와 혼합시켜서 컬럼(정지상)으로 들어가게 한 다음, 컬럼의 온도를 변화시켜서 개별 물질들로 분리한 후, 검출기에 감응된 화합물들을 머무름 시간 대 감응도로 도시된 크로마토그램을 얻게 된다.

알려진 표준 물질 일정량을 분석한 후에 동일한 조건에서 미지의 시료를 분석함으로써 생성된 크로마토그램의 머무름 시간으로부터는 시료의 규명/확인이 이루어지는 **정성 분석**을 하고, 개별 분석 물질의 감응도로부터는 **정량 분석**이 가능해진다.

GC 장치의 주요 구성도가 그림 2.1에 나타나 있는데, 시료를 주입하여 휘발화시키는 시료 **주입구**(injector), 기화된 시료를 컬럼을 통해서 이동시키는 **이동상**(mobile phase) 기체(혹은 **운반 기체**(carrier gas)라고도 함), 혼합물들을 분리하는 **컬럼**(column), 그리고 분리된 후 컬럼을 빠져나온 물질들을 감응하는 **검출기**(detector)로 구성되어 있다.

2.2 시료 주입법

시료를 기화시켜서 컬럼 안으로 운반하는 역할을 하는 시료 주입구의 종류는 여러 가지가 있다. 주입기(injector) 또는 **주입구**(injection port)라 불리우는 시료 주입구는 크게 두 종류, 즉 기화 방법과 컬럼 내(on-column) 주입 방법으로 나누어질 수 있으며, 때로는 외부 장치를 사용하여 시료를 기화시켜서 이송관을 통해 GC로 운반하기도 한다.

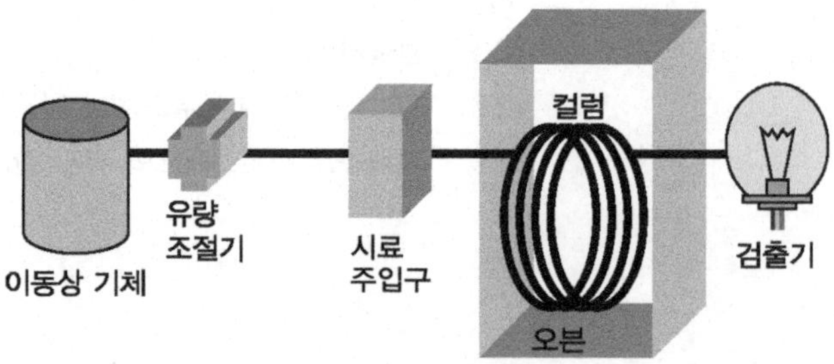

그림 2.1 전형적인 기체 크로마토그래프의 주요 구성도

기화 주입구는 시료를 빠르게 기화시키기 위해서 높은 온도(200 ~ 300°C)를 필요로 한다. 보통 액체 시료는, 10 μL 미량 주사기에 1 ~ 3 μL의 시료를 취한 후 가열된 주입구에 주입시키면 시료는 빠르게 기화되고 운반 기체와 섞여서 컬럼으로 이동된다. 이에 기화되지 않은 시료의 일부분은 주입구나 컬럼의 앞부분에 남아 있게 된다. 기체 시료는 10 mL 또는 용량이 큰 기체 전용 주사기(gas tight syringe)를 사용하여 주입한다. 컬럼 내 주입법은 주입구에서 시료를 기화시키지 않고 컬럼 앞부분의 내부로 직접 주입한 후 기화된 상태에서 계속해서 컬럼 안으로 이동되게 한다.

2.2.1 충전 컬럼 주입법

충전 컬럼의 주입구는 기화 주입 방법과 컬럼 내 주입 방법이 결합되어 있다(그림 2.2). 충전 컬럼 앞부분이 주입구의 본체에 맞게 되어 있다. Ferrule과 너트를 사용하여 컬럼을 봉인해서 주입구의 하단부로부터 시료나 운반 기체가 새어나가는 것을 방지하게 한다. 고무 재질의 격막(septum)을 사용하여 주입구의 상단을 막아주고 주사기의 바늘이 들어갈 때에도 기체 누출이 없도록 한다. 주입구의 내부에 자리 잡은 컬럼의 전반부는 충전 물질을 채우지 않는다. 이는 주입구의 높은 온도가 컬럼의 앞부분을 가열하고, 주사기의 바늘이 격막을 뚫고 컬럼의 채워지지 않은 부분까지 들어가야 하기 때문이다. 시료는 주사기를 빠져나와서 컬럼의 채워지지 않은 부분에서 빠르게 기화되고 운반 기체와 섞여서 컬럼 안으로 이동된 후 분리 과정이 시작된다.

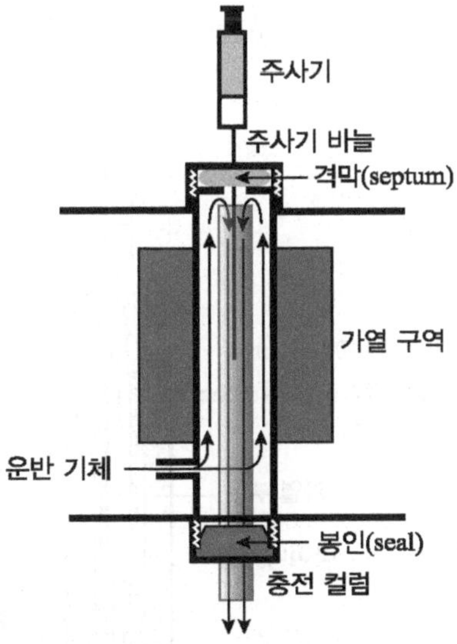

그림 2.2 충전 컬럼 주입구의 구조[2]

2 Agilent 6890N Gas Chromatograph user Information, G1530-90210, Agilent Technologies, Inc, 2001.

2.2.2 분할 주입법

충전 컬럼과 비교할 때 모세관 컬럼의 시료 용량은 상대적으로 매우 낮다. 따라서 모세관 컬럼에서는 시료가 컬럼으로 들어가기 전에 시료의 상당 부분이 버려지도록 **분할 주입법**(split injection)을 사용한다. 이는 컬럼의 과부하로 인한 피크의 일그러짐을 피하고 시료도 적절한 감도를 얻기에 충분하도록 하기 위함이다. 분할 주입에서는 시료의 대부분이 버려지기 때문에 농도가 높은 시료의 경우에 사용되며 전형적으로 시료의 0.5 ~ 10 % 정도만 컬럼 안으로 들어간다.

그림 2.3은 모세관 컬럼의 분할 주입구의 주요 구성 부분을 나타내고 있다. 운반 기체가 주입구로 들어가고 유리 라이너(glass liner)의 윗부분으로 흐른다. 격막 퍼지(septum purge)는 5 mL/min 이하로 운반 기체를 흐르게 하여 주입구에 있는 격막의 불순물을 씻어내어 장치의 밖으로 빠져나가게 한다. 시료는 미량 주사기를 사용하여 주입구로 주입되고 비활성 borosilicate glass 재질의 라이너 내에서 기화되는데, 라이너는 시료가 기화되어 팽창할 수 있는 불활성 공간을 제공해 준다. 기화된 후 시료는 운반 기체와 혼합되어 컬럼이 자리잡고 있는 라이너의 하단부로 이동된다. 시료를 포함하고 있는 운반 기체의 작은 양(분할비에 따라서 달라짐)만이 컬럼으로 들어가고, 시료의 대부분은 컬럼으로 들어가지 않고 분할 배기구를 통해서 버려진다. 주입구 내의 운반 기체의 흐름 속도는 높으며(보통은 40 ~ 100 mL/min) 시료는 빠르게 컬럼으로 휩쓸려 들어간다.

시료는 사용자가 설정한 분할비(split ratio)에 따라서 분할되어 일부만 컬럼으로 들어가고 나머지는 버려진다. 분할비는 분할 배기구로부터 측정한 흐름 속도를 측정

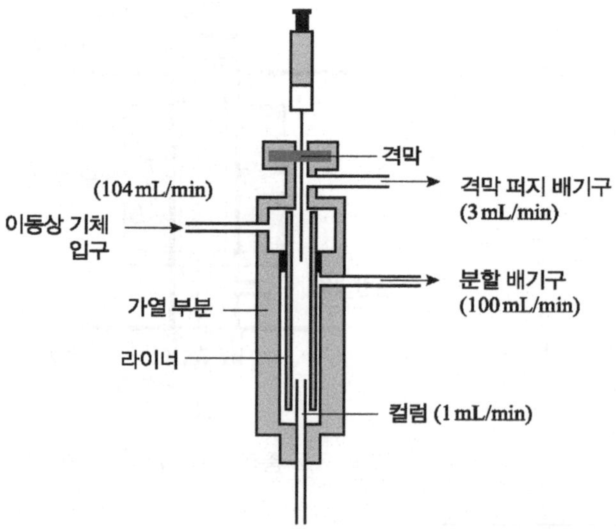

그림 2.3 분할 주입구의 구성과 운반 기체의 유로

하거나 계산된 컬럼의 흐름 속도로 나누어 정해진다. 예를 들면, 컬럼의 흐름 속도가 1 mL/min이고 분할 배기구의 흐름 속도가 100 mL/min이면 분할비는 1:100(100/1.0=100)이므로 분할비가 높을수록 컬럼 안으로 주입된 시료의 양은 적다. 가장 낮은 분할비는 1:5에서 1:20이며, 이는 지름이 작은 컬럼에만 적절하다. 가장 높은 분할비는 1:200에서 1:1000인데, GC 장치와 GC에 공급되는 운반 기체의 양에 의존하며, 1:200 이상의 분할비는 거의 사용되지 않는다.

다양한 유리 라이너가 주입구 내부에 사용될 수 있는데 직선으로 뚫린 관에서부터 운반 기체의 흐름을 소용돌이치게 하는 복잡한 흐름 방해 구조를 가진 관까지 다양하다(표 2.1). 이러한 흐름 방해 구조의 목적은 시료가 기화된 후 컬럼으로 들어가기 전에 시료와 운반 기체가 고르게 섞이도록 하기 위함이며, 라이너의 종류에 따라서

표 2.1 모세관 컬럼에 사용되는 라이너의 종류와 용도[3]

라이너 종류	내경 부피	유리 재질	유리 섬유	응용 분야
한쪽이 가는 라이너 	4 mm 900 μL	Borosilicate (비활성 처리)	○	민감한 화합물
한쪽이 가는 라이너 	4 mm 900 μL	Borosilicate (비활성 처리)	×	미량의 반응성 있는 물질
양쪽이 가는 라이너 	4 mm 800 μL	Borosilicate (비활성 처리)	×	민감한 화합물
분할/비분할 라이너 	4 mm 990 μL	Borosilicate	○	불안정한 화합물
분할 라이너 	4 mm 800 μL	Borosilicate	○	비휘발성 입자가 포함된 화합물
분할 라이너 	4 mm 800 μL	Borosilicate	×	다양한 화학물
비분할 라이너 	2 mm 250 μL	석영	×	0.5 μL 이하 부피
비분할 라이너 	2 mm 250 μL	석영 (비활성 처리)	×	0.5 μL 이하 부피
가는 관 라이너 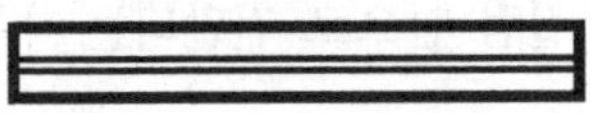	1.5 mm 140 μL	Borosilicate	×	0.5 μL 이하 부피

[3] Supelco Co., Chromatography: Products for analysis and purification, U.S.A., (1999).

피크의 크기가 많은 영향을 받는다. 크로마토그램에서 흐름 방해 구조의 라이너가 사용될 경우에는 나중에 용리되는 피크가 약간 커지는 경향이 있다.

목적에 따라서는 실레인화(silanization)된 유리 섬유가 라이너의 하단부에 채워져서(약 1 cm 정도) 사용되기도 하는데, 이는 시료의 혼합을 도와주며 기화가 되지 않는 비휘발성 시료 물질들과 격막에서 떨어진 조각 찌꺼기가 컬럼에 도달하는 것을 막아주고, 유리 재질의 실란올기(Si-OH)가 분석 물질과의 수소 결합을 통해서 라이너에 잡혀있는 것을 방지하는 역할을 한다. 라이너 내부는 실레인화시켜서 불활성화되어 있지만, 기화된 시료에 의해 오염이 된다. 따라서 격막을 교환할 때 라이너도 함께 점검해 주어서 오염이 되어 있는 것이 확인되면(일반적으로 유기물질들이 탄화되어 검은색으로 변해있음) 묽은 염산을 사용하여 탄화물을 제거한 후 시약용 메탄올과 아세톤으로 세척해주면 재사용할 수 있다. 이 경우 세척 과정에서 비활성이 제거되었으므로 다시 실레인화를 시켜서 사용하면 되는데, 라이너를 주입구에 다시 장착한 후 200 ~ 300 °C에서 MSTFA 등의 실레인화 시약 2 ~ 3 μL를 2회 정도 주입하면 라이너 내부가 다시 실레인화된다.

2.2.3 비분할 주입법

모세관 컬럼에서 사용되는 **비분할 주입법**(splitless injection)에서는 주입된 시료의 대부분(약 80% 이상)이 컬럼 안으로 주입된다. 일반적으로 분할 주입법과 비분할 주입법은 하드웨어는 동일하지만 단지 프로그램 방식에서 분할 밸브를 초기(시료 주입 전)에는 닫혀있는(purge OFF) 상태로 시작해서 1분 정도 후에 분할 밸브가 열리도록(purge ON) 작동 조건에서만 약간의 차이를 두어서 두 가지 주입 방식을 구분한다. 비분할 주입에서는 많은 양의 시료가 컬럼 안으로 들어가므로 주로 농도가 낮은 미량 분석에 사용된다.

운반 기체가 주입구로 들어가서 라이너의 상단으로 흐른다. 이 경우도 분할 주입과 마찬가지로 5 mL/min 이하의 운반 기체가 주입구의 상단부를 가로 질러 흘러서 격막 퍼지(septum purge)의 역할을 한다.

시료는 주사기를 사용하여 주입구 속으로 주입되며, 주입구 내부에 장착된 라이너에서 기화되어 운반 기체와 혼합되어 컬럼의 입구가 자리 잡고 있는 라이너의 하단부로 전달된다. 분할 배기구를 통한 흐름이 없도록 하면 기화된 시료 전부는 컬럼으로 들어가게 된다. 주입구 내에서의 흐름 속도는 컬럼을 통해서 흐르는 흐름 속도(일반적으로 1 ~ 3 mL/min)와 같으므로 시료 전체가 컬럼 안으로 전달되는 데는 시간이 오래 걸린다.

시료가 기화되어 컬럼 안으로 대부분이 들어가는 시간(약 15 ~ 60초) 후에 분할 배기구가 열리며 많은 양의 운반 기체가 주입구로 들어간다(purge ON). 이 추가된 운반 기체는 분할 방식 주입이 이루어지는 것과 같이 분할 배기구를 통해서 빠져나간다. 분할 배기구가 열려서 흐름 속도가 증가되면 라이너에 남아 있는 기화된 시료들을 주입구로부터 순간적으로 일소시킨다. 이 퍼지 작동은 시료 용매 전반부의 상당량을 최소화하는 역할을 한다. 퍼지 기능이 약해지면 용매의 전반부가 넓어지고 꼬리가 생성되어 분석하고자 하는 피크를 방해하게 된다.

주입구로부터 컬럼으로 이동하는 시료의 이동 속도가 느리면 컬럼의 앞부분에서의 시료띠가 넓게 된다. 넓은 시료띠의 경우는 purge OFF 시간인 15 ~ 60초에 해당하는 피크 너비를 갖는다. 이 정도 너비의 피크는 모세관 컬럼에서는 받아들일 수 없는 너비이므로 만족할 피크 너비를 얻기 위해서는 컬럼의 온도를 한계 온도까지 사용한다. 컬럼의 초기 온도는 시료 용매의 끓는점보다 10 °C 이하는 되어야 하며, 시료 용매는 시료 성분들보다 휘발성이 커야 한다. 컬럼의 온도가 용매의 끓는점보다 낮으면 시료 주입 직후에 용매는 컬럼의 앞부분에서 가늘고 얇은 막 형태로 응축된다. 응축된 시료가 컬럼 안으로 들어가면 용매막에 갇혀 농축되어 만족할만한 피크 너비가 얻어지게 되는데 이를 **용매 효과**(solvent effect)라고 한다. 용매의 끓는점보다 20 ~ 30 °C가 낮게 컬럼의 초기 온도를 설정하면 보다 좁은 피크 너비를 얻게 된다. 컬럼의 초기 온도보다 끓는점이 150 °C 이상인 시료 성분들은 용매 효과 없이도 컬럼의 앞부분에서 좁은 띠를 형성한다. **냉각 가둠**(cold trapping)이라 알려진 이 방법은 시료를 더 잘 농축시켜서 용매 효과 없이도 더 좁은 피크를 나타낸다. 용매 효과나 냉각 가둠 방법은 비분할 주입에서 만족할만한 피크 너비를 얻는 데 유용한 방법이다.

비분할 주입법에서는 직선형 관으로 된 주입구 라이너를 사용한다. 시료의 기화가 일어날 때 기화된 시료가 순식간에 라이너를 빠져나가는 것을 방지하기 위해 가둠 역할로 작용하도록 라이너의 한쪽 또는 양쪽 끝을 좁게 해서 사용하기도 한다(표 2.1). 여러 가지의 직선형 관 라이너 간에는 성능에서 큰 차이는 없으며 가둠 부분은 주입구를 깨끗하게 유지시켜 주고 주입구 내에서 금속이 촉매로 작용하여 시료가 분해되는 것을 감소시키는 역할을 한다. 일반적으로 비분할 라이너의 경우 비휘발성 물질이 많은 매우 불결한 시료를 주입할 때를 제외하고는 실레인화된 유리 섬유를 라이너에 채워주지 않는다.

2.2.4 컬럼 내 주입법

컬럼 내 주입법(on-column injection)은 기화 과정을 피하기 위하여 액체 시료를 직접 컬럼 안에 주입하는 데 사용되며, 끓는점이 높거나 열적으로 불안정한 화합물에 적합하다. 컬럼 내 주입 방법은 시료의 모든 양을 컬럼에 주입하기 때문에 컬럼 내부

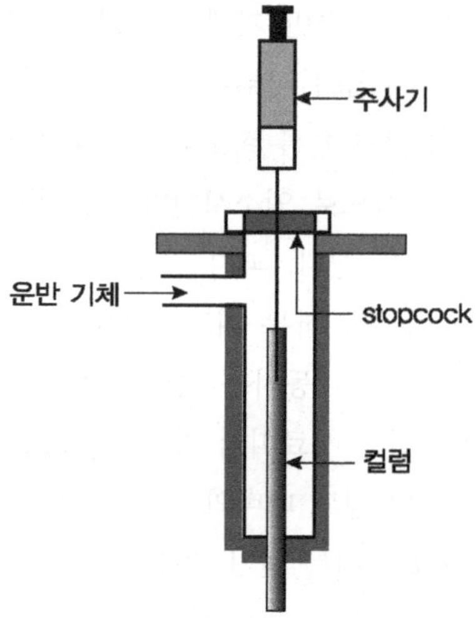

그림 2.4 컬럼 내 주입구의 구성[4]

에 비휘발성 이물질들이 빨리 쌓이게 되므로 컬럼을 자주 유지 및 보수해 줄 필요가 있다.

내경이 0.25 ~ 0.32 mm인 컬럼에서의 컬럼 내 주입법에서는 특별한 주입구와 주사기가 사용된다. 주사기의 바늘이 컬럼으로 직접 들어가는 길잡이로서 Grob 형태의 컬럼 내 주입구가 사용된다(그림 2.4). 기화 주입구에서 사용되는 격막 대신에 주입구의 상단을 밀봉하기 위해서 stopcock나 밸브가 사용된다. 매우 작은 지름의 용융 실리카나 금속 바늘의 주사기가 액체 시료를 컬럼으로 직접 주입하는 데 사용된다. 좋은 피크 모양을 유지하기 위해서는 주입구의 온도가 시료 용매의 끓는점보다 아래이거나 컬럼의 초기 온도보다 10 °C 이하이어야 한다. 전체 컬럼 오븐을 냉각시키지 않고 차가운 공기로서 주입구 내부에 자리 잡고 있는 컬럼 전반부의 4 ~ 8 cm를 식혀준다. 이런 과정을 이차 냉각이라 한다. 이차 냉각은 주입 과정이 완전히 끝난 후에는 멈춘다. 이차 냉각은 초기의 컬럼 오븐 온도를 높은 온도가 되게 해줌으로써 분석 시간과 분석 완료 후 냉각 시간을 감소시켜 주는데, 이차 냉각이 사용되면 컬럼에 retention gap이 설치될 필요가 있다.

2.2.5 다른 시료 주입법

GC에서는 미량 주사기(10 μL)를 이용한 주입 방법이 가장 일반적인 방법이다. 다른 시료 주입 방법으로는 헤드스페이스(headspace), 퍼지 – 트랩(purge-trap), 저온 가둠(cryogenic trapping), 시료 밸브(sample valve) 등의 방법이 있다. 이 방법들에서는

---

[4] Agilent 6890N Gas Chromatograph user Information, G1530-90210, Agilent Technologies, Inc, 2001.

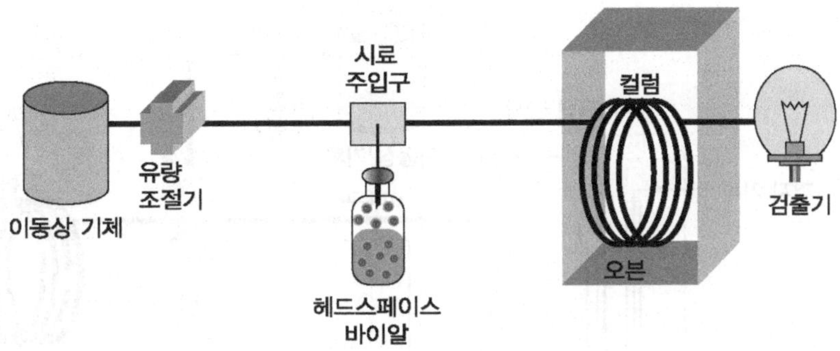

그림 2.5 헤드스페이스 시료병과 GC의 연결

시료를 시료 채취기로부터 컬럼으로 이동시키는 여러 종류의 비활성화된 이송관을 사용한다. 이들 시료 채취기의 자동화된 장치들은 많은 시료를 분석하는 데 용이하다. 장치 내의 모든 부분들이 가열된 이송관을 사용함으로써 이송관 내에서 뜨거운 지점과 차가운 지점은 없도록 하여야 한다. 뜨거운 지점은 시료를 분해시키는 원인이 되며, 차가운 지점은 시료를 응축하게 되어 띠넓힘을 일으키게 하기 때문이다.

헤드스페이스(headspace) 방법에서는 격막 뚜껑으로 밀봉된 시료 용기에 액체나 고체 시료를 넣은 후, 가열하면 휘발성 성분들이 시료 위의 공간(headspace)으로 이동하게 된다. 헤드스페이스에 있는 각 성분의 양은 시료 내에 있는 성분의 휘발성과 농도에 의존한다. 시료 용기(바이알) 속의 시료 성분은 충분한 시간 동안 가열하여 헤드스페이스와 시료 사이에 평형에 도달하도록 한 후 헤드스페이스로부터 시료를 채취한다. 채취된 시료는 운반 기체를 사용하여 가열된 이송관을 통해서 컬럼으로 이동된다(그림 2.5).

헤드스페이스 시료 채취는 액체나 고체 시료에 있는 휘발성 성분들을 분석하는 데 적합하며 식품 중의 향기 성분과 음료수 중의 알코올 성분 분석이 사례가 된다. 헤드스페이스 법에서는 시료 중의 높은 끓는점이나 비휘발성 성분들은 GC에 주입되지 않기 때문에 크로마토그램의 피크들이 비교적 간단하다. 따라서 이 방법은 비휘발성 성분들의 주입과 관련되는 오염 문제도 피하게 된다.

퍼지–트랩(purge-trap)에 의한 시료 주입법(그림 2.6)에서는 고체나 액체 시료(주로 물)를 퍼지 용기(시료 튜브)에 넣어 준다. 시료로부터 휘발성 성분을 이동시키기 위해서 시료를 통해서 비활성 기체(퍼지 기체)를 불어넣어 준다. 이 퍼지 기체는 성분들을 잡아두는 흡착 트랩에 연결되어 있다. 퍼지가 완료된 후에는 분석 성분을 붙잡고 있는 트랩을 신속히 가열하여 흡착된 화합물들을 탈착시킨다. 탈착 단계에서는 운반 기체가 트랩을 통과하여 가열된 비활성 이송관을 경유해서 컬럼으로 들어간다.

이 방법은 액체 시료 속에 미량으로 존재하는 휘발성 성분들을 분석하기에 적합한데, 이는 휘발성 시료 성분들이 흡착 트랩에 농축될 수 있기 때문이다. 물속에 존재

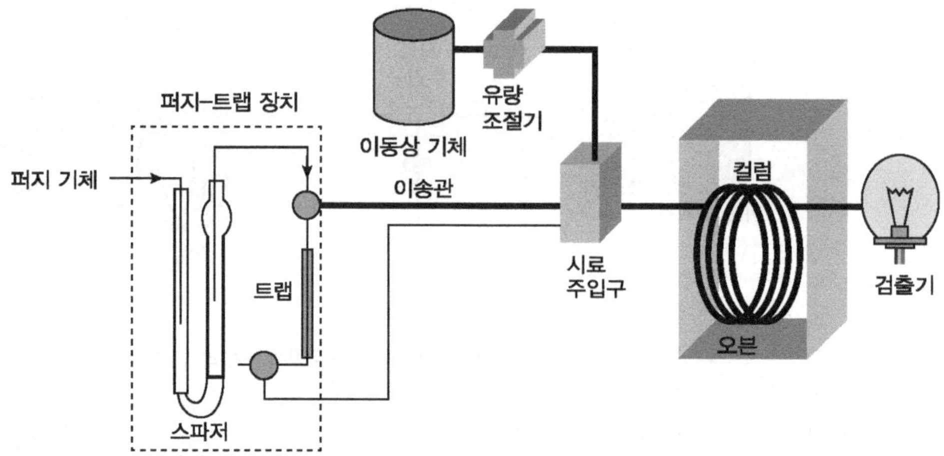

그림 2.6 퍼지-트랩 시료 채취기의 구성도

하는 유기 용매와 천연물 중 향기 성분들도 퍼지-트랩으로 분석하기에 적합한 시료들이다.

저온 가둠(cold trapping)법은 액체 이산화탄소나 액체 질소를 사용하여 흡착 트랩을 실온 이하로 냉각시켜 농축하는 방법이며 휘발성 화합물들은 낮은 온도에서 트랩에 흡착된다. 흡착 단계가 완료된 후에 트랩이 신속히 가열되어서 화합물들이 방출되고, 화합물들은 운반 기체에 의해 이송관을 통해서 컬럼으로 들어가게 한다.

이 방법은 다른 방법으로는 트랩하기 힘든 시료에 적합한 기법이다. 이 방법의 변형된 형태는 액체 질소를 사용하여 전체 컬럼 오븐이나 연결 장치를 냉각시키고 원하는 화합물들을 전치 컬럼(pre-column)이나 컬럼 자체에 직접 가두는 것이다. 이 경우에는 시료가 컬럼 안으로 흐르고 있을 때 적절한 컬럼 흐름 속도를 유지하는 것이 중요하다.

시료 루프(sample loop) 장치에 의한 방법은 대량의 기체 시료를 분석하는 데 사용된다. 시료 루프는 기체가 밸브 내에 있는 여러 통로를 통해서 기체의 흐름 경로를 바꾸어 주는 밸브에 부착되어 있다(그림 2.7). 루프(loop)는 정해진 부피의 짧고 가는 관이며, 시료량은 루프의 크기(수백 μL ~ mL)에 의해서 정해진다. 미리 정해진 시간에 자동 또는 수동으로 밸브의 흐름 방향이 바뀌어서 시료가 루프를 통과할 수 있게 되어 있다. 시료 루프에 기체 시료가 채워진 후(그림 2.7(a))에 밸브는 방향을 바뀌면서(그림 2.7(b)) 운반 기체가 루프를 통해서 흘러서 시료를 컬럼으로 들어가게 된다.

시료 루프 장치는 관을 통해서 흐르고 있는 액체나 기체 상태의 시료를 직접 채취(on-line sampling)하는 데 사용된다. 이 방법은 시료 채취 및 운송과 주입 과정이 없이 흐르는 시료를 직접 채취하도록 되어 있다. 주사기를 사용하여 루프에 시료를 채우는 주입구를 가진 밸브들도 있다. 이때는 주사기로 시료 루프의 부피보다 많은 양

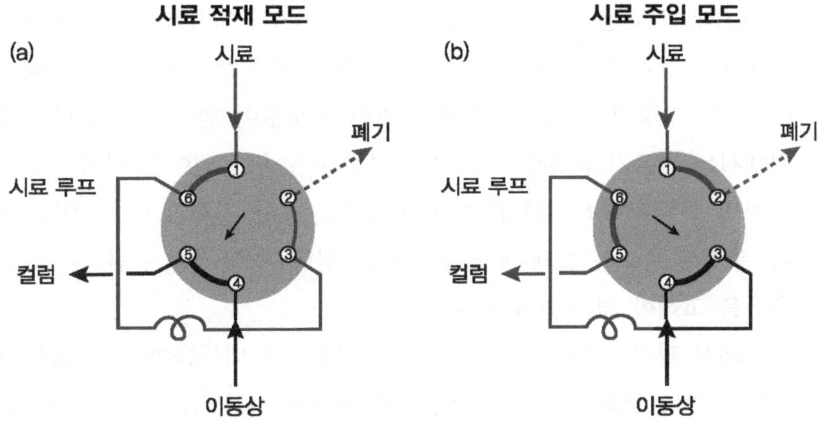

그림 2.7 시료 루프(loop) 장치의 구성도

의 시료를 채취하여 루프에 시료를 채울 수 있게 밸브에 주입한다.

2.3 운반 기체

GC에서는 이동상(mobile phase) 기체를 운반 기체(carrier gas)라고도 하며, 컬럼을 통해서 화합물 분자들을 이동시키는 역할을 한다. 압력 조절 장치를 통과한 운반 기체는 시료 주입구로 들어와서 기화된 시료와 혼합된 후 컬럼으로 이동한다.

Van Deemter 식에서 보는 바와 같이, 운반 기체의 흐름 속도는 머무름 시간뿐만 아니라 크로마토그래피 효율에도 영향을 미친다. 따라서 흐름 속도의 적절한 선택과 조절은 GC 장치로부터 최대의 분석 특성을 얻는 데 중요한 요소가 된다.

가장 일반적으로 사용되는 운반 기체로는 질소, 헬륨, 수소 등이 있이 있으며, 기체의 선택은 검출기의 종류, 성능 문제, 가격, 유용성 등의 모든 요소를 고려하여야 한다.

운반 기체의 측정 방법으로는 부피 흐름 속도(flow rate)나 선형 속도(linear velocity)가 있다. 컬럼의 전반부에서 걸리는 운반 기체의 압력, 즉 헤드 압력(head pressure)이 운반 기체의 흐름 속도 또는 선형 속도를 조절한다. 흐름 속도는 컬럼을 통과하여 빠져나오는 운반 기체의 단위 시간당 부피로서, 이는 검출기에서 유량계를 사용하여 측정하며 mL/min로 나타낸다.

최근 기기들은 소프트웨어에서 컬럼의 길이, 내경, 운반 기체의 종류 등의 파라미터를 선택한 후 흐름 속도값을 입력시키면 컬럼 온도의 변화와는 상관없이 자동적으로 원하는 흐름 속도로 일정하게 흐르게 해 주는 기능을 가지고 있다(일정 속도).

GC/MS가 아닌 다른 검출기(FID, NPD 등)를 사용하는 경우에 운반 기체의 흐름 속도를 측정할 때는 사용되고 있는 다른 기체(수소, 공기 또는 보충 기체)를 차단해야 한다. 그렇지 않으면 부정확한 흐름 속도값이 얻어진다. 또한 정확한 값을 얻기 위해서는 검출기와 유량계 사이에 기체의 누출이 없어야 한다.

한편 선형 속도는 컬럼을 통해서 흐르는 운반 기체의 1초당 이동 거리, 즉 cm/s이다. 측정된 속도는 실제 속도이고, 평균 선형 속도(u)는 컬럼 길이에 따라 기체의 압축률을 고려한 평균 속도이다.

편의상 평균 선형 속도(u)는 컬럼 길이(L)를 머무름이 없는 화합물(예를 들면, 메테인, 뷰테인, SF_6, 공기)을 주입해서 걸리는 시간(t_0)으로 나누면 얻어진다.

$$u = \frac{L}{t_0}$$

운반 기체의 평균 선형 속도와 흐름 속도는 컬럼의 온도에 의존한다. 온도 프로그램 방식의 분석에서는 높은 온도에서 용출되는 화합물들의 경우에 피크가 넓어짐을 볼 수 있는데, 이것은 컬럼의 온도가 증가함에 따라서 선형 속도(유체 흐름량)가 변하게 되어 적절한 효율(H)을 나타내지 못하는 원인이 되기 때문이다.

GC에서는 컬럼의 온도가 증가함에 따라서 흐름 속도나 선형 속도는 감소한다. 이는 기체의 점성도는 액체의 점성도와 반대로서 온도가 증가함에 따라 점성도가 증가하므로 Poiseuille 공식에 의해서 점성도가 증가하면 기체의 흐름량은 감소하기 때문이다. 시료 주입구의 종류에 무관하게 운반 기체의 흐름 속도나 선형 속도는 특정 컬럼 온도에서 설정한다.

GC/MS의 경우는 컬럼이 MS에 직접 연결되므로 이동상 기체의 흐름 속도는 질량분석기의 진공에 의해서 약간의 영향을 받을 수 있지만 실제로는 흐름 속도 조절이 일반 GC 시스템에서와 별다른 차이가 없다. 전자 압력 조절(electronic pressure control, EPC) 장치가 MS에 연결되면 진공을 고려한 GC의 흐름 속도가 자동적으로 설정된다.

운반 기체는 고순도(99.99 % 이상) 기체를 사용하여야 한다. 불순물로 산소가 포함될 경우 고온(100 °C 이상)에서 컬럼의 정지상을 심하게 손상시키므로 불순물이 2 ppm 이하의 함량이어야 한다. 산소의 양을 줄이는 것이 컬럼의 수명을 연장시키는데 중요하며, 불순물로 물이 있어도 정지상을 손상시킬 수 있고, 탄화수소 같은 다른 불순물은 함량이 낮아야 한다. 보통 물과 탄화수소의 함유량이 많으면 바탕 신호가 높아지므로 감도의 감소를 가져오게 된다. 따라서 불순물을 제거하기 위한 거르개(filter)가 이동상 기체 저장 용기와 주입구 사이에 설치되어야 한다.

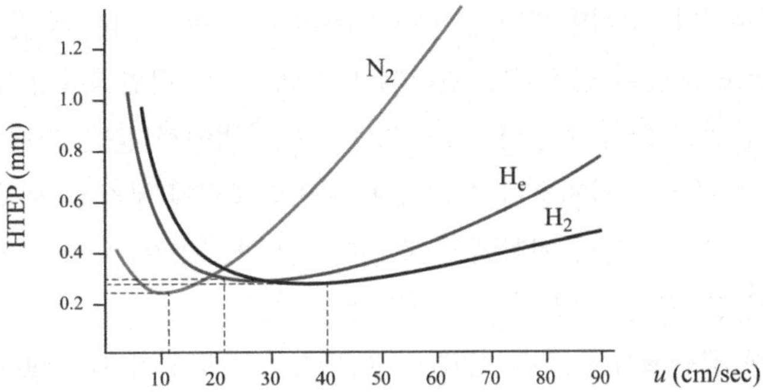

그림 2.8 이동상이 질소, 헬륨, 수소일 때 van Deemter 곡선

헬륨은 다른 기체들에 비해서 비싸고 질소와 수소는 상대적으로 저렴하지만, 안정성과 분리능 때문에 헬륨을 많이 사용하고 있다.

그림 2.8에서 질소, 헬륨, 수소에 대한 van Deemter 곡선은 각각 다른 기울기(곡선의 모양)와 최소 HETP(좁은 피크의 너비)(혹은 *H*) 값을 갖는다.

그림에서 최소 *H* 값은 질소이고, 헬륨과 수소의 경우에서는 비슷한 값들을 보여준다. 질소는 다른 기체에 비해서 분자량이 커서 일정한 용질에 대한 확산 계수가 작다. 이것은 van Deemter 식의 *H* 값에 영향을 주는 인자 중 B항(세로축 확산항)의 D_g(운반 기체 중 용질의 확산 계수)가 작아서 얻어지는 주된 결과이다. 곡선의 모양은 각 운반 기체의 분자량이 클수록 경사(기울기)가 급한 곡선을 보여 준다. 이는 운반 기체에서 질량 이동항의 D_g가 상대적으로 크게 기여하기 때문이고, 분자량이 가장 작은 수소의 경우에 가장 완만한 곡선이어서 유속 조절 시 가장 유리하다. 또한 최소 *H*, 즉 최적의 분리 효율을 주는 운반 기체의 선형 속도는 수소에서는 40 cm/s, 헬륨에서는 20 cm/s, 질소에서는 12 cm/s로 대략 4:2:1의 비율로써 용질의 머무름 시간(분석 시간)과는 반비례하므로 수소를 운반 기체로 사용하면 분석 시간이 가장 빠른데 질소의 경우에 비교하여 4배 정도가 빠르다.

Van Deemter 곡선에서 운반 기체의 선형 속도와 *H*와의 관계는 운반 기체의 부피 흐름 속도(선형 속도 × 컬럼의 단면적)에 대해서도 같은 곡선으로 나타나게 된다. 따라서 등온 작동 시 최소 *H*에 해당하는 운반 기체의 유속이 최적의 운반 기체 속도가 된다. 컬럼의 온도 프로그램 시 온도 증가에 따라서 운반 기체의 점성도가 증가하므로 낮은 초기 온도 부분의 속도를 좀 더 높게(질소에서 약 30 cm/s) 설정해 주어야 한다.

적절한 이동상 속도만 사용되면 헬륨과 수소를 사용하여도 약간의 효율의 저하를 감수하면서도 좋은 실험을 할 수 있다. 헬륨과 수소에 대한 완만한 van Deemter 곡선은 장점으로 작용하는데, 운반 기체의 속도가 약간 변해도 효율이 크게 변하지 않기 때문이다. 하지만 가파른 van Deemter 곡선(질소)은 운반 기체의 속도가 약간만 바뀌어도 효율이 급격하게 변하게 되는데, 이는 바람직하지 않다. 이는 속도 설정에서 약간의 오류가 있거나 온도 프로그램 방법에서 운반 기체의 속도가 바뀌면 효율에서 큰 손실을 가져오기 때문이다. 하지만 GC에 부착된 자동 압력 조절 장치(EPC)에서는 컬럼의 온도 변화에도 불구하고 일정 흐름이나 일정 압력을 유지해 줄 수 있는 기능을 가지고 있다.

충전 컬럼에서는 운반 기체의 흐름 속도의 범위가 10 ~ 60 mL/min인데 질소의 경우는 10 ~ 25 mL/min, 헬륨의 경우는 25 ~ 45 mL/min, 그리고 수소의 경우는 40 ~ 60 mL/min가 일반적으로 사용된다. 지름이 작은 컬럼은 낮은 이동상 속도가 필요하다(내경이 1/4인치에 비해서 1/8인치). 만일 관심 대상의 화합물의 분리능이 충분히 여유가 있는 경우(분리능이 2 이상)에서는 선형 속도를 증가할 수 있고, 그 결과로 분석 시간은 반비례해서 짧아진다.

GC에서 운반 기체의 선택은 위에서 기술한 바와 같이 컬럼 효율만을 고려해서 운반 기체의 종류가 정해지지만, 각종 검출기들의 감응 특성에서 오는 기준에 따라서 운반 기체가 선택되기도 한다. 불꽃 이온화 검출기(FID), 질소-인 검출기(NPD), 불꽃 광도 검출기(FPD)와 같은 불꽃을 형성하기 위해서 수소를 사용하는 검출기들은 충전 컬럼을 사용할 때 높은 흐름 속도의 수소를 사용하면 역효과를 가져온다. 따라서 이들 검출기를 사용할 때는 질소나 헬륨을 운반 기체로 사용하는 것이 좋다. 일반적으로 최상의 효율을 얻기 위해서는 질소가 좋고, 분석 시간을 줄이려면 헬륨이나 수소가 최적이다. 충전 컬럼에서는 질소나 헬륨이나 수소가 큰 차이가 없으므로 가격이 저렴하기도 한 질소를 사용하는 것이 일반적이다.

모세관 컬럼에서 유량계를 사용하여 0.5 ~ 4 mL/min의 낮은 흐름 속도를 정확하게 측정하기는 어렵기 때문에 평균 선형 속도(cm/s)를 측정하는 것이 좋다. 질소를 사용하면 수소와 헬륨을 사용했을 때에 비해서 분석 시간이 매우 길어져서 별로 좋지 않다. 수소와 헬륨을 사용했을 때 효율의 저하는 분석 시간을 짧게 함으로써 충분히 보상받을 수가 있기 때문이다. 수소 기체를 운반 기체로 사용하면 유속을 크게 할 수 있으므로(40 cm/s 이상) 같은 분리능을 나타내면서도 분석 시간이 매우 짧아진다. 아울러, 수소의 경우는 van Deemter 곡선의 오른쪽 편이 매우 평평하므로 기체의 속도를 증가시켜도 효율이 그다지 나빠지지 않는다.

전자 포획 검출기(ECD)가 사용되는 경우에는 대부분이 질소를 운반 기체로 사용하는데, 이는 다른 기체들에 비해서 더 많은 전자를 생성하기 때문이다.

$$\beta^- + N_2 \rightarrow 2e^- + N_2^+$$

GC/MS에서는 수소를 이동상으로 사용하면 나름대로의 장점(머무름 시간이 짧아지고 분리능이 개선됨)을 가지고 있기는 하지만 GC/MS 시스템의 제한된 펌프 용량 때문에 사용이 힘든 경우가 있다. 이는 터보 펌프(turbo molecular pump)의 경우 분자량이 작고 확산 속도가 빠른 수소 기체에 대해서는 압축률이 6×10^2 정도밖에 되지 않아서 펌프의 성능이 떨어지기 때문이다. 하지만 펌핑 방식이 다른 확산 펌프(diffusion pump)의 경우는 해당되지 않는다.

모세관 컬럼에서 권유하는 평균 선형 속도는 헬륨의 경우는 25 ~ 35 cm/s이며, 수소는 45 ~ 65 cm/s이며, 최적의 속도는 화합물의 종류, 컬럼의 온도, 컬럼의 크기에 따라 다르다. 짧은 분석 시간과 높은 효율간의 조화를 찾는 데 허용하는 범위는 약 5 cm/s 차이의 속도가 적절하다.

GC/MS에서는 운반 기체의 유속과 컬럼 번짐이 컬럼을 선택하는 데 중요한 요소가 된다. 적절한 운반 기체의 유속을 고려할 때는 질량 분석기의 최대 용량을 고려해 주어야 한다. 사중 극자형 질량 분석기에서는 약 1 ~ 2 mL/min이며, 더 큰 질량 분석기는 진공 시스템의 펌프 능력이 크므로 더 큰 흐름 속도도 가능하다.

2.4 컬럼

크로마토그래피의 근본 목적은 혼합물의 분리에 있다. 따라서 크로마토그래프 기기인 GC에서도 컬럼(column)은 전체적인 크로마도그래피 결과에 중요한 영향력을 미치는 GC의 구성 요소 중 하나이다. 기체 크로마토그래피를 위한 컬럼은 **충전 컬럼**(packed column)과 **모세관 컬럼**(capillary column)으로 나누어진다(그림 2.9). 두 컬럼은 길이와 지름이 근본적으로 다르지만 같은 역할을 수행한다. 컬럼의 종류를 결정하는 정지상이 갖추어야 할 요건으로는 낮은 증기 압력, 열적인 안정성, 낮은 점성도 등이다.

컬럼 선택의 일반적인 기준은 분석 물질과 컬럼 정지상의 극성이 비슷한 것을 선택하는 것이 좋다("Like dissolves like."). 분석 물질이 정지상과 아무런 상호작용(분배)이 없으면 컬럼 내에서의 머무름이 없이 해당 길이(거리)를 통과하는 시간이 곧 머무름 시간이 된다.

2.4.1 충전 컬럼

현재는 대부분 모세관 컬럼으로 대체되었지만, 휘발성 기체 분석을 비롯한 일부 특정 분야에서만 사용되고 있는 **충전 컬럼**(packed column)은 유리나 금속으로 만들어

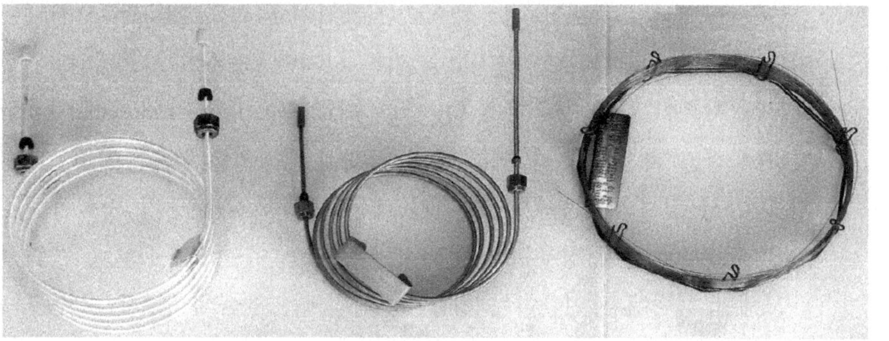

(a) (b) (c)

(a) (b) (c)

그림 2.9 GC에서 사용되는 (a) 유리 재질 충전 컬럼, (b) 스테인레스강 재질 충전 컬럼, (c) 모세관 컬럼

진 단단한 관 내부에 고운 분말들로 채워져 있다. 고운 분말들은 **고체 지지체**(solid support)라 불리는 작은 입자에 고분자량의 중합체인 정지상이 얇게 코팅되어 있다 (그림 2.10). 정지상은 비휘발성 액체 또는 점성 유체이므로 이런 형태의 크로마토그래피를 기체-액체 크로마토그래피(gas-liquid chromatography, GLC)라고 한다. 다른 종류의 컬럼 충전 물질은 크기가 작으며, 코팅이 되어 있지 않은 다공성 구슬(bead)로 구성되어 있는 것들인데 여기에서는 구슬이 정지상의 역할을 한다. 이런 형태에서는 정지상이 고체이므로 기체-고체 크로마토그래피(gas-solid chromatography, GSC)라고 한다.

가장 일반적으로 사용되는 충전 컬럼관의 재질은 유리와 니켈이며, 용질이 반응성이 없을 때는 스테인레스강과 알루미늄이 사용될 수도 있다. 컬럼의 모양은 GC의 오븐 형태에 맞도록 모양이 다르게 만들어진다. 가장 일반적인 충전 컬럼은 길이가 0.5

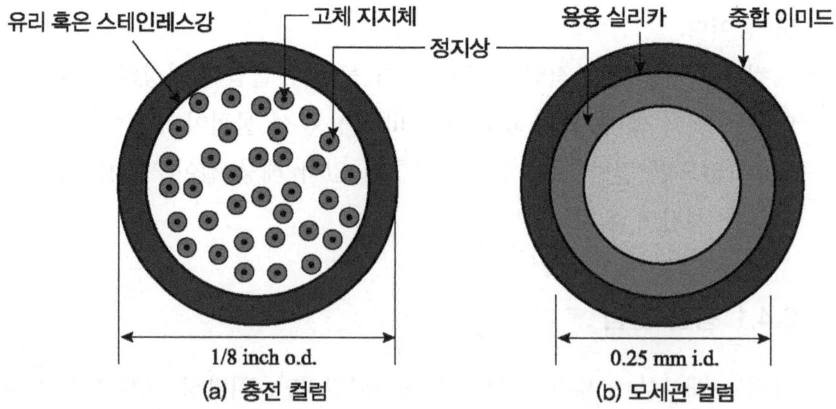

그림 2.10 (a) 충전 컬럼과 (b) 모세관 컬럼의 단면도

~ 3 m이고, 내경은 2 ~ 4 mm이다.

분리가 힘든 화합물들이 포함된 시료에 대해서는 상대적으로 긴 컬럼을 사용하여야 하는데, 적절한 성능을 위해서는 필요한 운반 기체의 흐름 속도를 유지하기 위한 압력 때문에 충전 컬럼의 길이는 약 3 m로 제한되어 있다.

컬럼의 지름이 작을수록 더 좋은 컬럼 효율을 가지게 되므로 분리하기가 힘든 경우에는 작은 지름의 컬럼이 사용되면 개선될 수도 있다. 한편, 지름이 작으면 운반 기체의 흐름 속도가 느려지고 충전 물질이 적게 담기므로, 최적의 성능을 나타내는 운반 기체의 흐름 속도를 유지하기 위해서는 높은 압력이 요구된다.

가장 일반적인 고체 지지체는 규조토(Chromosorb™, Supelcoport™, GasChrom™), 탄화불소(Chromosorb T™, Kel-F™, Fluoropak-80™, Teflon-6™), 흑연화된 카본 블랙, 또는 유리 구슬 등이다. 지지체를 선택할 때는 불활성과 컬럼 효율을 고려해야 하는데, 선택한 지지체에는 원하지 않는 활성 자리가 있어 적절하게 화학적 처리가 되지 않으면 피크의 크기가 줄어들거나 피크의 꼬리가 길어지게 되는 원인이 되기도 한다. 지지체들의 모양과 크기는 컬럼의 효율에서 차이를 나타내기도 한다.

분자 구조, 입자의 지름과 크기의 분포에 의해서 지지체를 구분하기도 한다. 매우 작은 지름을 가진 지지체는 높은 컬럼 효율을 나타낸다. 일반적인 고체 지지체의 지름은 **그물 크기**(mesh size)로 측정하였을 때 80/100와 100/120이다. 적절한 분리 성능을 나타내기 위해서는 큰 그물 크기의 지지체(즉, 작은 입자)가 필요한데, 하지만 운반 기체의 압력이 높아지므로 대부분의 충전 컬럼에서의 입자 크기의 한도는 100/120 mesh (125 ~ 149 mm)이다. 지지체 위에 코팅된 액체상의 양은 질량 퍼센트 (w/w)로 표시되며, 이는 $\frac{\text{정지상의 질량}}{(\text{정지상의 질량} + \text{지지체의 질량})}$으로서 정지상의 퍼센트이다. 정지상의 양은 지지체를 완전히 입혀주기에 충분한 양이 되어야 하며, 일반적으로는 1 ~ 10%이고 최고 30%까지도 가능한데, 그 양은 지지체와 정지상 간의 친화성의 정도에 따라 달라진다.

정지상의 첨가량이 많을수록(즉, 질량 퍼센트가 높을수록) 분석 물질의 머무름은 증가한다. 분자량이 크고 끓는점이 높은 화합물에는 1 ~ 2%의 정지상이 사용된다. 이런 형태의 화합물을 정지상의 질량 퍼센트가 높은 것에서 분석할 때는 꽤나 긴 머무름 시간을 갖게 되며, 짧은 머무름 시간을 얻기 위해서는 컬럼 온도를 높게 해 주어야 한다. 5 ~ 10% 첨가량은 분자량이 작고 매우 휘발성이 큰 화합물의 분석 시에 충분한 머무름 시간과 분리능을 얻기 위해서 사용된다. 정지상의 첨가량이 높은 컬럼은 정지상 중 일부가 분해, 휘발, 손실 등에 의하여 크로마토그램의 바탕값을 매우 높게 한다. 이러한 바탕값이 기준선에 기여하는 것을 **컬럼 번짐**(column bleed)이라 하며, 일반적으로 컬럼의 온도가 높을 때(약 250 °C 이상) 나타나는 문제이다.

충전 컬럼에서 정지상의 종류는 150여 종류가 있다. 정지상의 종류는 같으나 제조사의 이름(상표명 또는 숫자 체계)들이 다르며, 어떤 컬럼들은 같은 정지상이지만 제조 방법이 다르기도 하다. 비슷한 이름의 정지상이지만 구조와 크로마토그래피의 분리 성능이 완전히 다른 것들도 있다.

어떤 경우에서는 두 개의 다른 정지상을 섞어서 두 정지상의 분리 성질을 갖게 하기도 한다. 정지상의 종류가 많고 비슷한 종류도 많으나 확실하게 적합한 정지상을 선택하는 규칙이 없을 뿐만 아니라 쉽지도 않다. 가장 바람직한 접근 방법은 비슷한 분석을 한 참고 문헌을 인용하거나 지침서로서 Rohrchneider/McReynolds 상수를 사용하기도 하는데, 분리를 위한 최적의 정지상을 찾는 데 성공하기란 꽤 힘들다.

정지상(즉, 컬럼)은 최저 온도와 최고 온도의 한계를 가지고 있다. 온도의 한계를 벗어나게 되면 정지상의 분해나 분석 실패의 결과가 생긴다. 정지상에 매우 강하게 붙들려 있는 화합물은 높은 온도가 필요하고, 이 온도가 정지상의 온도 한계 이상일 경우도 있다. 컬럼 내에 산소나 수분이 있으면 고온에서는 정지상의 분해가 일어난다.

고체 지지체 위에 정지상으로 코팅된 입자로 구성된 충전 컬럼 이외에도 다공성 고분자만을 충전시킨 컬럼도 널리 사용된다(GSC). 가장 친숙한 다공성 고분자 충전 물질로는 Chromosorb, Porapak, HayeSep 등이 있다. 이런 종류의 충전 물질은 유기 용매와 기체 같은 가볍고 휘발성이 큰 화합물의 분석에 사용된다. 여러 종류의 다공성 고분자 충전 물질은 성분, 입자 모양, 기공의 크기와 모양이 서로 다르다. 가장 일반적인 기공 지름은 약 0.01 mm이다. 일반적으로 작은 기공 지름의 구슬(0.01 mm 이하)일수록 휘발성이 큰 화합물의 분석에 사용되며, 큰 기공의 구슬(0.01 mm 이상)일수록 무겁고 휘발성이 약한 화합물에 사용된다.

충전 컬럼의 특징은 정지상의 종류와 첨가량, 지지체의 성질과 크기, 컬럼의 크기 등에 의해서 결정된다. 전형적인 형태는 1 m × 2 mm i.d. 1% OV-1 on Chromosorb W 100/120인데, 이는 100/120 mesh size의 Chromosrob W 지지체 위에 OV-1 정지상을 1% 첨가량으로 코팅한 후 이를 길이가 1 m이고 내경이 2 mm인 관에 충전시킨 컬럼을 일컫는 것이다. 다공성 고분자 컬럼에서는 첨가량이 표시되지 않고 관의 재질이 표시되기도 한다.

가격이 저렴하고 질 좋은 컬럼을 만들기가 어렵지 않으므로 실험실에서는 자체적으로 GC 컬럼을 충전하여 사용할 수 있다. 여러 종류의 정지상이 코팅된 지지체들을 실험실에서 저렴하게 구입하여 사용하기도 한다.

충전 컬럼은 모세관 컬럼에 비해서 여러 가지 장점이 있다. 충전 컬럼 가격은 모세관 컬럼의 10 ~ 50% 정도이다. 모세관 컬럼에 비해서 시료 용량이 10 ~ 1,000배가량 큰데, 이는 분석해야 할 시료의 양을 많이 주입할 경우에는 충전 컬럼이 유리하다는 것을 뜻한다(예, 순도 분석). 충전 컬럼은 꽤 견고하며, 컬럼의 앞부분이 비휘발성 시료 성분에 의해서 오염이 되면 충전된 앞부분의 1 ~ 2 cm 정도를 새 충전 물질로 교환한 후 사용할 수도 있다. 이러한 컬럼의 앞부분을 재충전하는 방법은 충전 컬럼의 분리 성능을 회복시켜 준다. 오염된 충전 컬럼을 복원시키는 다른 방법으로는 정지상의 최고 온도 이하인 고온에서 장시간(overnight) 동안 구워 주어서 오염물을 제거시키는 방법도 있다.

충전 컬럼의 이론단수는 대부분 모세관 컬럼 길이에서 미터당 이론단수보다 25 ~ 50% 정도 낮다. 이는 충전 컬럼(1 ~ 3 m)의 길이가 모세관 컬럼(10 ~ 60 m)의 길이보다 짧다는 사실을 생각하면 충전 컬럼의 전체 이론단수가 근본적으로 낮다. 충전 컬럼의 낮은 컬럼 효율(넓은 피크)을 보상하기 위해서는 피크를 충분하게 분리시켜 줄 필요가 있다. 충전 컬럼의 정지상의 종류가 많아서 선택성 분리가 가능하다.

충전 컬럼에서는 시료 주입 시 분할 주입 방법이 사용되지 않으며, 이동상 기체의 유속(10 ~ 60 mL/min)이 크기 때문에 GC/MS에 연결 시에는 질량 분석기의 펌프 능력을 고려해서 사용하여야 한다.

2.4.2 모세관 컬럼

모세관 컬럼(capillary column) (또는 **열린관 컬럼**(open tubular column))은 가늘고 긴 컬럼으로서, 분리 성능이 좋기 때문에 구성 성분이 많고 복잡한 시료 분석에 대한 분리능이 뛰어나서 대부분의 GC 분석에서 사용되고 있는 컬럼이다.

컬럼의 재질인 **용융 실리카**(fused silica)는 순도가 좋은 합성 석영이며, 광섬유 케이블을 만드는 데 사용되는 유리와 같은 재질이다. 모세관 컬럼의 외부 표면은 용융 실리카를 보호하기 위해서 **중합 이미드**(polyimide) 또는 알루미늄으로 보호용 코팅이 되어 있다(그림 2.10(b)). 컬럼의 내부의 벽은 얇게 정지상으로 코팅되어 있어서 용질 분자가 용융 실리카 내벽까지 침투하여 접촉할 수 있다. 따라서 정지상과 접촉한 관 내부 표면이 비활성화되어 있지 않으면 피크의 크기가 감소하거나 피크의 꼬리 끌림이 나타나기 때문에 용융 실리카의 내부 표면은 화학적으로 처리가 되어 있어서 비활성이어야 한다. 초기에 모세관 컬럼의 관은 금속이나 borosilicate glass로 만들었으나 유연성이 없고 활성이 존재하였으나, 그 이후 개발된 모세관 컬럼은 용융 실리카 모세관이 많이 사용된다.

모세관 컬럼의 물리적 외관은 충전 컬럼과는 다르게 유연성이 있고 지름이 작은 모세관 컬럼으로서 그림 2.9(c)와 같이 둥근 모양의 금속선 골조(cage)에 감겨져 있다. 컬럼 골조의 지름은 5 ~ 7인치이며, 골조에 관을 지지하도록 되어 있다. 일반적으로 모세관 컬럼의 길이는 10 ~ 60 m이며, 내경은 0.2 ~ 0.53 mm이다. 150 m까지도

상품화되어 있지만 그들은 단지 특별한 목적에 사용된다. 내경이 0.1 mm 또는 그 이하의 모세관도 있지만 GC에는 사용되지 않고 모세관 초임계 유체 크로마토그래피(capillary supercritical fluid chromatography)와 모세관 전기 영동법(capillary electrophoresis)에 사용된다. 모세관 컬럼에서 정지상의 양은 막의 두께로 표시되는데, 일반적으로 0.1 ~ 5 μm이다. 어떤 정지상의 경우는 정지상과 용융 실리카 내부 표면 간의 친화성이 없는 관계로 3 μm 이하로 제한되어 있다.

모세관 컬럼의 길이를 정하는 기본적인 요소로서 전체 이론단수가 필요하다. 긴 컬럼은 근접하여 붙어서 용리되는 화합물들을 더 잘 분리할 수 있으나, 긴 충전 컬럼에서와 유사한 단점을 가지고 있다. 즉, 최적의 운반 기체 흐름 속도를 유지하기 위해서는 높은 운반 기체 압력이 요구되며 분석 시간이 길어지고 소모 경비도 증가한다. 표 2.2에서는 충전 컬럼과 모세관 컬럼의 이론단수를 비교해 놓았다.

Golay 식에 의하면 컬럼의 지름을 선택하는 기준은 이론단수(N)이고 미터당 이론단수는 컬럼의 지름이 감소함에 따라서 증가한다. 고효율이 요구될 때 가장 많이 사용되는 컬럼의 내경은 0.2, 0.25, 0.32 mm이다. 지름이 작은 모세관 컬럼은 사용하기가 부적절하며 시료 용량도 낮다. 이런 이유 때문에 가장 시료 용량이 큰 0.53 mm 내경의 컬럼이 충전 컬럼을 대신해서 사용되기도 한다. 지름이 작은 모세관 컬럼은 운반 기체의 흐름 속도를 낮게 해서 작동한다. 따라서 GC/MS에서는 낮은 기체 흐름 속도가 유리하므로 지름이 작은 컬럼을 사용하는 것이 적절하다.

화합물의 머무름 시간은 모세관 컬럼의 막 두께(film thickness) d_f, 즉 정지상의 두께에도 비례하는데, 일반적으로는 0.1 ~ 5 μm이다. 즉, 막 두께가 증가하면 분석 물질의 머무름이 증가하고, 막 두께가 감소하면 머무름도 감소한다. 이러한 결과는 충전 컬럼에서 정지상 액체의 첨가량과 비슷한 효과를 나타낸다. 막이 두꺼운 컬럼은 분자량이 작고 휘발성이 있는 화합물 분석에 사용되며, 얇은 막은 분자량이 크고 끓는점이 높은 화합물에 사용된다.

충전 컬럼에서는 정지상의 종류가 많지만, 모세관 컬럼에서 정지상의 종류는 단지 20 ~ 30개 정도뿐이다. 가장 일반적인 모세관 컬럼의 정지상은 폴리실록세인(실리콘)(polysiloxane, silicones), 폴리에틸렌 글리콜(polyethylene glycol, PEG), 다공성

표 2.2 충전 컬럼과 모세관 컬럼의 비교[5]

	모세관 컬럼	충전 컬럼
길이	60 m	2 m
길이당 이론단수(N/m)	3,000 ~ 5,000	2,000
전체 단수	180,000 ~ 300,000	4,000

[5] McNair, H. M., Miller, J. M., Basic Gas Chromatography, John Wiley & Sons Inc., (1997).

고분자 등이다. 모세관 컬럼은 효율이 높기 때문에 충전 컬럼에 비해서 적은 수의 정지상만으로도 충분하다. 일반적으로 모세관 컬럼으로 분리하면 좁은 피크($W_b \simeq 10$ s)를 생성하고, 충전 컬럼으로 분리하면 상대적으로 넓은 피크를 생성한다. 용융 실리카관의 내벽 표면과 정지상과의 친화성 때문에 많은 수의 정지상들은 용융 실리카에 다양한 두께로 코팅하기가 불가능하다.

모세관 컬럼에서는 정지상의 종류가 많지 않기 때문에 선택하기가 간편하고 쉽다. 가장 좋은 접근 방법은 비슷한 분석을 한 문헌을 참고해서 컬럼을 선택하는 것이다. 충전 컬럼에서와 마찬가지로 정지상의 상한 온도와 하한 온도가 있다. 온도의 한계를 벗어나면 정지상의 분해나 실험의 실패를 가져올 수 있으므로 정지상의 온도 한계에 맞추어서 실험하여야 한다. 대부분의 모세관 컬럼은 더 안정하고 견고하도록 용융 실리카의 표면에 정지상을 다리-걸친형(cross-linked) 공유 결합을 시켜 놓았으므로 가능하면 이런 종류의 정지상을 사용해야 한다. 모세관 컬럼의 제조사들 간에는 정지상의 이름을 바로 알 수 있도록 기호 체계를 가지고 있다. 단지 다른 점은 DB-1, HP-1, SPB-1, Rtx-1과 같은 접두어뿐이다. 하지만 어떤 제조사는 완전히 다른 이름 체계나 몇몇 정지상에 대해서만 다른 체계를 가지고 있으므로 다른 제조사의 컬럼과 비교할 때는 정지상에 대한 화학명을 비롯한 극성 정도를 확인할 필요가 있다. 어떤 정지상에 대해서는 독점인 것이어서 구조가 알려지지 않는 것도 있을 수 있다. 참고로 정지상의 상표명과 제조사는 다음과 같다(표 2.3).

표 2.4에 일반적으로 사용되는 모세관 컬럼의 정지상이 열거되어 있다. 모세관 컬럼에서는 정지상의 종류, 컬럼의 길이, 지름, 막 두께 등을 표기함으로써 표기가 간단하다. 일반적인 표기 방법으로는 DB-1, 30 m × 0.25 mm i.d., 0.25 mm film thickness이다. 표에서 아래로 내려갈수록 정지상의 극성도가 증가하는 순서인데, 이는 그림 2.11에서 diphynly dimethyl polysiloxane에서 methyl 기(X)가 phenyl 기(Y)로 치환되면서 phenyl 기의 함량이 증가하면 극성도가 커지기 때문이다.

모세관 컬럼의 가장 큰 장점은 이론단수가 크다는 것이다. 이는 충전 컬럼에서는

표 2.3 컬럼의 상표명과 제조사

상표명	제조사
AT-1, EC-1, MC-1, SE-30	Altech Associate
CP Sil 5 CB	Chrompack
HP-1, HP Ultra-1, HP-1 MS, DB-1	Agilent J&W
007-1	Quadrex
Rtx-1, Rtx-1 MS	Restek
BP-1, BPX-1	SGE
SPB-1, Astec CHIRALDEX B-TA	Supelco

표 2.4 모세관 컬럼의 정지상의 종류 및 재질

상표명	조성
DB-1, HP-1, SPB-1, Rtx-1	100% Methyl silicone
DB-5, HP-5, SPB-5, Rtx-5	5% Phenyl methyl silicone
DB-35, HP-35, SPB-35, Rtx-35	35% Phenyl methyl silicone
DB-17, HP-17, SPB-50, Rtx-50	50% Phenyl methyl silicone
DB-1701, HP-1701, SPB-1701, Rtx-1701	14% Cyanopropylphenyl methyl silicone
DB-23	50% Cyanopropyl methyl silicone
SP-2330, Rtx-2330	80% Biscyanoproyl- 20% cyanopropylphenyl silicone
SP-2340	100% Biscyanopropyl silicone
SP-2380	90% Biscyanopropyl- 10% cyanopropylphenyl silicone
DB-225, SPB-225, Rtx-225	25% Cyano-25% phenyl methyl silicone
DB-210, Rtx-200	40-50% Trifluoro methyl silicone
DB-WAX, HP-WAX, Supelcowax, Stabilwax	Poly(ethylene) glycol
DB-FFAP, HP-FFAP, Nukol, Stabilwax-DA	Nitroterephthalic acid modified poly(ethylene glycol)
CAM, Stabilwax-DB	Base modified poly(ethylene glycol)
Cyclodextrins	Modified a-, β- and γ- cyclodextrins
GS-Alumina, HP-PLOT Al_2O_3, Rt-Alumina	Alumina(Al_2O_3)
GS-MoleSiew, HP-MolSiew5A, 5A-MoleSieve	Molecular Sieve 5A
GS-Q, HP-PoraPLOT-Q, Porapak Q	Ethylvinylbenzene-divinylbenzene

적절히 분리하지 못하는 복잡한 시료들의 피크들을 분리 가능하다는 것을 의미한다. 일반적으로 시료에서 분리할 화합물의 수가 많을수록 긴 모세관 컬럼을 사용하여야

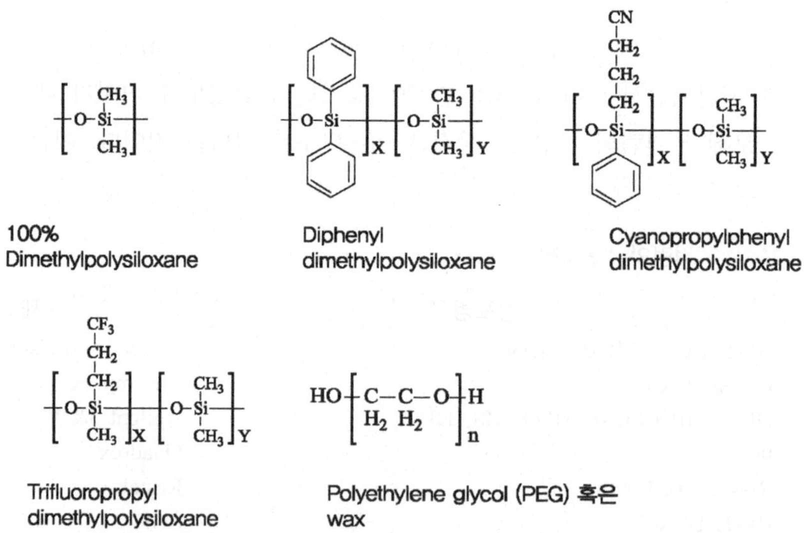

그림 2.11 정지상의 화학 구조

한다.

중합 이미드로 코팅된 용융 실리카 모세관 컬럼의 장점 중 하나는 다루기가 쉽다는 것이다. 이 컬럼은 딱딱한 유리나 금속 컬럼에 비해서 유연성이 있으므로 어느 GC 장치에나 맞도록 간편하게 자르거나 구부릴 수 있다. 또한 컬럼의 앞부분, 즉 시료가 주입되는 부분이 오염되면 컬럼의 30 cm ~ 1 m 정도를 자르면 원래의 성능을 회복할 수 있다.

GC/MS에서 컬럼 번짐은 화학적 잡음이 되며 검출 한계를 나쁘게 한다. 신호 대 잡음비(S/N)를 높이려면 번짐이 적은 열적으로 안정한 정지상 컬럼을 선택할 필요가 있다. 모세관 컬럼은 GC/MS 시스템에 적절하며, 주입 시 컬럼의 과부하를 방지하기 위해서 분할 주입 방법을 사용하는 것이 바람직하다.

2.4.3 모세관 컬럼의 구조

모세관 컬럼은 용융 실리카관, 중합 이미드 코팅, 정지상의 3개 부분으로 구성되어 있다(그림 2.10(b)).

모세관 컬럼에 사용되는 **용융 실리카**(fused silica)는 금속 불순물이 1 ppm 이하로 포함된 합성 석영이다. 용융 실리카는 고온의 노(furnace)에서 뽑아내며, 일정한 내경을 유지하기 위하여 레이저 마이크로미터가 사용된다. 컬럼(관)의 내부 표면은 청결을 유지시키고 비활성화시켜 주어야 한다. 이는 분석 물질과의 화학적인 활성을 최소화시키고 정지상을 화학적으로 규칙적인 표면으로 만들어 주기 위함이다. 가장 대표적인 방법이 컬럼 내부를 실릴화시키는 방법이며, 관 내부의 표면에 있는 실란올(silanol, Si-OH)기의 H를 메틸이나 페닐－메틸 실릴로 치환 반응을 시켜서 알콕시실록산 형태로 만든다.

용융 실리카관의 바깥 표면을 보호하는 가장 일반적인 코팅 재료는 **중합 이미드**(polyimide)이다. 용융 실리카 컬럼의 색깔이 갈색을 띠는 것은 중합 이미드 때문이며 중합 이미드 코팅이 고온에 오랫동안 노출되면 어두운 색깔로 변한다. 용융 실리카관을 덮고 있는 중합 이미드의 상한 온도는 일반적으로 360 °C이며, 고온용 중합 이미드는 400 °C까지 가능하다.

중합 이미드는 두 가지 역할을 하고 있다. 첫 번째는 관 내에 있는 흠(균열)을 채워 주고, 두 번째는 실리카관을 강하게 하고 방수막을 만들어 준다. 따라서 실리카관은 공기와 접촉해도 산화가 일어나지 않게 되어 있어 쉽게 파손되지 않는다. 이와 같이 중합 이미드 코팅은 관을 강하게 하고 내구성을 더하게 해 주며 컬럼을 유연하게 만들어 주는 역할도 하고 있다.

정지상(stationary phase)은 용융 실리카관의 내부벽에 코팅되는 고분자 물질이며,

두께, 균일성, 화학적 본성이 매우 중요하고 크로마토그래피 분리의 가장 중요한 영향을 미치는 부분이다.

다리-걸친형(cross-linked) 정지상은 공유 결합에 의해서 액체상 개개의 중합체끼리 가교로 결합시킨 정지상이다. 결합형(bonded phase) 정지상은 관의 표면에 액체상과 공유 결합된 형태이다. 이 두 가지 기술은 정지상의 열에 대한 안정성과 용매에 대한 안정성을 증가시키는 기술이다. 대부분의 폴리실록세인(polysiloxane)과 폴리에틸렌 글리콜(polyethylene glycol) 정지상은 결합형과 다리-걸친형을 하고 있다.

2.4.4 시료 용량

시료 용량(sample capacity)은 컬럼의 정지상이 분석 시료를 수용할 수 있는 최대량이며, 표 2.5와 같다. 컬럼 과부하 현상은 피크 프론팅(peak fronting), 즉 피크의 앞부분은 완만한 경사로 정점까지 올라가며 그 후에는 급경사로 내려가는 비대칭 피크를 나타낸다. 과부하는 컬럼의 극성이 잘못 선택된 경우에 더 빨리 일어난다. 컬럼의 용량은 컬럼의 내경, 막 두께, 정지상에 대한 물질의 용해도에 의존하므로 시료 용량은 내경, 막 두께, 그리고 용해도에 따라 증가한다.

2.4.5 내경

컬럼의 내경(internal diameter, i.d.)은 컬럼의 효율, 머무름 특성, 시료 용량에 직접 영향을 미친다. 모세관 기체 크로마토그래프에 사용되는 컬럼의 내경은 0.1 mm(미세구경)에서부터 0.18 mm와 0.25 mm(좁은 구경) 그리고 표준 컬럼인 0.32 mm, 0.53 mm(넓은 구경)까지 다양하게 있다. 질량 분석기에 직접 연결하는 컬럼으로는 내경이 최대 0.32 mm까지가 일반적으로 사용된다. 막 두께가 일정할 때 내경이 작은 컬

표 2.5 컬럼의 내경에 따른 시료 용량[6]

내경(mm)	0.18	0.25	0.32	0.53
막 두께(μm)	0.20	0.25	0.25	1.00
시료 용량(ng)	<50	50~100	400~500	1,000~2,000
컬럼 1 m당 이론단수	5,300	3,300	2,700	1,600
헬륨 20 cm/s에서의 적정 흐름 속도(mL/min)	0.3	0.7	1.2	2.6
수소 40 cm/s에서의 적정 흐름 속도(mL/min)	0.6	1.4	2.4	5.2

[6] Hans-Joachim Hübschmann, Handbook of GC/MS: Fundamentals and Applications, Wiley-VCH, (2000).

표 2.6 컬럼 내경과 운반 기체의 선형 속도 및 흐름 속도[7]

내경 (mm)	선형 속도(cm/s)		흐름 속도(mL/min)	
	He	H_2	He	H_2
0.18	30~45	45~60	0.5~0.7	0.7~0.9
0.25	30~45	45~60	0.9~1.3	1.3~1.8
0.32	30~45	45~60	1.4~2.2	2.2~2.8
0.54	30~45	45~60	4.0~6.0	6.0~7.9

표 2.7 컬럼 내경의 영향

내경(mm)	분리능	분석 시간	시료 용량	용이성
0.1	매우 양호	아주 양호	보통	보통
0.25, 0.32	양호	양호	양호	양호
0.53	보통	양호	매우 양호	매우 양호

럼의 크로마토그래프 분리능이 더 좋아지며, 용질의 머무름은 증가한다. 컬럼의 내경이 증가하면 시료 용량은 증가하지만, 컬럼 번짐도 약간 증가한다.

표 2.6은 컬럼의 내경에 따른 선형 속도와 흐름 속도(유속)를 나타내고 있다. 표에서 볼 수 있듯이 흐름 속도는 컬럼의 내경에 따라서 달라지기 때문에 동일한 머무름 시간에 영향을 미치는 것은 이동상의 흐름 속도(유량)가 아닌 선형 속도임을 알 수 있다.

컬럼의 내경이 작으면 피크 넓어짐이 작아지고 효율이 높아진다. 즉, Golay 식에서 컬럼의 반지름 r_c가 작을수록 단높이 H가 작아져서 컬럼의 효율은 증가하는데, 이는 질량 이동 거리가 상대적으로 짧아지므로 피크의 넓어짐이 줄어들기 때문이다. 따라서 컬럼 내경이 작아질수록(일정한 막 두께에서) 효율(질량 이동 거리가 짧아지므로)과 분석 시간은 증가(운반 기체의 감소 때문)한다(표 2.7).

2.4.6 정지상의 막 두께

컬럼의 내경과 길이가 일정한 상태에서 정지상 두께, 즉 막 두께(film thickness)의 선택은 분석 목적에 따라 다르다. 일반적으로 두꺼운 막은 휘발성 화합물의 분석에 사용되며, 얇은 막은 끓는점이 높은 화합물에 사용된다. 막 두께가 1.0 μm 이상인 두꺼운 컬럼은 휘발성 할로젠 탄화수소 화합물과 같은 끓는점이 매우 낮은 화합물을 효과적으로 분리할 수 있다. 막 두께가 증가함에 따라서 시료 용량이 증가하기 때문

7 Hans-Joachim Hübschmann, Handbook of GC/MS: Fundamentals and Applications, Wiley-VCH, (2000).

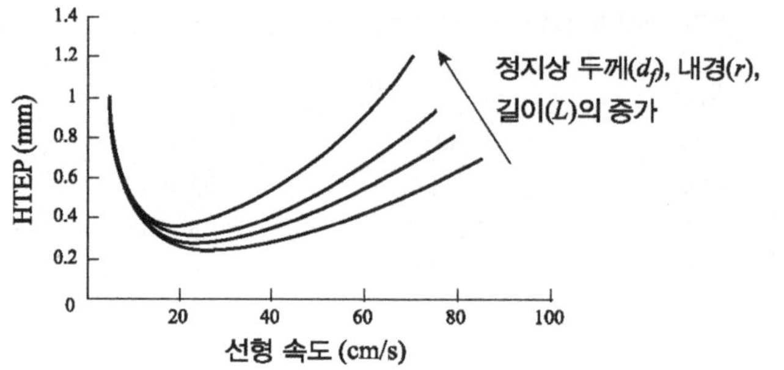

그림 2.12 모세관 컬럼의 막두께, 내경, 길이에 따른 van Deemter 곡선의 영향

에 헤드스페이스(head space)나 퍼지-트랩(purge & trap)과 같은 방법을 사용하여 휘발성 할로젠 탄화수소를 분석할 때에 오븐 온도를 추가로 낮추지 않아도 분석이 가능하다. 뿐만 아니라 실온 이상의 오븐 초기 온도에서도 분석이 가능하다. 그러나 막두께가 두꺼운 컬럼은 높은 온도에서 컬럼 번짐이 심하게 나타나는 경향이 있음을 유의하여야 한다.

일반적인 잔류물 분석에서는 막 두께가 약 0.1 ~ 0.33 μm인 컬럼이 GC/MS에서 가장 효과적이다. 얇은 막 두께의 컬럼은 피크의 너비가 좁고 머무름 시간이 짧으며, 높은 온도에서도 컬럼 번짐이 거의 없이 사용될 수 있다. 화합물의 용리 온도는 막두께가 얇을수록 낮아지며, 동일한 온도 프로그램에서 분자량이 큰 화합물도 분석이 가능하게 된다. 또한 같은 화합물에 대해서 머무름 시간은 짧아지고 시료의 용량은 감소한다(그림 2.12).

따라서 막 두께가 증가하면 휘발성 화합물의 경우 분리능은 증가하며, 분석 시간도 증가하며, 용리 온도 역시 증가한다.

■ 막 두께와 내경과의 관계

모세관 컬럼의 **상 비율**(phase ratio, β)은 기체 상태의 이동상이 차지한 부피와 정지상의 부피(코팅된 두께, 즉 막 부피)와의 비율로 결정된다. 즉, β(상 비율) = V_m/V_s이다. 여기서 V_m은 이동상의 부피, V_s는 정지상의 부피이다. 막 두께가 d_f이고 컬럼의 반지름이 r_c이면 $= (r_c - d_f)^2/2r_c d_f$이며, 만일 $r_c \gg d_f$이면 $\beta = r_c^2/2d_f$의 관계를 얻을 수 있다. 컬럼의 내경과 막 두께에 따른 상 비율이 분리에 미치는 영향을 표 2.8에 나타내었다.

내경이 크고 막 두께가 얇으면 상 비율이 크고 분리가 잘 된다는 것을 의미한다. 내경이 일정할 때 상 비율이 크다는 것은 막 두께가 얇다는 것을 의미하므로 막 두께 d_f가 작아지면 H도 작아지므로 분리가 효과적임을 알 수 있다.

따라서 일반적으로는 같은 내경일 때 더 좋은 분리를 위해서는 막 두께가 더 얇은 것으로 바꾸거나, 같은 막 두께를 유지한 채 내경이 더 큰 것을 선택하면 좋은 분석

표 2.8 컬럼의 내경과 막 두께에 따른 상 비율

내경 (mm)	막 두께(μm)							
	0.10	0.25	0.50	1.0	1.50	2.0	3.0	5.0
0.18	450	180	90	45	30	23	15	9
0.25	625	250	125	63	42	31	21	13
0.32	800	320	160	80	53	40	27	16
0.53	1325	530	265	128	88	66	43	27

결과를 얻을 수 있다.

2.4.7 컬럼의 길이

컬럼은 가능하면 짧을수록 좋으며, 가장 일반적인 모세관 컬럼의 길이는 20 ~ 50 m이다. 짧은 컬럼은 간단한 분리에 바람직하지만, 너무 짧아지면 질량 분석기의 경우에 최대 유속에서 문제가 생긴다. 따라서 길이가 15 m 이상, 내경이 0.32 mm 이내가 바람직하다. 컬럼 길이가 두 배가 되면 분리능이 1.4($\sqrt{2}$)배 향상되는 반면에 분석 시간은 두 배가 되며, 이때 컬럼 가격도 고려해야 한다.

2.4.8 컬럼의 온도

컬럼의 종류, 길이, 내경, 정지상 두께가 선택된 후 그 컬럼이 주입구와 검출기에 장착되고, 이동상 기체의 유속이 결정된 후에는 물질들을 분리하거나 머무름 시간을 소설하는 파라미터는 컬럼의 온도, 즉 컬럼이 내재된 오븐의 온도이다. 컬럼의 온도를 설정하는 방법에는 **등온**(isothermal)법과 **온도 프로그램**(temperature programming)법이 있는데, 이는 HPLC에서 등용매(isocratic)법과 기울기 용매(gradient)법에 해당된다고 할 수 있다.

등온 방법은 시료 분석이 시작될 때부터 종료 시까지 일정한 온도를 유지하는 것이다. 이 방법은 보통 단일 물질 또는 물리·화학적 성질(증기 압력, 끓는점 등)이 유사한 2 ~ 3가지 물질을 분리하는 데 사용되며, 물리·화학적 성질의 분포가 다양한 여러 가지 화합물을 동시에 분석하기에는 부적합하다. 이 경우는 증기 압력이 낮은 물질들이 완전히 용리되지 않고 컬럼 내에 존재하게 되어 컬럼을 손상시키거나 다음 시료를 분석할 때에 용리될 수도 있는 단점이 있는 반면, 많은 시료를 연속해서 분석할 경우에 컬럼 오븐 온도를 안정화시키는 데 시간이 소요되지 않는다는 장점이 있다.

온도 프로그램 방법은 분석하는 동안에 낮은 초기 온도에서 시작해서 높은 온도까지 일정 속도로 증가시키는 방법으로써 시간당 온도 증가 속도를 다르게 몇 단계로 프로그램이 가능하도록 되어 있다. 이 방법은 물리・화학적 성질이 다른 여러 가지 화합물들을 동시에 분석하는 데 적합하며, 분석 시간이 단축되고, 이월(carry over) 효과 등이 없는 장점을 가지고 있기 때문에 일반적으로 많이 사용되고 있는 방법인데, 컬럼 오븐 온도를 높은 온도로 올렸다가 낮은 온도로 낮추고 안정화시키는 데 시간이 소요된다는 단점이 있다.

2.4.9 컬럼의 교체 및 컨디셔닝

새로 구입하거나 오랫동안 사용하지 않은 컬럼을 컨디셔닝(conditioning)을 하는 목적은 안정된 바탕선과 좋은 신호 대 잡음비(S/N)를 얻기 위함이며, 그 절차는 다음과 같다.

1) GC의 검출기를 끈 후 연료 기체와 보조 기체들도 공급을 멈춘다.
2) GC의 각 부분(주입구, 오븐, 검출기 등)을 충분히 냉각시키고, 이동상 기체의 흐름을 멈춘 후, 원래 장착되어 있던 컬럼을 제거한다.
3) 새로운 컬럼인 경우 불꽃으로 밀봉된 부분으로부터 약 15 cm 정도 되는 부분을 컬럼 커터를 사용해서 잘라내고 fitting과 ferrule을 끼워서 시료 주입구에 연결한다. 이때 조심해야 할 점은 검출기(FID, ECD, MS 등)에는 연결시키지 않는다는 것이다. 만약 컬럼을 검출기에 연결시켜서 컨디셔닝시키면 검출기가 오염될 수도 있기 때문이다.
4) 주입구에 컬럼을 연결한 후에는 컬럼의 길이와 지름에 적합한 유속의 이동상 기체를 흘려준다. 이때 반드시 이동상 기체의 흐름을 확인해야 하는데, 이를 위해서는 바이알에 채워진 고순도 메탄올에 검출기에 연결되는 컬럼 끝부분 약 1 cm 정도가 잠기게 해서 이동상 기체의 기포가 발생됨을 육안으로 확인하면 된다.
5) 메탄올 용매로부터 컬럼 끝을 빼낸 후 적절한 유속에서 10 ~ 40분 정도 컬럼을 퍼지(purge)시켜야 하는데, 컬럼의 내경이 0.1 mm일 경우는 40분 정도이며, 0.32 mm일 경우는 20분 정도이며, 내경이 작을수록 오랫동안 시킨다. 퍼지는 가열 전에 시료 주입구와 컬럼 내에 있는 공기(산소)를 제거시키기 위함이다. 미량의 산소도 높은 온도에서는 정지상에 치명적인 손상을 주기 때문이며, 퍼지시키는 동안에 전자 누출 탐지기나 비누 거품을 사용하여 컬럼의 연결 부위에서 이동상 기체의 누출을 점검해 준다.
6) 퍼지가 끝나면 컨디셔닝 단계인데, 컨디셔닝 시간과 온도는 정지상의 종류, 정지상 두께, 검출기의 종류, 분석 물질의 종류에 따라 다르지만 일반적인 방법은 다음과 같다.

① 컬럼이 장착된 GC 오븐의 초기 온도를 40 °C로 설정하고, 컬럼을 작동하고자 하는 최고 온도보다 20 °C 이상으로 10 °C/min으로 프로그램해서 승온시킨다.

② 오븐 온도가 상승하는 동안에 주입구의 온도도 적당한 온도(200 ~ 300 °C)로 가열한다.

③ 설정한 온도까지 도달한 후 컬럼의 길이, 막 두께 등에 따라서 20분에서 3시간까지 유지시킨다. 컬럼의 길이가 길수록 막 두께가 두꺼울수록 오랜 시간 동안 유지시켜야 하는데, 길이가 30 m인 경우 0.1 ~ 0.25 μm 두께는 30 ~ 40분, 0.5 ~ 1.0 μm 두께는 45 ~ 60분이다.

④ 컨디셔닝이 끝난 후, 이동상 기체는 계속해서 흘려주고 오븐 온도를 실온으로 낮추고 fitting과 ferrule을 사용해서 컬럼을 검출기에 연결한다.

⑤ ①~③번 과정을 다시 반복한다.

장시간 동안 컬럼의 최고 온도에서 작동될 경우나 두꺼운 정지상 컬럼이 감도가 매우 좋은 ECD나 MS에 연결될 경우에는 밤새(overnight) 컨디셔닝을 수행해야 한다. 하지만 컬럼의 최고 온도에서 장시간 동안 작동하면 컬럼의 수명이 짧아질 수 있다는 것을 명심해야 한다.

2.5 검출기

컬럼을 빠져나온 용질 분자들은 검출기에 감응한다. 이 감응은 전기적 신호로 변환된 후 기록 장치나 자료 저장 장치로 보내지고 신호의 세기 대 경과 시간(머무름 시간)으로 도시된 크로마토그램이 얻어진다.

각 검출기는 분석하고자 하는 시료에 적합하게 구성되어 있고, 고유한 물리적 특성을 가진 장치이다. 각 검출기들은 검출할 수 있는 화합물의 최소량(감도)과 화합물에 따른 다른 감응도(선택성)에 차이점이 있다. 모든 검출기에서 중요한 특징 중 하나는 감응하는 선형 범위가 다르다는 것이다. **선형 범위**(linear range)란 화합물 양의 변화에 비례해서 감응 변화가 일어나는 농도 범위를 말한다(예를 들면, 화합물의 양이 2배면 피크의 크기도 두 배가 되는 것).

특별한 목적을 위해서 질량 분석기(MS)와 병렬로 다른 검출기를 연결할 수도 있는데 이때는 검출기들의 특성이 잘 고려되어야 한다. 한 대의 GC에 불꽃 이온화 검출기(FID)와 질량 분석기(MS)를 병렬로 연결하는 것은 별 의미가 없다. 이는 두 검

표 2.9 GC의 검출기 특성 및 기체 흐름 속도

검출기	주요 분석 물질	흐름 속도(mL/min)		
		이동상 기체 + 보충 기체	수소	공기
FID	탄화수소	20 ~ 60	30 ~ 40	200 ~ 500
TCD	일반 화합물	15 ~ 30	–	–
ECD	할로젠 화합물	30 ~ 60	–	–
NPD	질소/인 화합물	20 ~ 40	1 ~ 5	70 ~ 100
FPD	황 화합물(394 nm)	20 ~ 40	50 ~ 70	60 ~ 80
	인 화합물(526 nm)	20 ~ 40	120 ~ 170	100 ~ 150

출기의 감응 인자가 거의 같아서 동일한 크로마토그램을 나타내기 때문이다. 열전도 검출기(TCD)의 경우도 MS와 병렬로 연결해서 사용하지 않는다.

그렇지만 특정 원소에 감응을 나타내는 검출기를 병렬로 연결하면 질량 분석기에서 얻지 못한 정보들을 얻을 수 있는 경우가 있다. 전자 포획 검출기(ECD)와 질소-인 검출기(NPD)는 특정 원소가 포함된 화합물에 대해서는 질량 분석기를 사용했을 경우보다 검출 한계가 더 좋다. 검출기를 병렬 연결 시에는 컬럼을 통해서 흐르는 이동상 기체의 흐름 속도를 분할(즉, 시료를 분할)하여야 하는데 이 경우에는 두 검출기의 비율을 먼저 고려한 후 설정하여야 한다. 일반적으로, 많은 양이 질량 분석기 속으로 들어가게 해서 미량 분석 시에 분석 물질의 농도가 검출 한계 이하로 내려가지 않게 하여야 한다.

모세관 컬럼의 경우에 각 검출기에서 사용되는 각종 기체들의 일반적인 흐름 속도는 표 2.9와 같다.

2.5.1 불꽃 이온화 검출기

불꽃 이온화 검출기(flame ionization detector, FID)의 주요 구성 부분이 그림 2.13에 나타나 있다. 수소와 공기를 연료로 사용하여 분출구(jet)의 끝에서 불꽃을 생성하며, 분석 물질을 포함하고 있는 운반 기체는 분출구의 끝으로 이송되어 불꽃 속으로 들어간 후 유기 화합물인 분석 물질들은 연소된다. 이 연소 과정 중에 이온들이 생성(약 컬럼 유출물 중에서 약 0.001%만 생성됨)되고, 하전된 수집기(collector)에 이끌리게 된다. 이온들의 흐름은 전류로서 측정되고, 전위차계에 의해서 출력 전압으로 바뀌게 된다. 생성된 전류의 양은 불꽃 속으로 주입된 화합물의 농도에 의존하게 된다. 수집 전극의 전위는 분출구보다 약 200 V 더 크게 걸어준다.

FID는 탄소-수소(C-H) 결합을 가진 모든 유기 화합물에 잘 감응한다. 감응 신호는 유기 화합물에 포함된 탄소의 수에 비례하지만, 산소나 질소 같은 헤테로 원자들이 포함되면 감응은 줄어든다. 탄소-수소 결합이 부족하면 완전히 감응을 하지 않는 것

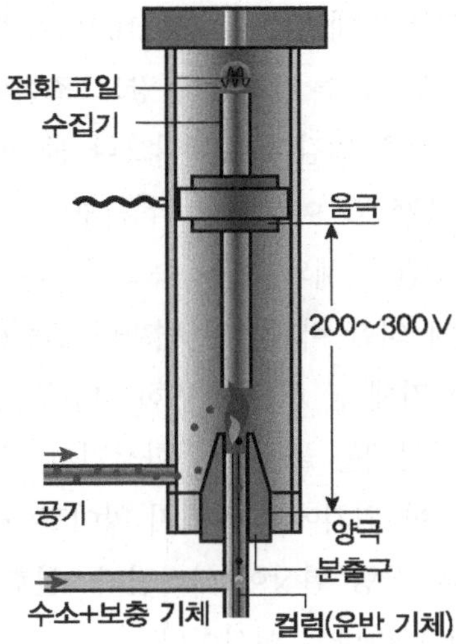

그림 2.13 FID의 구조

은 아니지만 감응이 현저히 감소된다.

C-H나 C-C 결합된 화합물이 불꽃 속으로 들어가면 그들은 먼저 열분해가 일어나서 라디칼(예, CH˙)을 생성한다. 탄소를 포함하고 있는 라디칼은 산소와 불꽃 속에서 생성된 들뜬 라디칼(예, OH^*)에 의해서 산화가 일어나면서 이온화된 화합물(CH_2O^+)과 전자(e^-)들을 생성시키며 이 전자들은 신호 전류를 생성한다(예, CH˙ + $OH^* \rightarrow CH_2O^+ + e^-$).

최소한 한 개 이상의 C-H나 C-C 결합이 있는 물질들만 검출되며, 영구 기체, 사염화탄소(CCl_4), 물, 일산화탄소(CO), 이산화탄소(CO_2) 등은 거의 감응이 되지 않는 화합물이다. 마찬가지로, 완전하게 산화된 탄소를 가지고 있는 카보닐기(-C=O), 카복실기(-COOH), 에테르(-O-) 등에도 감응이 없다. 대부분의 화합물에 대한 감도는 0.1 ~ 1 ng이며, 선형 범위는 $10^5 \sim 10^6$이다.

모세관 컬럼의 검출기에서는 일반적으로 **보충 기체**(make-up gas 또는 auxillary gas)로서 헬륨이나 질소 기체가 사용된다. 이는 모세관 컬럼의 유속이 매우 낮기 때문에(일반적으로 0.3 ~ 1.5 mL/min) 컬럼으로부터 용출되는 용질들이 불꽃까지 도달하도록 하는 역할을 하며 감도에도 영향을 미치는 요소이다. 이런 면에서 질소는 가격이 저렴하고 감도가 괜찮은 기체이다.

FID는 간단한 검출기이므로 정기적인 유지 보수가 거의 필요하지 않지만, 종종 퇴적물들을 제거하기 위하여 불꽃 분출구와 수집기를 청소해 줄 필요가 있다. FID의 감응 세기는 수소와 기체 흐름 속도에 의존하므로 일정한 성능을 유지하기 위해서는 정기적으로 기체의 흐름 속도를 측정할 필요가 있다. 효과적인 작동을 위해서는 사용되는 기체(수소와 공기)가 순수해야 하고, 바탕 이온화를 증가시키는 유기 물질들이 없어야 한다. 또한 최대 감도를 나타내기 위해서 수소와 공기의 비율도 최적화해야 하며, 이미 언급된 보충 기체의 유량도 조절되어야 한다(표 2.9).

FID는 온도에는 아주 민감하지는 않으나 물이나 높은 끓는점 시료의 응축을 방지하기 위해서 최소 125 °C 이상에서 작동해야 하는데, 일반적으로는 250 °C 이상이 적합하다. FID는 운반 기체의 흐름 속도의 변화에 민감하지 않으므로 운반 기체의 흐름 속도의 변화에 의한 바탕선의 변화나 들뜸(drift)의 원인이 되지는 않는다.

검출기에 흐르는 기체 중 하나가 변하거나 검출기가 오염되었을 때 감도가 변하게 되는데, 이 두 가지 문제는 불꽃을 점화시키기 힘들게 하는 원인이 될 수도 있다. 컬럼이 검출기의 적절한 위치에 설치되지 않아도(모세관 컬럼의 경우에 더 그렇다) 피크 넓어짐이나 꼬리 끌림 현상이 나타난다. 신호가 튀는 현상은 축적된 잔해물들이 검출기로 들어가서 나타나는 현상이다.

FID는 범용적 검출기(universal detector)로서 대부분의 유기 화합물에 감응하며, 선형 구간이 넓고, 감도가 좋으며, 견고하다는 장점이 있는 반면에, 범용적이므로 복잡한 매트릭스가 있는 미량 분석에서는 적합하지 않으며, 염소나 브로민이 많이 함유된 화합물에는 감도가 낮다. FID는 탄화수소, 연료, 향료, BTX (benzene, toluene, xylene), PAHs (polyaromatic hydrocarbons) 등 대부분의 유기 화합물의 검출에 사용된다.

2.5.2 질소–인 검출기

질소–인 검출기(nitrogen-phosphorous detector, NPD)의 주요 구성 부분을 그림 2.14에 나타내었다. 보통은 rubidium sulfate (Rb_2SO_4)인 알칼리 금속 구슬(bead)이 분출

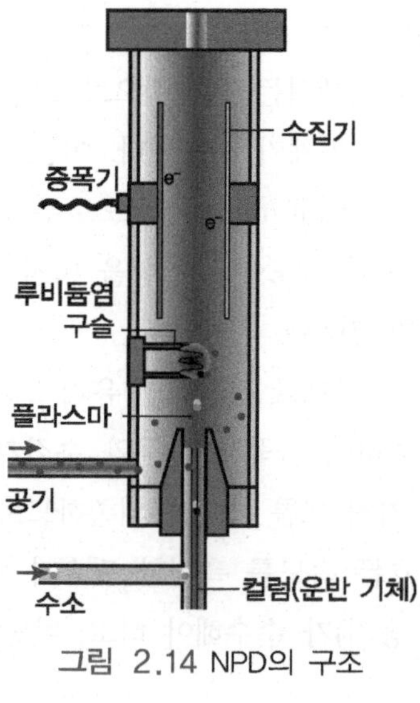

그림 2.14 NPD의 구조

구 위에 자리 잡고 있다. 전류가 구슬에 흐르게 되면 온도가 800 °C까지 도달된다. 여기에 연료로서 수소와 공기를 첨가해 주면 구슬 주변에 플라스마가 형성된다. 용질을 포함하고 있는 운반 기체가 분출구의 끝으로 전달되면서 플라스마 속으로 흐르게 된다. 질소(N)나 인(P)을 함유하고 있는 화합물들은 플라스마 내에서 특정 이온을 생성하며, 이 이온들은 하전된 수집기에 이끌리게 된다. 이 이온들의 움직임은 전류로 나타나서 측정되고 전위차계에 의해서 출력 전압으로 전환되며, 전류의 양은 플라스마 속으로 주입된 화합물의 양에 의존한다.

NPD는 질소(N)와 인(P)이 함유된 화합물에 대해서만 선택성과 감도가 뛰어나며, 탄화수소 화합물에 비해서 질소와 인이 함유된 화합물은 약 10,000배 이상의 선택성을 갖는다. 전형적으로 NPD의 감도는 $10^4 \sim 10^5$의 선형 범위에서 0.5 ~ 1 pg이다.

인(P)을 함유하고 있는 분석 물질은 불꽃 속에서 먼저 다양한 전자를 함유하고 있는 산화인(P=O)으로 바뀐다. 한 개의 전자가 더해짐으로써 알칼리(알칼리 금속 구슬, A^*)와의 반응에서 생성된 음이온($P=O^-$)은 OH 라디칼($OH^\cdot$)에 의해서 산화(HPO_2)되면서 전자(e^-)들을 생성시키게 되며($P=O^- + OH^\cdot \rightarrow HPO_2 + e^-$), 이 전자들은 신호 전류를 생성한다.

질소(N)도 인(P)처럼 다양한 전자를 가진다. 불꽃이 줄어든 조건하에서 사이아나이드(cyanide)($CN^\cdot$)와 사이아네이트(cyanate)($CNO^\cdot$) 라디칼들이 형성되며, 이들은 알칼리(A^*)와 반응을 할 수 있다($CN^\cdot + A^* \rightarrow CN^- + A^*$). 이를 위해서 수소와 공기의 유입이 줄어들고 불꽃 대신에 수소가 전기적으로 가열된 알칼리 구슬 주변에 차가운 플라스마를 만들면서 탄다. 필요한 사이아나이드와 사이아네이트 라디칼을 형성하기 위해서 C-N 구조가 분자 내에 이미 존재해야 한다. 따라서 나이트로 화합물은 검출되지만, 질산염 에스터(nitrate ester), 암모니아(ammonia), 질소 산화물(nitrogen oxide)들은 검출되지 않는다. 알칼리와의 반응에 참여함으로써 사이아나이드 라디칼은 전자 한 개를 받게 되면 사이아나이드 이온들이 형성되며, 이는 다른 라디칼과 반응하여 중성 물질(HCN)을 만들고 방출된 전자(e^-)는 신호로서 검출된다($CN^- + H^\cdot \rightarrow HCN + e^-$).

NPD의 보충 기체(make-up 또는 auxiliary gas)로는 헬륨이 적절하다. NPD는 복잡한 혼합물 중에서 질소나 인이 함유된 화합물을 분석하기에 적합하기 때문에 실제 성분보다 크로마토그램에 피크의 수가 적게 나타나므로(선택성) 피크의 분리, 확인과 측정이 용이할 경우도 있다. 또한 유력한 방해 물질에 대한 검출기의 감응이 없을 수 있기 때문에 최종 측정을 위한 시료 전처리 과정이 덜 필요하다.

NPD는 루비듐염 구슬(bead)의 본성 때문에 자주 유지 보수가 필요하며, NPD에서 문제 원인의 대부분은 구슬 때문이므로 교체할 수 있는 여분의 구슬이 준비되어 있어야 한다. 경우에 따라서 퇴적물들을 제거시키기 위하여 분출구와 수집관의 세척이 필요하다. NPD의 감응은 수소, 헬륨, 공기 등 기체의 흐름 속도에 의존하므로 일관된 성능을 유지하기 위해서는 기체들의 주기적인 흐름 속도의 측정이 필요하다.

이 검출기에서의 감도와 잡음은 구슬에 흐르는 전류의 양에 의존하며, 구슬을 오래 사용하게 되면 더 많은 양의 전류가 필요하다. 따라서 일정한 감도를 얻기 위해서는 주기적으로 감도를 측정하여 구슬의 전류를 적절히 조정해 줄 필요가 있다. NPD는 온도에도 민감하므로 컬럼 온도 프로그램이나 컬럼 흐름 속도 프로그램을 하면 바탕선의 들뜸이 일어나는데, 이는 보충 기체를 사용함으로써 최소화할 수 있다. 그리고 용매의 전반부가 크게 나타나서 바탕선을 방해하는 경우가 자주 발생하기도 한다. 용매가 직접적으로 NPD의 감응에 영향을 미치지는 않지만 많은 양의 용매는 신호로 나타나 결과적으로 NPD에 방해가 된다.

NPD의 감도는 단기간에 변화하는 경향이 있는데 기체의 흐름 속도와 구슬의 전류를 주의해서 조정하더라도 감도의 변화가 쉽게 나타난다. 따라서 정확한 결과를 얻기 위해서는 여러 농도에 대한 검정 곡선이 필요하다. 만약에 컬럼이 검출기의 적절한 위치에 설치되지 않으면(모세관 컬럼의 경우에 더 문제가 많음) 피크가 넓어지거나 꼬리 끌림 현상이 생기기도 한다.

NPD를 사용하는 과정에서 구슬의 오염이 가장 큰 문제이다. 사이아노 작용기를 가진 정지상 컬럼과 인산(phosphoric acid)으로 처리된 컬럼은 컬럼 번짐이 일어나서 잡음이 생기거나 바탕선의 상승을 가져오게 되므로 사용하지 않아야 한다. 알칼리 금속 구슬은 사용하지 않을 때에는 보온(100 ~ 150 °C)을 유지하거나 건조 용기에 보관하여야 한다.

질소-인 검출기는 선택 검출기로서 선택성과 감도가 좋아 미량 분석에 이상적이지만, ECD나 MS에 보완적인 검출기로서 내부 표준 물질을 사용하여 정량 분석을 해야 하며, 알칼리 금속 구슬을 최적화하는 데 시간이 소요된다. N과 P가 포함된 화합물에 한정되어 유기인계(organophosporous) 등의 농약, 화학 무기, 폭발물, 약물 분석에 이용된다.

2.5.3 불꽃 광도 검출기

불꽃 광도 검출기(flame photometric detector, FPD)의 주요 구성 성분들을 그림 2.15에 나타내었다. 분출기의 끝에서 불꽃을 생성하기 위하여 수소와 공기가 사용된다. 용질들을 함유하고 있는 운반 기체는 분출구의 끝으로 전달되어 불꽃 속으로 들어간다. 어떤 FPD는 이중 불꽃 분출구나 버너를 사용하기도 하지만 전체적인 과정은 동일하다.

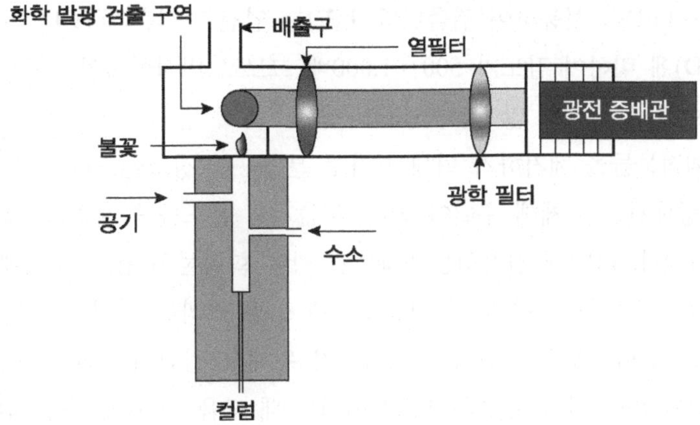

그림 2.15 FPD의 구조

용질들은 불꽃 속에서 연소되어 황(S)을 포함하고 있는 화합물로부터는 S_2를 형성하고, 인(P)을 함유하고 있는 화합물로부터는 HPO를 형성한다. 불꽃 속에서의 들뜸으로 인하여 S_2에 대해서는 394 nm에서, HPO에 대해서는 526 nm에서 빛이 방출된다. S_2나 HPO에 대해서 특이성을 가진 광학 필터는 황이나 인에 해당하는 것을 제외하고는 모든 파장의 복사선을 여과시킨다. 서로 다른 광학 필터가 각 방식에 따라 사용되므로 황과 인을 포함하고 있는 화합물을 동시에 측정할 수는 없다.

광학 필터 뒤에는 광전 증배관(photomultiplier tube, PMT)이 설치되어서 복사선의 세기를 측정하는 데 사용된다. 이 복사선은 전류를 생성하고, 측정된 전류는 전위차계를 사용하여 출력 전압으로 바뀌게 된다. 각 파장에서 생성된 복사선의 양은 불꽃 안으로 주입되는 화합물의 양에 의존한다.

황과 인을 포함한 화합물에 대한 FPD의 선택성은 $10^3 \sim 10^4$이다. 전형적인 감도는 황(S) 화합물에 대해서는 10 ~ 100 pg이고, 인(P) 화합물에 대해서는 1 ~ 10 pg이다. 인 화합물에 대한 선형 범위는 $10^3 \sim 10^5$이지만 황 화합물에 대해서는 일반적으로 비선형적이며 황 화합물에 대한 감응 곡선은 FPD의 조건과 화합물의 종류에 의존한다. 따라서 황 화합물에 대한 FPD 결과를 정확하게 정량하기 위해서는 여러 농도에서 검정 곡선을 작성하여야 한다.

FPD에서 감도를 가장 높게 하는 보충 기체는 질소이며, 황을 측정할 때에는 더욱 감도를 향상시켜 준다. FPD는 온도와 운반 기체의 흐름 속도에 민감하므로 온도나 흐름 속도가 변하면 감도도 변하는 것이 일반적이며, 검출기의 온도를 증가시키면 감도는 감소한다.

인(P) 화합물에 대한 FPD의 감도는 NPD의 감도와 비슷하고, NPD에서의 사용상 어려움 때문에 FPD는 주로 인을 검출하는 목적으로 사용하기도 한다. FPD의 감응은 황 화합물에 대해서는 비록 비선형적이지만 황을 포함하고 있는 기체를 분석할 때는 FPD를 사용하여 검출한다. FPD는 열전도 검출기(TCD)와 불꽃 이온화 검출기(FID)에 비하여 감도가 500 ~ 1,000배 크므로 비선형적인 감응(S_2 화학종에 대한 감응)에도 불구하고 많이 사용되고 있다.

퇴적물들을 제거하기 위해서 자주 분출구를 청소할 필요가 있으며 주기적으로 광전 증배관도 교체해 주어야 한다. 검출기의 온도를 높게 하면 광전 증배관의 수명은 짧아진다. FPD에 감응하는 인과 황 함유 화합물의 용리 근처에서 용리되거나 공용리되는 황이나 인이 아닌 화합물들은 소광 효과를 나타내어 FPD의 감응을 심하게 감소시킨다. 공용리 현상을 제거하기 위해서 컬럼의 온도나 컬럼의 종류를 바꾸어 분리를 하면 이런 문제를 최소화시키는 데 도움이 된다. 이중 버너 FPD는 이런 소광 효과를 최소화시키기 위하여 고안되었다. 황 화합물은 매우 반응성이 크므로 적절한 컬럼의 선택이 중요하다.

2.5.4 전자 포획 검출기

전자 포획 검출기(electron capture detector, ECD)의 주요 구성은 그림 2.16에 나타내었다.

분석 물질을 포함하고 있는 운반 기체는 가열된 셀 속으로 전달된다. 셀의 내부벽에 자리 잡은 ^{63}Ni은 전자 발생원의 역할을 한다. 먼저, 운반 기체로 사용되는 질소나 아르곤과 메테인(95:5)이 셀 내부로 주입되어 ^{63}Ni의 붕괴로 발생되는 ß-선에 의해서 열전자(e^-)를 생성한다($^{63}Ni \rightarrow \beta^-$, $\beta^- + N_2 \rightarrow N_2^+ + 2e^-$).

생성된 열전자는 양극으로 끌려 들어가서 전류로 얻어진다(이를 standing current 라고 함). 전자를 잘 끌어당길 수 있는 분석물 A가 셀 내부로 들어가서 열전자를 포

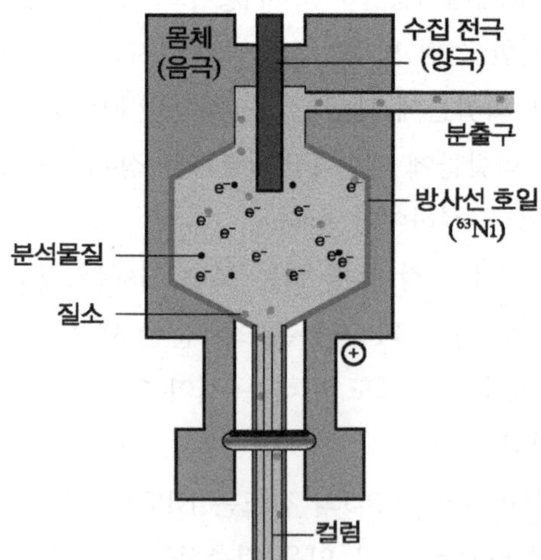

그림 2.16 ECD의 구조

획하게 되면 셀 내부의 전류가 감소하는 원인이 된다($A + e^- \rightarrow A^-$). 전류의 감소 양이 간접적으로 측정되며, 전위차계에 의해서 출력 전압으로 변환된다. 전류 감소의 크기는 셀에 들어가는 화합물의 양에 의존한다.

ECD는 근본적으로 할로젠(halogen), 카보닐(carbonyl), 나이트레이트(nitrate), o-프탈레이트 에스터(o-phthalate ester) 작용기가 함유된 화합물에 대해서 감응한다. 따라서 ECD의 감응 특성은 원소 선택성 검출기보다 오히려 화학 구조 선택성 검출기라고 한다. 할로젠 화합물은 탄화수소 화합물에 비해서 100 ~ 100,000배의 감응을 나타내고, 나이트레이트 화합물은 100 ~ 1,000배, 카보닐 화합물은 20 ~ 100배의 감응을 나타낸다. 다중 할로젠 화합물과 여러 개의 나이트레이트나 카보닐 작용기를 포함하고 있는 화합물들은 검출기의 감응이 크게 증가된다. 또한 카보닐의 형태와 할로젠의 종류에 따라서도 감응의 크기가 다양하다. 예를 들면, chlorobutane, bromobutane, iodobutane의 상대적인 감응의 크기는 1 : 280 : 90,000이다. 일반적으로 할로젠은 1 pg, 나이트레이트는 10 pg, 카보닐은 50 pg의 감도를 나타낸다.

ECD에 대한 선형 범위는 $10^2 \sim 10^3$으로서 다른 검출기들에 비해 상대적으로 좋지 않다. 그러므로 정확한 결과를 얻기 위해서는 검정 곡선에서 농도의 수를 많이 하고 자주 검정하여야 한다. 보충 기체가 필요한 상황에서는 보조 기체가 보충 기체로 사용되기도 한다. 이를 위해서 질소가 가격도 저렴하며, 좋은 감도를 나타낸다. 더 좋은 선형 범위를 갖기 위해서는 질소 대신에 아르곤/메테인 혼합 기체를 사용하기도 한다.

앞에서 언급한 바와 같이 ECD는 기본적으로 할로젠 화합물의 검출에 사용된다. 나이트레이트와 카보닐 화합물들이 선택적으로 검출될 수는 있지만 이들 화합물들에 대한 감응과 선택성은 할로젠 화합물만큼 좋지는 않다. 일반적으로 halocarbon solvent, nitrated explosive, chlorinated pesticide, PCBs, dioxin과 같은 시료들이 ECD를 사용하여 분석된다.

ECD는 기체의 흐름 속도에 민감하다(농도 의존성 검출기라고 함). 운반 기체와 보조 기체의 흐름 속도는 ECD의 감도와 선형 범위에 커다란 영향을 미치기 때문에 컬럼에 대해서 온도 프로그램이 사용되면 바탕선의 들뜸이 일어나는 것은 일반적인 현상이며, 검출기의 온도도 감도에 영향을 미친다.

ECD는 거의 유지 보수가 필요하지 않다. 하지만 일정한 성능을 유지하기 위해서는 보조 기체의 흐름 속도를 주기적으로 측정할 필요가 있다. 사용에 따라 다르지만 일반적으로 ECD 셀의 수명은 2 ~ 5년이다. 350 ~ 400 ℃에서 12 ~ 14시간 동안 셀을 가열하면 깨끗하게 청소되며, 사용 수명이 연장되는 경우도 있다.

ECD 셀이 오래되면 감응도도 변한다. 또한 검출기의 오염은 검출기 감응의 특성을 변화시키기도 한다. 운반 기체나 보조 기체 내에 존재하는 물이나 산소의 양이 변하면 ECD의 감도는 매우 크게 변하게 되는 원인이 된다. 컬럼이 적절하게 설치되지 않을 경우에(모세관 컬럼의 경우에는 문제가 더 큼) 나타나는 가장 일반적인 증상은 피크의 넓어짐이나 꼬리 끌림 현상이다. 셀이 오염되었을 경우에 피크가 바탕선 아래로 내려가는 음성 피크(negative peak)가 나타나며, 이 음성 피크 뒤에는 큰 양성 피크가 뒤따른다. 음성 피크가 우연하게 생기는 경우도 종종 있는데 그 원인은 여러 가지이다.

한편, 할로젠 원소의 함유가 낮은 물질(−Cl, Cl_2)에 대해서는 감도가 낮다. 염소가 작게 함유된 휘발성 할로젠 탄화수소는 FID나 MS에 더 잘 검출되고, 선형성이 낮으므로 농도가 다른 여러 개의 표준물 용액의 검정 곡선이 필요하다.

2.5.5 열전도도 검출기

열전도도 검출기(thermal conductivity detector, TCD)의 주요 구성 부분은 그림 2.17에 나타내었다. TCD에는 두 개의 가열된 셀이 있다. 분리된 화합물을 함유하고 있는 운반 기체는 시료 셀로 들어간다. 시료 셀로 들어가는 같은 종류와 같은 흐름 속도의 운반 기체가 기준 셀로도 공급된다. 전류가 필라멘트에 흐르게 되면 필라멘트는 전류와 기체 흐름 속도가 일정할 때 평형 온도에 도달한다. 운반 기체의 열전도도(열을 전도할 수 있는 능력)와 차이가 나는 화합물이 컬럼으로부터 용리되어 나올 때 필라멘트의 온도는 변하게 된다. 한편, 기준 셀의 필라멘트 온도는 일정한 온도로 유지되기 때문에 두 필라멘트(기준 셀과 시료 셀에 있는) 사이에 온도차가 생긴다. 두 온도차에 의한 필라멘트의 저항 차이가 Wheatstone bridge에서 측정되어 출력 전압을 생성한다. 따라서 두 필라멘트 사이의 온도 차이는 시료 셀로 들어가는 성분의 양에 의존한다.

TCD의 최대 감도는 운반 기체와 시료 성분과의 열전도도의 차가 최대일 때 나타

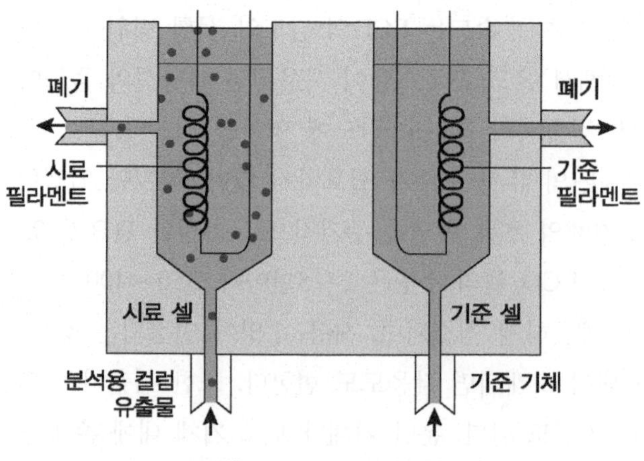

그림 2.17 TCD의 구조

난다. 헬륨이나 수소가 운반 기체로 많이 사용되는데, 질소의 경우 다른 유기 분자들에 비해서 열전도도가 단지 7배인 것에 비해서 헬륨이나 수소는 10 ~ 15배가 되기 때문이다. 이는 TCD가 범용성 검출기라는 것을 말해 주는데, 이는 운반 기체 이외의 모든 화합물에 감응을 하기 때문이다. 또한 검출기에 불꽃이 필요하지 않기 때문에 연소용 기체가 없어도 된다. 그렇지만 TCD의 감도는 상대적으로 매우 낮아서 화합물당 5 ~ 50 ng이므로 FID에 비해서 10 ~ 100배 낮으며, 선형 범위는 약 10^5이다. 산소가 조금만 들어가도 필라멘트를 산화시켜서 필라멘트의 수명을 감소시킨다.

거의 모든 화합물을 검출할 수 있는 능력이 TCD의 가장 매력적인 부분이다. TCD는 FID에 감응하지 않는 화합물을 함유하고 있는 시료 분석에 사용되며, 특히 무기물 기체로서 영구 기체, 고정 기체, 황 함유 기체, 물 등을 분석할 때 사용된다. TCD에서는 한 종류의 기체만 있어도 작동되므로 휴대용 GC에 사용되기도 한다.

TCD의 감도는 흐름 속도와 온도에 의존한다. 필라멘트의 온도는 TCD의 작동에서 결정적인 역할을 하며, 운반 기체의 흐름 속도, 보충 기체의 흐름 속도가 변함에 따라서 감도도 변한다.

감도의 변화는 대부분이 필라멘트와 연관된 것들인데, 필라멘트의 손상, 오염, 오래된 것 등이 시료 셀 필라멘트의 감도 변화에 영향을 미친다. 같은 전류에서도 필라멘트의 온도가 다르면 감도의 변화가 나타난다. 온도 프로그램을 사용할 때는 약간의 바탕선 들뜸 현상이 나타난다.

2.5.6 질량 검출기

기체 크로마토그래프의 여러 검출기 중 하나로서 질량 분석기(MS)를 연결한 형태를 **질량 선택 분석기**(mass selective detector, MSD)라고도 한다. MSD는 10^{-8} ~ 10^{-13} g의 검출 범위를 나타냄으로써 일반적으로 많이 사용되는 범용성 검출기인 TCD, AED (atomic emission detector, 원자 방출 검출기), FID에 비하여 높은 감도를 나타내며, 특정 작용기를 가진 화합물에만 검출 감도가 좋은 선택성 검출기인 ECD, NPD, FPD 등과 거의 동일한 감도를 보여 준다(그림 2.18). 이와 같이, 질량 분석기는 기체 크로마토그래프의 검출기로서 모든 작용기의 화합물들을 검출할 수 있는 범용성 검출기일 뿐만 아니라 검출 능력이 뛰어나기 때문에 미량 분석에 적합한 검출기이다.

질량 분석기를 기준으로 했을 때 GC는 혼합물을 분리해서 주입해주는 시료 도입 장치로서 역할을 하고 있는데, 기체 크로마토그래프(GC)의 검출기로서 질량 검출기(MS)에 대해서는 제4장에서 자세히 논의하기로 한다.

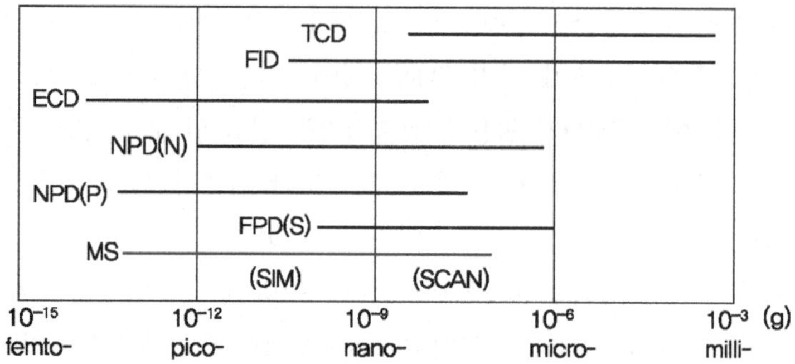

그림 2.18 GC 검출기의 감도 비교

2.5.7 다른 검출기

다른 상용화된 GC 검출기도 많이 있다. **광이온화 검출기**(photoionization detector, PID)는 범용적이면서 선택적인 검출기이다. UV 램프의 에너지가 풍부한 복사선이 물질들의 에너지 정도에 따라 선택적으로 이온화시키고 전체 이온 흐름을 측정하며, 일반적으로 다른 검출기들에 비교하여 감도가 높다. 기체 공급이 필요하지 않으며, 견고하고 유지 관리가 별로 필요하지 않고 현장 분석에 이상적이고, 이온화 퍼텐셜이 낮은(10 eV) 물질에만 적용된다. 주로 휘발성 할로젠 탄화수소나 BTEX (benzene, toluene, ethylbenzene, xylene)의 현장 분석 및 polyaromatic hydrocarbon 분석에 사용된다.

전해 전도도 검출기(electrolytic conductivity detector, ELCD)는 선택성 검출기로서 모세관 크로마토그래프에 사용될 수 있다. 할로젠, 아민, 질소, 황 화합물에 선택적이며, 전자기 복사선이 없이 할로젠 화합물 검출이 가능하고, 분석 물질의 헤테로 원자의 수에 따라서 감응도가 직접 비례하므로 검정이 간편하다. 할로젠 방식에서의 감도는 ECD와 비슷하며, 퍼지-트랩이나 열 탈착 방법 등의 GC 검출기로 적합하다. 휘발성 할로젠 탄화수소류, PCB 등의 환경 분석, 포장 물질이나 음식물에서의 아민 화합물 검출, 황이 포함된 화합물의 정량에 사용된다.

원자 방출 검출기(atomic emission detector, AED)는 분자 내에 있는 원자(C, H, N, S 등 11종)에만 선택적으로 감응하도록 되어 있다.

한편 검출기들에 필요한 기체 및 검출 형태와 선형 범위는 표 2.10과 같다.

2.6 GC 분석을 위한 유도체화 반응

기체 크로마토그래피에서 시료에 유도체화(derivatization) 반응을 실행하는 데에는

표 2.10 검출기의 속성 및 필요한 기체

검출기	검출 형태	운반 기체	추가 기체	선택성	선형 범위
FID	질량 흐름	헬륨, 질소, 수소	수소, 공기	대부분의 유기화합물	10^7
NPD	질량 흐름	헬륨, 질소, 수소	수소, 공기	N, P 함유 화합물	10^7
ECD	농도	질소, 수소, Ar/CH_4	보충 기체	할로젠, 나이트릴, 나이트레이트	10^5
TCD	농도	헬륨, 수소	기준 기체	대부분의 유기 화합물	10^7
FPD	질량 흐름	헬륨, 질소, 수소	수소, 공기	S, P, Sn, B, As, Se	10^3
MS	질량 흐름	헬륨, 질소, 수소	–	이온화된 유기 화합물	10^4

여러 가지 이유가 있는데, 첫째는 극성이며 비휘발성인 분석 물질을 비극성이면서 휘발성 분석 물질이 되도록 해 주거나, 둘째로는 검출 능력을 향상시켜 주기 위함이다. 또한 물질의 확인을 위해서, 그리고 열적으로 더 안정화를 시키기 위해서 분석 물질을 유도체화시키는 경우도 있다.

표 2.11 GC 분석을 위한 유도체화 방법

작용기	방법	유도체화
Acids	Silylation	$RCOOSi(CH_3)_3$
	Alkylation	RCOOR'
Alohols and phenols- unhindered and moderately hindered	Silylation	$R—O—Si(CH_3)_3$
	Acylation	R—O—C(=O)—PFA
	Alkylation	R—O—R'
Alohols and phenols-highly hindered	Silylation	$R—O—Si(CH_3)_3$
	Acylation	R—O—C(=O)—PFA
	Alkylation	R—O—R'
Amines(1° & 2°)	Silylation	$R—N—Si(CH_3)_3$
	Acylation	R—N—C(=O)—PFA
	Alkylation	R—N—R'
Amines(3°)	Alkylation	PFB Carbamate
Acids	Silylation	$RCOOSi(CH_3)_3$
	Alkylation	RCOOR'
Alohols and phenols- unhindered and moderately hindered	Silylation	$R—O—Si(CH_3)_3$
	Acylation	R—O—C(=O)—PFA
	Alkylation	R—O—R'
Alohols and phenols-highly hindered	Silylation	$R—O—Si(CH_3)_3$
	Acylation	R—O—C(=O)—PFA
	Alkylation	R—O—R'

표 2.11 계속

작용기	방법	유도체화
Amines(1° & 2°)	Silylation	R—N—$Si(CH_3)_3$
	Acylation	R—O—C(=O)—PFA
	Alkylation	R—N—R'
Amines(3°)	Alkylation	PFB Carbamate
Amides	Silylation	(a) RC(=O)—$NHSi(CH_3)_3$
	Acylation	(b) RC(=O)—NH—C(=O) PFA
	Alkylation	(c) RC(=O)—$NHCH_3$
Amino Acids	Esterification/Acylation Silylation	(a) $RCHCOOSi(CH_3)_3$ with N—$Si(CH_3)_3$
	Acylation+Silylation	(b) $RCHOOSi(CH_3)_3$ with N—TFA
	Alkylation	(c) RCHCOOR' with NHR'
Catecholamines	Acylation+Silylation	(a) 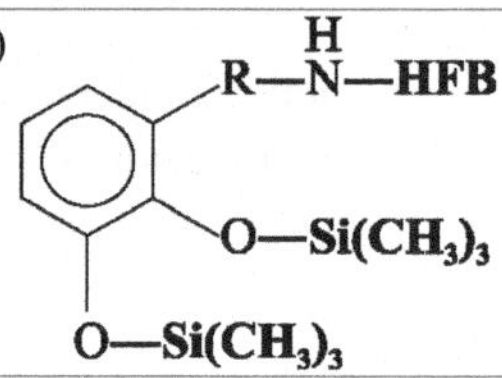
	Alcylation	(b) 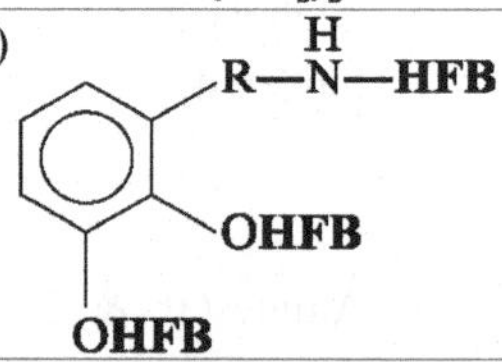
Carbohydrates and sugars	Silylation	(a) O—$Si(CH_3)_3$ on —$(CH_2)_x$—
	Acylation	(b) OTFA on —$(CH_2)_x$—
	Alkylation	(c) OR on —$(CH_2)_x$—
Carbonyls	Silylation	TMS—O—N=C<
	Alkylation	CH_3—O—N=C<

Abbreviations: TMS = Trimethylsilyl; PFA = Perfluoroacyl; TFA = Trifluoracetyl; HFB = Heptafluorobutyryl

휘발성 유도체화를 시키기 위한 반응은 실릴화(silylation), 아실화(acylation), 알킬화(alkylation) 및 배위 착물 형성 반응으로 분류할 수 있다. 처음 세 가지 형태의 유도체화 반응의 예가 표 2.11에 나타나 있는데, 이들은 주로 카복실산, 하이드록실, 아민과 카보닐 작용기에 대한 반응들이다. 아민은 비록 휘발성 물질일지라도 강한 수소 결합을 하는 경향성이 있어서 종종 유리 재질인 라이너나 컬럼에 흡착 또는 열분해 등이 일어나기 때문에 특별한 주의가 필요하며 따라서 유도체화를 시켜주는 것이 좋다.

배위 착물 형성 반응에서는 금속이 사용되고, 전형적인 시약으로는 trifluoroacetylacetone과 hexafluoroacetylacetone이 사용된다.

실릴화 반응은 GC 분석을 위한 가장 일반적인 반응이다. 다양한 실릴 유도체화 시약들이 판매되고 있으며, 이 시약은 분석 물질에 trimethylsilyl (TMS) 작용기가 도입되도록 되어 있어서 분석 물질이 유도체화되면 휘발성 있게 된다. Bis-trimethylsilylacetamide (BSA)와 알코올 작용기 사이 반응은 전형적인 실릴화 반응 중 하나이다. Bis(trimethylsilyl)-trifluoroacetamide (BSTFA)는 매우 유사한 시약으로서 trifluoroacetamide 작용기를 함유하고 있으며, 휘발성 반응 부산물이 좀 더 생성되는 경향이 있다(더 휘발성이 큰 유도체는 아니다).

Silylation 시약의 반응성 순서는 다음과 같다:

TSIM ≥ BSTFA ≥ BSA ≥ MSTFA ≥ TMSDMA ≥ TMSDEA ≥ TMCS ≥ HMDS

일반적으로 실릴화 반응이 쉽게 일어나는 화학종의 순서는 다음과 같다.

alcohols ≥ phenol ≥ carboxylic acid ≥ amines ≥ amides

2.7 기체 크로마토그래프의 유지 관리

다른 분석 기기나 기계처럼 GC도 유지 보수, 주기적인 조절, 수리가 필요하다. 심각한 문제를 피하는 가장 좋은 방법은 예방적인 유지 보수이다. 문제 해결의 가장 중요한 방법은 GC 장치의 부품을 교체하거나 수리하기 전에 미리 계획을 세워서 처리하는 것이다. 맹목적으로 부품과 조건을 교환함으로써 문제를 해결하기도 하지만, 이는 바람직한 방법이 아니다. 이런 식으로 문제를 해결하면 원인 규명에 실패하므로 다음에 또 다시 문제가 발생하는 것을 막지는 못한다. 증상을 치료하기 전에 간단하고 일상적인 것들부터 점검하는 것이 좋다. 즉, 기체의 흐름 속도, 온도, 격막, 밀봉 부분, 전기 연결, GC의 조건 등과 같은 것들이다. 많은 문제점들이 이들 영역에서 발생한다.

다음 절에서는 GC에서 접하게 되는 가장 일반적인 문제들과 문제의 원인들을 다루고, 그 문제들을 해결할 수 있는 조치들을 소개하고자 한다.

2.7.1 바탕 문제

GC의 크로마토그램에서 바탕(background) 문제는 정성 및 정량 분석에 있어서 많은 문제점을 나타내며 여러 가지 형태로 나타난다. 가장 일반적인 것은 들뜸, 떠돌아다님, 잡음 등이다(그림 2.19). **들뜸**(drift)은 분석하고자 하는 피크들의 너비보다 훨씬 긴 시간 동안 한 방향으로 바탕선이 움직이는 현상이다. **떠돌아다님**(wander)은 여러 방향에서 들뜸이 일어나는 것이며, **잡음**(noise)은 바탕선에서 빠른 요동(피크의 너비에 비해서)이 일어나는 현상이다.

바탕선 문제의 가장 흔한 원인은 오염이며, 주로 앞서 주입했던 시료가 이월(carry-over)되는 것이 일반적이다. 주입구, 기체 배선, 운반 기체의 오염된 물질들은 컬럼의 전반부에서 축적된다. 컬럼을 가열하면 오염물들이 용리되고, 결과로써 피크로 나타나거나 바탕선의 이동이 생긴다.

떠돌아다님(wander)이 등온 조건에서 나타나는 경우는 이동상 기체가 오염된 것 때문이므로 이동상 기체를 교환하거나 기체 필터를 교환해주어야 한다. 이동상 기체나 검출기 관련 기체의 유량이 잘못 설정된 경우에도 나타나며, 검출기의 온도 조절이 잘못된 경우도 원인이 된다. 기체 크로마토그래프의 주입구, 기체 배선 등의 오염 때문인 경우도 있다. 컬럼이나 검출기의 상태 조정이 잘못 되어도 바탕선 들뜸이나 바탕선 떠돌아다님의 원인이 될 수도 있다.

튐(spiking)은 검출기를 통해서 불순물 입자들이 지나가든지 전기 배선 연결의 불량 또는 전기 기판의 불량이 원인인 경우도 많다.

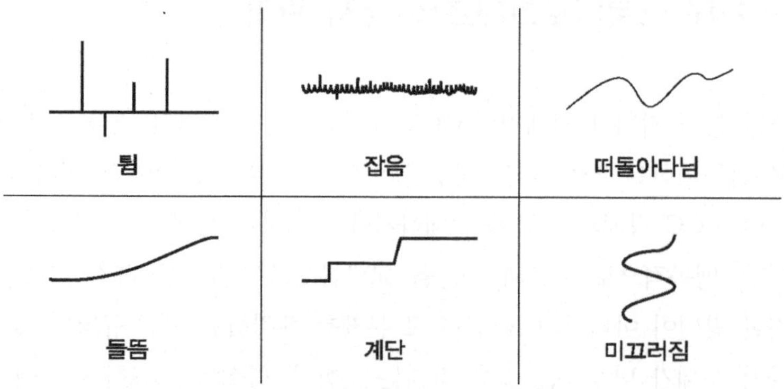

그림 2.19 여러 종류의 바탕 문제

잡음(noise)은 주입구나 컬럼의 오염이 원인이며 주입구나 컬럼을 청결하게 하여 주어야 하며, 컬럼이 FID, NPD, FPD의 불꽃 속에 있는 경우이며 컬럼을 다시 장착해야 한다. ECD나 TCD의 경우에는 공기가 누출되는 경우이므로 원인을 찾아 수리해야 하며, FID, NPD, FPD를 사용 시 부적합한 연소 기체 또는 유량 때문이다. 검출기 자체의 물리적인 결함이 원인인 경우와 검출기 관련 기판이 손상 입은 경우에도 잡음이 나타난다. 오염된 검출기나 기체는 과다한 잡음의 원인이 되며, 잘못된 전기적 연결도 잡음의 원인이 되므로 적절한 전기 배선은 이런 문제를 완화시켜 준다.

위로 향한 **들뜸**(drift)은 주입구나 컬럼의 오염 또는 정지상의 손상 때문이므로 컬럼을 교체하여야 한다. 아래로 향한 들뜸은 불안전한 컬럼 컨디셔닝이 원인이 될 수 있다. 안정한 바탕선이 얻어질 때까지 컨디셔닝시키며 검출기의 평형이 덜된 경우도 있으므로 검출기를 원하는 온도에서 평형에 도달하도록 충분한 시간동안 유지시킨 후 작동한다. 바탕선 들뜸은 온도 증가에 따라서 위쪽으로 향하며, 컬럼이 전혀 컨디셔닝이 되어 있지 않으면 컬럼의 온도가 일정하게 유지되거나 계속해서 증가함에 따라서 급격히 아래 방향으로 향하게 된다.

어떤 검출기에서는 운반 기체의 흐름 속도의 변화에 민감하다. 온도 프로그램에서는 컬럼의 온도가 증가함에 따라 운반 기체의 흐름 속도가 감소하므로 바탕선 들뜸이 나타날 수도 있다.

컬럼 번짐(column bleed)은 종종 바탕선 들뜸과 혼동되기도 한다. 컬럼 번짐은 컬럼의 온도가 컬럼의 온도 상한선 근처(250 °C 이상)에 도달할 때 바탕선이 뚜렷하게 증가하는 현상이다. 이는 고온에서 정지상이 분해되어 생성된 휘발성 화합물들로부터 나오는 바탕 신호이며, 컬럼을 장시간 사용했을 때 나타나는 현상이므로 새로운 컬럼으로 교체시켜줄 필요가 있다.

계단(offset)형 바탕은 주입구나 컬럼의 오염, FID, NPD, FPD 등의 불꽃까지 컬럼이 들어간 경우일 때도 있고, 이동상 기체나 컬럼 관련 기체들의 오염일 경우와 검출기 자체의 오염인 경우도 있다.

2.7.2 이월

이월(carry-over) (**허깨비 피크**(ghost peak)라고도 함)은 전적으로 장치(주입구와 검출기)의 오염 때문이다. 컬럼 자체로는 피크를 만들어 낼 수 없으므로 결국은 앞에서 주입된 화합물이 남아 있다가 용리된 것이다. 이월의 가장 일반적인 원인은 주입구와 주입구의 기체 연결에 있으며, 오염물들이 모아지는 곳은 여러 군데가 있다. 그래서 오염원들은 주입구 속으로 다시 이동되고 용리되어 크로마토그램상에서 피크, 잔등 모양의 혹 등으로 나타난다. 다른 오염원으로는 격막 번짐, 트랩, 주사기, 용매 등이다.

2.7.3 머무름 시간의 변화

GC 분석에서 머무름 시간이 ±0.05분 변하는 것은 일반적이다. 하지만 머무름 시간의 변동이 크게 되면 문제가 있다는 표시이다.

운반 기체의 흐름 속도나 선형 속도의 변화가 머무름 시간 변화의 가장 일반적인 원인이다. 이들의 변화는 머무름 시간의 변화로 나타내지만 분배비는 일정하게 남아 있다.

컬럼의 길이, 지름, 또는 막 두께(충전 컬럼의 경우는 정지상 액체의 함유 퍼센트)가 바뀌면 머무름 시간도 다르게 된다. 컬럼의 정지상이 바뀌면 용리되는 순서가 바뀌거나 패턴이 달라지기도 한다.

주입구나 격막에서 누출이 있으면 머무름 시간의 변화가 일어나는 원인이 되기도 한다. 누출에 의한 머무름 시간의 변화는 불규칙적으로 나타나지만 크로마토그램에서 항상 한 방향으로 일어난다.

시료의 용매나 화합물의 농도가 변해도 선택된 화합물의 머무름 시간이 약간 변할 수 있다. 극성이 다른 시료 용매를 사용하면 머무름 시간이 변할 수 있다. 화합물의 농도가 크게 변하면 머무름 시간이 약간 이동되는데, 시료의 농도가 커지면 머무름 시간이 짧아진다.

컬럼의 오염이 심한 경우에도 머무름 시간의 이동이 나타날 수도 있는데, 오염시키는 잔유물들이 정지상과 용질 간의 상호작용을 방해하기 때문이다. 이렇게 되면 용질의 머무름 시간은 변하게 되며, 각 용질마다 다르게 영향을 받는다. 이런 경우에 모세관 컬럼의 앞부분 10 ~ 20 cm를 자르면 컬럼 오염원을 제거할 수 있으며, 머무름 시간이 거의 변하지 않는 상태로 원래 컬럼의 기능으로 회복될 수 있다. 충전 컬럼의 경우에는 컬럼 앞부분의 1 ~ 2 cm를 비우고 다시 충전시킴으로써 원상 복구시킬 수 있다.

2.7.4 피크 넓어짐

피크 넓어짐(peak broadening)은 근본적으로 장치 효율의 저하 때문인데 그 원인은 다양하다.

1) 컬럼, 주입구, 운반 기체에 의한 것이다. 주입구와 관련된 문제들은 주로 주입구 내에서 컬럼이 부적절하게 위치하거나, 컬럼의 끝이 삐뚤하게 잘라져 있거나, 주입구의 누출, 또는 불충분한 분할비가 설정되었을 경우에 관련된 것들이다. 이들 문제점은 충전 컬럼보다는 모세관 컬럼에서 더 심각하다.
2) 운반 기체의 선형 속도나 흐름 속도가 너무 높거나 낮으면 이 또한 효율의 저

하와 피크의 머무름 시간 이동의 결과를 낳게 된다.

3) 컬럼 효율의 저하는 컬럼이 오래되거나 손상을 입었을 때의 징후이다. 보통은 컬럼 효율의 저하가 일어나기 전에는 상당히 높은 컬럼 번짐이나 활성도를 경험하게 된다.
4) 오염된 컬럼은 손상을 입은 컬럼과 유사한 징후를 나타낸다. 오염된 충전 컬럼은 컬럼 앞부분의 1 ~ 2 cm를 다시 충전시키거나 높은 온도(250 °C 이상)에서 밤새(overnight) 구움을 해줌으로써 원상을 회복할 수도 있다. 오염된 모세관 컬럼은 컬럼의 앞부분을 10 ~ 20 cm 정도 잘라내거나 정지상이 결합되어 있고(bonded) 교차 연결되어 있는(cross-linked) 경우는 용매로 씻어주면 원상을 회복할 수도 있다.
5) 비분할 주입이나 컬럼 내 주입법의 주입에서 용매 효과나 저온 가둠 효과가 없게 되면 매우 넓은 피크가 나타나며, 특히 빨리 용리되는 피크에서 심하다. 컬럼의 초기 온도는 시료 용매의 끓는점보다 최소한 10 °C 이하이거나 화합물의 끓는점이 컬럼의 초기 온도보다 150 °C 또는 그 이상일 필요가 있다.
6) 가끔 두 개의 공용리된 피크들이 넓은 한 개의 피크로 나타남으로 피크가 넓어질 수도 있다.
7) 검출기의 보충 기체가 너무 낮거나 흐르지 않으면 넓은 피크가 나타나는 경향이 있는데, 특별히 흐름 셀을 가진 검출기(TCD, ECD, GC-FTIR)는 불충분한 보충 기체 때문에 피크가 넓어지기 쉽다.

2.7.5 피크의 문제들

크로마토그램의 피크들은 Gaussian 형태의 뾰족한 대칭 형태의 피크가 정상적인데 그렇지 않는 경우를 비롯하여 여러 가지 현상들이 있는데, 이에 대해서 살펴보면 다음과 같다(그림 2.20).

꼬리 끌림(tailing) 피크는 주입구의 문제나 컬럼의 활성도 때문에 일어난다(그림 2.20(a)). 컬럼의 활성도는 컬럼 내에 있는 활성 자리와 활성 있는 분석 화합물(−OH와 −NH 등)과의 상호작용을 말한다. 탄화수소나 halocarbon과 같은 비활성 화합물은 활성 자리와 상호작용하지 않으므로 활성도에 의한 꼬리 끌림 현상이 나타내지 않는다.

장치 내의 어느 곳에 불감 부피가 있으면 이 또한 피크 꼬리 끌림 현상의 원인이 된다. 꼬리 끌림 현상이 휘발성 물질이나 빨리 용리되는 화합물에서 더 심하게 나타나는 것은 일반적으로 주입구에서의 불감 부피 때문이다. 불감 부피의 원인들로는 컬럼 설치를 부적절하게 하였을 경우, 주입구 내의 유니온, 라이너, 또는 밀봉의 잘

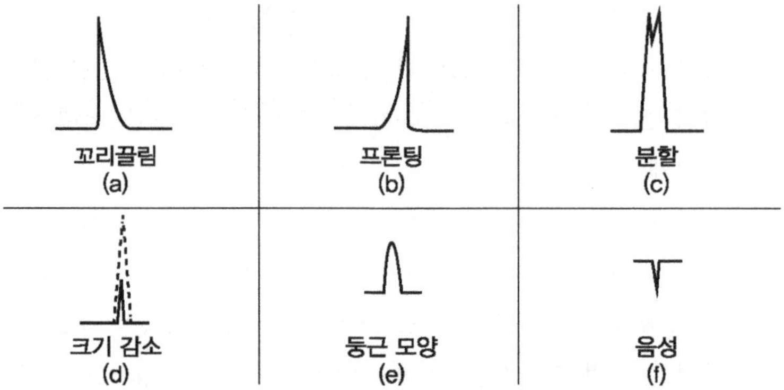

그림 2.20 피크 문제들

못됨 등인데 충전 컬럼보다는 모세관 컬럼에서 더 심하다. 탄화수소 화합물의 피크에 꼬리 끌림 현상이 있으면 거의가 운반 기체의 흐름 경로에서의 특별한 문제나 불감 부피에 의한 것이다.

분할 모세관 주입구에서 분할비를 너무 낮게 사용하거나, 주사기 플런저를 너무 느리게 누르거나, 주사기를 주입구에 바로 주입하지 않는 등의 부적절한 주입 방법, 비분할 주입이나 컬럼 내 주입에서 용매 효과나 냉각 가둠의 방법이 잘못되었을 경우이다. 초기의 컬럼 온도는 시료 용매의 끓는점보다는 최소한 10 ℃ 이하이거나 비분할 주입과 컬럼 내 주입 방법에서는 화합물의 끓는점이 초기 컬럼의 온도보다 최소한 150 ℃ 이상이어야 한다.

또한, 컬럼이 오염되면 활성이 큰 화합물에 대해서 피크 꼬리 끌림 현상이 나타난다. 심각한 컬럼의 오염은 비활성 화합물을 포함한 모든 피크에 영향을 미치기도 한다. 흐름 셀을 갖춘 검출기(TCD, ECD, GC-FTIR)에서는 불충분한 보충 기체의 흐름 속도도 꼬리 끌림 현상을 나타낸다.

피크 프론팅(peak fronting 또는 leading)이 일어나는 경우는 주입된 시료의 농도가 증가됨에 따라서 정지상으로 분배되어 들어가는 시료의 농도가 이동상에 분배되는 농도보다 높아짐으로써 나타나는 현상이다(그림 2.20(b)). 이 현상은 분석 물질이 컬럼의 용량에 초과하여 과량(높은 농도)이 주입되어 컬럼이 제 역할을 하지 못하거나 분석 물질과 정지상의 극성이 맞지 않아서 나타나는 현상이다. 이런 경우는 시료의 양(농도)을 줄이거나 정지상의 극성을 분석 물질의 극성에 맞추어 줌으로써 해결할 수 있다.

분할된 피크(peak split)는 대부분 주입구나 주입 과정에서의 문제와 관련되어 있다(그림 2.20(c)). 주입하는 동안에 주사기 바늘 내에 있는 시료나 잘못된 주사기 플런저 누름 등이 피크 분할의 원인이 된다. 주입구의 큰 누출, 부적절하게 조립된 주입구, 잘못 잘라지거나 부적절하게 자리 잡은 모세관 컬럼, 혼합된 시료 용매, 주입구에서의 시료 분해 등이 있다.

GC 피크의 크기나 면적에서의 변화를 나타내는 요인으로는 여러 가지가 있다(그림 2.20(d)). 첫째, 크로마토그램상의 모든 피크가 같은 양만큼 변화하면 이는 시료 농도, 주입량, 주입 방법에서의 변화 때문이다. 이들이 문제의 원인이 아니라는 것을 확인하기 위해서는 분할비, 컬럼과 주입구의 온도, 주입구 라이너 등을 검사할 필요가 있다. 둘째, 보통은 피크 크기의 변화가 모든 피크에 똑같이 영향을 미치지 않는 경우인데, 주입구나 컬럼의 오염은 '화학적으로 활성'인 시스템을 만든다. 화학적으로 활성인 컬럼이나 주입구(라이너나 봉인(seal))는 화학적으로 활성인 화합물(−OH와 −NH 작용기 등)을 흡착하는 활성 자리를 가지게 되어 분석 물질을 붙들게 되므로 피크 크기의 감소로 나타난다. 셋째, 검출기 감응의 변화도 GC 피크의 크기에 영향을 미치게 되는데 체크해야 할 검출기의 인자들은 이동상 기체의 누출, 검출기 내에서 기체 흐름 속도와 온도, 전류와 감쇠, 범위 같은 것들이다. 보통 검출기에서의 누출은 휘발성이 크거나 빨리 용리되는 화합물에서의 손실이 더 크다.

시료를 주입했는 데도 피크가 나타나지 않는 것은 주사기가 막혔을 경우, 컬럼이 부러졌을 경우, 시료가 주입구에 바로 주입되지 않은 경우, 컬럼이 검출기에 잘못 연결된 경우, 검출기가 켜져 있지 않을 경우, 검출기 관련 기체가 부적절한 양이거나 이동상이 흐르지 않는 경우 등 때문이다. 특정 선택성 검출기에서 분석 물질이 근본적으로 감응이 일어나지 않기 때문인 경우도 있고, 시료의 농도가 너무 낮은 경우도 피크가 나타나지 않는다.

크로마토그램에 나타나는 모든 피크들의 크기가 감소했을 때는 주사기가 부분적으로 막힌 경우, 주입 방법이 다른 경우, 주입구의 누출이 있을 때, 분할비가 너무 클 때, 비분할 주입에서 퍼지 시간이 너무 짧은 경우, 격막의 퍼지 유량이 매우 큰 경우, 주입구 온도가 너무 낮을 때, 컬럼의 온도가 충분히 뜨겁지 않을 때, 비분할 또는 컬럼 위 주입에서 컬럼의 초기 온도가 너무 높을 때, 검출기가 부적절하게 작동될 때, 검출기 기체에 불순물이 있을 때, 화합물이 검출기와 맞지 않을 때 등이 그 원인이 된다. 일부 피크만 크기가 줄어든 경우는, 아민류, 카복실산, 알코올 등에서는 컬럼이나 라이너의 활성 또는 오염, 휘발성 화합물의 경우에는 주입구의 누출, 비분할 또는 컬럼 위 주입에서는 컬럼의 초기 온도가 낮을 경우 및 시료의 분해 등이 그 원인일 수 있다.

03

액체 크로마토그래피

3.1 서론

의약학, 식품, 화장품, 환경, 생체 등 복잡한 화합물로 구성된 시료들로부터 분석 물질을 분리하고 정량·정성 분석할 수 있는 액체 크로마토그래피(liquid chromatography, LC)는 분리·분석 기술의 중심에 있다.

액체 크로마토그래피는 기체 크로마토그래피(gas chromatography, GC)와 더불어 가장 많이 사용되고 있는 크로마토그래피인데 GC는 주로 비극성, 휘발성, 열적으로 안정, 분자량이 낮은(약 600 이하) 화합물에 한정되어 적용되지만, LC는 극성, 비휘발성, 열적으로 불안정하고 분자량이 큰 화합물에도 적용이 가능한 방법이다. 하지만 화합물들에 대한 분석이 GC 또는 LC에 고유한 것이 아니고 두 방법에서 상호보완적이다.

GC는 우수한 분리능, 편리한 자동화 및 높은 정확도와 편리한 정량 때문에 활용도가 크다고 하지만, 분석되고 있는 모든 시료 중 25% 정도의 시료가 GC로 분석되고 나머지 75% 정도는 LC로 분석되고 있는 것으로 알려져 있는데, 그만큼 LC는 GC에 비해서 그 응용성이 월등하게 넓다고 할 수 있다.

LC는 분리 메커니즘에 따라서 흡착(adsorption), 분배(partition) 혹은 흡수(absorption), 이온 교환(ion exchange), 크기 배제(size exclusion), 친화(affinity) 방식의 5가지로 구분될 수 있다.

초기의 LC라 할 수 있는 컬럼 크로마토그래피에서는 크기가 불균일하고 입자가 큰 정지상으로 채운 분석 컬럼을 사용하였고 이동상의 흐름은 주로 이동상 자체에 걸리는 중력을 이용하였다. 따라서 분석 시간도 길고, 높은 컬럼 효율을 얻기가 어려웠다. 그러나 1970년대 초에 5 ~ 30 μm 정도의 입자가 균일한 다공성 충전제나 액체의 이동상에 2000 psi의 압력을 걸어서 보통의 충전 컬럼(내경 2 ~ 3 mm, 길이 10 ~ 50 cm)에 1 ~ 2 mL/min의 빠른 흐름 속도로 이동상을 압송할 수 있는 고압 펌프와 고감도 검출기가 개발됨으로써 LC는 **고성능 액체 크로마토그래피**(high performance liquid chromatography, HPLC)로 발전하였고, 2004년에 **초고성능 액체 크로마토그래프**(ultra-high performance liquid chromatograph, UPLC 혹은 UHPLC)가 시판되면서 다시 한 번 액체 크로마토그래프의 변혁이 일어났고, 현재는 HPLC와 더불어 UPLC도 일반화되어 사용되고 있다.

HPLC의 분석에서는 시료의 분자량, 용해도, 이온성의 물리적 성질에 따라 분리 방식이 결정되고, 그 방식에 따라 컬럼과 이동상이 결정되는데, 분석 물질에 대한 위의 3가지 물리적 성질들과 LC의 분리 방식의 영역 관계를 그림 3.1에 요약해서 나타내었다.

분자량 20,000 Da 이상의 생체 고분자나 합성 고분자 시료는 그림 3.1의 아래 기법

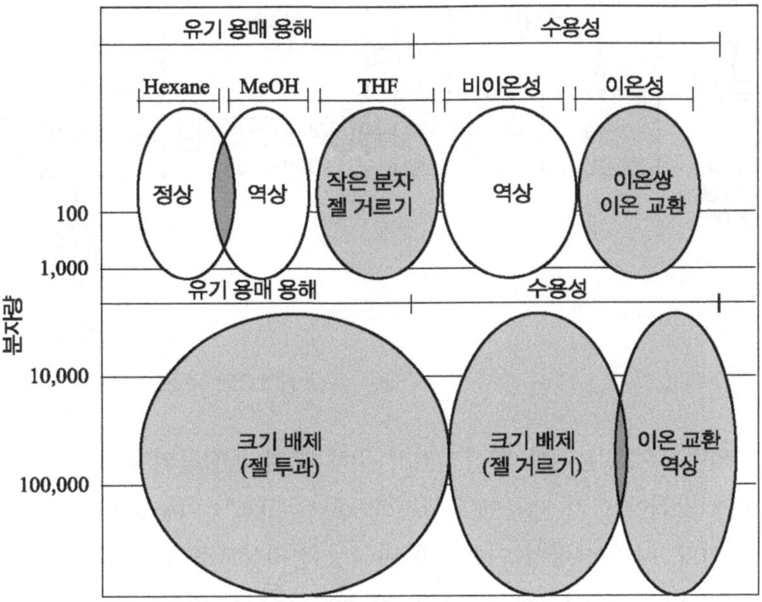

그림 3.1 분석 물질에 따른 LC의 방식 선택[8]

인 크기 배제 크로마토그래피(size exclusion chromatography, SEC)가 사용되는데, 분자량 또는 분자량의 분포에 대한 분석에 활용되고 또한 고분자량과 저분자량의 화합물 분석에도 활용되는데, 이동상 용매로 유기 용매(합성 고분자를 녹이는)를 사용하면 젤 투과 크로마토그래피(gel permeation chromatography, GPC)라 하고, 물을 사용하면 젤 거르기 크로마토그래피(gel filtration chromatography, GFC)라고 한다. 이들 분리 기법의 원리는 분자 간 상호작용이 없는 체질(sieving) 분리라고 할 수 있고 HPLC의 다른 분리 방식과는 다르게 분자량이 큰 것들이 빨리 용리된다.

분자량이 2000 Da 이하인 이온류의 분석에는 그림 3.1의 위 영역으로서 이온 교환 크로마토그래피(ion-exchange chromatography, IEC)가 사용된다. 비이온성이며 유기 용매(메탄올)나 물에 용해되는 분석 물질의 분석에는 역상(reverse phase) 기법인 분배법(partition method)이 가장 유용하게 사용된다. 이 기법에서 이온성 화합물은 이온쌍 크로마토그래피(ion pair chromatography, IPC)와 이온 억제 크로마토그래피(ion suppression chromatography)로 분석할 수 있다. 또한 분배법은 동족 계열의 분리에 유용하게 사용된다. 정상(normal phase) 기법인 흡착 크로마토그래피(adsorption chromatography)나 극성 결합 정지상은 비이온성이며, 비극성류의 분석에 유용하게 사용되고, 특히 구조 이성질체의 분석에 사용된다.

---

[8] High Performance Liquid Chromatograhy, 2nd ed., Lindsay, s ard Barnes, J., eds., New York, Wiley, 1992.

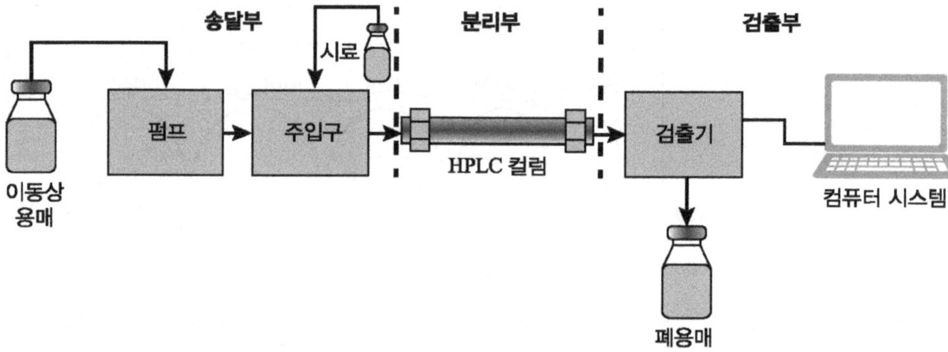

그림 3.2 HPLC의 구조

일반적으로 분리를 향상시키기 위해 분석 물질들의 극성에 정지상의 극성을 비슷하게 맞춰야 하기 때문에("Like dissolves like.") 이동상의 극성은 그 반대 극성이어야 한다. 따라서 극성 이동상과 비극성 정지상으로 된 분리 기법을 **역상 액체 크로마토그래피**(reversed phase liquid chromatography, RPLC)라고 한다. 그와 반대로 비극성 이동상과 극성 정지상 컬럼으로 된 분리 기법을 **정상 액체 크로마토그래피**(normal phase liquid chromato- graphy, NPLC)라고 한다.

시료 중 분석 물질의 화학적 구조(물리적 성질을 가늠하게 함)는 처음 분석 기법을 선정하는 데에 출발점이 된다. 저분자량의 미지 시료의 분석에서 첫 번째로 역상 기법을 시도하며 분리가 잘 되지 않을 경우에 정상 기법을 재차 시도한다. 각 분리 기법별 조작 과정과 특성적인 결과는 표 3.1에 간략하고 체계적으로 나타내었다.

표 3.1 LC의 분리 기법 비교

분리 기법	우선적인 선택
역상 방식 이동상: 물-유기 용매를 사용 컬럼: C_{18}(ODS), C_8, phenyl, TMS, cyano	· 대부분의 시료에서 첫 번째로 시도 · 특히 물-유기 용매에 녹는 비이온성 분석물에 적용 · 동족 혼합물의 분리에 적합
이온쌍 방식 이동상: 물-유기 용매를 사용pH 조절용 완충 용액 이온쌍 시약을 사용 컬럼: C_{18}, C_8, cyano	· 이온성 또는 이온 분석물에 시도 · 특히 센 염기 센, 산과 양이온들의 동시 분석 · 중성과 이온 화합물들의 동시 분석
정상 방식 이동상: 유기 용매들의 혼합 용액 컬럼: cyano, diol, amino, silica	· 역상이나 이온쌍 방식이 맞지 않는 경우에 두 번째 시도 · 물-유기 용매에 잘 녹지 않는 소수성 시료에 첫 번째 시도 · 기하 이성질체와 제조용(preparative) 분리에 첫 번째 시도(실리카 컬럼)

HPLC 기기는 그림 3.2에서 보는 바와 같이 세 부분으로 구성되어 있는데 송달부, 분리부, 검출부로 구분될 수 있다. 송달부는 주입 장치 및 이동상 전달 장치로 되어 있으며, 이동상 전달 장치는 여과가 되는 펌프, 탈기체 장치(degasser)와 연결관으로 되어 있으며, 만약 기울기 용리(gradient elution)를 하려면 혼합기가 있어야 한다. 분리부에는 컬럼과 컬럼 온도 조절을 할 수 있는 오븐이 있다. 검출부는 검출기와 신호 출력 장치로 되어 있고 검출기들은 실제 시료 중 분석물 및 구성 화합물들 그리고 감도와 선택성 등을 고려해서 선정된다.

이 책에서는 LC 중에서도 분배/흡착 크로마토그래피가 중심이 되는 역상 HPLC에 초점을 맞춰서 설명하기로 한다.

3.2 주입 장치

액체 크로마토그래프 시스템용 주입구는 높은 압력(최대 4000 psi)하에서 높은 재현성으로 부피 0.1 ~ 100 μL의 범위 내에서 액체 시료를 주입할 수 있으며, 크로마토그래피 띠넓힘이 최소화되어야 하며 이동상 흐름의 방해가 최소화되어야 한다.

HPLC에 가장 널리 사용되는 샘플링 장치는 마이크로 샘플링 인젝터 밸브이다. 그 중에서도 Rheodyne 주입구는 우수한 특성 때문에 가장 많이 사용되고 있는데, 이 샘플링 밸브를 사용하면 고온에서도 흐름을 크게 방해하지 않으면서 시료를 압력이 걸린 컬럼 내부로 재현성 있게 주입할 수 있다.

그림 2.7은 시료를 외부에 있는 정해진 부피의 샘플 루프(sample loop)에 채워서 주입하는 6-포트 Rheodyne 밸브의 개략도를 보여 주고 있다. 많은 양의 시료를 주입할 때는 짧고 넓은 내경의 샘플 루프보다는 길고 좁은 루프가 더 유리한데, 이는 띠넓힘 효과를 감소시키기 때문이다.

다른 밸브 유형(예컨대, Siemans 및 Valco)은 흐르는 이동상으로 밀어넣는 슬라이딩 막대에 환형 홈으로 구성된 내부 시료 구멍을 사용하며 밸브형 주입구로는 최소 주입 양이 60 nL이다.

밸브 주입은 0.2 % 이하의 오차로 7000 psi까지의 압력에서 넓은 범위의 부피(예를 들어, 60 nL ~ 수 mL)를 신속하고 재현성 있게 주입할 수 있다. 고성능 밸브는 주사기 주입과 동등하거나 그보다 우수한 띠넓힘 정도를 가지고 있다. 현재는 대부분의 실험실에서 수동으로 작동되는 밸브는 거의 사용하지 않고 대부분 자동주입법을 사용하고 있다. 대부분의 샘플 밸브의 단점은 다양한 샘플 볼륨을 얻기 위해 샘플 루프를 변경해야 한다는 것인데 몇 분 내에 가능하다.

자동 샘플링 장치를 사용하면 많은 수의 시료를 분석할 수 있다. 대부분의 자동 시료 주입구는 미리 설정된 시료 부피를 라인에 흡입하여 표준 6-포트 밸브에서 비교적 큰 루프(~ 100 μL)로 옮기기 위한 피스톤 미터링 주사기 형태의 펌프를 갖추고 있다. 가장 간단한 자동 시료 주입구는 압력에 견디는 뚜껑이 있는 특수 바이알을 사용하고 있는데, 주사기 바늘이 달린 특수 플런저를 뚜껑을 통해서 바이알에 밀어 넣고 바늘을 통해 시료를 밸브 루프 안으로 옮겨서 주입한다.

3.3 이동상

3.3.1 이동상 용매의 성질

GC에서는 분석 물질의 머무름 시간 및 선택성(분리도)의 조절은 컬럼의 온도 변화를 통해서 수행하지만, HPLC에서는 이동상 용매의 조성(극성) 변화를 통해서 수행된다. 따라서 이동상에 대한 지식이 매우 중요하다.

다른 여러 유기 용매들이 많이 있지만 HPLC용에 적합한 이동상으로 사용함에 있어서 다음에 소개하는 용매의 성질에 의해 제한을 받게 된다. 표 3.2는 각종 용매들의 용리 세기(ε°)를 비롯한 용매의 성질들을 나타내었다.

HPLC에서 용매의 **점성도**는 띠넓힘의 질량 이동항에 크게 기여하며 물의 점성도보다 큰 용매는 HPLC의 높은 역압력(back pressure)으로 인해 실제 사용하는 데에 적합하지 않다.

자외선 한계 파장(UV cutoff)은 흡수 분광법에서 공기를 기준물(1 cm 셀)로 순수 용매의 흡광도가 1.0(10% 투광도)이 되는 파장을 나타낸다. 따라서 분석 물질의 분석 파장은 용매의 자외선 한계 파장보다 긴 파장을 선택해야 용매의 방해를 받지 않고 분석이 가능하다.

용매의 끓는점이 너무 낮으면 기기 장치 내에 용매 증기의 기포가 생길 위험이 있으며, 이동상의 일정 흐름 속도를 얻을 수가 없고 또한 검출기의 감응 과정에서 오차를 가져다준다. 또한 이동상 혼합 용매의 탈기체에 의한 휘발성 용매 손실이 일어날 염려가 발생될 수 있다.

용리 세기는 용매가 특정 정지상에서 이동상으로 사용될 때 용출 세기이며, 흡착제의 단위 면적당 용리 분자의 흡착 에너지로 나타낸다. 여기 나타낸 용리 세기는 정상 크로마토그래피 시스템에서의 값임을 알아야 한다. 즉 용리 세기가 크다는 것은 분석 물질을 빨리 용리시킨다(머무름 시간 감소)는 것인데, 역상 크로마토그래피 시스템에서는 이와 반대되는 결과를 나타낸다.

표 3.2 용매들의 용리 서열과 물리적 성질

용매	세기 $\epsilon°$	점성도 η (mPa·s)	굴절률 n_B^{2b}	자외선 한계 파장 (nm)	끓는점 (°C)	쌍극자 π^*	산도 α	염기도 β
Fluoroalkane FC-78	−0.19	0.40	1.2670	<210	50.0	–	–	–
n-Pentane	0.00	0.23	1.3575	<195	36.0	–	–	–
n-Hexane	0.00	0.33	1.3749	<190	69.0	–	–	–
Isooctane	0.01	0.50	1.3914	<200	99.0	–	–	–
Cyclohexane*	0.03	1.00	1.4262	<200	81.0	–	–	–
Cyclopentane	0.04	0.47	1.4064	<200	49.0	–	–	–
Carbon tetrachloride	0.14	0.97	1.4652	<265	77.0	–	–	–
p-Xylene	0.20	0.62	1.4958	<290	138.0	0.81	0.00	0.19
Diisopropyl ether	0.22	0.37	1.3681	<220	68.0	0.36	0.00	0.64
Toluene	0.22	0.59	1.4969	<285	111.0	0.83	0.00	0.17
Chlorobenzene	0.23	0.80	1.5248	<290	132.0	0.91	0.00	0.09
Benzene	0.25	0.65	1.5011	<280	80.0	0.86	0.00	0.14
Diethyl ether	0.29	0.24	1.3524	<205	34.5	0.36	0.00	0.64
Dichloromethane	0.30	0.44	1.4242	<230	40.0	0.73	0.27	0.00
Chloroform	0.31	0.57	1.4457	<245	61.0	0.57	0.43	0.00
1,2-Dichloroethane	0.38	0.79	1.4448	<230	83.0	1.00	0.00	0.00
Triethylamine	0.42	0.38	1.4010	<230	89.0	0.16	0.00	0.84
Acetone	0.43	0.32	1.3587	<330	56.0	0.56	0.06	0.38
Dioxane	0.43	1.54	1.4224	<220	101.0	0.60	0.00	0.40
Methyl acetate	0.46	0.37	1.3614	<260	56.0	0.55	0.05	0.40
Tetrahydrofuran	0.48	0.46	1.4072	<220	66.0	0.51	0.00	0.49
t-Butylmethyl ether	0.48	0.35	1.3689	<220	53.0	0.36	0.00	0.64
Ethyl acetate	0.48	0.45	1.3724	<260	77.0	0.55	0.00	0.45
Dimethyl sulphoxide	0.48	2.24	1.4783	<270	189.0	0.57	0.00	0.43
Nitromethane	0.49	0.67	1.3819	<380	101.0	0.64	0.17	0.19
Acetonitrile	0.50	0.37	1.3441	<190	82.0	0.60	0.15	0.25
Pyridine	0.55	0.94	1.5102	<305	115.0	0.58	0.00	0.42
Isopropanol	0.60	2.30	1.3772	<210	82.0	0.22	0.35	0.43
Ethanol	0.68	1.20	1.3614	<210	78.0	0.25	0.39	0.36
Methanol	0.73	0.60	1.3284	<205	65.0	0.28	0.43	0.29
Acetic acid	큼	1.26	1.3719	<260	118.0	0.31	0.54	0.15
Water	더 큼	1.00	1.3330	<190	100.0	0.39	0.43	0.18
Salt solution, buffers	가장 큼							

* 350 bar에서 고체가 됨.

굴절률은 특정 시료에 대한 굴절률 검출기의 감도에 영향을 미친다. 기울기 용리(gradiente elution) 중에는 용리액의 조성이 변하기 때문에 굴절률도 변한다. 굴절률 특성의 변화를 보상하기 위해 항상 기준 파장을 설정해야 하는데, 그렇지 않으면 기준선이 표류된다.

쌍극자 특성은 쌍극자와 분극력을 통해 용질과 상호 작용하는 용매의 능력을 나타내는 척도이며 분극 가능한 분석 물질의 머무름에 유리하다.

산도는 염기성 용질에 대한 수소 결합 공여자 역할을 하는 용매의 능력을 측정한 것으로서 염기의 머무름에 도움이 되고, **염기도**는 용매가 산성 용질에 대해서 수소 결합 수용체로 작용하는 능력을 측정함으로써 산성 분석 물질을 잘 머무르게 한다.

각 분리 방식에 따라 다른 정지상(예로서 옥타데실 실리카(ODS) 또는 페닐 실리카)을 사용하든지 다른 이동상 용매를 사용할 수 있다. 그 중에서 다른 이동상 용매를 사용할 경우에 표 3.2에서 보여 주는 용매별 용매화 변색 파라미터의 쌍극자, 산도와 염기도의 차이가 큰 다른 용매를 선택해서 사용하는 방법이 분리하는 데에 유리한 결과를 준다.

이 세 가지 용매 속성(α, β, π^*)을 사용하여 용매 선택성 삼각형을 구성할 수 있다(그림 3.3). 비슷한 용매가 유사한 특성을 지니고 있기 때문에 함께 그룹화되는 것

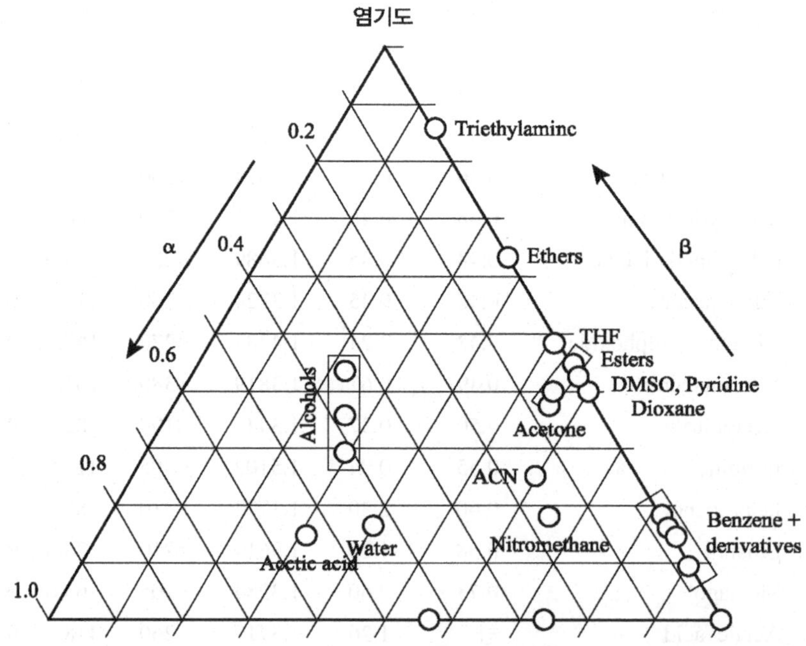

그림 3.3 용매의 선택성 삼각형

을 용매 선택성 삼각형에서 볼 수 있다. 산성 용매는 삼각형의 산도 꼭짓점 근처에 있고, 염기성 용매는 염기도 꼭짓점 근처에 있으며, 시료 분자와 상호작용에서 쌍극자가 현저하게 큰 용매들은 쌍극자 꼭짓점 근처에 위치한다.

이는 성질의 차이가 큰 용매를 선택하여 크로마토그래피 선택성을 최적화하는 데 유용하며 선택성을 크게 변화시킬 수 있다. 대체 용매를 선택할 때는 용매 선택성 삼각형의 다른 영역에 있는 것을 사용하는 것이 효과적일 수 있다. 예를 들어, 메탄올을 사용하는 방법이 선택성을 만족하지 못하면 다른 알코올을 사용하여도 이를 해결하지 못할 것이므로, tetrahydrofuran (THF) 또는 아세토나이트릴을 사용하면 선택성이 변경될 수 있다. 모든 지방족 에테르들은 선택성 삼각형 그림 3.3에서 같은 점에 놓여 있기 때문에 정상 분리 기법에서 diethyl ether와 tert-butyl methyl ether (MTBE)는 선택성 분리에서 차별성이 없다.

물보다 점성도가 높은 용매($\eta > 1.00$)는 높은 압력 강하로 인해 HPLC에 적합하지 않으며, 끓는점이 낮은 용매는 HPLC 시스템에서 기포가 생성될 우려가 있고 탈기 중에 용매의 손실이 발생할 수 있어서 바람직하지 않으며, 항상 HPLC 등급의 용매 및 시약을 사용해야 한다. HPLC에서 모든 시료 및 이동상 준비에는 유기 오염 물질이 포함되어 있지 않은 고순도의 물이 사용되어야 한다. 품질이 떨어지는 용매, 시약, 물은 여러 가지 크로마토그래피 오류를 생성할 수 있으며, 허깨비 피크, 정지상 화학물질의 변화, 바탕선 문제 등이 있을 수 있다.

유기 오염 물질의 가능한 원인은 공급수, 정제 필터와 배관 및 용기로부터 침출, 세균 오염 및 대기로부터의 흡수 등이다. 예를 들어, 알칼리성 이동상은 폼알데하이드, 아민 및 대기 이산화탄소와 같은 극성 유기물을 흡수하는 것으로 알려져 있다. UV 활성 발색단(chromophore)을 가진 유기 오염 물질이 높은 농도로 존재할 경우에도 정량화를 방해할 수 있으며, 반응성 오염물은 분석 물질과 원하지 않는 부반응을 일으킬 수 있다.

HPLC 이동상 용매는 주로 이성분계(binary system, 용매 A와 용매 B)의 이동상을 사용하는 것이 일반적이다. 그림 3.4에서 나타낸 바와 같이 이성분 용매의 두 용매들은 실온에서 조성비에 무관하게 서로 잘 섞이는 성질을 가져야 한다.

그림에서 실온에서 두 용매 간에 완전 또는 부분적으로 섞이지 않은 관계는 검은 표로 나타내었다. 아세트산으로부터 물까지의 모든 용매들과 이성분계로 잘 섞이는 용매들은 무수 아세트산, 아세톤, 다이옥세인(dioxane), 무수 에탄올, 아이소프로판올과 테트라하이드로퓨란(tetrahydrofuran, THF)이다. 편의상 용매 A는 역상 분리 기법에서는 물(극성)이 되고 정상 분리 기법에서는 헥세인(비극성)이 된다. 역상 분리 방식에서 용매 B(메탄올, 아세토나이트릴, THF 등과 같은 유기 용매)를 선택해서 이동

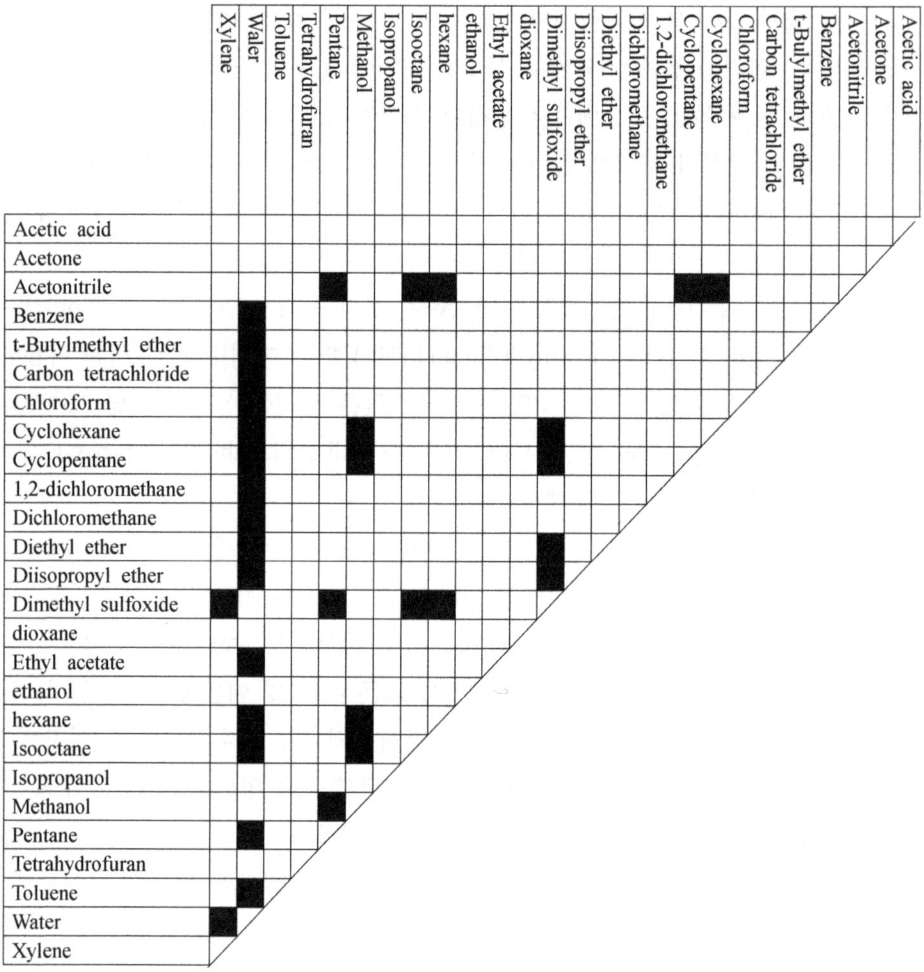

그림 3.4 유기 용매의 섞임 그림

상의 조성을 변화시킨다(유기 개질제(modifier)라고 함).

3.3.2 완충 용액

완충 용액(buffer solution)은 약산과 그의 짝염기 또는 약염기와 그의 짝산으로 만들어진다. 완충 용액은 소량의 염기나 산을 그 용액에 가해도 순수 물에 가한 용액의 pH에 비교하면 pH 변화가 그다지 크지 않게 하는 역할을 한다. 이는 완충 용액을 구성하고 있는 산과 짝염기 또는 염기와 짝산이 가해진 염기나 산을 중화시키기 때문이며, 분석 물질의 $pK_a \pm 1$에 해당하는 pH에서 완충 효과의 용량이 제일 크다.

이온 또는 이온화된 분석 물질을 HPLC로 분리·분석할 경우, 예를 들면 이온 교환 크로마토그래피(IEC)로 센 전해질(산, 염기 또는 그 염 화합물)을 분석하거나 약전해질(약산이나 약염기) 분석 물질을 역상 액체 크로마토그래피(RPLC)로 분석할 경우에 완충 용액이 필요하다.

이온 교환 또는 역상 분리 방식에 따라 분석 물질을 각각 이온형 또는 비이온형 화학종으로 만들어 분석하기도 한다. 분석 물질의 주성분으로 단일 이온 화학종을 만들기 위해 사용되는 완충 용액의 pH는 분석 물질의 pK_a ($-\log K_a$, 산 해리 상수의 역 대수)보다 2단위의 차이가 되어야 한다($pK_a \pm 2$). 산성 분석 물질의 경우 분석 물질의 pK_a보다 2단위 낮은 완충 용액($pK_a - 2$)의 pH를 사용하면 분석 물질은 중성형의 비해리 화학종이 되며, 2단위 높은 완충 용액($pK_a + 2$)의 pH를 사용하면 분석 물질은 이온 화학종(음이온)이 된다. 반대로 염기성 분석 물질에서는 pK_a보다 2단위 높은 완충 용액($pK_a + 2$)의 pH를 사용하면 분석 물질은 비해리 화학종(중성)이 되며 2단위 낮은 완충 용액($pK_a - 2$)의 pH를 사용하면 이온 화학종(양이온)이 된다.

흔히 사용하는 완충제와 그의 pK_a 값 및 자외선 한계 파장은 표 3.3에 나타내었다.

완충 용액의 농도는 적절해야 하며 너무 높지 않아야 한다. 일반적으로 HPLC 완충 용액의 농도 범위는 25 ~ 100 mM이다. 10 mM 이하로 조제된 완충 용액은 완충력이 거의 없으며 고농도(> 50 mM)인 경우 유기 용매 이동상의 비율이 높아지면 (예, 60 % 이상의 유기 용매) 염이 침전되어 HPLC 시스템의 내부 구성 요소들을 망가뜨릴 수 있는 위험이 있기 때문이다. 따라서 예비 실험을 통해서 넓은 범위에 걸쳐 pH를 조정한 수용액과 유기 용매와의 혼합비에 관해 사전에 점검할 필요가 있다.

완충 용액(유기 용매가 혼합된 완충 용액의 경우에는 반드시 먼저 수용액의 pH를 정확하게 조절한 다음에 유기 용매를 가함)을 만든 후에 거르기를 하고 미생물의 성장 억제를 위해서 0.1 % sodium azide를 가하는 것도 바람직하다. 완충 용액의 유형, 농도 및 온도는 HPLC에서 컬럼 수명에 영향을 줄 수 있다. 완충 용액이 포함된 이

표 3.3 일반적인 완충 용액들의 성질

완충제	pK_a	pH 범위	UV 한계 파장(nm)
Phosphate	2.1 7.2 12.3	1.1~3.1 6.2~8.2 11.3~13.3	<200
Acetate	4.8	3.8~5.8	210 (10 mM)
Citrate	3.1 4.7 5.4	2.1~4.1 3.7~5.7 4.4~6.4	230
Carbonate	6.1 10.3	5.1~7.1 9.3~11.0	<200
Formate	3.8	2.8~4.8	210 (10 mM)
Ammonium bicarbonate	7.6	6.6~8.6	230
Borate	9.3	8.3~10.3	N/A

동상을 사용 후에는 모든 완충 용액이 컬럼에서 빠져나갔는지 확인할 필요가 있다. Citrate(구연산염)는 매력적인 완충액인 것처럼 보이지만, HPLC 시스템의 스테인레스강 성분을 공격하여 부식시킬 수 있다.

앞서 언급되었듯이 완충 용액을 이동상으로 사용한 실험이 완료되었거나 오랫동안 사용치 않을 경우에는 HPLC 장치와 컬럼으로부터 완충 용액을 완전히 제거해 주어야 하는데 이를 위해서는 물로 충분히 세척한 후 100 % 유기 용매(보통은 메탄올)로 씻어주고 채워 넣는다.

HPLC의 증발 광산란 검출기(evaporative light scattering detector, ELSD), LC/MS 또는 제조용(preparative) 액체 크로마토그래피의 경우에는 휘발성 완충 용액을 사용하는 것이 바람직하며, 표 3.4는 휘발성 완충 용액과 첨가제의 pH, 조성과 상대 이온(counter-ion)을 열거하였다.

약산과 약염기 분석 물질의 머무름을 조절하기 위해서는 이동상의 pH를 엄격하게 조절해야 하는데, 보통은 HPLC 시스템 내에서 발생할 수 있는 pH의 작은 변화(즉, 시료 희석제와 이동상의 혼합, 미리 혼합된 이동상에서 유기 용매의 증발이 있는 경우, 이산화탄소가 이동상으로 침전 등)를 막기 위해 완충 용액을 사용한다.

완충 용액은 농도가 충분하거나 분석 물질의 pK_a에서 pH가 너무 멀리 떨어지지 않으면(작용 범위를 벗어나지 않으면) 잘 작용한다. 그림 3.5에서 위에 나타난 크로마토그램은 완충 용액의 농도가 부적절한 경우(2 mM)인데 피크 모양이 넓고 머무름 시간이 불안정하다. 아래의 크로마토그램은 적절한 완충 용액 농도(20 mM)와 작동 pH 범위 내에서 사용한 경우인데 피크 모양이 개선되었다.

역상 HPLC에서 분석 물질의 머무름은 완충 용액의 농도에 영향을 받는 경우가 있다. 이러한 경우는 일반적으로 이동상 pH가 3 이상에서, 실리카 정지상 지지체의 표면(염기 화합물 분리)에서 염기성 분석 물질 용질과 산성 실란올 간에 일어나는 이온 교환 상호 작용이 있는 상황에 해당된다. 이때는 이동상 완충 용액의 농도를 증가

표 3.4 휘발성 완충제의 pH

pH	조성	상대 이온
2.0	Formic acid	H^+
2.3 ~ 3.5	Pyriding/formic acid	$HCOO^-$
3.0 ~ 6.0	Pyridine/acetic acid	CH_3COO^-
6.8 ~ 8.8	Trimethylamine/HCl	Cl^-
7.0 ~ 12.0	Trimethylamine/CO_2	CO_3^-
7.9	Ammonium bicarbonate	HCO_3^-
8.0 ~ 9.5	Ammonium carbonate/ammonia	CO_3^-
8.5 ~ 10.0	Ammonia/acetic acid	CH_3COO^-
8.5 ~ 10.5	Ethanolamine/HCl	Cl^-

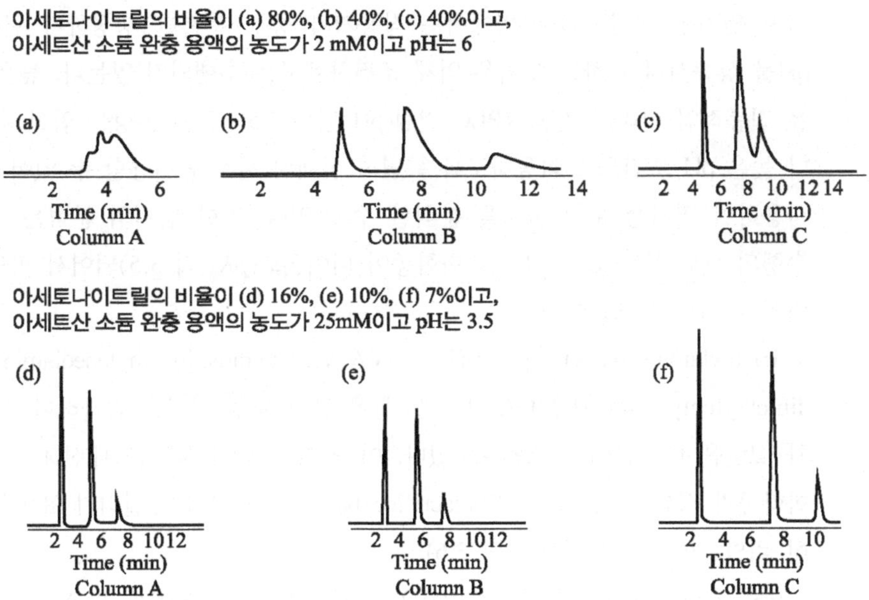

그림 3.5 염기성 분석 물질의 분석에서 완충 용액의 농도에 대한 영향

시켜서 이동상의 이온 세기를 증가시키면 때때로 이 이온 교환 상호 작용을 억제하고 2차 머무름 효과를 감소시킨다.

완충 용액의 농도가 증가함에 따라 이동상이 보다 극성(이온성)으로 변화됨을 유의해야 한다. 이는 화학적 성질에 따라 분석 물질에 다른 방식으로 영향을 줄 수 있다. 일부 분석 물질은 머무름이 감소할 수 있고 일부는 약간 증가될 수도 있다.

3.3.3 첨가제

완충 용액은 아니지만 이동상에 첨가하면 pH가 변하는 화합물들이 있는데, 이 화합물은 상응하는 염, 산 또는 염기와 함께 완충 용액을 만드는 데 사용되며, 이동상의 pH(특히 TFA)를 변경하기 위해 단독으로도 사용되어 표면 실란올이 이온화되지 않도록 한다. 이중 일부는 이온쌍 시약으로도 사용된다. 첨가제와 그 pK_a 값은 다음과 같다: trifluoroacetic acid (0.3), phosphoric acid (2.14, 7.20, 12.33), citric acid (3.13, 4.76, 6.40), formic acid (3.75), acetic acid (4.76), propionic acid (4.86), carbonic acid (6.35, 10.33), Tris (8.06), boric acid (9.23), ammonia (9.25), glycine (9.78), triethylamine (10.21), pyrrolidine (11.27).

하전되었을 때 컬럼으로부터 빠르게 용리되는 해리된(이온화된) 산과는 다르게, 양성자화된 염기는 머무름 시간이 길고 피크 모양이 일그러진 형태이다. 이러한 머무름 거동은 실리카 표면상의 잔류 실란올 화학종(-Si-OH)과의 상호 작용 때문이다. 따라서 염기성 화합물의 분리에서는 작용기가 중성 분자를 생성하기 위해 이동상의 pH를 상승시켜야 하므로 이온 억제 조건하에서는 수행되지 않는다. 높은 pH 이동상은 전통적인 실리카 기반 RPLC 컬럼(pH 범위 2.5 ~ 7)에 손상을 입힐 수 있다. 그러나 높은 pH 조건으로 작동하도록 특별히 설계된 컬럼을 사용할 수 있어 이온 억제를 사용하여 염기성 분석 물질을 분석할 수도 있다. 약한 염기의 분석은 낮은 pH에서 수행되는데, 이는 표면 실란올 화학종이 비이온화(pK_a 약 3.5)되어서 피크의 꼬리 끌림이 개선되기 때문이다.

Triethylamine (TEA), piperazine, *N,N,N′,N′*-tetramethylethylenediamine (TMEDA), dimethyloctylamine (DMOA)과 같은 높은 표면 활성 염기를 첨가하여 원하지 않는 2차 실란올 머무름이 감소될 수 있다. 이 염기는 분석 물질을 대신해서 표면 실란올 화학종과 상호 작용(희생 염기(sacrifice base)라고 함)하여 실리카 표면을 항상 완전히 비활성화시키게 된다(그림 3.6).

예를 들어, 암페타민(pK_a = 10.01)은 pH 7.1의 이동상에서 TEA이 첨가되지 않으면 꼬리 끌림을 나타낸다. 하지만 희생 염기의 농도가 증가함에 따라 피크 모양이 개선되는데, 이동상의 TEA 농도에 대한 피크 꼬리 끌림을 나타내는 곡선은 대략 10 mM에서 평탄하게 되며, 이는 반응성 실란올 그룹의 거의 전체 덮임을 나타낸다(그림 3.7).

전통적인 실리카 컬럼에서 사용되는 pH 값에서 이온화되는 염기성 분석 물질을 분석할 때는 피크 비대칭(꼬리 끌림)을 개선해야 할 필요가 있다. HPLC 컬럼 제조사들은 염기성 분석 물질을 분석하는 데 사용할 수 있는 컬럼을 생산하기도 하는데, 이 컬럼은 표면 활성 실란올이 적은 실리카에서 만들거나 분석 물질이 상호 작용할 수 있는 실란올 그룹의 수를 줄이기 위해 끝씌우기(end capping)을 통해서 만들어진

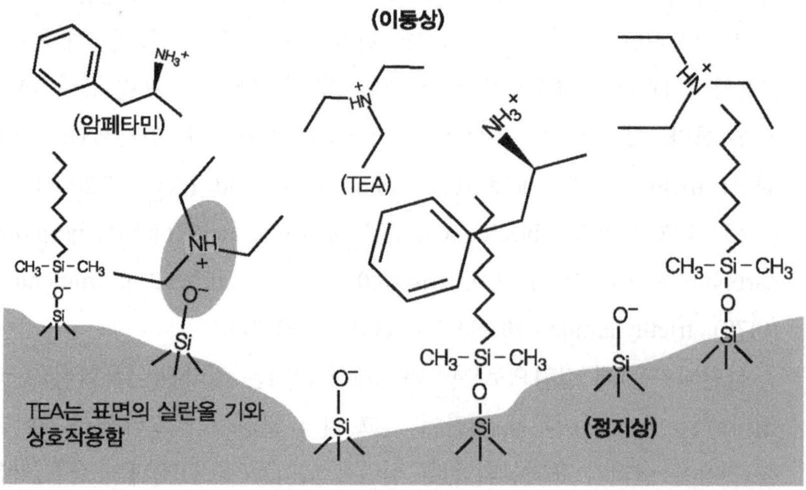

그림 3.6 희생 염기의 작용

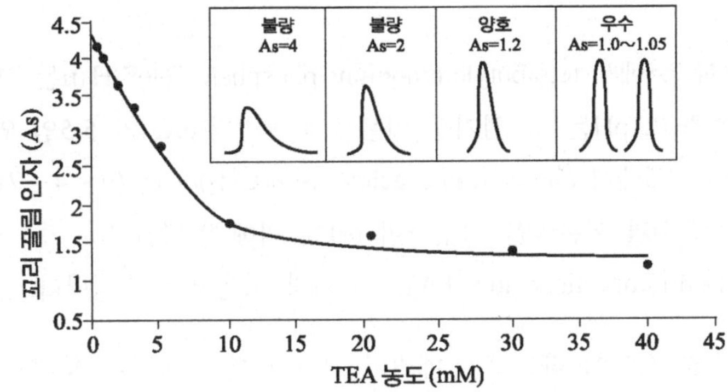

그림 3.7 TEA 첨가에 따른 암페타민 피크 모양의 변화

다.

또한 TEA와 높은 이동상 pH는 피크 모양을 개선하는 데 사용될 수 있다(그림 3.8). 높은 이동상 pH 값(즉, 분석 물질의 pK_a보다 2 pH 단위 높음)에서 분석 물질은 비이온화(중성형)되고 실리카 표면 실란올 그룹과의 상호 작용이 없어 피크 꼬리 끌림을 감소시킨다. 다양한 pK_a 값을 가진 혼합물을 분석할 경우에, 증가된 이동상 pH의 사용은 모든 분석 물질들을 중성으로 만들지 않을 수 있으므로, TEA (또는 다른 희생 염기)를 사용하면 표면 실란올 종과 상호 작용할 수 있기 때문에 피크 모양을 개선할 수 있다.

이온쌍 시약(ion pairing reagent)은 역상 및 이온 억제 기술과 같은 다른 방법이 성공하지 못했을 때 사용할 수 있다. 음이온성 및 양이온성 화합물 모두를 함유하고 있는 시료는 이온쌍 시약에 의해 '가림(masking)'된 형태를 가지며 pH에 의해 억제되는 다른 유형을 갖는데, 이는 시료 분석 물질의 pK_a가 유사하지 않은 경우에 유용한 기술이다.

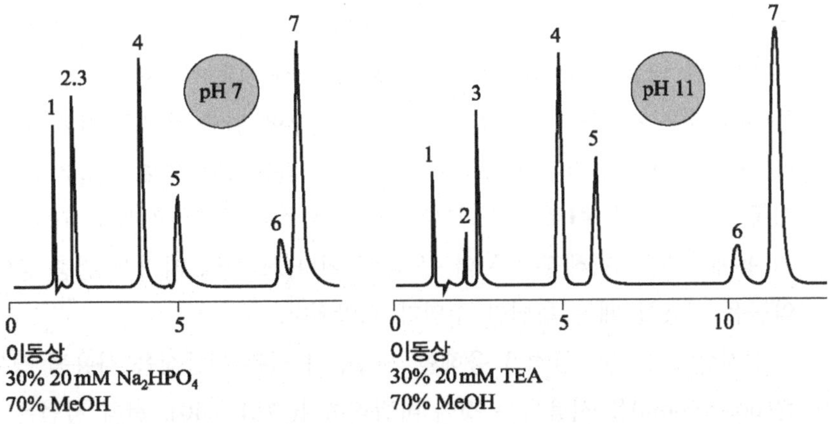

그림 3.8 TEA와 높은 pH를 사용한 이온화되는 분석 물질의 분리

[예]

- pH 7.5에서 tetrabutylammonium phosphate $^+N(C_4H_9)_4$는 산과 강한 이온쌍을 형성하고, pH는 약 염기성 이온을 억제한다(pK_a 약 5.5인 염기의 경우).
- pH 3.5에서 alkylsulfonic acids $^-SO_3(CH_2)nCH_3$ (n = 4 ~ 7)은 염기 및 약산(pK_a ~ 5.5)과 이온쌍을 형성하며 pH에 의해 억제된다.
- Trifluoroacetic acid (TFA)는 염기와 이온쌍을 형성한다.

이온쌍 시약이 작동하는 메커니즘은 1) 분석 물질이 용액 내에서 이온쌍 시약과 짝을 이루어 중성 착물을 형성한 후에, 이 중성 착물이 정지상과의 분배 상호작용을 함으로써 머무름이 이루어지거나, 2) 이온쌍 시약이 정지상의 소수성 표면을 채우고 분석 물질 분자가 이온 교환 반응을 거친다고 생각하고 있는데, 두 번째 방법을 이온쌍 머무름의 주요 모드로 받아들이고 있다.

이온쌍 시약의 단점은 평형 시간이 길다는 것이다(컬럼 부피의 100배). 이온쌍 시약은 컬럼으로부터 제거하기가 매우 힘들기 때문에 보호 컬럼 또는 전용 컬럼을 이온쌍 응용에 사용하는 것이 좋은데, 이는 정지상을 역으로 변형시키는 이온쌍 시약은 컬럼 수명을 크게 단축시키기 때문이다. 이온쌍 시약은 이온 형성을 억제하고 감도를 감소시키기 때문에 LC/MS 분석에서는 일반적으로 적합하지 않으므로, HILIC 및 혼합 모드 정지상을 사용하는 것이 바람직하다.

3.3.4 이동상의 취급

HPLC용 용매들은 특별하게 여과되어(잘 세척된 용기에 담김) 입자성 물질들이 매우 적게 함유되어 있으며, 불순물에 의해 짧은 자외선 파장에서 흡수가 일어나지 않도록 되어 있다. 또한 특수하게 정제된 물도 필요하다.

완충 용액들은 구입하는 것이 가장 좋으나 여의치 않으면 완충 용액을 조제 후에 추가적인 정제 과정이 필요하다. 만들어진 완충 용액들은 먼저 유리 섬유 필터로 거르기를 한 다음, 0.45 μm 필터로 거르기를 하는데, 이 시점에서 완충 용액의 pH는 주어진 값을 가지도록 조정되어야 한다. 이후에 완충 용액을 유기 용매나 또는 저장 용기에 첨가한다. 결과적으로 수소 이온의 활동도는 변해서 유기 용매/완충 용액의 활동도는 겉보기 **pH**로 측정되므로 이 값은 실제 완충 용액의 pH보다 항상 크고 유기 용매가 많이 가해질수록 더 큰 값이 된다(표 3.5). 따라서 완충 용액과 이온쌍 시약들을 사용할 때는 특별한 주의가 요망된다.

정지상의 실리카 골격을 용해할 가능성이 있는 이동상을 사용될 경우에는 **전치 컬럼**(pre-column)을 사용하는 것이 바람직하다(그림 3.40). 전치 컬럼은 펌프와 주입구

표 3.5 이동상 완충 용액의 겉보기 pH[9]

수용액 pH[a]	50/50 Methanol/Buffer에서 pH	50/50 Acetonitrile/Buffer에서 pH
1.70	2.32	2.02
2.21	2.66	2.72
2.90	3.91	3.71
3.46	4.10	4.43
4.38	5.02	5.51
5.34	6.18	6.42
5.62	6.45	6.04
6.91	7.85	7.33

a: pH 1.70, 2.21, 2.91, 5.62과 6.91의 완충 용액은 phosphate로부터 조제되었고, pH 3.46, 4.38, 5.34의 완충 용액은 acetate로부터 조제된 것이다.

사이에 설치되고, 분석용 또는 분취용과 같은 크기의 컬럼이 사용되며, 보다 큰 입자인 실리카 젤로 채워진다. 이동상이 전치 컬럼을 흐르게 되면 silicate로 포화되어 분석 컬럼은 보호된다. 포화된 이동상을 사용하면 분석 컬럼에서 실리카 골격의 충전제가 더 이상 용해되지 않는다.

보호 컬럼(guard column)은 분석 컬럼 또는 분취용 컬럼의 바로 앞부분에 설치되어서 시료 중 불순물들을 제거해 분석 컬럼들이 보호받는다(그림 3.40). 보호 컬럼의 길이는 분리 컬럼의 1/20 정도 크기가 되어야 하며, 불순물들이 분리 컬럼에 들어가지 않도록 자주 바꿔주어야 한다(25 ~ 30개 시료마다 또는 역압력이 500 psi 증가할 경우). 또한 컬럼 외 불감 부피에 의하여 전체적인 분리 성능이 나빠지지 않도록 보호 컬럼의 설치에 주의가 필요하다.

이동상과 시료로부터 미리 제거되지 않은 입자 물질들을 제거하기 위해서 모든 분석 컬럼들은 입구와 출구 프리트(frit)들이 있다. 보호 컬럼을 사용하지 않는 경우에 다양한 직렬 필터 장치가 이용되고 필터 부품은 쉽게 바꿀 수 있다.

이동상이 완충 용액이고 유기 용매가 기울기 용리로 가해질 경우에는 유기 용매가 증가함에 따라 완충 용액 염의 용해도가 감소되어 LC 컬럼과 장치 내에 완충염의 침전물이 생성될 가능성이 있으므로 다양한 용리 용매의 조성에서 완충 용액의 용해도를 시험해야 한다.

이동상은 제조일로부터 짧은 시간 내에 사용하도록 하여야 한다. 예를 들어 물 정제 장치에서 만든 정제수, 완충제가 없는 수용액 또는 완충 용액의 보존 수명은 보통 3일이며, 15 % 이하의 유기 용매로 된 수용액의 보존 수명은 1개월이고, 15 % 이상 유기 용매가 함유된 수용액이나 순수 유기 용매들은 3개월 정도이다.

[9] Douzou, P., Methods of Biochemical Analysis, **22D**, C Click, Ed. Interscience, New York, NY, (1974).

3.3.5 펌프

펌프는 이동상 용매들을 매우 정밀하고 일정하며 재현성 있는 흐름 속도로 컬럼으로 보내는 역할을 하는데, 컬럼에 걸리는 압력은 컬럼의 내경, 입자의 크기, 용매의 종류, 흐름 속도에 의존하며 일반적으로 200 ~ 7,000 psi(약 14 ~ 480 bar) 정도이며, 메탄올이 아세토나이트릴보다 점성도가 높아서 더 높은 압력을 나타낸다. HPLC에서 일반적으로 사용되는 펌프 장치는 일정 압력형과 일정 흐름형이 있다. 일정 압력형은 일정 압력에서 이동상의 흐름을 변하게 하고 일정 흐름형은 배압력에 따라 압력을 변화하게 해서 일정한 이동상의 흐름이 되도록 하였다. 여러 가지 용매들이 이동상으로 사용 가능하도록 용매들과 접촉하는 펌프 재질은 유리, 세라믹, 스테인레스강이나 PTFE와 같은 고분자 물질들로 되어 있다.

지름 2.1 ~ 4.6 mm의 컬럼이 사용될 경우에 이동상의 흐름 속도는 보통 0.5 ~ 2 mL/min이며 펌프는 이동상 용매를 펌프질할 때에 압력 충격(펄스 충격)이 없도록 만들어져 있다.

일정 압력 펌프의 장점으로는 장치가 간단하며, 펄스가 낮고 바탕선 안정도가 높다는 것이다. 매우 낮은 펄스와 높은 바탕 안정도가 있는 반면에 온도 변화에 따라 용매들의 점도가 달라져서 흐름 속도의 변화가 일어난다는 단점이 있다. 이러한 흐름 속도의 변화는 머무름 정보가 정확하지 않아서 정성 · 정량 분석에서 재현성이 없는 분석 결과를 나타낸다. HPLC에서 정성 확인은 시료 성분과 표준 물질 성분과의 머무름 시간을 비교함으로써 가능하기 때문에 크로마토그래피에서 머무름 시간의 재현성은 매우 중요하다. 또한, 흐름 속도의 변화는 시료 성분과 이동상 용매 간 희석비의 변동을 주므로 희석비의 변동은 정량 분석에서 피크 넓이의 변화를 가져다준다.

일정 흐름 펌프는 왕복식(하나 또는 두 피스톤) 또는 주사기형이 있다. 일정 흐름 펌프 장치는 재현성이 높은 부피 흐름 속도를 가진다. 단일 피스톤 왕복식 펌프 장치(그림 3.9)는 회전용 캠(cam)으로 조정되는 하나의 피스톤 스트로크(stroke)의 횟수로 이동상의 흐름 속도와 부피를 조절한다. 이동상 용매를 컬럼으로 내보내면서 생기는 펄스는 검출기 신호에 잡음을 생성하므로, 펄스를 감소시키기 위해 작은 지름의 코일의 **제동기**(damper)가 펌프와 컬럼 사이에 놓여 있다.

이중형 왕복식 피스톤 펌프는 흐름 펄스를 감쇄시키는 데 매우 효과적인 방법이다. 이런 형태의 펌프는 캠과 기어로 조절되는 두 개의 펌프질 방을 한 개의 모터로 움직이게 한다. 첫 번째 피스톤이 이동상 용매를 들어오게 하는 동안에 두 번째 피스톤이 용매를 분리 장치에 내보내기 때문에 두 용매 흐름이 겹쳐져 최소의 펄스로서 분리 장치에 일정 흐름이 되도록 한다.

주사기형 펌프는 컬럼에 이동상을 내보내도록 일정한 속도로 움직이게 하는 큰 주

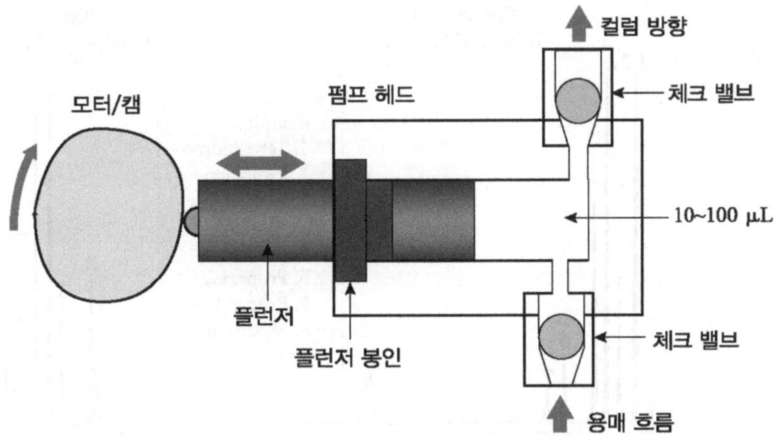

그림 3.9 왕복식 펌프의 구조

사기로써 펄스 없이 원활한 흐름이 되도록 해 준다. 주사기형 펌프의 장점은 저압력 장치에 적합하고, 보수 관리가 쉽고, 튼튼하다는 것이다. 단점으로서 용매 부피에 제한이 있고, 고압에서 흐름 속도가 변한다는 점이다. 주사기형 펌프는 단일 이동상에서 가장 유용하지만 두 개의 다른 주사기에 담긴 용매들의 압축률 차이는 그의 혼합에 문제를 일으켜서 기울기 용매법(용리법)에서는 적절하지 않다. 위에서 기술한 주사기형 펌프의 특성 때문에 분리 컬럼으로서 내경이 2 mm 이하이고, 흐름 속도 0.5 mL/min 이하를 사용하는 미세 구경(microbore) 컬럼 HPLC의 분리에 가끔 사용된다.

이상적인 펌프는 펄스가 없고 용매 부피에 제한이 없고 유지 관리가 쉬워야 한다. 물론 완전한 펌프는 없지만 이중형 피스톤 왕복식 펌프가 시판용 HPLC 장치에 가장 널리 사용되고 있다.

3.3.6 용리 방법

분석용 HPLC에서 이동상은 컬럼을 통해 0.5 ~ 2 mL/min의 흐름 속도가 되게 펌프질한다. 이동상의 용매 조성을 분석 시간 동안 일정하게 해서 사용하는 방법을 **등용매 용리**(isocratic elution)라고 하며, 이동상의 용매 조성이 분석하는 동안 미리 정해진 프로그램에 따라 연속적으로 변화시키는 방법을 **기울기 용리**(gradient elution)라고 한다.

기울기 용리법은 GC의 컬럼 온도 프로그램법(temperature programming)에서 얻어지는 효과와 같다. 따라서 등용매 방식에서 단일 용매 또는 기울기 용리법을 사용하여 혼합 용매로 적절한 분석 시간에서 용리되지 않거나 용질들의 머무름 시간들이 넓게 퍼져 있는 경우에 기울기 용리법이 사용된다. 예로서, 정상 크로마토그래피에서

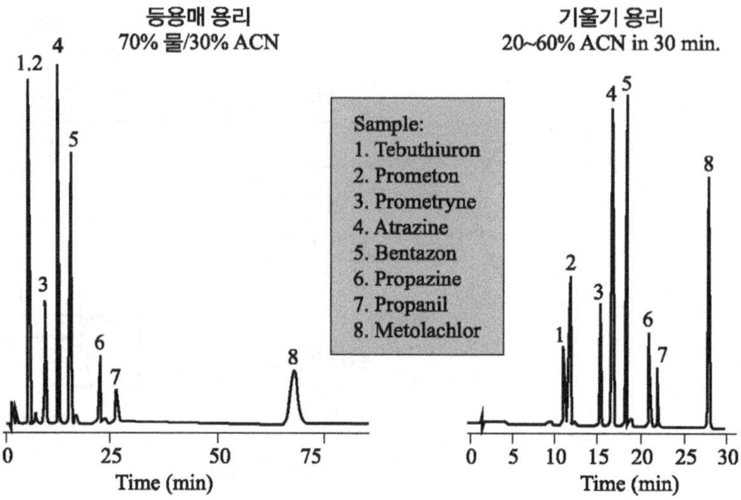

그림 3.10 기울기 용리에 의한 분리 효율의 개선

비극성 용질들은 정지상에서 비교적 약하게 흡착되므로 비극성 용매로 용리시켜야 하고, 극성 용질들은 보다 세게 흡착되므로 그들을 용출하려면 보다 큰 극성 용매가 요구된다. 극성이 다양한 화합물들로 된 시료 분석에서는 분석하는 동안에 기울기 용리법을 사용하여 혼합 용매의 극성을 변화(극성 증가)시키면서 분리가 이루어져야 한다.

그림 3.10은 기울기 용리법의 분리 효능과 짧은 용리 시간 및 높은 감도를 보여준다. 다른 분리 기법(IEC나 친화 크로마토그래피)에서는 보다 좋은 분리를 하려면 이동상 용매의 다른 성질들(예로서 pH와 이온 세기)을 변화시키는 기울기 용리법이 필요하다.

3.4 컬럼

3.4.1 컬럼의 구조와 충전 물질

일반적으로 사용되는 분석용 HPLC 컬럼들은 지름이 2.1 ~ 4.6 mm, 길이가 50 ~ 300 mm인 스테인레스강 관으로 만들어져 있다. 충전제를 컬럼에 지탱시키고 HPLC 장치 내 다른 부분과 접속하기 위해 컬럼은 다공성 재질(frit)이 없는 관이음쇠(fitting)가 필요하다. 이러한 관이음쇠들은 적은 불감 부피(dead volume)를 가지도록 특수하게 만들어져 있다(그림 3.11).

가끔씩 지지체 물질 자체인 실리카 젤이나 알루미나 컬럼들이 HPLC의 몇 가지 분석 물질에 활용되고 있지만, 대부분의 분석 컬럼들은 화학 결합형 정지상들을 사

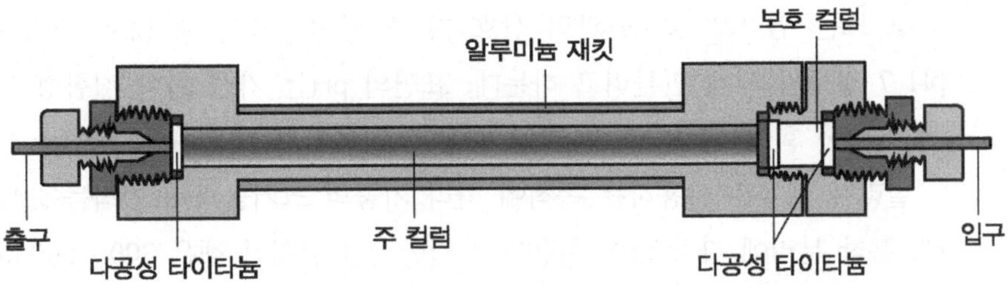

그림 3.11 HPLC 컬럼의 구조

용한다. 다양한 입자 크기, 표면적과 입자 내 기공 크기가 다른 실리카 젤에 화학 결합시킨 정지상들이 널리 사용되며, 여러 제조사들로부터 이용할 수 있는 화학 결합형 정지상들은 최소 1,000 종류 이상이 된다.

많은 인자들이 각 결합형 정지상의 분리 성능에 영향을 준다. 제조사들의 제품명은 화학 구조(즉, C_{18}, C_8, NH_2, diol 등)를 나타내고 있지만 분리 특성들을 나타내는 많은 인자들에 대한 정보는 확실하지 않다. 따라서 새롭게 시작하는 실험자들은 시판되고 있는 결합형 정지상들 간 특성 인자들의 차이를 알아야 한다.

컬럼 충전제에서 가장 중요한 부분은 고체 지지체(solid support) 물질 그 자체이다. 앞에서 서술한 바와 같이 고체 지지체로서 실리카 젤이 가장 널리 사용되고 있으며, 다른 산화물(예로서 산화 알루미늄이나 산화 마그네슘) 또는 고분자 물질(예로서 styrene-divinylbenzene이나 polyacrylamide)도 사용되고 있다.

HPLC 충전제의 가장 중요한 물리적 성질 중 하나는 물리적 강도가 좋아야 하는 것인데, 잘 충전되고 높은 컬럼 효율을 얻으려면 HPLC 컬럼에 담긴 충전 입자들이 높은 압력에서 충전이 잘 되도록 해야 한다. 또한 컬럼의 충전 상태가 그대로 유지되어야 하고, 충전 입자들이 움직이게 되면 높은 역압력이 걸리게 되어 컬럼 내 빈 공간이 생겨서 머무름 시간의 재현성이 없어진다.

많은 실리카 젤과 다른 무기 산화물들은 기본적으로 높은 물리적인 강도를 가지고 있다. 고분자 충전제는 이런 강도를 갖도록 고분자간의 가교(cross-linked)가 조절되도록 한다. 입자 내 기공이 큰 고분자 지지체는 가교가 많이 되지 않기 때문에 사용이나 보관 시에 특별히 조심해야 한다. 기공이 큰 실리카(단백질용 컬럼의 결합상들에서 기공의 크기가 500 Å 이상)는 입자의 기공 내 얇은 벽을 가지고 있어 취급과 저장에 조심할 필요가 있으며 컬럼 제조사의 지시 사항을 읽고 준수하여야 한다.

각 제조사들이 사용하는 실리카 젤은 기공 크기, 표면적, 기공 내 부피와 표면의 실란올의 pH가 다르다. 표면 pH는 산성이지만 제조 과정에서 변할 수 있다. 가장 널리 사용하는 한 가지 제조 기법은 silicate로 침전시키거나 실리카 솔(sol) 용액의 과정을 밟는 것이다. 따라서 실리카 표면의 실란올은 pH 4 ~ 10까지 갖게 된다. 산성,

중성 또는 염기성 용질들과의 상호작용을 방지하기 위해 많은 제조사들은 표면을 pH 7 정도가 되게 만들려고 하는데, 표면의 pH는 가끔 화학 결합형 정지상 컬럼에서 특정한 화합물들의 꼬리 끌림 현상을 일으키기 때문이다.

실리카 젤들은 사용하는 목적에 따라 기공의 크기들과 표면적들을 다르게 만드는데, 흡착 분리에 가장 많이 사용되는 일반적인 실리카 젤은 300 ~ 500 m^2/g 비표면적과 60 ~ 80 Å 기공 크기를 가진다. 분자량 2,000 이하의 용질들 분리에 사용하기 위해서 더 많이 화학 결합된 정지상을 사용하며, 이는 분석용(analytical)이나 분취용(preparative) 컬럼에 활용되고 있다.

펩타이드와 단백질 연구와 같은 종종 분자량이 큰 물질의 분석에서는 결합형 정지상으로 300 Å, 500 Å, 1,000 Å, 또는 더 큰 기공의 충전제들이 사용되며, 기공 지름이 커지면 표면적이 감소한다. 제조사에 따라서는 정지상의 결합 사슬 길이나 이온 교환 작용기의 길이를 조절하여 시료의 수용 능력을 향상시킨다.

화학 결합형 정지상들의 여러 가지 입자 크기들이 이용 가능하며, 입자 크기와 컬럼 크기와의 관계를 표 3.6에 요약하였다.

각 입자 크기는 사용되는 방법에 따라 장·단점들이 있다. 작은 충전제의 입자는 시료와 이동상의 세심한 조제로 컬럼 수명이 길어진다. 그렇지 않으면 입자성 물질과 불순물들이 작은 입자 컬럼에 쌓여서 비이상적으로 높은 역압력, 감도 및 분리능의 문제들을 일으킨다. 현재는 5 μm 입자 컬럼들이 많은 분석에서 사용되고 있다.

3.4.2 화학 결합상

정지상을 화학 결합시킬 실리카 젤은 사전에 중금속 이온들(Fe^{3+}, Pb^{2+} 등)을 제거하고 질산이나 염산으로 세척을 한다. 실리카를 중성 pH로 만들기 위해 정제수로 씻은 다음에 120 °C 오븐에서 하룻밤 동안 건조시킨다. 실리카와 결합할 실레인 유도체 시약이 담긴 건조된 플라스크에 톨루엔을 가하고 환류시킨다. 유도체 시약은 단일−,

표 3.6 입자 크기와 컬럼 크기 및 응용성

입자 크기 (μm)	용 도	특성
3	짧은 컬럼(2 ~ 10 cm × 2 ~ 5 mm 내경)	빠른 속도와 높은 효능
5	중간 컬럼(15 ~ 25 cm × 4 ~ 10 mm 내경)	빠른 속도와 높은 효능
10	중간 컬럼(5 ~ 25 cm × 4 ~ 10 mm 내경)	중간 속도와 중간 효능
25 ~ 40	짧은 컬럼(1 ~ 5 cm × 4 ~ 10 mm 내경)	보호 컬럼용
	중간 컬럼(5 ~ 25 cm × 10 ~ 50 mm 내경)	낮은 속도와 낮은 효능
45 ~ 63	중간 컬럼(5 ~ 25 cm × 10 ~ 50 mm 내경) 긴 컬럼(25 ~ 100 cm × 10 ~ 100 mm 내경)	낮은 속도와 낮은 효능

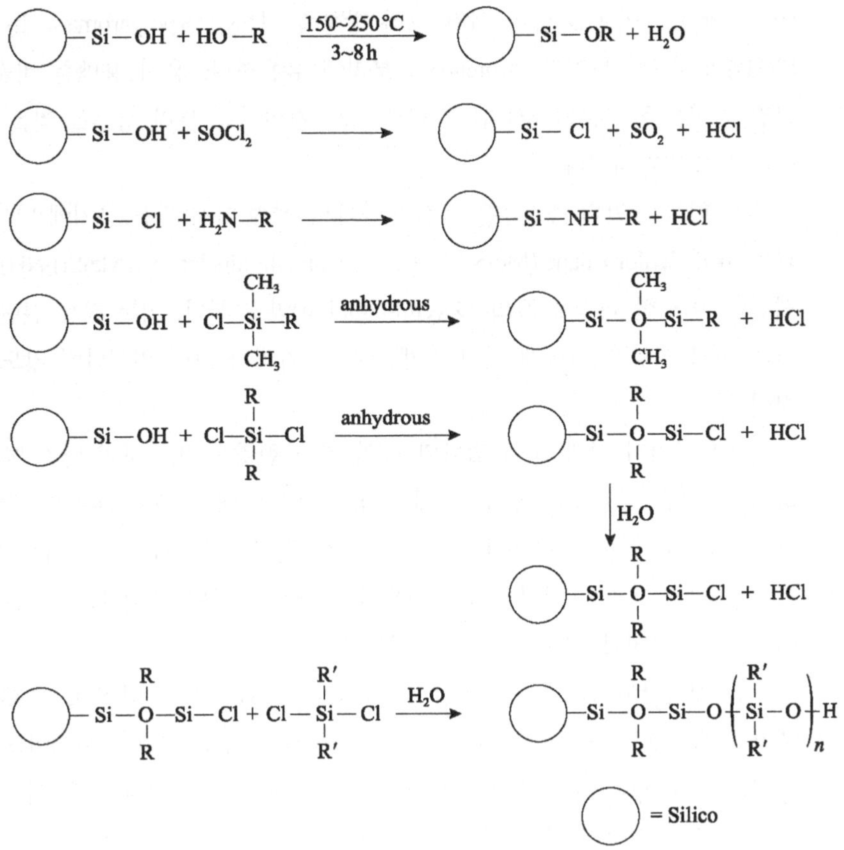

그림 3.12 실란올기의 화합 결합

이−, 삼− 작용기로 된 실레인 화합물이며 작용기(또는 이탈기)는 할로젠화(halide), 메톡시(methoxy), 또는 에톡시(ethoxy)기이다.

일반적으로 시약 분자의 작용기 하나가 실리카 중 한 개 실란올과 반응을 하여 Si-O-Si 결합을 생성하거나 시약의 작용기 두 개가 실리카의 이웃 실란올 두 개와 반응해서 Si-O-Si 결합을 생성하기도 한다. 미반응 작용기들은 초기 반응이 끝난 후에 처리하는 과정에서 각 시약 분자에 Si-O-H 기들을 생성한다. 이−와 삼− 작용기 시약과 반응시키면 실리카 젤은 표면에서 상호 가교(cross-linked)를 형성한다. 이렇게 이− 또는 삼− 작용기 시약들로 만들어진 가교된 결합상들은 고분자상들이라고 하고 단일 작용기 실레인 시약으로 합성한 것은 단위체상이라고 한다. 이들 합성 경로를 그림 3.12에 나타내었다.

그림 3.12에서 R 작용기는 주작용기(예로서 C_{18}, C_8 또는 프로필사이아노)이고, R' 작용기는 짧은 알킬기(메틸, 에틸 또는 프로필)이다. 짧은 알킬기는 긴 알킬기들보다 화학 반응시키는 과정에서 입체적 장애를 적게 받아서 보다 완전한 결합을 하게 한다. 단위체상 또는 고분자상의 결합상들의 차이점은 분석물에 대한 선택성이 다르다는 것

이다. 예를 들어 C_{18} 상은 여러 고리 방향족 탄화수소(polyaromatic hydro- carbons, PAHs)와 카로테노이드(carotenoid) 분리에 유용하다. 용리 용매를 바꾼다고 하여도 복잡한 성분들의 분리에서 단위체상이 고분자상처럼 분리 성능을 얻을 수 없고 그의 반대도 마찬가지이다.

이미 화학 결합된 충전물은 적절한 용매와 함께 다시 반응 용기에 담아 잔류 silanol과 trimethylchlorosilane (Me_3SiCl) 또는 hexamethyldisilazane(($(Me_3Si)_2NH$) 시약과 반응시킨다. 이러한 과정을 **끝씌우기**(end-capping)라고 한다. 이는 잔류 실란올에 의해 용질의 피크 모양을 나쁘게 되지 않게 또는 비가역 흡착이 일어나지 않도록 하기 위한 것이다.

끝씌우기시킨 상과 원래 결합된 상의 탄소 함량을 비교하면 탄소 %가 많이 증가하지 않는데, 증가량은 탄소 무게로 0.1 ~ 0.2 %에 지나지 않는다. 위의 시약들은 diol과 amine 상들과 반응하므로 모든 화학 결합상들에게 끝씌우기를 할 수는 없다. 이 상들의 작용기를 차단해서 끝씌우기한 다음에 차단 해제하는 작업은 실용화하기에는 시간 낭비와 고비용이 들기 때문이다.

최종 결합상이 diol이면 실레인 결합 시약은 glycerol로부터 Si-O-CHOH-CH_2OH 구조가 만들어진다. 사이아노기 또는 아미노상들은 규소 원자와 사이아노 또는 아미노기 사이에 propyl 기를 붙인다. 많은 이온 교환체들은 다단계 반응 과정을 밟는데 먼저 방향족 고리와 지방족 사슬과 결합하고 나서 다음 반응으로 이온성 자리를 만든다. 그래서 phenylethyl (Si-CH_2-CH_2-Ø) 기가 결합되고 고리의 설폰화로 센 양이온 교환체가 만들어진다. 한편 삼차 아민은 사차 암모늄으로 되어 센 음이온 교환체가 된다.

컬럼 제조사들이 제시한 정지상의 성질들을 표 3.7에 나타내었다.

입자 크기(particle size) 또는 입자 직경은 컬럼 충전 입자의 평균 직경이다. 가장 일반적인 입자 크기는 직경이 3, 3.5, 5 μm이며 1.6 μm까지도 있다. 직경이 작을수록 컬럼의 효율이 증가하는데 이는 컬럼 효율에 대한 이동상의 유량 의존성이 덜하기 때문이다(그림 3.13). 하지만 컬럼에 걸리는 역압력은 증가한다.

기공 직경(pore size)은 시료 내의 분자들의 유체 역학 부피와 직접적으로 관련된다. 기공이 크면 큰 분석 물질 분자가 기공 내에 있는 결합상에 접근해서 최대의 분리 능력을 갖도록 해준다. 작은 분자량 분석 물질에는 150 Å 이하의 기공 크기를 선택하고, 2000 Da 이상의 분자량을 갖는 분석 물질 시료에는 300 Å 이상의 큰 기공을 선택한다.

표면적은 여러 크로마토그래피 파라미터에 영향을 줄 수 있다. 표면적이 큰 컬럼은 더 큰 머무름, 용량 및 분리능을 나타낼 수 있으며, 낮은 표면적은 일반적으로 더

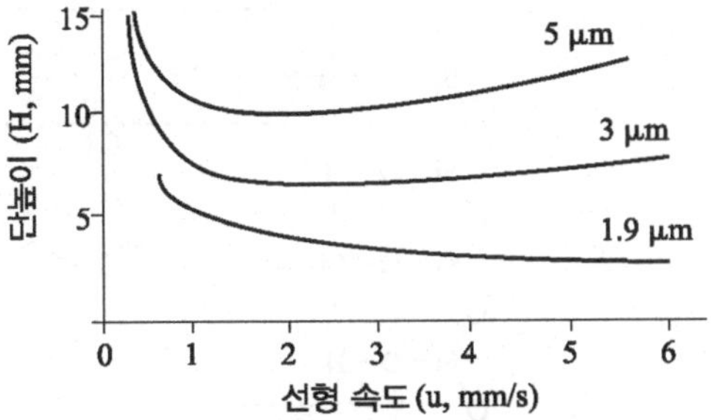

그림 3.13 입자 크기와 단높이

표 3.7 제조사에 따른 C_{18} 컬럼의 파라미터

컬럼	입자 크기 (μm)	기공 크기 (Å)	표면적 (m^2g^{-1})	온도 한계 (℃)	pH 범위	끝 씌우기	탄소 적재량(%)
Symmetry C_{18}	3.5, 5	100	-	45	2~8	O	19
Luna C_{18}	3, 5, 10	100	440	-	1.5~10	-	19
Zorbax Eclipse Plus C_{18}	1.8, 3.5, 5.0	95	160	60	2~9	이중	9
Hypersil BDS C_{18}	3, 5	120	170	-	2~9	O	10
YMC-Pack ODS-A	3, 5	120	330	-	2~7.5	O	17

신속하게 평형을 이루며 기울기 용리에서 유리할 수 있다.

pH 범위는 고체 지지체 및 정지상의 분해 없이 HPLC 컬럼이 사용될 수 있는 pH 값이다. 전통적인 실리카 지지체는 pH 2.5 ~ 7.5의 작업 범위를 가지고 있다. 낮은 pH(2.5 이하)에서는 결합상과 실리카 표면 사이에 silyl ether 결합의 산성 가수분해가 일어나서 컬럼 번짐(정지상 상실), 불량 피크 모양, 효율 저하가 발생한다. 높은 pH(7.5 이상)에서는 실리카 표면 자체의 염기성 가수 분해(실리카 용해라고도 함) 위험이 있어서, 고체 실리카 지지체가 분해되고 미세 입자가 생성되어 지지체 물질 기공이나 입자 사이의 간극을 막게 되어 결국은 컬럼 출구 프릿이 막히게 되어 시스템의 압력이 높아져서 기기 작동이 멈출 수도 있다. 컬럼 제조업체는 정지상을 손상시키지 않고 컬럼을 사용할 수 있는 작동 범위 또는 상한 온도를 제공하고 있다. 고온은 실리카 지지체의 염기 가수 분해 및 정지상의 산성 가수 분해를 촉진시키기 때문이다.

끝씌우기(end capping)는 분석 물질이 원하지 않는 2차 상호 작용을 야기하여 피크 모양을 좋지 않게 할 수 있는 고체 지지체상의 표면 실란올(-Si-OH) 기를 제거하는 데 사용된다. 이는 특히 염기성, 이온성 및 이온 화합물을 분석할 때 중요하다. 작은 실릴 시약(trimethylchlorosilane 혹은 dichlorodimethylsilane 등)을 표면의 실란올 기와 반응시켜, trimethylsilyl (TMS) 기를 생성시키는 것이다(그림 3.14).

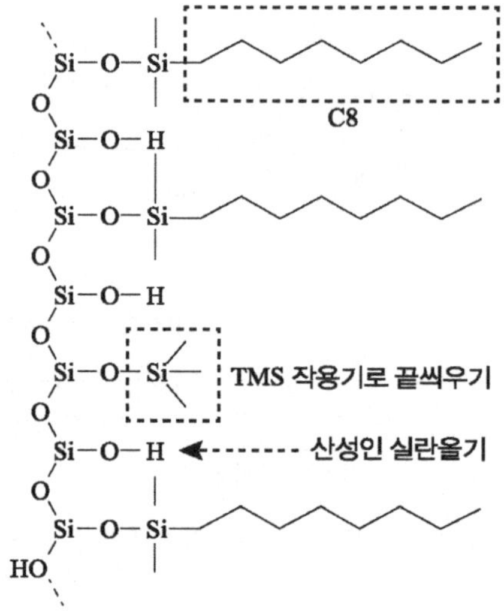

그림 3.14 끝씌우기된 실리카 표면

완전히 하이드록시된 실리카는 약 8 μmol/m^{2}의 실란올 표면 농도를 갖는다. 화학적인 처리 후에는 개질된 리간드의 입체적 제한으로 인해 4 μmol/m^2 이하의 실란올이 남게 된다. 이는 몰 기준에서 실제 개질된 리간드보다 더 많은 잔류 실란올이 남아 있음을 나타내는데, 이는 단지 부분적인 해결책일 뿐이다. 그러나 입체적으로 매우 작은 리간드와 최적화된 결합 조건을 사용하는 경우에도 표면 실란올기가 모두가 반응하지는 않을 것이기 때문에, 끝씌우기된 리간드는 낮은 pH에서 가수분해되기 쉽다.

탄소 적재량(carbon load)은 단순히 지지체 물질(보통은 실리카이며 천연 형태로 탄소가 없는 물질)에 대한 탄소 원소 적재량이다. 탄소 적재량은 일반적으로 탄소 %로 표시된다. 탄소 함량이 높을수록 분석 물질의 머무름이 커진다. C18 컬럼은 항상 더 높은 % 탄소를 가지며 끝씌우기가 다른 컬럼은 탄소 %가 상이한데, 보통은 5 ~ 25 % 정도이다.

입자 크기 분포는 컬럼을 충전하는 데 사용되는 입자의 크기 분포이다. 좁은 입자 크기 분포를 갖는 것이 바람직하며, 이는 균일하게 충전하게 되어 있어서 결국은 재현성 있는 크로마토그래피를 생성할 수 있다는 것이다.

실리카 입자 모양은 구형과 불규칙한 형태의 두 가지가 있다. 적절한 입자 크기 및 분포를 얻기 위해 체질(sieve)한 후에 실리카 입자를 분쇄하여 불규칙한 입자를 생성한다. 불규칙한 입자는 다소 저렴하지만 구형 입자보다 효율이 떨어지는 것으로 알려져 있다. 이는 입자가 HPLC 컬럼에 채워지는 방식 때문이다. 균질하게 충전된 불규칙한 입자들은 소용돌이 확산과 질량 이동 효과를 과장되게 한다. 컬럼에 높은 유량(압력)을 가하고 역학적인 충격을 가하면 불규칙한 입자가 전단되어 작은 미세 입자가 형성되고 이동하여 결국 컬럼의 출구 프릿을 막을 수도 있다.

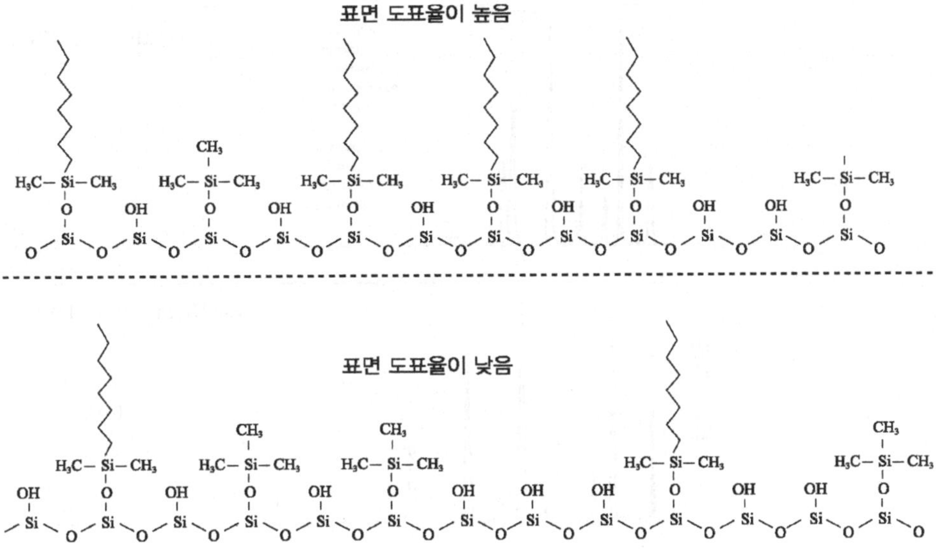

그림 3.15 컬럼 정지상의 표면 도포율

다공성은 기공의 크기 및 수와 관련이 있으며, 다공성이 클수록 정지상의 안정성은 저하된다. **표면 도포율**은 컬럼의 머무름/소수성을 더 잘 측정하는 척도로써 지지체에 결합된 단위 면적당 정지상의 농도를 말하며 보통은 1.19 ~ 3.8 μmole/m^{2}이다.

화합물을 분리함에 있어 컬럼 종류(정지상의 종류)를 바꾸는 것은 화합물의 선택성에 중요한 변화를 가져올 수 있다. 그림 3.16은 동일한 이동상에서 컬럼 종류에 따른 각종 농약의 선택성 변화를 보여 준다. 화합물의 피크 사이 간격이 정지상의 종류가 다른 세 가지 컬럼을 사용했을 때 명백히 차이가 난다. 예를 들면, 피크 6과 7은 사이아노(CN) 컬럼(그림 3.16(a))보다 C_8 컬럼(그림 3.16(c))과 페닐(phenyl) 컬럼(그림 3.16(b))에서 잘 분리되는 반면, 피크 5와 6은 C_8 컬럼보다 사이아노와 페닐 컬럼에서 잘 분리되었다. 그 중에서 페닐 컬럼이 좋은 분리를 보였다.

일반적으로 컬럼 종류를 변화시키는 것은 이동상을 변화시키는 것보다 용이하지 않다. 따라서 컬럼 종류의 변화는 용매 세기 또는 용매 선택으로 화합물이 분리가 되지 않을 때 실행하는 것이 좋다. 만약 컬럼을 다른 종류로 바꾼다면 이동상도 다시 최적화시켜야 한다. RPLC 법에서는 보통 C_8 또는 C_{18} 컬럼을 먼저 사용하며, 그 다음으로 극성이 증가하는 페닐이나 사이아노나 페닐 컬럼을 사용한다.

화학 결합된 실리카 젤은 느린 속도로 용해된다. 이온 성분들을 함유한 극성의 이동상이 실리카 젤을 용해한다는 연구 결과도 있다. 이동상의 이온 세기가 클수록 그리고 pH가 높을수록 용해는 한층 빨라진다. 일반적으로 pH 7.5 ~ 8.0 이상의 이동상에서는 실리카 바탕의 충전물로 된 컬럼을 사용하지 않도록 권장하고 있다.

Si-O-Si 결합에 의해 실리카에 결합된 실레인(silane) 상들은 많은 이동상들에 대

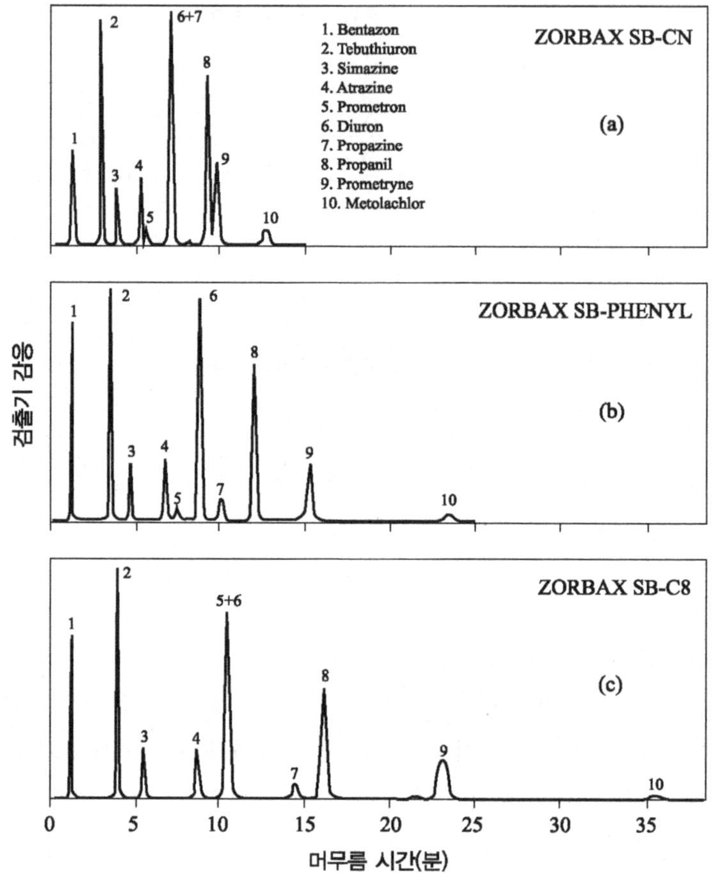

그림 3.16 컬럼 종류별 선택성[10]

해 안정하다. 그러나 센 산성 이동상들은 이들 상들을 분해하거나 토막내기도 한다. 특수하게 만들어진 실리카 상들은 아주 높거나 낮은 pH로 된 수용성 이동상들에 대해 내구력이 있지만 사용이 가능하거나 불가능한 각종 유기 용매들에 대한 제한이 있다. 이러한 예는 실리카 젤 또는 고분자가 바탕으로 된 충전물에 피복된 유도체화 셀롤로스 카이랄(chiral) 정지상이 있다. 이런 컬럼들의 사용 제한에 관해 제조 회사의 설명서를 참조하여야 한다.

실리카 젤에 결합된 상들은 톨루엔의 끓는점(110.6 °C)에서 만들어졌기 때문에 HPLC 컬럼이 사용되는 온도 범위에서 컬럼의 열적 안전성은 문제가 되지 않는다. 높거나 낮은 컬럼 온도는 분리능을 개선할 수 있으므로 컬럼 온도는 최적 분석법의 개발에서 한 인자로 생각할 수 있다. 그 온도는 분리에 미치는 열적 효과 때문에 피크의 바탕선 이동이 없도록 조심스럽게 조정되어야 한다.

---

10 Kirkland, J. J., Boyes, B. E., and DeStefano, J. J., Amer. Lab., **26(14)**, 24 (1994).

표 3.8 다양한 실리카 결합상의 활성화용 용매

정지상	용매
실리카 또는 극성 결합상 (NH_2, CN, Diol)	헵테인 > 클로로폼 > 에틸 아세테이트 > 아세톤 > 에탄올 > 물
비극성 결합상 (C_{18}, C_8, phenyl)	물 > 메탄올 > 클로로폼 > 메탄올 > 물 심하게 저하된 컬럼은 물 세척 후 0.05M 황산 용액 그리고 물 세척
이온 교환상	물 > 진한 황산 용액 > 묽은 산 > 물 > 0.1 M Na_2EDTA > 물 > 메탄올 > 물

아미노 결합상은 반응성이 있어 이동상, 시료 또는 컬럼에 들어온 불순물에 의해 변할 수 있는데, 예를 들면 산성 성분과 화학 결합을 하여 사차 암모늄염을 만들어 분리의 선택성을 변하게 한다. 이 경우에는 컬럼 내 이동상을 물로 씻고 0.05 M 수산화암모늄 용액으로 씻어주면 사차 암모늄은 자유 아민으로 다시 전환된다. 그 조절은 다음 분석에 요구되는 극성에 도달할 때까지 계속해야 한다(표 3.8).

정지상이 활성화가 된 후 nitrobenzene 시료를 주입하고 헵테인으로 용리하면 나이트로벤젠이 254 nm UV에서 검출된다. 화합 결합이 잘 되었으면 나이트로벤젠은 컬럼에서 더 빨리 용출된다. 화학 결합이 잘 되고 끝씩우기된 정지상의 머무름 인자는 0 ~ 1 범위이며, 화학 결합이 잘 되지 않은 정지상의 머무름 인자는 10 이상이다. 이는 상대적인 시험이지만 끝씌우기용 시약 또는 원래 결합시킨 상이 이동상을 오랫동안 사용해서 분해되었는가를 조사하는 데에도 이 시험이 유용할 수 있다.

3.4.3 컬럼의 관리

컬럼의 분리 성능이 나빠졌다면 불순물이 쌓였다고 생각할 수 있으며 일련의 용매로 씻어주면 컬럼 성능이 회복되어 다시 사용될 수도 있다.

컬럼을 깨끗이 하려면 컬럼 내 이동상 부피의 20배 정도 되는 용매로 컬럼을 씻어 준다. 그 부피는 컬럼 크기에 따라 다른데, 표 3.9에 몇 가지 일반 컬럼 크기와 세척 부피를 나타내었다. 일반적으로 컬럼 내 이동상 부피는 총 컬럼 부피의 절반 정도가 된다. 실리카나 극성 결합형 정지상 컬럼을 활성화하려면 함량은 다르지만 물을 함유하고 있기 때문에 크로마토그래피 용매들을 건조시켜야하며, 용매는 분자체(molecular sieve)를 사용하여 밤새(용매에 비해 분자체의 부피는 약 15 %) 건조해야 한다.

컬럼을 재조절해도 성능이 여전히 나쁘면 컬럼 입구층이 약간 용해되었거나 또는 충전물의 수축으로 빈 공간이 생겼다고 생각할 수 있다.

표 3.9 컬럼 크기에 따른 세척 용액의 부피

컬럼 크기(mm)	컬럼 내 총 부피(mL)	컬럼 내 이동상 부피(mL)	세척 부피(mL)
2.1 × 250	0.9	0.45	10
3.9 × 300	3.8	1.9	40
4.6 × 150	2.5	1.25	25
4.6 × 250	4.2	2.1	50
7.8 × 300	14.3	7.2	140
9.4 × 250	34.7	17.4	350
22 × 250	95	47.5	950

HPLC 컬럼은 일반적으로 제조 회사가 컬럼을 공급할 때 사용된 용매로 채워서 보관되어야 한다. 컬럼 검사에 사용된 용매는 컬럼에 동봉된 시험 크로마토그램 또는 소책자에 명시되어 있다. 컬럼은 보관 또는 밤새 동안 완충 용액, 염류, 산류 또는 염기류를 함유하고 있어서는 안 된다. 이온 교환 충전제를 보관하려면 충전물을 물에 보관하는 경우가 가끔 있기 때문에 세균류의 성장을 막기 위해 세균 성장 억제제가 사용되어야 한다. 따라서 컬럼을 보관한 후 사용 시 컬럼의 주의 사항에 관련해서 자세한 내용과 문헌에 알려진 대로 하면 된다.

3.5 검출기

이동상에 있는 용질들이 컬럼에 의해 분리된 후에 각 성분들을 감응하는 데 사용되는 장치가 검출기이다. 이상적인 HPLC 검출기는 고감도, 범용(universal) 감응이나 특이(specific) 감응, 넓은 선형적 범위, 컬럼외 부피에 의한 띠넓힘이 없거나 최소화 그리고 온도 또는 흐름 속도 변화에 대해 안정한 감응을 나타내는 특징을 가져야 한다. 이러한 모든 요건을 가지고 있는 검출기는 없지만 그들에 가까운 특성을 가지고 있는 검출기는 있다.

검출기들은 **범용 감응 검출기**(용액 성질 검출기)와 **선택성 검출기**(용질 성질 검출기)의 두 종류로 나눌 수 있다. 범용 감응 검출기는 분석 물질의 구조나 성질에 상관없이 이동상 용액의 물리적 성질들을 측정하는 것으로 굴절률, 전기 전도도, 광산란 그리고 열흡수 검출기들이 이 범주에 속한다. 선택성 검출기는 이동상 용매의 성질이 아니고 용질들만의 물리·화학적 성질들을 측정하는 것으로 자외선/가시광선(ultraviolet/visible, UV/Vis), 적외선, 형광 및 원자 흡수 분광기 그리고 전기양과 전류법 및 방사법 검출기들이다. 또한 질량 분석(MS) 검출기는 선택성이나 범검출용으로서 매우 유용한 검출기이다.

3.5.1 자외선-가시선 검출기

UV/Vis 검출기는 많은 화합물이 UV (또는 가시 광선) 영역 (190 ~ 700 nm)에서 흡수되기 때문에 가장 많이 사용되고 있는 HPLC 검출기이다.

흡광도는 복사선의 파장과 화합물의 작용기에 의존한다. 에너지(주파수)에 의존하는 전자기장은 전자와 상호 작용하여 들뜸이 일어나서 더 높은 에너지 준위로 올라가거나, 분자 결합을 들뜨게 하여 작용기의 진동 또는 회전을 유발할 수 있다. 가능한 전이에 해당하는 빛의 세기는 검출기의 흐름 셀을 통과하는 동안 감소한다. Lambert-Beer 법칙에 따르면 복사선의 흡광도(A)는 셀의 화합물 농도와 셀의 길이에 비례한다:

$$A = \log (I_0/I) = \varepsilon bc$$

여기서 I_0는 입사한 빛의 세기, I는 분석 물질에 흡광된 후 투과한 빛의 세기, ε는 몰흡광도, b는 시료 셀의 길이, c는 화합물의 농도이다.

광 검출기는 투과된 빛의 양을 측정하며 전자 장치는 이 신호를 농도에 비례하는 대수 관계로 변환한다. 크로마토그램의 세로 좌표는 일반적으로 셀의 분석 물질 농도에 비례하는 검출기 신호를 나타낸다. UV/Vis 검출에서 검출기 범위를 흡광도 단위(A)로 나타낸다. 몰흡광 계수는 경로 길이가 1 cm인 물질의 몰농도에 대한 흡광도에 해당하는데, 몰흡광도는 파장과 크로마토그래프 조건(용매, pH, 온도 등)에 의존하며 특정 파장에서 일정하다.

한편, UV 흡광은 $\pi \rightarrow \pi^*$, $n \rightarrow \pi^*$, $n \rightarrow \sigma^*$ 분자 궤도함수로부터 전자들의 전이의 결과로 나타난다. 대부분의 방향족 화합물은 260 nm 이하에서 강하게 흡수되며, 215 nm에서 하나 이상의 이중 결합(예: 카보닐, 올레핀) 및 지방족 화합물(≤205 nm)을 갖는 화합물(발색단(chromophore)를 가지고 있다고 말함)들은 빛을 흡수한다.

표 3.10은 일반적인 UV 발색단과 몰흡광 계수의 일부를 나열한 것이다. 이동상 용매 및 완충제 선택은 최적의 UV 감도 및 선형성에도 중요하며, 특별히 UV 한계(cutoffs)(용매가 흡수하는 파장)는 파장 범위를 선택할 때 중요하다.

전자기 스펙트럼 중에서 세 가지 주요 영역(적외선, 가시 광선, 자외선)이 분광학에서 사용되는데: 적외선(IR) 2,500 ~ 50,000 nm; 근적외선 800 ~ 2,500 nm; 가시선(Vis) 400 ~ 800 nm; 자외선(UV) 190 ~ 400 nm. HPLC에서 IR은 제한된 용도로만 사용되며, 이는 이동상으로 사용할 수 있는 투명 극성 액체는 거의 없기 때문이다. 반면, 자외선과 가시광선 영역에 해당하는 190 ~ 700 nm 범위에서 작동하는 분광기(광원으로는 중수소(deuterium) 램프를 사용)가 HPLC 검출기로 널리 사용된다.

발색단을 가진 유기 화합물은 **UV/Vis 검출기**(그림 3.17)로 분석할 수 있으며, 발

표 3.10 화합물들의 발색단과 파장 및 몰흡광도

화합물 기능기	발색단	최대 흡수 파장 [nm]	몰흡광도(ε)
Acetylide	-C=C	175~180	6,000
Aldehyde	-CHO	210	1,500
Amine	$-NH_2$	195	2,800
Azo	-N=N-	285~400	3-25
Bromide	-Br	208	300
Carboxyl	-COOH	200~210	50~70
Disulphide	-S-S-	194	5,500
Ester	-COOR	205	50
Ether	-O-	185	1,000
Ketone	>C=O	195	1,000
Nitrate	$-ONO_2$	270	12
Nitrile	-C=N	160	-
Nitrite	-ONO	220~230	1000~2000
Nitro	$-NO_2$	210	강함

표된 HPLC 분석의 약 70 %가 UV/VIS 검출기로 수행되었다고 하는데, 아울러 작동의 상대적 용이성은 UV 검출기가 가장 유용하고 가장 널리 사용되는 HPLC 검출기가 되게 하였다.

UV/Vis 검출기에는 세 가지 형태가 있다. 특정 선택된 파장만 고정하여 검출하는 고정 파장 검출기, 넓은 스펙트럼 램프에서 생성된 하나 이상의 파장을 검출할 수 있는 가변 검출기, 광 다이오드 배열 검출기(photodiode array, PDA)가 있다. 초기 HPLC 시스템에서 사용했던 고정 파장 검출기는 저렴하고 간단하지만 오늘날에는 거의 사용되지 않으며, 현재는 대부분 가변 파장 검출기와 PDA 검출기가 사용되고 있다.

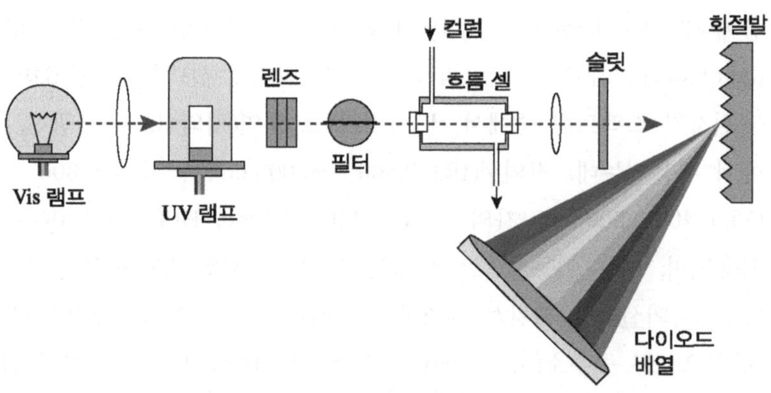

그림 3.17 UV/Vis 검출기의 구조

가변 파장 검출기는 분석 물질의 최대 흡광 파장(λ_{max}) 또는 더 많은 선택성을 제공하는 파장에서 작동하도록 조정될 수 있다. 또한 다른 분석 물질의 감응을 보상하기 위해 크로마토그래피 실행 중에 파장을 변경하도록 프로그램할 수 있다. 가변 파장 검출기에서는 넓은 스펙트럼(UV에 대해서는 중수소 광원(160 ~ 380 nm), 가시광선(Vis)에 대해서는 텅스텐 광원(350 ~ 2200 nm)이 사용되므로, 200 ~ 500 nm를 검출할 경우에는 350 nm 근처에서 역할을 교대한다)의 빛이 슬릿을 통하게 한 후 빛을 구성 파장으로 확산시키는 회절발(grating)로 향하게 한다. 회절발을 통과하게 분리된 단일 파장의 빛을 탐지기 셀을 통과하는 슬릿을 통해 광 다이오드로 향하게 한다.

광 다이오드 배열 검출기(PDA)는 빛이 회절발에 도달하기 전에 흐름 셀을 통과하여 광 다이오드의 배열에 스펙트럼을 퍼뜨리는 것을 허용한다는 점을 제외하고는 가변 파장 검출기와 유사한 광 경로를 가지고 있다. 대부분의 UV/Vis 검출기에서는 Z 경로 또는 테이퍼 형 검출기 셀 디자인이 사용되고 있다. 내경이 4.6 mm, 길이가 100 mm, 입자 크기 3 μm인 컬럼일 경우에 검출기 셀 부피는 8 ~ 10 μL (예: 직경 1 mm, 경로 길이 10 mm)가 필요하다.

가변 파장 UV 검출기의 특별한 특징은 피크가 흐름 셀을 통과하는 동안 다양한 파장에서 분광 스캔 및 정확한 흡광도 판독을 수행할 수 있다는 것이다. PDA는 이러한 장점과 더불어 실제 분석을 위한 최대 흡수 파장을 선택할 수 있는데, 다른 파장의 몰 흡광도에 대한 정보가 없으면 특히 중요하다(그림 3.17). 다른 장점으로는 피크 순도 문제와 관련이 있다. 피크 모양 자체로는 두 가지(또는 그 이상의) 화합물이 겹쳐 있지만 이에 대해서 나타내지 못하고 있는데, PDA에서는 이 경우 여러 파장에서의 흡광도를 측정함으로써 단일 화합물을 나타내는지 또는 실제로 복합 피크인지를 결정하는 데 특히 유용하다.

3.5.2 형광 검출기

형광 검출기(fluorescene detector, FLD)는 HPLC 검출기 중에서 가장 감도가 좋은 검출기라 할 수 있다. 일반적으로 형광 감도는 강한 UV 흡수 물질에 대한 UV 검출기의 감도보다 10 ~ 1000배 높다. 형광 검출기는 다른 광학 검출기와 비교하여 매우 특이적이고 선택적인데, 이는 일반적으로 시료 중에 있는 특정 형광 화학종의 측정에서 장점으로 사용된다.

화합물 중에는 자외선이나 가시선의 에너지를 흡수하면 형광이 방출되는 것들이 있다. 분자의 전자 에너지가 들뜬 다음에 바닥 상태로 이완되는 과정에서 더 긴 파장의 복사선을 방출한다. 이러한 현상은 매우 특이해서 매우 높은 감도와 선택성을 가지고 검출할 수 있게 한다. 이와 같이, 특정 작용기를 갖는 화합물이 단파장 에너지에 의해 들뜨서 '형광'이라 불리는 더 긴 파장의 복사선을 방출하는데, 일반적으로 방출은 들뜸의 직각 방향에서 측정된다.

약 15 %의 화합물이 자연 형광을 가지고 있는 것으로 알려져 있다. 특히 방향족 성분에서 콘쥬게이트된 π-전자가 존재하면 가장 강한 형광 활성을 제공한다. 또한, 카보닐기를 갖는 지환족과 방향족 화합물, 높은 콘쥬게이션된 이중 결합을 갖는 화합물은 형광을 발하기는 하지만 그 세기는 약하다. 대부분의 치환되지 않은 방향족 탄화수소는 고리의 수, 응축 정도 및 구조적 강성에 따라 증가하는 형광을 발한다. 형광 세기는 들뜸 파장과 방출 파장에 따라 달라지며, 일부 성분을 선택적으로 검출하면서 다른 물질의 방출을 억제하기도 한다.

화합물의 검출은 선택한 파장에 따라 크게 달라지는데, 한 성분이 280 nm(들뜸(Ex))와 340 nm(방출(Em))에서 검출될 수 있다면 다른 것들은 검출되지 않는다. 대부분의 검출기는 들뜸과 방출 파장을 빠르게 전환할 수 있어 혼합물의 모든 성분을 검출할 수 있다.

일반적으로 중수소(D_2)나 제논(Xe) 램프가 들뜸 복사선 광원으로 사용되고 있는데, 들뜸 광원으로서 레이저를 사용하면 이를 **레이저-유도 형광**(laser-induced fluorescene, LIF) 검출기라 하며, 전형적인 형광 분광형 검출기의 구조를 그림 3.18에 나타내었다. 광원에서 나온 복사선이 들뜸 필터를 경유해서 시료 용기로 들어가고 시료에 입사된 일정 파장의 복사선을 들뜸 파장(excited wavelength)이라고 한다. 입사광의 직각 방향으로 시료 용기로부터 보다 긴 파장의 전자기 복사선이 방출된다(방출 또는 형광 파장이라고 함). 이 방출광은 필터를 거쳐 광다이오드 검출기에서

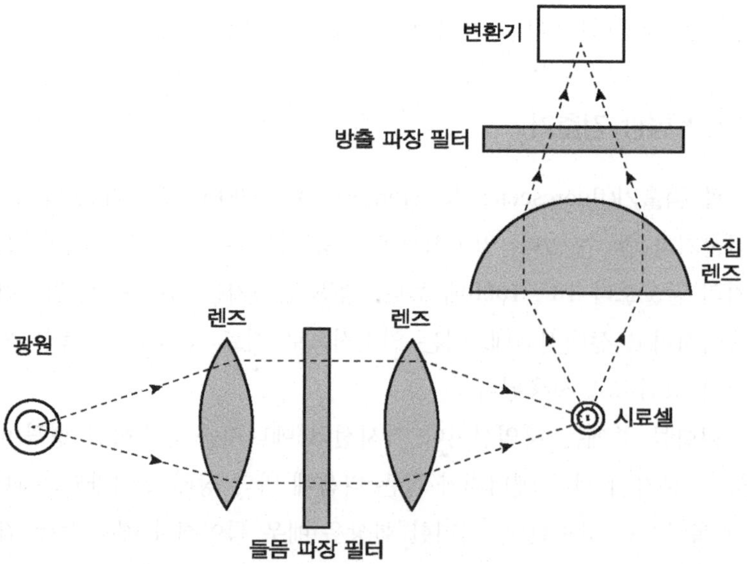

그림 3.18 형광 검출기의 구조

감응을 한다. 형광 소광을 할 수 있는 부적절한 용매나 이동상 내에 산소가 없도록 주의해야 한다. 컬럼 전(pre-column)과 컬럼 후(post-column) 유도체로서 *o*-phthaldehyde이나 dansylchloride가 사용되어 형광이 없는 화합물의 분석에 종종 사용된다.

3.5.3 증발 광산란 검출기

증발 광산란 검출기(evaporative light scattering detector, ELSD)에서는 이동상이 증발된 비휘발성 분석물 입자에 복사선을 투과할 때에 입사 복사선과 같은 주파수의 복사선이 용질들의 전기적 쌍극자를 유도한다. 이렇게 유도된 쌍극자는 전자기 복사선을 방출하며, 이를 광산란(light scattering)이라고 한다. 90° 방향에서 검출된 산란광의 세기는 농도가 같은 용질들마다 같은 검출 감응을 나타내는 범용 검출기로써 굴절률 검출기보다 감도가 좋다.

레이저에서 발생하는 낮은 각의 산란광은 분자량 측정이 가능해서 크기 배제 크로마토그래피에서 고분자 물질들을 검출하는 데에 적합하다. 그림 3.19에 증발 광산란 검출기가 나타내어져 있고, 광원은 He-Ne 레이저(파장 632.8 nm)이다. 흐름 용기를 투과한 복사선은 복사선 수집기, 반사 거울, 복사선 필터 및 산란 판을 경유해서 광전 증배관에서 전기적 신호로 얻는다. 한편, 휘발성 분석 물질은 증발 과정에서 손실이 일어나 정량 분석이 불가능하다.

3.5.4 굴절률 검출기

굴절률 검출기(refractive index detector, RID)는 순수한 이동상 용매(기준셀)와 이 이

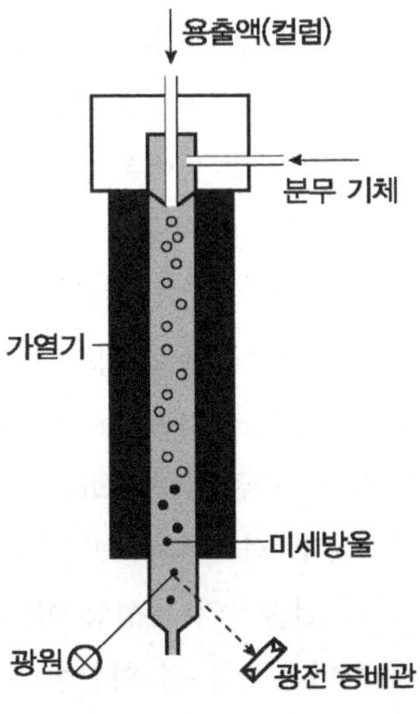

그림 3.19 증발 광산란 검출기의 구조

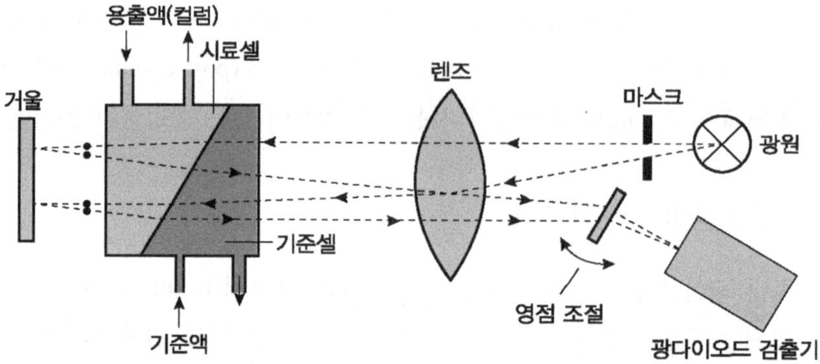

그림 3.20 굴절률 검출기의 구조

동상 용매에 분석 물질이 섞인 용액(시료셀) 간에 생기는 굴절률의 차이를 검출한다. 그림 3.20은 이 검출기의 구조를 나타내며 굴절률 검출기는 10^{-9} RI 단위의 낮은 변화를 감지하고 모든 화합물들이 다른 굴절률을 가지고 있기 때문에 범용 검출기이다. 그러나 이 검출기는 농도 변화에 따른 감응의 직선성이 넓지만, 자외 복사선 검출기보다 100배 정도의 낮은 감도를 가지고 있다.

RI 검출기는 압력(흐름)과 온도 변화에 민감해서 항온이 필요하고 펄스 없는 펌프를 부착해야 한다. 이 검출기는 용리액의 조성 변화에 따라 굴절값이 변하게 되어 감응이 다르게 나타나므로 기울기 용매(gradient) 기법은 적절하지 않다. 또한 시료의 굴절값이 용리액의 값보다 크면 바탕선상에서 (+) 피크가 나타나고, 두 값이 같으면 피크가 없고, 시료의 굴절값이 작으면 (−) 피크가 된다.

3.5.5 전기 화학 검출기

HPLC에서 전기 화학 검출기(electrochemical detector, ECD)는 두 종류가 있는데, 하나는 전류법 또는 전기량법이고, 다른 하나는 전기 전도법이다. 전류법은 일반적으로 역상 크로마토그래피에, 전기량법은 이온 교환 크로마토그래피에 사용된다. 전기 화학 검출기의 전류법은 많은 다른 검출기들보다 감도가 좋고 완충 용액처럼 전도도가 높은 용리액에서 산화나 환원되는 용질들만을 검출하는 특이성을 가지고 있다. 전기 화학적 활성이 높아지도록 용질들을 유도체화시키면 감응도를 크게 향상시켜서 검출할 수 있다. 그림 3.21에서 작업 전극(working electrode)들은 유리 탄소, 탄소 반죽 또는 아말감화 금으로 되었고, 기준 전극(reference electrode)들은 은-염화은(Ag-AgCl)으로 되어 전위를 선택할 수 있다. 전기 화학 반응의 전류는 보조 전극(auxiliary electrode)에서 감응한다. 전기 화학 검출기의 특성상 이온 화합물들만 검출하므로 무기산, 무기염기와 무기염류 그리고 다른 이온성 화합물들 분석에 자주 사용된다.

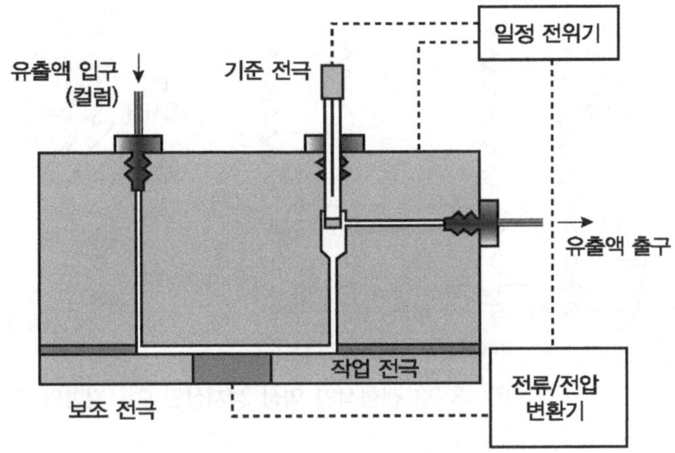

그림 3.21 전기 화학 검출기의 구조

이 검출기는 장치가 간단하고, 이동상이 지나가는 용기 내에 두 가지 종류의 전극들로 구성되어 있다. 이온 화학종들이 검출기 용기에 들어가면 전기 저항이 생기고, 이런 불균형의 전기 신호가 증폭기에 전달된다. 이 경우에서 검출기는 실제로 두 전극들 간에 생긴 전기 저항을 측정하고, 그 저항값이 비선형 증폭 과정을 거쳐 용질 농도와의 선형 관계를 이룬다.

3.5.6 질량 검출기

두 가지 분석법의 결합, 예를 들어 크로마토그래피(분리 도구로서)와 정성·정량용 검출기(확인 도구로서)는 이상적인 검출 장치로 사용된다. 두 가지 이상의 분석 기법이 결합된 형태를 이종 기기 연결 기법(hyphenated technique)이라고 한다. 예를 들어 기체 크로마토그래피와 질량 분석법은 GC/MS로, 기체 크로마토그래피와 적외선 분광법은 GC/IR로 표기한다. MS와 IR 검출법은 확인과 정량에 보다 더 유용한 화학 정보를 준다. 연결 기법에서의 분석 효과는 비연결 기법에 비교하면 HPLC에서 매우 중요하고 확실한 확인법이 된다.

3.6 역상 액체 크로마토그래피

역상 액체 크로마토그래피(reversed-phase liquid chromatography, RPLC)는 대부분의 일반적인 시료 분석에 첫 번째로 사용되는 HPLC 방법이다. RPLC는 다른 종류의 액체 크로마토그래피보다 편리하고 간단하며 시료를 분리하기 쉽고, RPLC 컬럼은

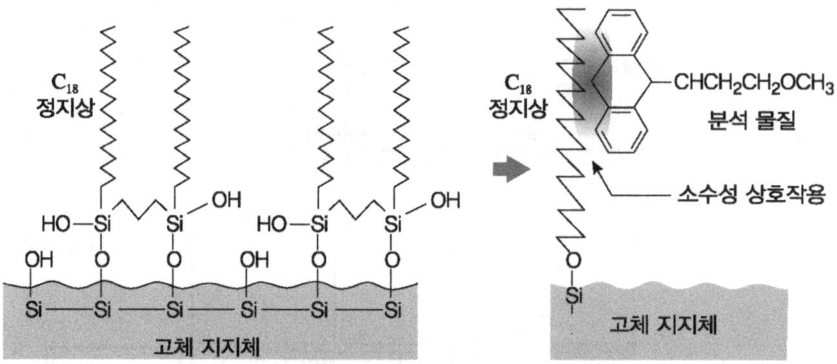

그림 3.22 전형적인 역상 정지상인 C_{18} 컬럼의 구조

시료 분석에 있어 효과적이고 안정하며 재현성이 있다. 아울러 UV/Vis 검출기를 사용하는 RPLC의 경우 비흡수성 용매를 사용하기 때문에 좀 더 쉽게 검출할 수 있다. 이러한 이유 때문에 많은 연구자들은 다른 방법보다 RPLC 방법을 많이 사용하며 이 방법에 좀 더 익숙하다.

RPLC는 이동상이 정지상보다 상대적으로 더 극성인 경우로서, 전형적인 역상 정지상은 소수성이며 실리카 지지체 입자의 표면에 화학적으로 결합되어 있다(그림 3.22).

중성 분석 물질의 경우, 이동상은 물(더 극성)과 유기 개질제(더 비극성)로 구성되며, 이동상의 극성을 낮춤으로써 분석 물질의 머무름을 변화시키는데, 가장 일반적인 유기 개질제(유기 용매의 양을 변화시켜서 이동상의 조성을 변화시킨다는 의미에서 '개질제(modifier)'라고 함)는 메탄올, 아세토나이트릴, THF 등이다.

소수성(비극성) 분석 물질은 이동상의 유기 용매 함량 비율이 감소(극성도 증가)되면 이동상으로부터 비극성 정지상으로 분배되는 양이 증가하게 되므로 머무름이 증가된다(그림 3.23). 이온화가 가능한(또는 이온성) 분석 물질(극성 화합물)에 대해서는 완충 용액 또는 이온쌍 시약과 같은 다른 첨가제를 이동상에 첨가하여 머무름과 재현성을 조절할 수 있다.

그림 3.24의 크로마토그램은 역상 크로마토그래피(정지상은 비극성이며 이동상은 상대적으로 극성인 시스템)에서 친수성과 소수성 분석 물질의 일반적인 용리 순서를

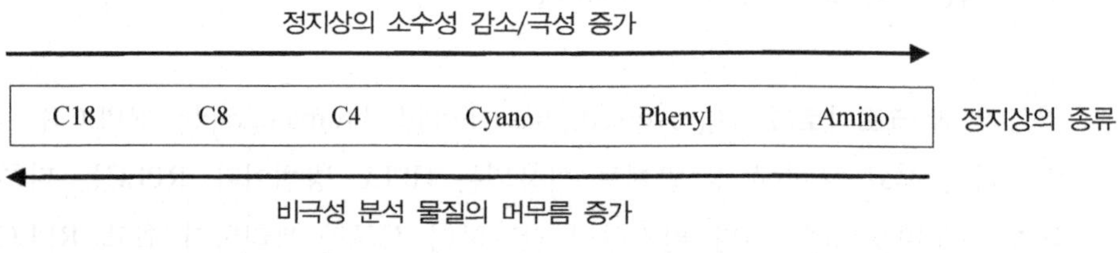

그림 3.23 정지상의 극성도와 분석 물질의 머무름 정도

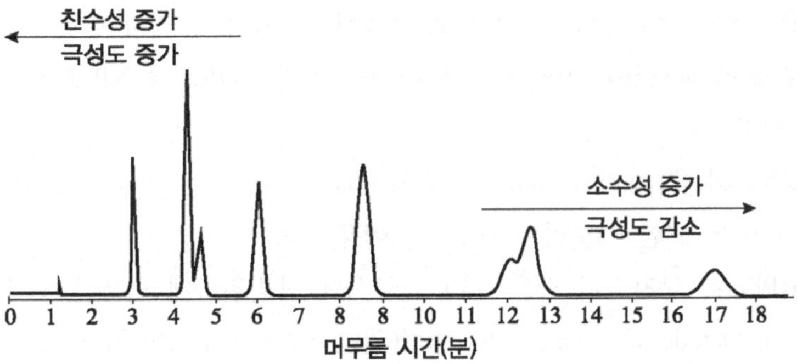

그림 3.24 역상 크로마토그래피에 의한 비이온성 화합물의 머무름

보여주고 있다. 이온화가 가능한 분석 물질에서 분석 물질의 소수성 및 머무름 특성은 이온화 상태(이온화 또는 비이온화)에 따라 영향을 받는다. 따라서 친수성 즉, 극성도가 큰 화합물일수록 빨리 용리(머무름 시간 감소)되고 극성도가 낮은 화합물은 느리게 용리(머무름 시간 증가)된다.

많은 유기 화합물이 수용성 이동상에 대한 용해도가 크지는 않지만, 적은 시료량이 사용되기 때문에 그리 큰 문제가 되지는 않는다. RPLC 법에서 시료의 용해도가 매우 적은 경우에 **정상 크로마토그래피**(normal-phase liquid chromatography, NPLC)가 보다 좋은 방법이 될 수 있어서 수용성 용매에서 불안정한 화합물은 비수용성 용매를 사용하는 NPLC 법에 의해 분석된다. 이와 같이 RPLC에서 분리가 쉽게 되지 않는 시료는 NPLC를 비롯한 다른 방법으로 분석해야 하는데, 이런 시료는 다음과 같은 범주에 속하는 화합물을 포함한다: 소수성 또는 친수성이 매우 큰 화합물; 비카이랄 이성질체(achiral isomer); 카이랄 이성질체(chiral isomer); 생물 분자 시료; 무기 이온과 합성 고분자 물질.

소수성이 매우 큰 화합물은 역상 컬럼에서 용출이 잘 되지 않기 때문에 비수용성 이동상을 사용하는 역상 크로마토그래피(non-aqueous reversed phase chromatography, NRPLC)나 NPLC를 사용할 수 있으며, 소수성이 큰 생물 시료는 소수성 상호 작용 크로마토그래피(hydrophobic interaction chromatography)로 분석할 수 있다. RPLC에서 친수성이 강한 시료는 이동상에 유기 용매를 거의 또는 전혀 첨가하지 않는다고 하더라도 역상 컬럼에서 분배가 잘 되지 않아 빨리 용출된다.

중성 친수성 화합물은 NPLC에 의해 가장 잘 분리되는데, 이런 시료는 NPLC 컬럼에서 이동상과 정지상 사이에서 분배가 잘 일어나기 때문이다. 또한 친수성이 강한 화합물은 **친수성 상호 작용 크로마토그래피**(hydrophilic interaction liquid chromatography, HILIC) 컬럼을 사용하여 이동상에 이온쌍 첨가제를 넣지 않고도 일반적인 역상 크로마토그래피 조건에서도 분석이 가능하다. 비카이랄 이성질체(입체 이성질체(steroisomer), 부분 입체이성질체(diastereomer), 위치 이성질체(positional isomers)

등)는 어느 경우에서나 NPLC로 분석될 수 있다. 그러나 이런 화합물 사이클로덱스트린(cyclodextrin) 결합상을 정지상으로 하는 RPLC나 NPLC가 사용하여 분석하기도 한다.

키랄 이성질체(enantiomer)는 RPLC와 NPLC 모두 가능하며, 무기 이온은 혼합 모드나 이온 교환 크로마토그래피를 이용한다.

RPLC는 분자량이 작은 분자의 분석에 광범위하게 적용할 수 있다(m.w. 2000 Da 이하). Octadecylsilane (ODS) 컬럼(일반적으로 C_{18} 컬럼이라 함)은 화학적으로 매우 유사한(소수성의 차이가 거의 없는) 분석 물질들의 분석법 개발을 위한 첫 번째 선택이다. RPLC는 2000 Da 이하의 분자량을 갖는 극성 및 비극성 중성 분자를 성공적으로 분리할 수 있다. 동족체(homolog)도 바탕선 분리가 가능한데, 여기서 동족체는 단지 하나의 탄소 단위(메틸렌, CH_2)가 차이 나는 물질들을 의미한다.

시료 분자의 이온화를 제어하기 위해 이동상 개질제와 완충 용액을 첨가하여 약산과 약염기를 분리할 수도 있다. 더 강한 산과 염기 시료는 RPLC-이온쌍 HPLC를 사용하여 분리할 수도 있는데, 시료 이온과 결합하여 중성 화합물 착물을 생성시키는 첨가제가 사용함으로써 분리가 이루어진다. 또한 강한 산과 염기는 혼합 모드 크로마토그래피를 사용하여 소수성 분석 물질과 함께 분석된다.

짧은 고리 알킬 정지상이 사용되는 경우 펩타이드와 단백질 분리에도 좋아서 2000 Da 이상의 분자량을 갖는 화합물의 분석이 가능하며, 아민 화합물의 분리는 더 많은 주의가 필요하지만 첨가제, pH 조절 또는 특수 처리된 컬럼의 사용으로 쉽게 가능하게 된다.

이와 같이 RPLC는 2000 Da 이하 분자량의 중성과 비극성 화합물, 유사체, 약산과 약염기, 강산과 강염기(이온쌍 HPLC), 단백질과 펩타이드 분석에 용이하며 아민류와 물에 녹지 않는 화합물은 분석이 다소 까다롭다.

3.6.1 역상 액체 크로마토그래피의 머무름 원리

그림 3.22는 기본적인 RPLC의 머무름 과정을 나타낸 것이다. RPLC에 의한 시료의 분리는 수용액 중에 있는 비극성 용질이 물과 섞이지 않는 유기 추출 용매를 사용하여 추출할 때 유기 용매로 추출되는 것(액체-액체 추출법)과 비슷한 원리이다. 고체 지지체인 실리카에 C_8 또는 C_{18}을 정지상으로 결합시킨 컬럼은 물-유기 용매 혼합 용액 이동상보다 극성이 작다. 따라서 상대적으로 극성인 이동상과 비극성인 C_8 또는 C_{18} 정지상 사이에서 비극성이 큰 화합물은 이동상보다는 정지상과 상호 작용을 많이 하게 된다. 어떤 이동상 조성에서, 머무름 시간은 그림 3.24에서 보는 바와 같이 화합물의 극성에 따라 달라지는데, 극성 화합물은 비극성 화합물보다 RPLC 컬럼

표 3.11 RPLC에서 머무름을 변화시키는 방법

머무름 감소	머무름 증가
큰 극성 컬럼(cyano, C_4)	작은 극성 컬럼(C_8, C_{18})
작은 극성 이동상	큰 극성 이동상
: 높은 % B - 많은 유기 용매	: 낮은 % B - 많은 물
: 작은 극성 유기 용매	: 큰 극성 유기 용매
높은 온도	낮은 온도

에 오래 머물지 못하고 먼저 용출되며, 가장 비극성(소수성)인 화합물이 가장 늦게 용출된다. 한 화합물의 머무름은 화합물의 극성은 물론이고 이동상, 정지상, 온도와 같은 실험 조건에 따라 결정된다. 표 3.11에서 보는 바와 같이 RPLC에서 많은 화합물의 머무름을 변화시키는 여러 가지 방법이 있다.

3.6.2 분석 물질의 소수성에 대한 영향

분석 물질 분자의 소수성(hydrophobicity)은 역상 HPLC에서 머무름에 대한 주요 지표가 된다. 소수성은 두 개의 혼합할 수 없는 용매(보통 옥탄올과 물) 사이에서 중성 형태의 분석 물질이 분배되는 척도인 $\log P_{o/w}$로 표현되며 값(−1과 +1 사이)이 클수록 분자의 소수성이 커진다.

$$\log P_{o/w} = \log\left(\frac{[\text{용질}]_o}{[\text{용질}]_w}\right)$$

여기서 $[\text{용질}]_o$는 옥탄올에서 용질의 농도, $[\text{용질}]_w$는 물에서 용질의 농도이다.

따라서 미지의 분석 물질에 대한 분석 조건을 설정하기 위해서는 화합물의 소수성을 아는 것이 우선적이다. 특정 정지상(예, C18 혹은 C8)이 결합되지 않고 일부 노출되어 있는 실리카 표면 실란올 작용기(-Si-OH)와 상호 작용하는 극성 분석 물질은 분배 거동과 더불어 흡착 상호 작용을 하므로 머무름 시간의 증가와 함께 찌그러진 피크 모양 효과를 초래할 수 있다. 시료 분자의 구조는 용출 순서에 영향을 미치며 용리 순서는 분자의 수용해도 및 유사 계열에서는 탄소 함량에 의해 결정되는데, 시료의 용리 순서를 지배하는 일반적인 현상은 다음과 같다.

- 물에 대한 용해도가 낮은 시료(소수성 증가)일수록 머무름이 크다.
- 탄소수가 증가(소수성 증가)하면 머무름이 증가한다.
- 가지달린 사슬 화합물(소수성 감소)은 일반 이성체에 비해 빨리 용출된다.
- 불포화도(소수성 감소)는 머무름을 감소시킨다.

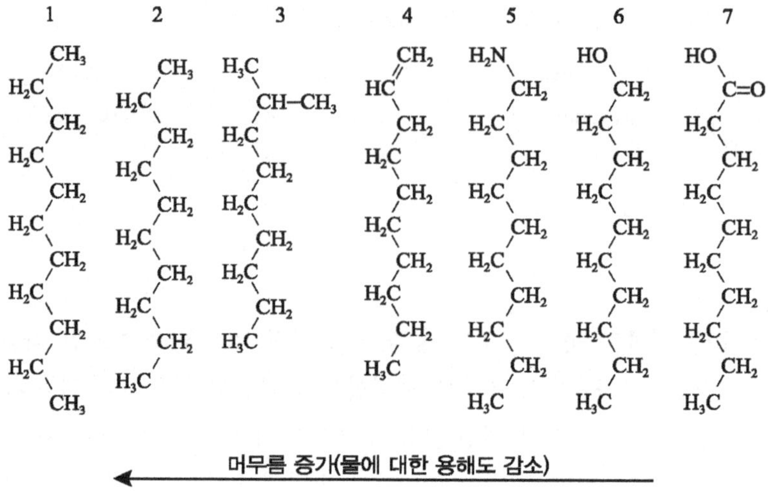

그림 3.25 RPLC에서 화합물의 구조에 따른 머무름 순서

- 중성 극성 화합물과 하전된 화학종(소수성 감소)은 가장 머무름이 짧으며, 그 다음으로 산, 염기 순으로 짧아진다.

다음은 RPLC에서 머무름 순서이다: 지방족 > 유도 쌍극자(예, CCl_4) > 영구 쌍극자(예, $CHCl_3$) > 약한 루이스 염기(에스터, 알데하이드, 케톤) > 강한 루이스 염기(아민) > 약한 루이스 산(알코올, 페놀) > 강한 루이스 산(카복실산)

그림 3.25에서 1)번은 사슬 탄화수소(C_{11})이며 2)번은 탄소수가 한 개 적은데(C_{10}) 1)번이 더 소수성이 커서 머무름이 더 크다. 3)번은 가지달린 탄화수소로서 동일한 탄소수인 2)번보다 더 빨리 용출된다. 4)번은 불포화 탄화수소로서 이중 결합의 π-전자 쌍극자에 의해 극성이 증가되므로 머무름이 짧아지고, 5) ~ 7)번은 이온화되는 기능기를 가진 화합물이며 따라서 극성이 커서 머무름이 더욱 빨라지는데 아민($-NH_2$) < 하이드록시(-OH) < 카복실기(-COOH) 순서로 빨리 용출된다.

3.6.3 이동상 용매의 영향

이동상은 일반적으로 순수한 물 혹은 수용액(일반적으로 완충 용액)과 유기 개질제(유기 용매)로 구성되며, 이온화 가능한 화합물을 분석할 때, 완충 용액 및 다른 첨가제를 수용액에 첨가하여 머무름과 피크 모양을 조절할 수 있다. 역상 HPLC에서 물은 용리 세기가 가장 약한 용매이다. 즉, 물은 극성이 매우 강하므로 소수성 분석 물질을 다른 용매보다 정지상으로 더 밀어 넣기 때문에 머무름 시간이 길어지므로 용리 세기가 약하다. 유기 개질제(일반적으로 메탄올 또는 아세토나이트릴)가 추가되면 이들은 극성이 적기 때문에 (소수성) 분석 물질을 더 이상 정지상으로 강하게 밀어

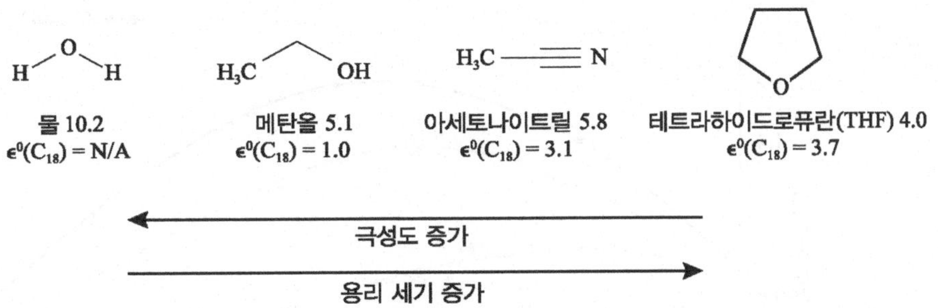

그림 3.26 RPLC에서 사용되는 용매들

넣지 못한다. 따라서 정지상에서 더 짧은 시간을 보내게 되어 용리 속도가 빨라져서 머무름이 줄어들기 때문에 용리 세기가 '강함'이 된다. 따라서 유기 개질제가 이동상에 추가적으로 첨가됨에 따라 분석 물질의 머무름 시간은 더 감소된다.

RPLC에서 일반적인 유기 개질제(이동상)가 그림 3.26에 자세히 나와 있으며, 극성도와 상대적 용리 세기의 척도를 나타내는 ε° 값도 표시되어 있는데 이는 C_{18} 기준이다.

용매 선택은 선택성에 미치는 영향으로 인해 HPLC 분리에서 가장 중요한 매개변수이다. 실제로 선택 인자(α)는 분리능을 최적화하기 위한 가장 효과적인 도구일 수 있다(그림 3.27).

이상적인 이동상 유기 용매는 물과 섞일 수 있고, 낮은 점성도, 낮은 UV 검출 파장, 좋은 용해도 성질, 화학적으로 비활성이어야 한다.

먼저, 이동상으로 사용되는 유기 용매는 물과 섞일 수 있어야 하며, 그림 3.4를 이용하면 그 관계를 알 수 있다. 둘째, 분산을 줄이고 시스템 역압력을 낮게 유지하기 위해 낮은 점성도의 이동상이 선호된다. 특정 유속에서 생성되는 압력 강하가 더 적기 때문에 낮은 점성도 용매를 사용하는 것이 바람직하며, 질량 이동 속도가 빠르기

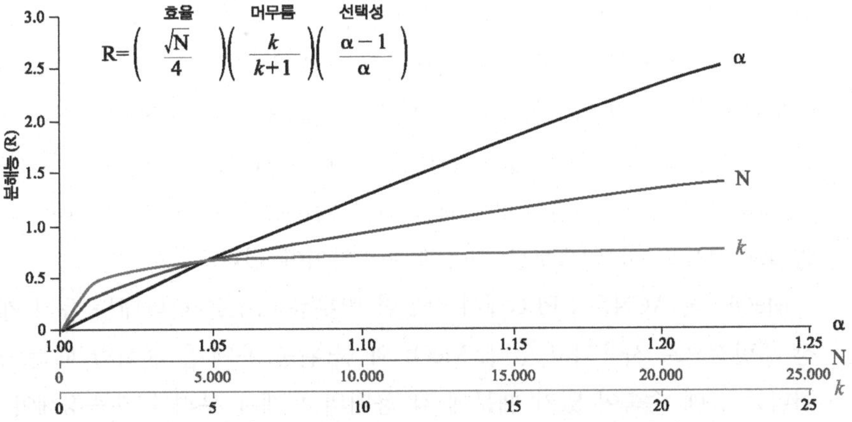

그림 3.27 분리능에서 선택성(α), 효율(N), 머무름(k)의 영향

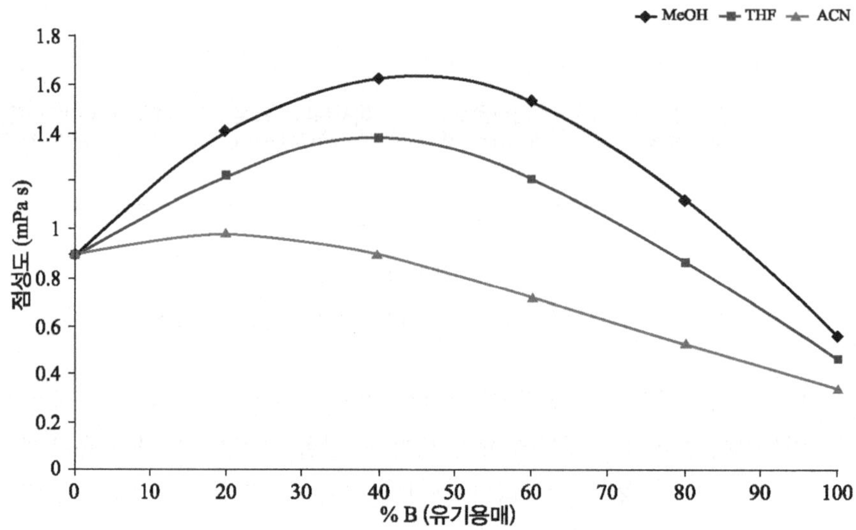

그림 3.28 유기 용매 혼합비에 따른 점성도

때문에 빠른 크로마토그래피가 가능하다. 이동상 혼합물의 점성도에 따라서 기기 압력은 순수한 용매보다 현저히 높아진다(그림 3.28).

그림 3.28은 수용액에서 메탄올(MeOH), 아세토나이트릴(ACN), 테트라하이드로퓨란(THF)의 다양한 비율을 사용했을 때 점성도를 보여 주고 있다. MeOH/H_2O 혼합물은 MeOH 단독의 값의 거의 3배인 압력에 40 % MeOH에서 도달한다. ACN은 많은 작은 분자를 용해시키는 능력과 낮은 점도 때문에 자주 선택되는 용매이다. 그림에서 볼 수 있듯이, ACN/H_2O 혼합물은 ACN의 양이 증가함에 따라 점성도는 감소하며, 최댓값은 MeOH/H_2O의 최댓값의 거의 절반인 ~ 0.98 mPa S(25 °C에서 20 % B)이다. 기울기 용리 방법의 첫 번째 주입 중에 MeOH을 유기 용매로 사용하는 경우 과도한 압력으로 인해 장비가 종료되는 경우도 있으므로 주의해야 한다.

용매는 장기간 동안 안정해야 한다. THF는 공기에 노출된 후 빠르게 분해되어 폭발성 과산화물을 형성하며, 용리 세기가 강한 용매이고, 물과 완전히 섞일 수 있으며 매우 짧은 시간에 분석 물질을 용리하는 용매이다. 그러나 상대적으로 UV 한계(cut off) 파장이 높으며(215 nm), 컬럼 평형은 MeOH 또는 ACN보다 상대적으로 느리다. 공기 또는 산화제가 있을 경우 THF는 안전에 위험이 있으며 분석 물질에 대해 반응할 수 있는 위험한 폭발성 과산화물 화학종을 형성하기도 한다. 또한 최근에는 발암물질로 분류된 바 있으므로 사용에 유의하여야 한다.

MeOH 및 ACN은 RPLC에서 탁월한 머무름 특성을 나타내는 유기 개질제로서 가장 일반적으로 사용되고 있다. MeOH와 물(완충 용액)을 혼합할 때는, 혼합 시에 일어나는 용매 수축이 있기 때문에 각 용매의 무게나 부피를 재측정해야 하는 경우도 있다. 알코올, 알데하이드, 카복실산과 같은 반응성 분석 물질이 분석되는 경우에는 주의를 해야 하는데, 이는 MeOH 존재하에서 methylester가 형성되어 크로마토그램 피크와 정량화에 오류가 나타날 수 있기 때문이다.

UV 검출기를 사용하는 경우 이동상의 UV 한계 파장이 분석 물질의 λ_{max}에 방해가 없는지 확인하는 것이 중요하며, HPLC 이동상의 저장 기간을 잘 지켜야 한다.

LC/MS의 ESI에서는 ESI의 특성상 용액 내에서 이온을 형성할 수 있는, 즉 쌍극자 모멘트를 가진 용매이어야 한다. 아울러 점성도가 높은 용매는 휘발성이 낮아서 감도를 감소시키며, 유기 개질제의 비율이 높을수록 표면 장력이 감소하고, 극성 분석 물질에 대한 용매화 에너지가 낮아져 감도가 향상된다. 따라서 ESI에서 RPLC 용매는 극성이 좋기 때문에 적합하지만 NPLC 용매는 적합하지 않다. 대기압 화학 이온화(APCI)에서는 대부분의 용매가 호환 가능하며 중성 분자 분석 물질에 적합한데, 이동상의 다른 구성 요소도 고려해야 한다.

예를 들어, 비휘발성 첨가제는 이온원에서 침착이 일어나서 이온화를 방해하기 때문에 트리톤(Triton), sodium dodecyl sulphate와 같은 계면 활성제는 피해야 한다. 이온화와 이온 형성을 저해하는 화합물인 DMSO, TRIS, 글리세롤도 LC/MS에 사용하지 않는 것이 좋다. 무기산(H_2SO_4, H_3PO_4) 또는 알칼리 금속 염기(NaOH, KOH)와 같은 부식성 시약은 기기를 손상시킬 수 있으며 강한 이온쌍 시약인 TFA는 이온 억제(ion suppression)를 유발하기도 한다. 그러나 trimethylamine과 triethylamine과 같은 첨가제는 음이온(−) 모드에서 이온 형성을 향상시킬 수 있다.

선택된 첫 번째 유기 개질제로 원하는 분리능을 달성할 수 없는 경우, 대체 용매로 교체하여야 하며 유기물과 수용액의 비율을 변경하면 머무름(k)과 선택성(α)이 모두 변화한다(그림 3.29). MeOH는 세 가지 용매 중에서 용리 세기가 약한 용매이므로 머무름 시간이 증가하지만, THF는 강한 용매이므로 머무름 시간이 감소했으며 각 크로마토그램의 선택성에는 현저한 차이가 있다.

앞에서도 설명되었듯이 분리의 선택성은 일반적인 유기 개질제 각각의 산도, 염기도 및 극성의 차이로 인해 변한다. 각 용매는 서로 다른 화학적 특성(쌍극자, 산성, 염기성, 중성 등)을 가지므로 분석 물질 분자와 미약하게 다른 방식으로 상호 작용한다. 일반적인 유기 용매의 성질을 나타내는 용매 선택성 삼각형(그림 3.3)에 나타나 있는데, 메탄올, 아세토나이트릴, THF를 비교하면 THF가 가장 염기성 특성(양성자 받개)을 가지고 있으며, 아세토나이트릴이 가장 큰 분자 쌍극자를 가지고 있다.

역상 HPLC에서의 용리 세기는 용매 종류 및 이동상에 사용된 양(유기성 개질제 비율(% B))에 따라 다르다. 용리 서열을 사용하여 각 일반 용매의 상대 세기를 상호 연관시키는 것이 가능한데, 일반적인 유기 용매의 상대 세기는 표 3.12에 다양한 정

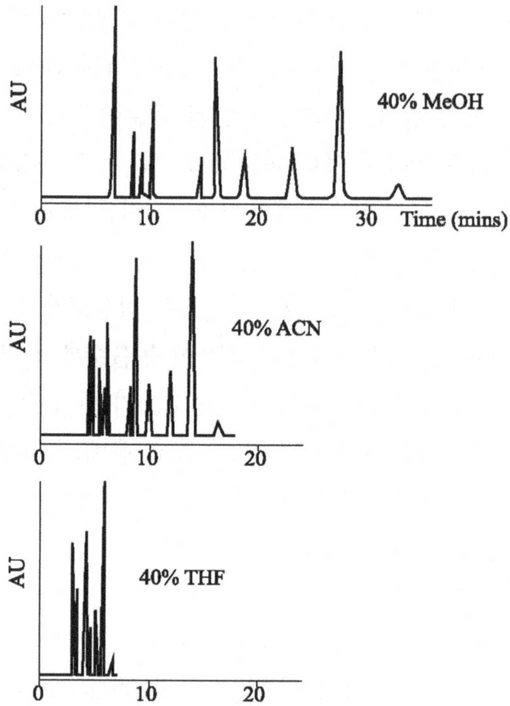

그림 3.29 RPLC 시스템에서 용매 세기의 비교

지상 매질에 대한 나와 있다. 산화 알루미늄 또는 실리카는 정상 HPLC에 사용되고 C_{18}은 역상 HPLC에 사용된다.

이동상 용매로 많이 사용되는 세 가지 유기 용매에 대한 용매 세기를 그림 3.30에 나타내었다. 수직선을 그으면 같은 용매 세기 또는 같은 머무름 인자 *k* 값을 가지는

표 3.12 정지상들에 대한 용매의 극성도와 용리 세기

용매	용리 세기(ε^{o})			극성도
	Al_2O_3	C_{18}	SiO_2	
Acetone	0.56	8.8	0.53	5.1
Acetonitrile	0.65	3.1	0.52	5.8
Chloroform	0.4	-	0.26	4.1
DMSO	0.62	-	-	7.2
Dioxane	0.56	11.7	0.51	4.8
Ethanol	0.88			5.2
Hexane	0.01	-	0.00	0.1
IPA	0.82	8.3	0.6	3.9
Methanol	0.95	1.0	0.7	5.1
THF	0.45	3.7	0.53	4.0
Water	매우 큼	-	-	10.2

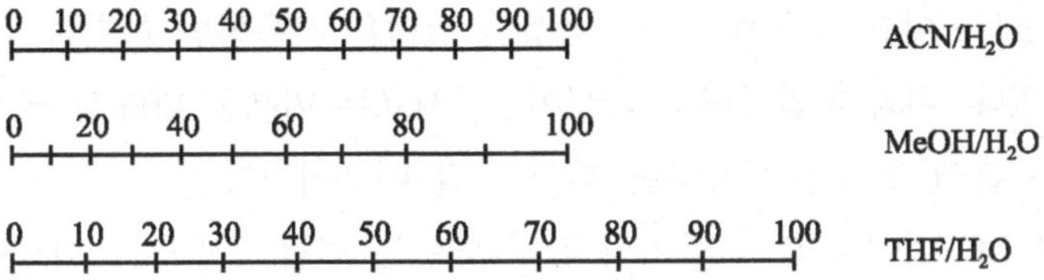

그림 3.30 RPLC에서 용매의 세기[11]

이동상 용매 B에 대한 부피 %가 된다. 예를 들어 40 % ACN은 50 % MeOH과 30 % THF와 비슷한 k 값을 가지게 된다. 그러나 그림에서 나타난 용매 세기는 특정 분석 물질에 대한 것이기 때문에 이런 값을 이용할 때는 대략적인 값(정확도 ±5 %)으로 생각해야 한다.

RPLC 법에서 용매의 세기 순서는 다음과 같다: water(가장 약함) < methanol < ethanol < tetrahydrofuran < propanol < methylene chloride(가장 강함)

3.6.4 정지상의 영향

앞에서 설명한 바와 같이, RPLC에서의 시료 분석은 고체 지지체인 실리카에 비극성 정지상을 결합시킨 컬럼에서 분석이 이루어진다. 시료의 머무름 인자(k)는 결합상 종류, 결합상의 함량 및 컬럼 충전물의 표면적에 따라 변하게 된다. 일반적으로 결합상의 구조와 결합상 사슬 길이, 즉 소수성이 증가될 때 머무름이 증가된다. 예를 들면, C_{18} 컬럼에서 머무름 시간은 C_8 컬럼보다 좀 더 길다. 비극성이고 비이온성인 화합물의 RPLC 정지상에 대한 머무름 정도는 다음과 같다:

$$\text{silica(약함)} \ll \text{cyano} < C_1 < C_3 < C_4 < \text{phenyl} < C_8 \fallingdotseq C_{18}\text{(강함)}$$

또한 시료에 대한 머무름 시간은 컬럼 충전물의 **비표면적**에 비례한다. 다공성 크기가 8 nm인 컬럼 충전물은 250 m^2/g의 비표면적을 가지는 반면, 30 nm 크기를 가진 충전물은 약 60 m^2/g의 비표면적을 가지게 된다. 다른 조건이 같을 때 30 nm 크기를 가진 컬럼은 8 nm 다공성 컬럼에 비해 머무름이 약 1/4의 값을 가지게 된다. 그러므로 다공성 크기가 큰 사이아노 컬럼은 전체 표면적이 작아서 C_{18} 컬럼에 비해 화합물의 머무름 시간이 짧다.

시료의 머무름을 조절하기 위해 컬럼을 바꾸는 것보다 용매의 세기를 변화시키는 것이 더 효과적이며 편리하지만 예외적인 경우가 있다. 매우 소수성이 강한 시료가 정지상과 세게 작용하는 경우에 센 용매를 사용해도 화합물이 용출이 안 되는 경우

11 Schoenmakers, P. J., Billiet, H. A. H., and de Galan, L., J. Chromatogr., **218**, 259 (1981).

가 있다. 이런 경우에 좀 더 극성인 컬럼을 사용하면 화합물의 용출을 용이하게 할 수 있다. 이와 마찬가지로 극성이 큰 시료는 미세한 다공성 크기를 가지고 있는 C_{18} 또는 흑연 컬럼을 사용하면 분석이 잘 이루어진다.

RPLC 법에서 피크 사이의 간격 변화는 컬럼을 만드는 회사에 따라 다르다. 예를 들어, X 회사 상표를 가진 C_{18} 컬럼은 같은 길이와 반지름을 가진 Y 회사의 C_{18} 컬럼으로 교체되었을 때 선택성의 변화가 일어난다면(특히 이온 시료의 경우) 이러한 컬럼 교체를 통한 분석법은 바람직하지 않다. 상표에 따른 선택성의 차이는 사용된 실리카 종류, 화학 결합 기법과 형태, 끝씌우기 유무 및 또 다른 요인에 기인한다. 이런 차이는 컬럼 충전 그물의 제조 batch별로 조절하기 어려우므로 시료의 머무름 시간에 대한 재현성이 떨어지고 나아가 RPLC 법에서 재현성을 떨어뜨릴 수 있다.

3.6.5 온도의 영향

컬럼의 온도 영향에 있어 비이온성 화합물은 1 °C씩 온도를 증가시키면 머무름 값이 1 ~ 2 % 감소하게 된다. 온도 변화 또한 B(유기 개질제)의 % 농도 변화와 마찬가지로 시료의 머무름 시간 조절에 사용되지만 RPLC 법에서는 온도 변화 방법을 잘 사용하지 않는데, 이는 이 방법보다는 용매 세기를 변화시키는 것이 더 효과적이기 때문이다. 그러나 비극성이 매우 큰 시료에 대해서 매우 센 이동상과 극성 컬럼과 더불어 높은 온도를 사용하면 시료 분석에 도움이 된다.

일반적으로 높은 온도에서 k는 감소한다. 그러나 온도 변화에 의한 선택성의 큰 변화는 비이온성 화합물 분석에서는 일어나지 않는다. 따라서 비이온성 화합물의 분리능을 개선시키기 위한 방법으로 온도를 변화시키는 것은 효과가 별로 없다. 그러나 그림 3.31처럼 온도 변화에 의해 화합물의 분리가 개선되는 예도 있다. 피크 2와 4는 *o*-와 *m*-terphenyl인 비평면 구조이며, 나머지 4개의 화합물은 평면 구조인 축합고리 화합물이다. 온도가 증가함에 따라 평면 화합물의 k값은 비평면 화합물보다 상대적으로 빨리 감소한다. 그 결과 분리가 되지 않는 피크 2에서 4 사이의 간격이 온도가 변함에 따라 변하였다. 36 °C에서 피크 3과 피크 4가 겹친다. 온도가 증가함에 따라 피크 3은 피크 2 쪽으로 이동하다가 48 °C에서 피크 2와 겹치게 된다. 결국 최적 분리능은 온도 42 °C에서 얻게 되었다.

3.6.6 비이온성 시료의 분리법

대부분의 중성(비이온성) 시료는 역상 방법으로 충분히 분리할 수 있으며, 시료의 분리를 위한 머무름 인자(k)를 변화시키는 파라미터들은 다음과 같다: 용매 종류 및 이

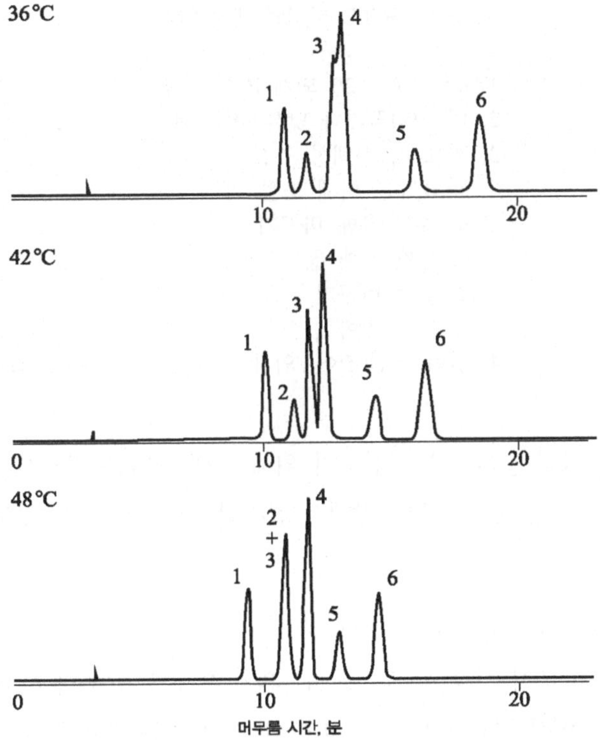

그림 3.31 선택성에 미치는 온도 영향(polyaromatic hydrocarbon류)[12]

동상 세기의 영향, 혼합 유기 용매의 영향, 컬럼 종류와 B의 % 농도 영향, 컬럼 종류에 따른 혼합 유기 용매 영향.

1) 초기 조건

표 3.13은 RPLC 분석법 개발의 접근 방법을 나타낸 것이다. RPLC 분석법 개발에서 초기 실험은 등용매 또는 기울기 용매법으로 실험할 수 있지만, 일반적으로 등용매법으로부터 시작한다. 초기 실험(100 % ACN)과 시료의 머무름이 0.5에서 20 사이의 *k*값을 가지도록 하기 위해 이동상의 조성을 적절하게 변화시킨다.

B의 % 농도가 만족스럽게 조절된 후에는 피크의 꼬리 끌림, 컬럼의 낮은 이론단수로 인한 분리능 저하 및 바람직하지 못한 피크 모양이 크로마토그램상에 나타난다면 더 진행하기 앞서 원인을 규명해야 한다.

2) 선택 인자의 최적화

시료의 머무름 범위($0.5 < k < 20$)가 이동상 ACN의 일정 % 농도에서 이루어졌

12 Chmielowiec, J., and Sawatsky, H., J. Chromatogr. Sci., **17**, 245 (1979).

표 3.13 RPLC 분석법 개발 단계

1. 0.5 < k < 20 되게 B % 조절
2. 띠 꼬리끌기나 낮은 단수 점검
3. 필요 시 선택성 조절
   a. B %를 미세 조절
   b. 유기 용매 바꾸기
   c. 유기 용매 첨가
   d. 컬럼 바꾸기
   e. 온도 변화
4. 컬럼 조건(길이, 입자 크기, 흐름 속도)을 최적화

다면 화합물의 분리능을 개선하기 위해 선택 인자를 변화시켜야 한다(즉, 짧은 분석 시간 또는 더 좋은 분리능). 앞에서 설명했듯이 선택성을 변화시키는 여러 가지 방법이 있다.

i) 용매 종류 및 이동상 세기

대부분의 중성 시료를 분석할 때, 유기 용매를 ACN에서 MeOH나 THF로 변화시키면 ACN에서 분리되지 않은 피크의 분리에 큰 영향을 미친다.

그림 3.32는 스테로이드계 소염제들의 분리한 예((a): 아세토나이트릴(ACN), (b): 메탄올(MeOH), (c): THF)를 보여 준다. 이 그림에서 24 % ACN, 45 % MeOH 및 19 % THF에 대한 세 가지 크로마토그램들의 마지막 피크 k값은 20이다. 피크 1과 3이 24 % ACN에서 분리가 되지 않는 반면, 45 % MeOH와 19 % THF로 완전히 분리가 된다. 이때 알아두어야 할 것은 THF를 이동상으로 할 경우 4에서 6까지의 피크 순서가 바뀐다는 것이다.

이동상의 용매 조성이 0.5에서 20 사이의 k값 범위에서 변할 때 최적 % B가 선택 인자 변화에 효과적이라는 것을 확인할 수 있다. 이동상으로 ACN을 사용했을 경우 피크 1과 3은 24 % ACN(마지막 피크 $k = 20$)과 42 % ACN(마지막 피크 $k = 0.5$)에서 분리가 되지 않았다. 이런 경우에는 B의 % 농도(ACN)를 아무리 변화시켜도 시료를 분리할 수 없다. 이동상으로 MeOH를 사용했을 경우 피크 4와 5는 45 % MeOH에서 완전한 바탕선 분리가 되지 않았고(마지막 피크 $k = 20$), 피크 1과 2는 65 % MeOH(마지막 피크 $k = 0.5$)에서 겹치게 된다. 이런 경우에 B의 % 농도 변화는 48 % MeOH에서 더 좋은 분리가 이루어졌다. THF 용매의 경우 19 %와 37 % THF의 농도 조성의 결과에서 분석 시간의 단축과 겹친 피크로 가장 좋은 분리능은 중간 농도인 24 % THF이며, 이때 최소 분리능(R_s)은 1.9이다.

그림 3.32에서 ACN의 % 농도를 변화시켜 화합물들을 충분히 분리시킬 수 없었기

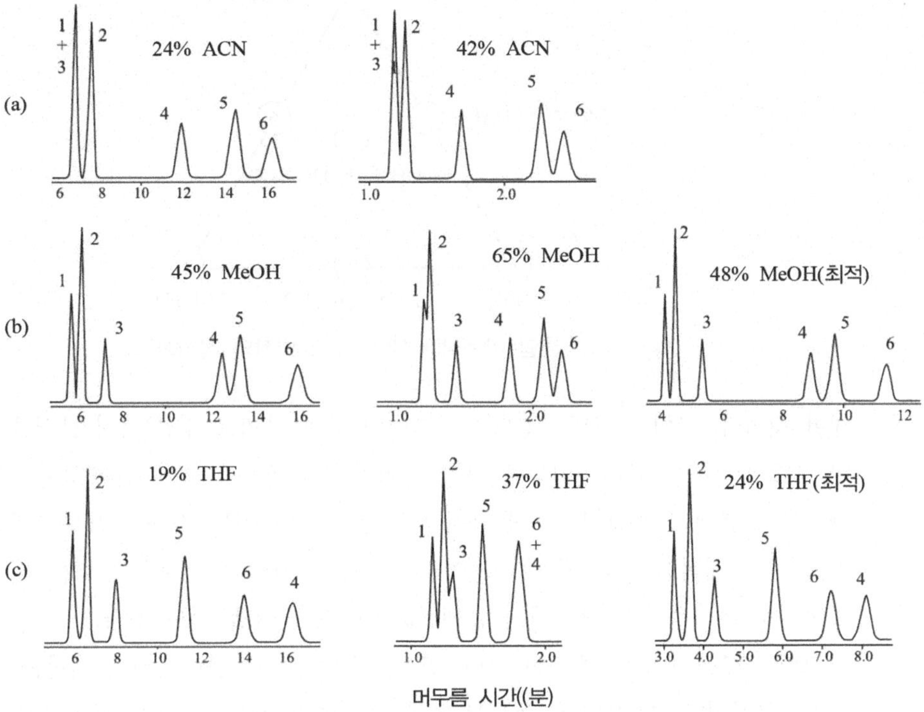

그림 3.32 Steroide 류에 대한 최적 용매와 그의 선택성[13]

때문에 다른 유기 용매(MeOH, THF)를 사용하였다. 그림 3.30의 용매 세기에 대한 그래프를 이용하면 최적 % B를 좀 더 쉽게 찾을 수 있다. 그림 3.32에서 48 % MeOH는 12분의 분석 시간과 분리능(R_s) 1.5 이상을 갖는다. 만약 분리능 또는 분석 시간이 이동상으로 사용한 ACN 또는 MeOH에서 만족스럽지 못한다면, 유기 용매 THF의 최적 % 농도를 구해야 한다.

ii) 혼합 유기 용매의 영향

그림 3.33은 용매 종류에 따른 선택성을 최적화하기 위한 또 다른 효과적인 방법인데 모든 가능한 한 비율로 ACN, MeOH 및 THF를 섞어 용매 세기를 같게 유지하는 것이다.

그림 3.33에서 ①번은 0.5에서 20 사이의 k 값에서 최적의 % ACN을 나타낸다. ①의 조건으로 분석하였을 때, 만족스럽지 못한 결과를 얻는다면 ①번의 최적 % ACN을 근거로 ②번과 ③번의 이동상 조성은 그림 3.30에서 선택할 수 있다. ④번에서 ⑦까지의 이동상 조성은 ①번에서 ③까지의 이동상 조성으로부터 조제할 수 있다. 예를 들어, ④번에 대한 이동상 조성은 ①번과 ②번의 이동상을 같은 부피로 섞어 조

13 L. R. Snyder, M. A. Quarry, J. L. Glajch, Chromatographia, **24**, 33 (1987).

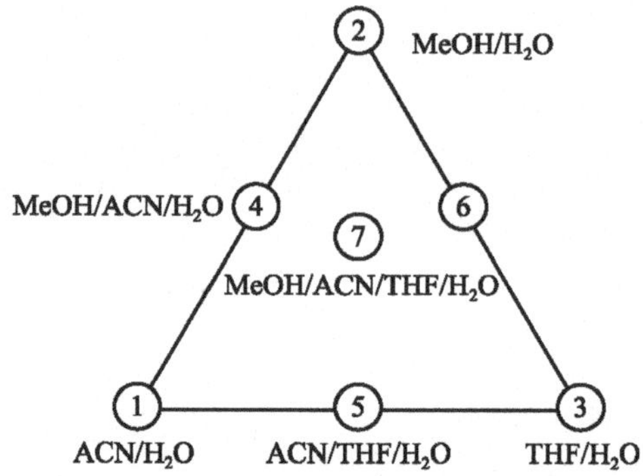

그림 3.33 혼합 이동상에 대한 선택 인자의 최적화[14]

제한 것이다. 그림 3.33의 ⑦(①, ②, ③번의 같은 부피로 섞음)까지 분석을 수행한다면, 시료에 대한 최적 분리능을 가지는 이동상의 조성을 쉽게 선택할 수 있다. 이런 과정은 컴퓨터 프로그램을 사용하지만 그림 3.34의 예는 컴퓨터 프로그램을 사용하지 않는 체계적인 실험 차례를 보여 주고 있다. 이렇게 단계별 실험을 하면 때로는 ⑦번까지 분석을 안 해도 최적 용매 % 농도를 찾아낼 수도 있다.

그림 3.33을 응용한 예로서 그림 3.34는 치환된 나프탈렌의 9개 혼합물에 대한 크로마토그램이다. ACN의 % 농도를 변화시킨 초기 실험에서 52 % ACN은 0.7에서 8 사이의 *k*값을 가진다(그림 3.34의 ①). 이 용매 조성에서 피크쌍(2/3, 6/7)이 겹쳤으며, 겹쳐진 피크의 만족스런 분리를 위해서는 선택성의 변화가 필요하다. 그림 3.34의 용매 세기에 대한 그래프를 이용하여 52 % ACN과 같은 용매 세기를 가지는 MeOH 63 % 농도로 실험하였을 때, 피크쌍(1/2, 6/7) 역시 겹쳤다(그림 3.34의 ②). 피크쌍 6과 7이 ①과 ②번 실험에서 분리가 되지 않았기 때문에 ACN과 MeOH를 섞어 실험하여도 시료의 만족스런 분리를 얻기가 힘들다(그림 3.34의 ④). ACN과 MeOH의 이동상은 시료를 분리할 수 없기 때문에 다른 용매(39 %의 THF)로 ③번 실험을 수행하였다. ③번 실험에서 겹치는 피크쌍(3/4, 8/9)이 ①번(2/3와 6/7)이나 ②번(1/2과 6/7)의 겹치는 피크쌍과 다르기 때문에 ①번이나 ②번의 이동상과 ③번의 이동상을 일정 비율로 섞어 사용하면 분리능을 개선할 수 있다.

만약 ②번과 ③번의 이동상을 섞는다면(⑥번 실험) 피크쌍 3/4은 겹치지만 1/2번 피크는 겨우 분리가 된다. 이러한 이유로 ①번과 ③번의 혼합 이동상이 다음 실험 단계가 되며, 이렇게 실험하였을 때 9개 화합물의 기준선 분리가 실험 ⑤에서 나타났다. ①번의 이동상에 ③번의 이동상을 좀 더 많은 비율로 섞는다면 ⑤번의 관심의 피크(6/7)가 ③번 실험에서 잘 분리가 된다. 1개 이상의 관심의 피크쌍을 분리하는 경

---

14 Snyder, L. R., Kirkland, J. J., Glajch, J. L., Practical HPLC Method Development, 2nd ed., Wiley-Interscience, New York, (1997).

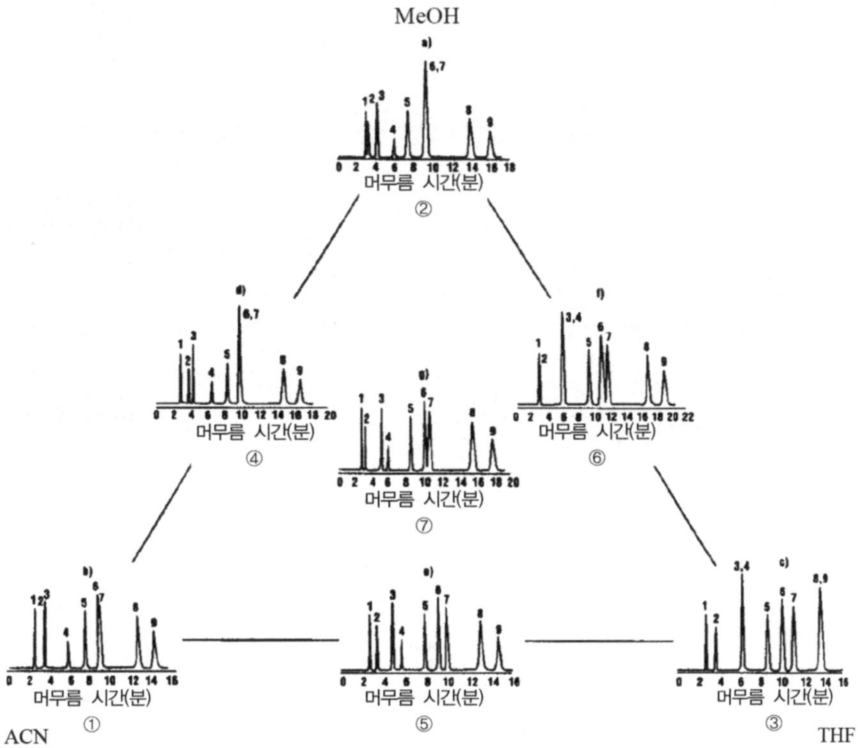

그림 3.34 치환된 naphthalene 류의 용매 선택성에 대한 7가지 크로마토그램[15]

우에 문제의 피크 짝들에 가장 좋은 이동상의 조성은 같은 분리능을 갖는 B의 % 농도이다.

이와 같이 RPLC 분석법 개발은 그림 3.34(①번에서 ⑥번까지)의 삼각형 꼭짓점의 실험 조건에 초점을 맞춤으로써 더 효과적인 분리 실험을 할 수 있다.

이런 각 3성분 혼합 유기 용매(ACN, MeOH, THF)의 최적 혼합에서 세 가지 용매에 모두를 혼합하는 경우도 있는데, 화합물의 분리가 어려운 시료에 대해 ⑦번 실험은 시료의 분리에 대해 추가적인 정보를 줄 수도 있다.

iii) 컬럼 종류와 B의 % 농도 영향

혼합물 시료를 분리함에 있어서 컬럼의 종류와 B의 % 농도 변화를 함께 사용한다면 선택성은 효과적으로 조절할 수 있다. 특정 컬럼에 대한 선택 인자(α)는 B의 % 농도의 변화로 좀 더 세밀한 선택 인자와 머무름의 변화를 가져다준다.

그림 3.35는 특정 컬럼과 B의 % 농도 변화에 대한 예를 보여 주고 있는데, 치환된 벤조산류의 분리를 나타낸 것이다. 이 시료는 pH를 조절하여 화합물의 전하를 띠지 않게 만들었다(즉, 중성 시료가 됨).

---

15 J. L. Glajch, J. J. Kirkland, K. M. Sguire, J. M. Minor, J. Chromatogr., **199**. 57 (1980).

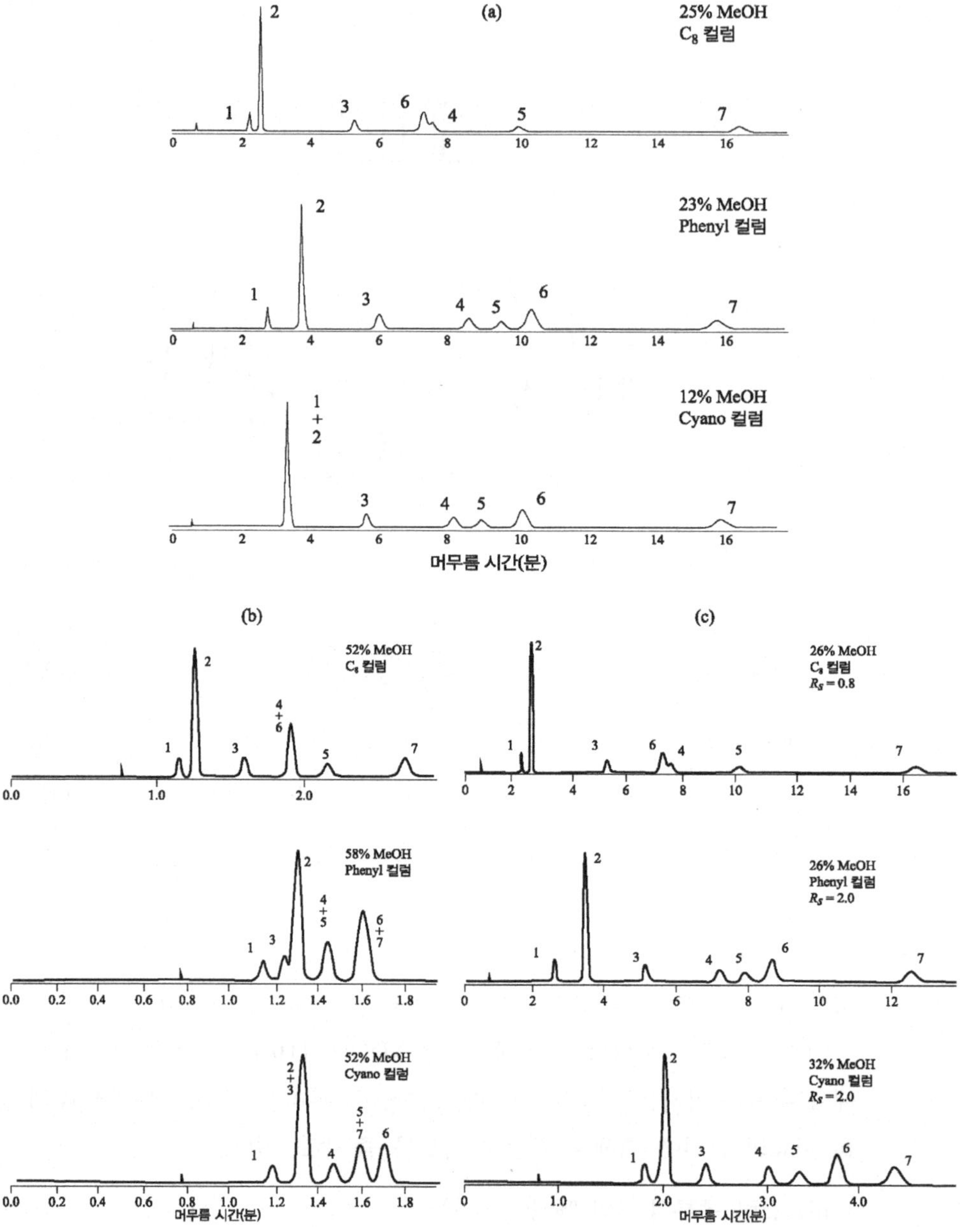

그림 3.35 컬럼 종류별 치환된 benzoic acids의 분리[16]

그림 3.35의 크로마토그램은 마지막 피크의 *k*값이 20이 되게 MeOH의 % 농도를 변화시키면서 정지상이 다른 3종류의 컬럼에서 시료의 분리를 보여 주고 있다. 이런 조건하에서 피크 4와 6은 C_8 컬럼에서 부분적으로 겹치고 피크 1과 2는 사이아노 컬럼에서 분리가 되지 않았기 때문에 이 시료에 대해서는 페닐 컬럼의 분리능이 가장

---

16 Destefano, J. J., Lewiss and Snyder L. R., LC/GC, **10**, 138 (1992).

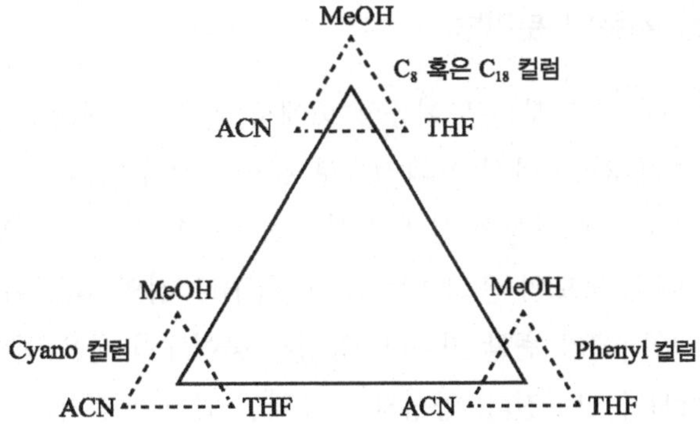

그림 3.36 혼합된 용매 종류와 컬럼 종류의 선택성에 따른 분석법 개발 방법[17]

좋다고 할 수 있다(그림 3.35(a)). 그러나 B의 % 농도를 첫 번째 피크의 *k*값을 0.5에 맞춘 크로마토그램(그림 3.35(b))처럼, 시료의 제한된 머무름 범위는 좀 더 센 이동상을 사용하였던 결과이다[예, C_8 컬럼에 대해 25 % MeOH (a)와 52 %의 MeOH (b)]. 같은 컬럼에서 % 농도가 다른 MeOH로 분석한 크로마토그램(그림 3.35 (a)와 (b))은 띠 간격의 중요한 변화를 보여 주고 있다(즉, 용매 세기의 선택성). 각 컬럼에 대해 이런 두 가지 실험, 즉 *k*값이 20인 MeOH의 % 농도와 0.5인 MeOH의 % 농도로 분석한 실험은 최적의 분리능을 위한 MeOH의 % 농도를 체계적으로 조절할 수 있는 근거가 된다(그림 3.35(c)). 그림 3.35(c)에서 벤조산 시료는 사이아노 컬럼에서 32 %의 MeOH를 이동상으로 하였을 때 가장 분리가 잘 되었다. 물론 페닐 컬럼도 분리능이 2.0으로 사이아노 컬럼과 같았지만 분석 실행 시간이 좀 더 길다.

iv) 컬럼 종류에 따른 혼합 유기 용매 영향

컬럼 종류에 따른 이동상 용매의 선택 인자와의 동시 사용 방법은 화합물의 분리하기 힘든 시료에 유용하다(그림 3.36).

용매 종류별 선택성은 그림 3.36의 방법을 사용한 C_8 또는 C_{18} 컬럼에서 가장 먼저 수행하며 만족스런 분리가 이루어지지 않는다면 cyano 컬럼으로 바꾸어 다시 실험한다. 특정 컬럼에 대한 최적 이동상 조성은 다른 컬럼에서는 달라질 수 있다. 만약 cyano 컬럼으로 분리를 할 수 없다면 phenyl 컬럼으로 다시 실험해야 한다.

---

17 Glajch J. L., Gluckman J. G., Charikovsky J. G., Minor J. M and Kirkland J. J., J. Chromatogr., **318,** 23 (1985).

3.6.7 이온성 시료의 분리법

이온성 화합물에 대한 분석은 이동상 중에서 이온화 화학종(분석 물질)의 전하 상태를 조절함으로써 RPLC에서 효과적으로 분석이 가능하다.

pH는 HPLC에서 이동상의 상대적 산도 또는 염기도를 나타내는 데 사용되며 수용액에서 수소 이온 농도의 음의 대수($-\log[H^+]$)로 정의된다. 이동상에 산이나 염기를 첨가하면 용액의 pH가 변할 것이다. 양성자 공여체인 산을 첨가하면 수소 이온 농도가 증가하여 pH가 낮아진다. 양성자 수용체인 염기의 첨가는 수소 이온 농도를 감소시켜 pH를 상승시킨다. 이동상 pH는 용액 내의 이온화 화학종의 전하 상태에 영향을 주기 위해 사용될 수 있다. 즉, 분석 물질 이온화의 정도는 머무름과 선택성에 영향을 줄 수 있다.

이온화 가능한 분석 물질의 분리를 최적화하기 위해 이동상의 pH를 고려하는 것이 중요하다. 분석 물질의 2가지 형태(이온화된 것과 이온화되지 않은 형태)가 동일한 농도로 존재하는 지점(즉, 분석 물질이 50 % 이온화)에 해당하는 pH를 pK_a 값이라고 한다. 분석 분자에서 각 이온화 가능한 작용기는 자체 pK_a 값을 가지고 있다. pK_a는 평형 값을 나타내므로 pH가 pK_a와 같으면 분석 물질이 이온화된 형태와 비이온화된 형태 사이를 빠르게 전환하여 HPLC의 피크 모양이 좋지 않게 된다.

따라서 분석 물질에 대한 정보가 가장 중요한데, 분석 물질의 기능기와 pK_a에 대한 정보를 통해서 이동상의 pH를 조정할 수 있다. 모든 산과 염기는 수용액에서 화학종의 이온화 정도를 나타내는 고유한 이온화 상수(K_a)를 가지고 있다. 이온화가 클수록 화학종의 수소 이온 농도에 대한 영향이 커지므로 산 또는 염기가 강해진다.

그림 3.37에서 볼 수 있듯이, pK_a는 산이나 염기(해당 짝산 또는 염기에 비해)의 세기를 표시하지만, pK_a로부터는 분자가 산 또는 염기인지를 결정할 수는 없으며, 분자 내에 함유된 작용기가 알려져야 한다. 예를 들어, aspirin과 diazepam의 pK_a는 매우 비슷하다(각각 3.5와 3.3). 하지만 aspirin은 산성 카복실산 작용기를 가진 약산이지만, diazepam은 염기성 질소 작용기를 함유하고 있어 약한 염기이다.

표 3.14는 일반적인 작용기들에 대한 pK_a 범위를 나타내고 있다.

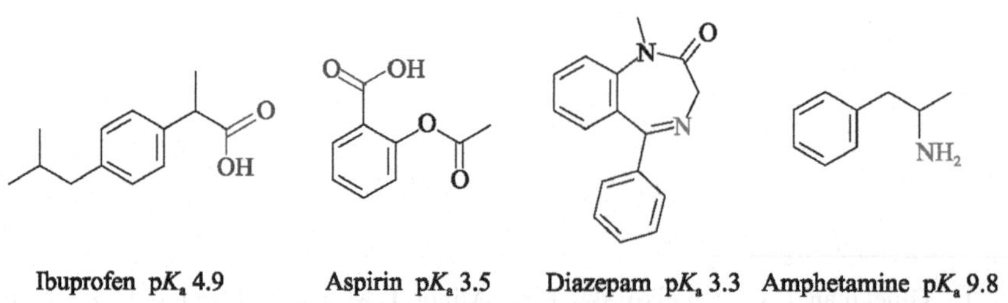

Ibuprofen pK_a 4.9　**Aspirin pK_a 3.5**　**Diazepam pK_a 3.3**　**Amphetamine pK_a 9.8**

그림 3.37 화합물의 pK_a와 기능기

표 3.14 작용기들의 pK_a 범위

작용기	pK_a 범위
Carboxylic acids	0.65 ~ 4.76
Alcohols	8.4 ~ 24.0
Amines	4.7 ~ 38
Amides	18.2 ~ 26.6
Imides	8.30 ~ 17.9
Hydrocarbons	15 ~ 53
Esters	11 ~ 24.5
Ketones	7.7 ~ 32.4
Ethers	22.85 ~ 49

예를 들어, 강산은 완전히 이온화되어 용액에 높은 수소 이온 농도와 매우 낮은 pH를 생성한다. 반대로, 강염기는 용액에서 수소 이온을 제거함으로써 완전히 이온화되어 수소 이온 농도를 낮추고 용액의 pH를 매우 높게 올린다. 약한 산과 염기는 더 적은 정도로 이온화되어 pH 변화에 미치는 영향이 적다.

산이나 염기가 물에 용해되면 평형이 성립한다(예, $HA \rightleftharpoons A^- + H^+$). 부분적 산(또는 염기) 해리(이온화) 상수는 화합물의 중성 및 하전된 형태의 평형 계수의 음의 대수로 정의된다. 이는 정의될 화합물의 염기성 또는 산성 특성뿐만 아니라, 임의의 pH에서 중성 및 하전된 화학종의 비율을 계산할 수 있게 한다.

$$\mathrm{pH} = \mathrm{p}K_a + \log\frac{[A^-]}{[HA]}$$

따라서 용액의 pH는 산성 또는 염기성 분석 물질의 전하 상태에 영향을 미친다. 예를 들어, 염기성 분석 물질의 수용액에 산을 첨가하면 수소 이온 농도가 증가함에 따라 용액 중의 하전된 분석 물질의 농도가 증가할 것이다. 반대로, 염기의 첨가에 의해 pH를 상승시키면 중성 형태의 염기성 분석 물질의 농도가 증가될 것이다(그림 3.38).

두 가지 형태의 이온화 가능한 분석 물질이 서로 다른 머무름 특성을 제공한다는 것을 아는 것이 중요하다. 이온화된 형태는 훨씬 더 극성이며, 따라서 역상 HPLC에서의 머무름은 훨씬 더 적다(더 짧은 머무름 시간(t_R), 더 작은 머무름 인자(k)). 극성이 큰 분석 물질은 이동상과의 친화성이 높고 컬럼을 통과하는 속도가 빨라짐이 예상된다. 반대로 이온화되지 않은 형태는 이온화된 형태에 비해 훨씬 더 소수성이다.

pH에 대한 분석 물질 분자의 이온화 정도는 산과 염기 모두에 대해 입증되었다. 이온화 정도의 변화는 제한된 pH 범위에서 발생하는 것으로 나타났다. 사실 pH와

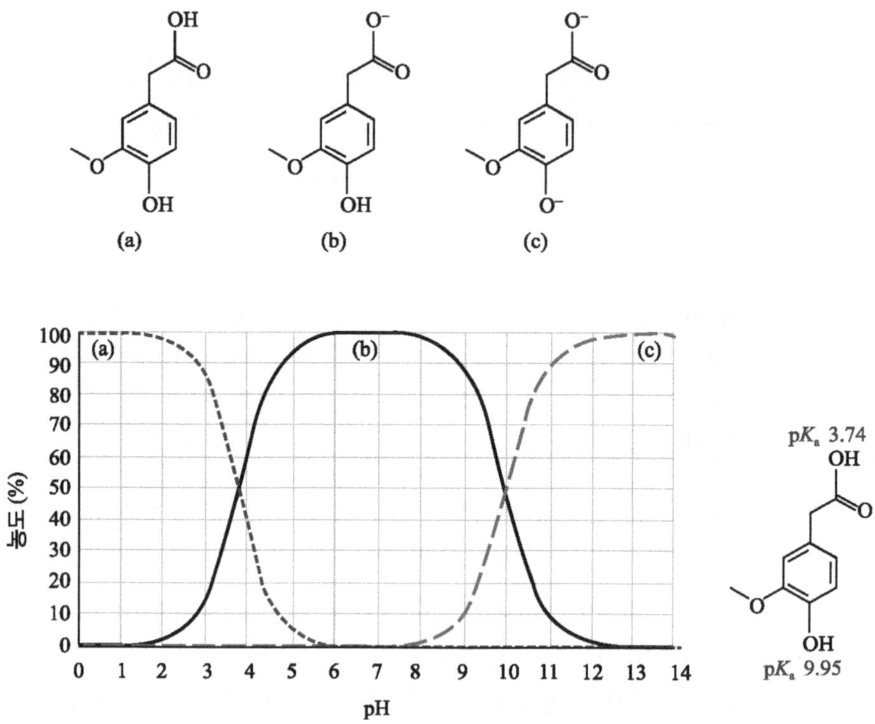

그림 3.38 Homovanillic acid의 pH에 따른 이온화 형태

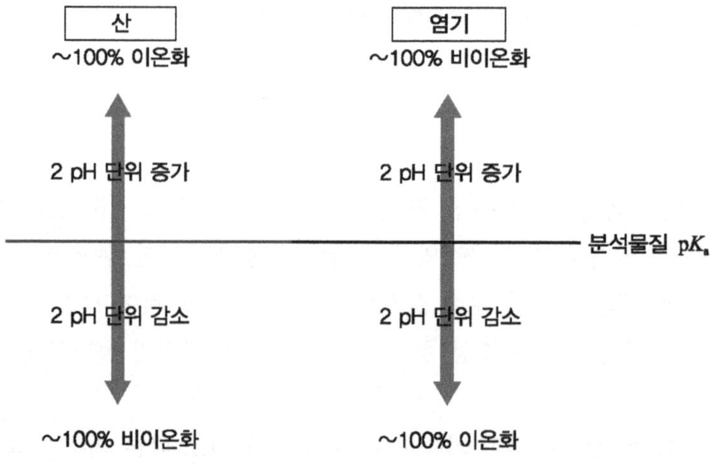

그림 3.39 용액 내에서 분석 물질 이온화 정도에 대한 이동상의 효과

pK_a 스케일은 대수적이기 때문에 분석 물질의 pK_a에서 1 pH 단위 떨어져서는 약 90 %가 이온화되고, pK_a에서 2 pH 단위 떨어져서는 약 99 %, 3 pH 단위 99.9 % 등이다. 따라서 '2 pH 규칙'으로 알려진 경험 법칙은 이온화 정도를 예측하는 데 유용하다. 약산과 약염기에 대한 2 pH 규칙이 그림에 나타나 있다(그림 3.39).

3.7 HPLC의 유지 관리

HPLC 기기의 적절한 조작은 좋은 분석 결과들을 제공할 수 있다. 실험자가 고장의 발견과 수리에 대한 경험과 지식을 가지고 있다면 수리가 빨리 이루어지거나 교정될 수 있어 질 좋은 자료를 다시 얻을 수 있다. 그리고 기기 회사에서 제공하는 매뉴얼은 기기를 적절히 사용하는 데에 중요한 안내자가 된다.

그림 3.40은 일반적인 등용매 HPLC와 그의 역할 영역에 대한 개략도를 나타낸다. 용매 저장 용기와 유로관이 있는 낮은 압력 구역, 펌프와 거르기 및 연결관이 있는 용매 전달 구역, 시료 주입구, 전치 컬럼(pre-column) 거르기, 보호 컬럼(guard column)과 분석 컬럼(analytical column)이 있는 시료 구역, 검출기와 폐액 용기가 있는 검출기 구역 그리고 자료 장치와 소프트웨어가 있는 자료 처리 구역(그림에 나타내지 않음)이 있다.

용매 저장 용기는 이동상을 담는 용기이고 펌프의 입구관에 연결된 수채부(sinker)가 저장 용기에 있다. Sinker는 저장기에 들어 있는 큰 입자들의 입구 거르기 역할을 한다. 저장 용기에 담기 전에 이동상은 거르기와 탈기체를 해야 한다. 저장 용기는 펌프보다 높은 위치에 놓아서 정적인 전반부 압력(head pressure)이 생기게 한다. 저장 용기에 압력을 약간 가하면 이동상이 송달관을 통해 펌프로 순조롭게 흐른다.

이동상으로 사용되는 용매들로 인하여 문제가 발생되는 일반적인 징후들은 다음과 같다. 용매 중에 존재하는 입자성 물질은 펌프 장애와 역류 방지 밸브의 막힘, 자외선 검출기에서 흡수 오염물에 의한 낮은 감도 및 기준선 표류(drift)와 머무름 시간들

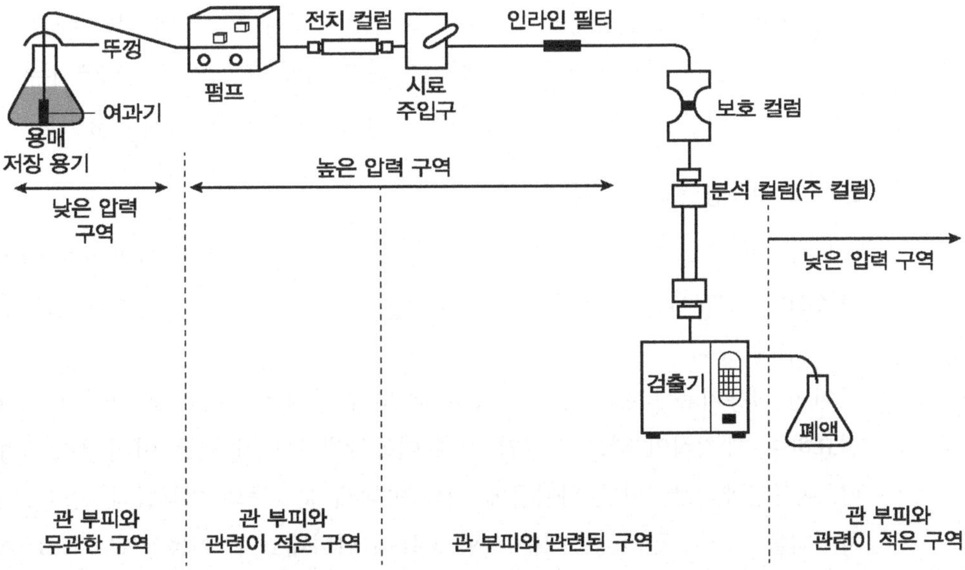

그림 3.40 대표적인 등용매 HPLC와 그의 조작 영역의 개략도

의 변화를 일으킨다. 이동상 중에 함유된 불순물들은 기울기 용리를 할 경우에 기준선이 흔들리고 허깨비(ghost) 피크가 크로마토그램에서 나타나기도 한다.

3.7.1 용매

3.7.1.1 거르기와 탈기체

이동상의 거르기 과정은 고장을 예방하는 필수적인 조작 과정이다. 이 과정은 펌프 장애를 가져오거나 역류 방지 밸브를 막히게 하는 입자들을 제거해 준다. 거르기를 하기 위해 진공 펌프가 필요한데, 펌프는 이동상을 거르기해서 거르기 플라스크에 담기도록 흡인한다. 또한 거르기 과정은 동시에 탈기체 역할을 해주는데 탈기체의 목적은 용매나 이동상에 용해되어 있는 공기를 충분히 제거하는 데에 있다. 그러나 거르기는 충분하게 탈기체를 하지 못하므로 추가적인 탈기체 과정이 필요하다. 용해되어 있는 기체들이 이동상에서 제거되지 않으면 펌프질 방에 공기 방울이 머물게 되는 원인이 되거나 방울이 펌프질 사이에 압축된다. 이러한 두 현상은 머무름 시간들의 변화를 가져다준다. 또한 이동상이 검출기로 흘러 들어가면 압력이 낮아져서 용해되어 있는 기체들은 다시 나타난다. 그 결과 정량 분석에 지장을 주고 크로마토그램에 튐(spike) 모양으로 가끔 나타난다.

용매를 완전히 탈기체시켰다 할지라도 실온에 방치하면 이동상에 공기가 재용해된다는 사실을 알아야 한다. 이동상에 기체들이 너무 빠르게 다시 용해되면 비활성 기체 헬륨을 사용하여 이동상에 방울 만들기를 해주면 탈기체 상태가 된다. 혼합 이동상에 헬륨을 살포(sparging) 과정을 통해서 탈기체를 수행할 경우에는 조심해야 하는데 혼합 용매 중에 보다 휘발성인 성분이 기화되어 이동상의 조성이 달라져서 결과적으로 머무름 시간들이 변하기 때문이다. 따라서 낮은 압력 혼합 펌프 방식에서는 순수 용매들을 거르기하고 헬륨을 살포한 다음에 혼합한 등용매 이동상을 사용하는 것이 좋다.

3.7.1.2 이동상 중의 불순물

이동상 중의 불순물들은 피크들의 분리를 저하시키며 미량의 아민 화합물(첨가제)이 MeOH나 ACN에 미량 함유되면 역상 컬럼 내에 도포되어 머무름에 정전기적 효과를 차단해 준다.

아민 작용기를 함유한 유기 화합물의 분리 시에는 이동상에 완충 용액의 사용이 필요하며, 대칭적인 피크를 얻기 위해 이동상에 농도가 낮은 아민 첨가제가 필요하다. 이동상에 있는 아민 화합물에 의해 마취제 분석물의 머무름과 피크 모양에서의 차이점을 보여 주는 좋은 예를 그림 3.41에 나타내었다. 이동상에 1 % TEA만을 섞어 사용하면 모든 시료 성분들이 뾰족한 피크들과 상당히 감소된 머무름 시간들을

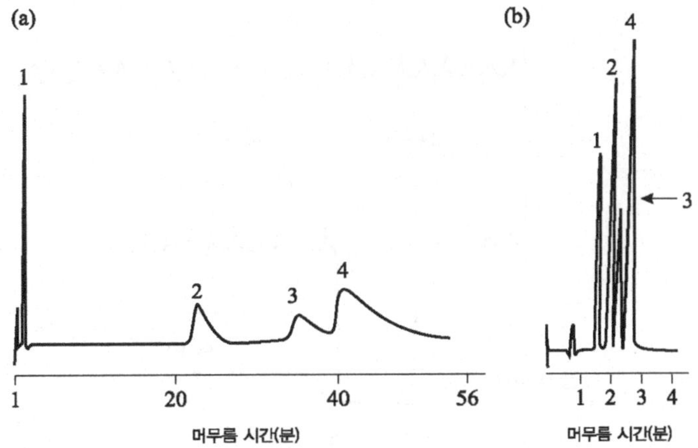

그림 3.41 이동상에 아민류 첨가제의 영향. (a) C18; 6.0mL/min; ACN/물(60:40), pH 3.0인 H_3PO_4, (b) C18; 3.0 mL/min; ACN/물(60:40), pH 3.0인 H_3PO_4와 1 % triethylamine (TEA).

나타내는데, 전체 분리 시간은 3분 이하이다.

일반적으로 이동상에는 5 mM TEA을 첨가해서 사용하며 dibutylamine(냄새가 적게 남), nonylamine이나 또 다른 아민을 사용하기도 한다. 아민 화합물을 이동상에 혼합한 다음에 첫 번째 시료를 주입하기 전에 컬럼 부피의 10 ~ 20배로 이동상을 흘러 컬럼이 평형화시킬 필요가 있다.

3.7.2 용매 송달 구역

용매 송달 장치는 HPLC에 일정하고 정밀하며 펄스 없는 이동상을 흐르게 하는 역할을 하므로 펌프는 주요 부분으로서 좋은 크로마토그래피는 적절하게 작동되는 펌프를 필요로 한다. 펌프와 관련되어 나타나는 문제들은 잘못된 머무름 시간들, 잡음 기준선들 그리고 펄스에 의한 기준선에서의 튐(spike)들이다. 펌프에서 용매가 새는 경우는 대부분 입구나 출구 관이음쇠(fitting) 또는 밀봉된 부분에서 항상 일어난다. 관이음쇠에 염(salt) 가루가 생겼다면 깨끗하게 닦고 다시 새는지 관찰하고 샌다면 그 부분을 수리하여야 한다. 이때 염 가루는 이동상이 서서히 새어 나온 흔적이다.

펌프가 새는 것을 확인하기 위해서는 화장 티슈를 의심스러운 관이음쇠에 접촉시켜 물 얼룩이 생기면 새는 것으로 확인한다.

3.7.2.1 정상적인 이동상의 흐름

펌프는 이동상을 높은 압력에서 흐르게 하기 때문에 압력을 기록하면서 점검하는 것은 고장 예측에 도움이 된다. 실시간 압력 측정값을 확인함으로써 펌프 장치가 적절

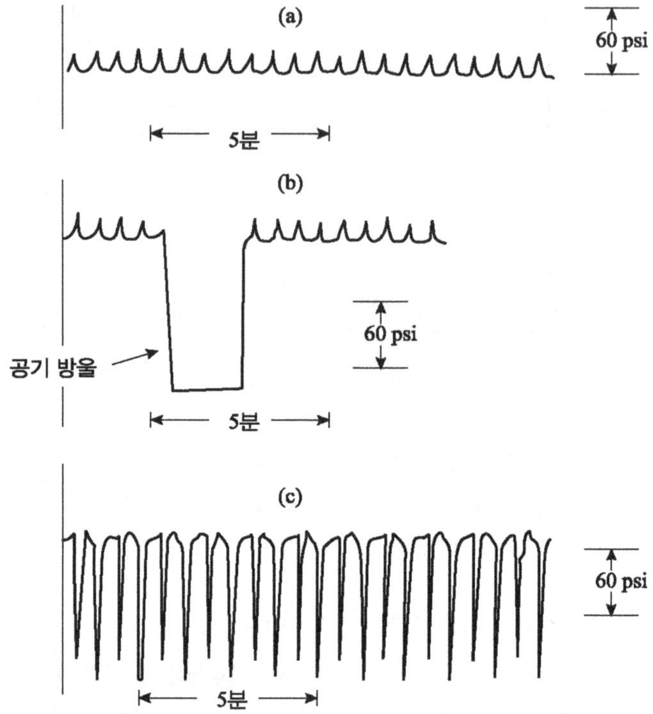

그림 3.42 원인 분석을 돕기 위한 압력 기록. (a), 용매 송달 장치가 원활하게 작동; (b), 공기 방울이 펌프질할 경우에 생기는 압력 저하; (c), 용매 송달 장치의 나쁜 제어 밸브에 의한 부적절한 펄스

히 가동되고 있음을 알 수 있을 뿐만 아니라 압력 기록을 통해서 관련되는 흐름 고장을 알 수 있다. 흐름의 변화는 압력의 변화로 나타나고, 압력 변화는 밸브 개폐기와 피스톤으로 된 펌프에서 생기는 흐름 펄스의 원인이 된다. 몇 가지 압력 기록의 예들이 그림 3.42에서 보여 주고 있다.

펌프 장치가 적절히 작동될 경우, 그림 3.42(a)와 같은 압력 기록이 얻어지고, 이러한 흐름 속도에서 용매를 전달하는 동안에 약 20 psi의 펄스가 있다는 것을 알 수 있다. 그림 3.42(b)와 같으면 공기 방울의 존재를 곧 알 수 있고 공기 방울이 장치로 펌프질하게 되면 급작스러운 압력 변화가 나타난 후에 다시 그 흐름은 정상으로 회복된다. 그림 3.42(c)에서는 정상적인 장치 성능과 비교하면 펌프의 펄스 변화가 크게 나타남을 보여 주고 있다. 그 펄스는 정상보다 60배 정도 더 크다. 이와 같이, 압력 기록은 실험자에게 가장 값진 진단 도구이고 반복적인 측정은 흐름 속도의 조절에 대한 좋은 지표가 된다.

3.7.2.2 펌프의 원인이 아닌 바탕선 펄스

기기가 적절히 작동하지만 그림 3.43(a)에서 보여 주는 바와 같이 원치 않는 바탕선

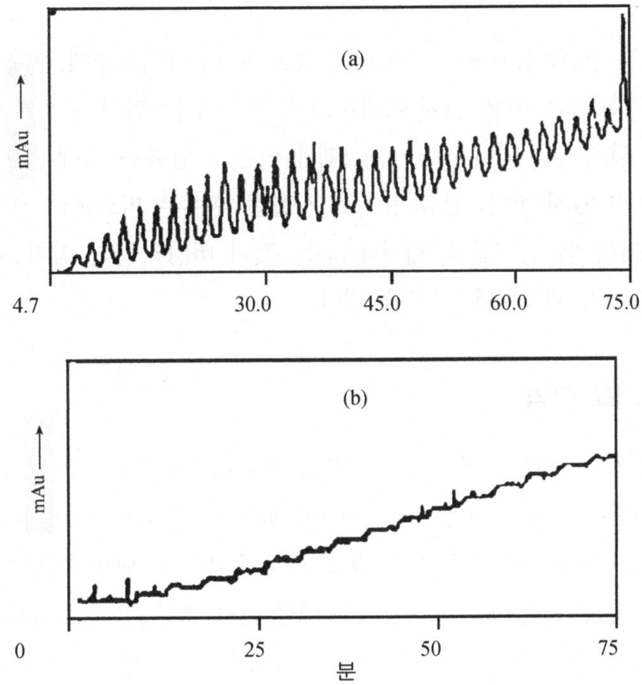

그림 3.43 TFA를 사용한 기울기 용리의 기준선: (a) 컬럼 사용; (b) 컬럼 사용하지 않음

이 관찰되는 경우가 있다.

그림 3.43(a)에서 크로마토그램은 기울기 용리에서 얻었고 그 기울기는 100 % 용매 A(물 + 0.1 % TFA)에서 50 % 용매 B(ACN + 0.08 % TFA)이고 215 nm 자외선 검출기로 검출하였다. 펌프의 압력 출력이 정상적일 때, 컬럼을 제거하면 그림 3.43(b)와 같은 바탕선을 관찰하게 된다. 보여 주는 잡음은 기울기 용매를 형성하는 과정에서 TFA가 효과적으로 섞이지 않기 때문이다. 잡음을 평탄하게 하는 최상의 방법은 두 용매들이 섞이는 지점과 주입구 사이에 추가 부피를 만들어 주거나 펄스 감쇄기를 달아주는 것이다.

기울기 용리로 분석하는 사이에 용매의 불완전한 혼합에 의한 잡음은 펌프 장치의 사양서에서 벗어나는 문제이고 항상 그런 것은 아니다.

3.7.2.3 흐름 정밀도

흐름 정밀도는 머무름 시간의 정밀도에 반영되므로 대부분의 사용자들은 HPLC가 가지고 있는 흐름 정밀도에 관해 알고 싶어 한다. HPLC 펌프는 최적 장치에서 머무름 시간의 상대 표준 편차는 0.1 % 또는 그 이하이다. 실제로 12시간에 걸쳐 얻은 머무름 시간의 정밀도는 0.7 % 상대 표준 편차를 갖는다. 세심한 주의를 하면서 펌프를 가동시키면 이렇게 좋은 정밀도가 유지된다. 따라서 신중하게 펌프를 취급해야 한다.

펌프는 건조 상태에서 가동하지 않도록 하고(피스톤과 원통 사이의 마모는 새는 원인), 이동상은 사용 전에 여과하고 펌프에 있는 필터는 정기적으로 교체해야 한다. 적절한 탈기체를 해야 하고, 용리액에 약간의 압력을 가해서 펌프 내에 항상 이동상이 채워져 있게 한다. 완충 용액을 사용한 후에는 피스톤의 후미를 주기적으로 물로 씻어주어서 염 침전물을 제거해 주는 것이 바람직한데 염이 제거되지 않으면 염이 밀봉 부분과 피스톤에 자국을 낸다.

3.7.3 시료 구역

시료 구역은 주로 주입구와 컬럼을 포함한다. 주입구는 시료를 대기압에서 고압 흐름의 이동상이 있는 컬럼으로 넣어야 하며 여러 형태가 있다(고정된 루프(loop), 가변성 루프, 주사기형). 주입구 밀봉 부분의 마모와 탈피 현상 때문에 그의 부스러기가 컬럼 입구로 들어갈 수 있다. 따라서 전치 컬럼(pre-column)의 거르기를 사용하여 컬럼 막힘을 방지하고 주입구/밀봉 부분에서 생긴 분해 산물들을 거르기를 한다. 또한 불순한 용리액의 경우에는 전치 컬럼을 사용하는 것이 좋다. 또한, 보호 컬럼(guard column)은 오염물부터 컬럼을 보호하고 본질적으로 컬럼의 화학적 거르기가 된다.

소모성 부품들의 수명은 이동상의 종류, 이동상의 조성, 순도 및 시료 성분 등에 따라 다르다. 이들 부분들이 막히면 피크 모양이 변하고 두 개의 피크들로 분할되고 때로는 역압력(back pressure)을 증가시키기도 한다. 그러나 피크 높이의 변화와 분할 또는 이중 피크의 현상들은 시료 루프 내에 시료가 불완전하게 채워졌거나, 앞 시료가 이월(carry-over)하거나, 시료의 불충분한 용해도나 또는 시료 용매와 이동상과의 혼합되지 않는 문제에서 발생될 수도 있다. 따라서 가능하다면 시료는 이동상에 녹여야 한다.

3.7.3.1 전치 컬럼

전치 컬럼(pre-column)은 펌프와 주입구 사이에 설치하며, 이동상이 분석 컬럼에 도달하기 전에 이동상을 조정하는 역할을 하게 된다. 즉, 전치 컬럼은 이동상이 주컬럼(분석 컬럼)에 있는 충전제를 분해시키거나 녹이는 경우에 사용되기도 한다. 역상 컬럼의 실리카 골격은 이동상의 pH가 7.5 이상에서 용해되고 화학적으로 결합된 알킬실레인은 pH 2.5 이하에서 토막내기 분해를 한다. 따라서 컬럼 수명을 연장하기 위해 분석 컬럼과 동일한 충전물이 채워진 전치 컬럼이 사용된다. 전치 컬럼은 가끔 포화기 컬럼이라고 하는데 포화기 컬럼은 분석 컬럼의 충전물이 손상되지 않게 미리 이동상에 포화시킴으로써 이동상이 주컬럼에 들어가면 주컬럼은 녹지 않거나 용매화가 지연된다. 그래서 주컬럼의 수명을 연장시킬 수 있다. 전치 컬럼은 이동상과 충분한 접촉이 이루어질 수 있는 큰 입자(37 ~ 75 μm)로 충전되어 장치에 낮은 역압력을 가지도록 한다. 이 장치는 주입구 앞에 설치해서 띠넓힘에 영향을 주지 않게 한다.

3.7.3.2 인라인 필터

전치 컬럼에 있는 frit는 이동상에서 입자들을 제거하기가 쉽지만 **인라인 필터**(in-line filter)에서 이러한 작업을 하는 것이 더욱 좋다. 인라인 필터는 전치 컬럼과 같은 위치에 설치하거나 주입구와 컬럼 사이에 설치할 수 있다. 인라인 필터가 전치 컬럼 앞에 설치하면 HPLC 펌프의 마모에서 생기는 입자성 물질을 제거하는 데 좋은 장치가 된다. 그 부스러기가 주입구 또는 자동 주입구의 우회 통로에 들어가기 전에 제거가 안 되면 컬럼이 막히거나 주입구 수명이 짧아질 수 있다.

3.7.3.3 보호 컬럼

시료의 이물질들로부터 주컬럼(분석 컬럼)을 보호하려고 **보호 컬럼**(guard column)이 사용되며 이물질들이 보호 컬럼에 수착됨으로써 분석 컬럼에 들어가지 않도록 한다. 보호 컬럼은 분석 컬럼과 동일한 결합상으로 된 표피형 충전제로 충전되기도 하고 또한 분석 컬럼과 같은 충전제로도 충전된다.

3.7.3.4 온도 조절

컬럼 온도의 증가는 보통 용리액 점도의 감소와 용질 확산의 증가에 기인해서 컬럼 효율을 향상시킨다. 이러한 일반론은 이온 교환 분리에서는 사실이지만, 역상 HPLC에서는 온도의 영향에 관한 연구 결과들이 상반되어 온도 증가가 컬럼 효율에 유익한 효과, 효과 없음 그리고 역효과를 가지고 있다는 결과들이 있다. 따라서 실험실 환경의 온도 변화가 크지 않은 경우를 제외하고 HPLC 분석에서는 온도 조절을 하지 않고 실온에서 수행되는 것이 일반적이다.

실험적인 결과들은 실온보다 높은 온도에서 컬럼 효율(이론단수)을 향상시킬 것이라는 예상과는 정반대이다. 그래서 역상에서 컬럼 온도 조절을 사용해야 하는 목적은 컬럼 효율의 증가만을 기대하지 않고 머무름 시간의 재현성을 향상시킨다든지 또는 선택성의 조정을 하기 위한 것이다.

3.7.4 검출기 구역

가장 일반적인 검출기는 UV/Vis와 RID이고, ECD와 FLD는 상대적으로 덜 사용되는 검출기이다.

검출기의 문제점들은 전기적, 광학적 또는 기계적 문제이다. 문제가 생기면 펌프를 꺼서 이동상의 흐름을 중지하고 문제가 계속되는지를 관찰한다. 한 예로서 흐름이 중지되어도 바탕선에 튀는 피크들이 생기고, 그들이 계속되면 장치의 전기적 문제이다. 예를 들면, 분광 광도계에서의 바탕선은 온도에 매우 민감하지 않으나 굴절률 검출기는 온도에 매우 민감하다.

3.7.5 머무름 시간의 변화

머무름 시간의 변화 문제는 대부분 펌프의 이상에 있으나 온도 변화 또는 이동상의 변화가 원인일 수도 있다. 펌프를 먼저 점검하는 것이 중요하다. 10분간 이동상을 눈금 실린더에 모으는 작업을 여러 번 해서 흐름 속도의 정밀도를 측정한다. 또한 시료에 uracil 또는 아세톤과 같은 무용 부피의 표지물을 첨가해서 평가한다. 불감 부피 1분과 흐름 속도 1 mL/min에서 10 % 오차는 피크 용리에서 0.90에서 1.1분을 나타낸다. 만약에 흐름 변화가 있다면 새는 곳을 점검하고 역류 방지 밸브들에 공기 방울들이 있을 가능성을 생각하고, 펌프 밀봉 부분이 적절하게 작동하고 있는지를 점검할 필요가 있다.

온도 변화 역시 머무름 시간의 변화에 기여할 수 있다. 약 온도 1 °C 변화는 머무름 시간을 1 ~ 2 % 변화시킨다. 즉, 컬럼 온도가 24시간 동안 5 ~ 10 °C 사이로 변한다면 온도 변화가 머무름 시간 변화의 원인이 된다.

이동상 조성의 변화는 다른 문제로서의 원인이 된다. 유기 용매의 함량 1 % 변화는 머무름 시간을 5 ~ 10 %나 변하게 할 수 있다. 미리 혼합한 이동상이 사용되지 않았다면 기기가 바르게 작동되는지를 점검해야 하는데, 펌프의 비례 밸브가 잘못 작동되어도 문제가 생길 수 있기 때문이다.

두 개 펌프의 고압 혼합 장치에서 펌프 머리 부분의 공기 방울, 고장난 역류 방지 밸브 또는 새는 펌프 밀봉 부품은 한 펌프로부터 용매 송달을 감소시켜 마지막 이동상 조성의 오차를 가져온다. 이런 종류의 오차는 흐름 속도에 영향을 주어 흐름 속도 검사와 무용 피크의 재현성에 반영된다.

04

질량 분석법

4.1 서론

기기 분석을 이용한 유기 화합물의 분석 방법은 다음과 같이 분류될 수 있다. 화합물의 분리 목적으로는 기체 크로마토그래피(gas chromatography, GC), 고성능 액체 크로마토그래피(high performance liquid chromatography, HPLC), 모세관 전기 이동법(capillary electrophoresis, CE), 초임계 유체 크로마토그래피(supercritical fluid chromatography, SFC), 이온 크로마토그래피(ion exchange chromatography, IC) 등으로 분류할 수 있다.

물질의 구조 규명 목적으로는 자외선-가시광선 분광법(ultra violet/visible spectrophotometry, UV/Vis), 적외선 분광법(infrared spectrophotometry, IR), 핵자기 공명 분광법(nuclear magnetic resonance spectrometry, NMR), X-선 분광법(X-ray spectrometry), 질량 분석법(mass spectrometry, MS) 등이 있는데, 이것을 표 4.1에 나타내었으며, 이 중에서 가장 각광을 받고 있으며 중요한 위치를 차지하고 있는 방법이 질량 분석법이라 해도 과언은 아닐 것이다.

질량 분석법은 시료로부터 분자나 원자를 이온화시켜 질량 대 전하비(mass-to-charge ratio, m/z)에 따라서 분리시켜 이를 측정하는 분석 방법이며, 이것을 가능하게 하는 기기를 **질량 분석기**(mass spectrometer)라고 한다.

적외선 분광법(IR), 자외선-가시광선 분광법(UV/Vis), 핵자기 공명 분광법(NMR) 등은 바닥 상태 에너지 준위로부터 들뜬 상태 에너지 준위로 전자를 전환하는 전자기 복사 흡수에 이론적인 바탕을 두고 있으며, 들뜬 분자는 궁극적으로 원래의 바닥 상태로 되돌아가는 비파괴적인 방법이어서 분석이 끝난 후에는 시료의 본래 상태로 회수가 가능하다. 그렇지만 질량 분석법은 바닥 상태에 있는 기체 상태의 원자나 분자로부터 전자를 제거함으로써 이온을 형성시켜서 이를 검출에 이용하므로 원래 시료 상태의 분자나 원자로의 전환이 불가능하기 때문에 파괴적인 방법에 해당한다(즉,

표 4.1 유기 화합물의 분리와 구조 확인

유기 화합물의 분석 기법	
분리 목적	**구조 규명 목적**
기체 크로마토그래피(GC) 고성능 액체 크로마토그래피(HPLC) 모세관 전기 이동법(CE) 초임계 유체 크로마토그래피(SFC) 이온 크로마토그래피(IC)	자외선/가시광선 분광법(UV/Vis) 적외선 분광법(IR) 핵자기 공명 분광법(NMR) X-선 분광법 질량 분석법(MS)

$M \rightarrow M^{+} + e^{-}$).

질량 분석법은 유기 화합물의 구조를 규명/확인(정성 분석)은 물론이고 그 양이 얼마인지(정량 분석)를 측정하는 도구로 사용되고 있다. 다양한 종류의 이온화 방법과 분석관이 있으며 질량 분석법의 응용 기법도 다양하며 때론 복잡하기도 하다.

일반적으로 질량 분석기에서 분석을 위해 필요한 시료의 양은 수 μg 정도면 충분하며, 예전에는 주로 분자 화합물이 분석 대상이었으나 최근에서 기화 및 이온화 방법이 발달되어 중금속을 비롯한 원소의 분석(ICP-MS)에도 널리 이용되고 있다. 즉, 질량 분석기는 질량을 정확하게 측정(고분해능 질량 분석기(HRMS)의 경우 소수점 4째 자리까지도 가능)하거나, 원자들의 결합 에너지를 측정하거나, 또는 동위 원소 비율을 측정하기도 하며, 생물학적 조직 내에서 미량 원소들의 정량도 가능하기도 하는 등 여러 가지 기능을 가지고 있으며 의약학, 식품, 환경, 재료, 생명과학 등 응용 분야도 다양하다.

4.1.1 질량 분석법의 발전

1960년대 후반에 기체 크로마토그래피와 질량 분석법을 결합하여 상용화시킨 것은 분리 분석 기술에서의 커다란 변화였다. GC를 통해서 복잡한 혼합을 분리한 후 개별 구성 성분들을 질량 분석기로 순차적으로 도입하였다. 이 경우에 시료는 기화된 상태에 있어야 하기 때문에 가열할 때 기화되지 않고 분해되는 극성 화합물들을 어떻게 해결해야 하는지가 과제로 남아 있었다. 이 화합물들 중에는 화학, 생물, 식품, 환경 분석에 있어서 중요한 분자들이 많이 포함되어 있었다. 이들 중 일부 극성 화합물들은 화학 유도체화를 통해서 분석이 가능하게 되었고, 1970년대 후반에 고속 원자 충격(fast atom bombardment, FAB) 이온화 방법의 개발에 의해 극성 화합물에 대한 문제가 부분적으로 해결될 수 있었다.

이후에 전기 분무 이온화(electrospray ionization, ESI) 및 매트릭스 도움 레이저 탈착 이온화(matrix-assisted laser desorption ionization, MALDI)가 1990년대부터 상용화되면서 FAB이 해결하지 못했던 극성 물질의 분석까지도 가능하게 되었다. ESI는 액체 크로마토그래프(liquid chromatograph, LC)와 질량 분석기(MS)의 결합을 용이하게 함으로써 비휘발성/극성 혼합물의 분석이 가능했고, MALDI는 단백질을 비롯한 기타 생체 고분자 분석까지 가능해졌다.

2005년에는 고분해능 질량 분석관인 오비트랩(orbitrap)이 상용화되면서, 일반 실험실에서도 고분해능 질량 분석기가 대중화되고 있는 추세이다.

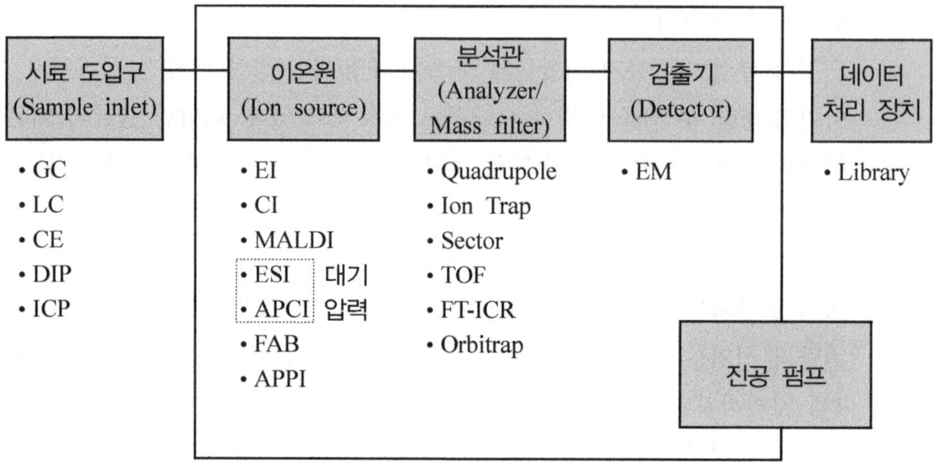

그림 4.1 질량 분석기의 구성도

4.1.2 질량 분석기의 구성

질량 분석기(mass spectrometer)는 시료(분석 물질)로부터 기체상 이온을 생성하고, 전기장 또는 자기장(또는 이들의 조합)을 사용하여 질량-대-전하 비율(m/z)에 따라 이온 혼합물을 분리한 후에 각 이온 화학종의 m/z와 세기를 측정할 수 있는 분석 기기이다.

분석 시료를 질량 분석기에 도입하는 **시료 도입**(sample introduce 혹은 inlet) 방법으로는 기체 크로마토그래프(GC), 액체 크로마토그래프(LC 혹은 HPLC), 모세관 전기 이동(CE) 등에 의해 혼합물들을 각 화합물로 분리 후 순차적으로 도입하는 방법과 직접 도입(direct introduce probe, DIP)하는 방법이 있다. **이온원**(ion source)은 도입된 시료를 이온화시키는 구역이며 전자 이온화법(EI), 화학 이온화법(CI), 대기압력 화학 이온화법(APCI), 전기 분무 이온화법(ESI), 고속 원자 충격법(FAB), MALDI 법 등이 있다. 이온화된 화학종을 질량에 따라 분리하는 **분석관**(analyzer)(혹은 질량 거르개(mass filter)라고도 함)으로는 사중 극자(quadrupole, Q), 이온 트랩(ion trap, IT), 비행 시간(TOF), 자기 부채꼴(magnetic sector), 오비트랩(orbitrap), 이온 사이클론 공명(ICR) 등이 있으며, 분리된 이온들을 검출하는 검출기의 대표적인 방법으로는 **전자 증배관**(electron multiplier tube)이 있다.

그림 4.1에서 보는 바와 같이 질량 분석기는 시료 도입구-이온원-분석관-검출기로 구성되어 있으며, 시료를 도입하는 곳을 제외하고는 진공을 유지하도록(APCI와 ESI는 제외) 되어 있다. 그 기능과 종류는 각론에서 설명하기로 한다.

4.2 질량 분석법의 기본 지식

4.2.1 질량 스펙트럼

질량 분석관에 들어간 이온들이 분리된 후 그들의 m/z 값에 따른 이온들의 분포와 세기로써 2차원으로 나타낸 그림을 **질량 스펙트럼**(mass spectrum)이라고 한다(그림 4.2). 이온화되어 전하를 띤 화학종을 측정하기 때문에 x축에 표시된 매개 변수는 질량(m)이 아닌 질량/전하 비율(m/z), 즉 전하 한 개당 질량에 해당한다.

그림 4.2에 나타낸 n-propylbenzene의 EI 질량 스펙트럼을 통해서 용어들을 살펴보도록 한다. 분석 물질의 **분자 이온**(molecular ion)은 스펙트럼에서 가장 높은 m/z 값을 갖는 피크로서 x-축상에서 가장 오른쪽에 있는 피크에 의해 나타난다(하지만 반드시 그런 것은 아니다). 이 피크는 분자 이온 $[M]^+$ 또는 양성자화된 분자 $[M+H]^+$(이 경우는 **유사 분자 이온**(pseudo-molecular ion))에 해당한다. **주피크**(base peak)는 이온화 과정에서 생성된 가장 안정한 이온을 나타내므로 스펙트럼에서 상대 세기가 가장 큰 피크이며, 일반적으로 다른 모든 이온의 세기는 주피크를 기준(100 %)으로 하여 표준화시켜 상대 세기로 나타내는데, 절댓값으로 나타내기도 한다. 질량 스펙트럼의 m/z에 따른 피크들의 상대 세기는 분석 물질의 농도에 무관하게 거의 동일하다. **조각 이온**(fragment ion)은 다양한 질량으로 나타날 수 있지만, 항상 분자 질량(분자 이온)보다 낮으며, 이온화되는 동안에 분자에 가해지는 과량의 에너지가 분자 이온의 분해 또는 연속되는 조각내기의 결과로 생성된 이온들이다. 분석 물질이 동위 원소 형태를 갖는 원소를 포함하고 있는 경우에 **동위 원소 이온**(isotope ion)이 관찰되는데, 가장 일반적으로 관찰되는 동위 원소 피크는 탄소의 ^{13}C 동위 원소 이온이다.

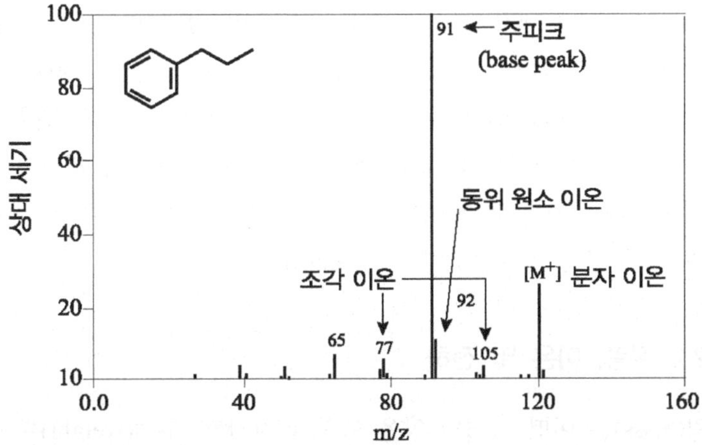

그림 4.2 n-Propylbenzene의 EI 질량 스펙트럼

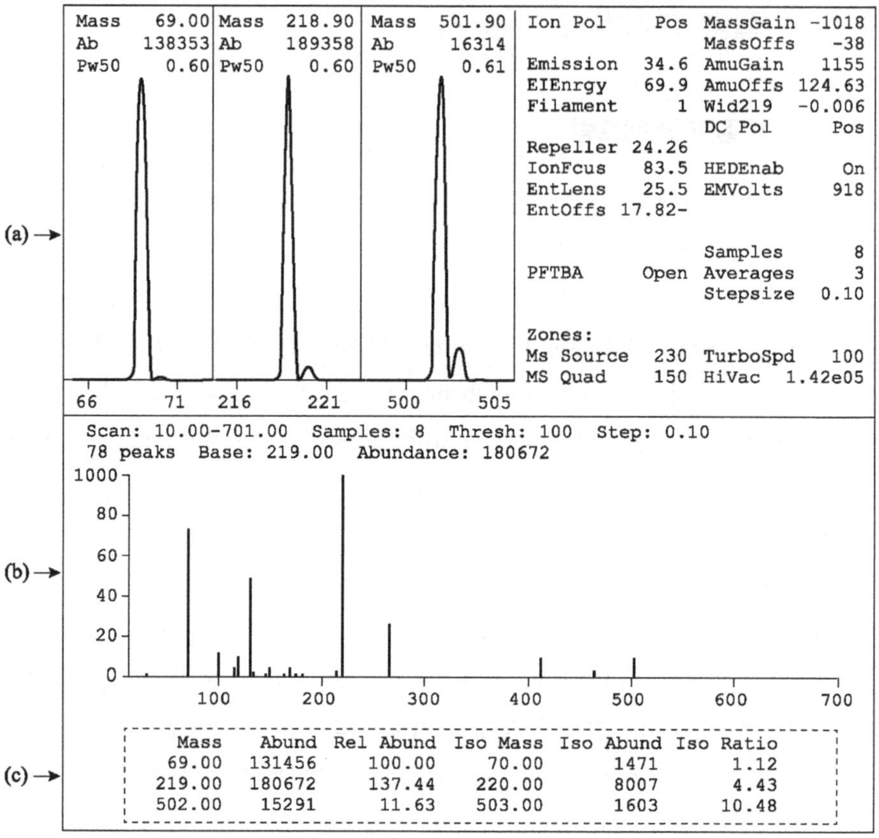

그림 4.3 스펙트럼의 형태: (a) 피크 형태, (b) 막대 형태, (c) 표 형태

각 이온의 세기는 이온이 검출기에 도달할 때 생성되는 미세한 전류를 기록한 것인데, 전류는 피크의 면적이나 높이를 나타내는 임의의 단위로 표현되고 저장되어 스펙트럼이 만들어진다. 한편, 질량 스펙트럼은 세 가지 형태로 나타낼 수 있다. 검출기에 도달하는 이온에 의해 생성된 신호의 m/z와 세기를 수직선으로 된 **막대 그래프**(bar graph) 형태가 있는데 가장 일반적인 형태이다(그림 4.3(b)). 다른 형태로는 높이와 너비가 연속적인 윤곽선으로 표시된 **피크**(peak) 형태인데 일반적으로 질량 분석기를 조율(tuning)할 때 모니터에 나타내거나 분해능을 관찰할 때 사용된다(그림 4.3(a)). 마지막으로는 **표 형태**(tabular form)인데 막대나 피크로 표현된 스펙트럼 아래에 m/z와 세기를 텍스트로 표현한 형태이며, 각 이온들의 절대 세기나 상대 세기의 정확한 값을 알 수 있다(그림 4.3(c)).

4.2.2 질량, 이온 및 전하

질량(mass)은 어떤 물질의 양을 측정한 것이고, 무게(weight)는 중력이 물체에 작용

표 4.2 질량 분석법에서 관찰되는 이온의 형태

이온	예	설명
양이온 (Positive ion)	$[M+H]^+$	양으로 하전된 이온
음이온 (Negative ion)	$[M-H]^-$	음으로 하전된 이온
분자 이온 (Molecular ion)	$[M]^{\cdot+}$	분자로부터 전자 한 개가 제거된 양성 라디칼 이온
	$[M]^-$	분자에 전자 한 개가 첨가된 음성 분자 이온
첨가 생성 이온 (Adduct ion)	$[M+Na]^+$	분자에 이온화 화학종이 첨가되어 생성된 이온
다중 하전 이온 (Multiply charged ion)	$[M+nH]^{n+}$	양성자 여러 개가 첨가되어 생성된 이온
조각 이온 (Fragment ion)	$[X]^+$	이온화 과정 동안에 분자에 가해진 에너지가 화학 결합을 끊어서 하전된 화학종이 생성될 때 관찰되는 생성물
동위 원소 이온 (Isotope ion)	^{12}C와 ^{13}C, ^{35}Cl와 ^{37}Cl	원자 번호는 같지만 질량수가 다른 원소(동위 원소)로부터 생성된 이온

하는 힘으로써 엄밀하게는 서로 다른 것임에도 불구하고 종종 혼용되기도 한다. 국제 단위계(SI)에서 질량은 kg 단위로 나타내지만, 질량 분석법에서는 질량의 단위로 돌턴(Da)을 사용하고 있는데, SI 단위는 아니지만 IUPAC에서는 인정하고 있는 단위이다.

분자의 원자, 분자 또는 조각이 하나 이상의 양전하 또는 음전하를 띠고 있는 형태를 **이온**(ion)이라고 한다. 이온은 분자 핵 내의 양성자 수(즉, 양전하)와 음전하를 띤 전자의 수가 균형을 이루지 않는 상태이다(예, 양성자를 첨가하거나 전자 하나를 제거하여 생성되는 a+1 전하의 화학종). 질량 분석법에서 검출되기 위해서 분석 물질은 반드시 이온으로 변환(이온화)되어야 하며 질량을 측정하기 위해 전기장 또는 자기장에 의해 조작이 가능한 기체상으로 존재해야 한다. 이온화 방법은 **연성 이온화법**(soft ionization)과 **강성 이온화법**(hard ionization)으로 분류할 수 있는데 다양한 이온화 방법에 의해서 다양한 유형의 이온들을 생성한다(표 4.2).

강성 이온화법(예, 전자 이온화법(EI))에서는 보통 분자 이온 형성에 필요한 에너지보다 훨씬 더 많은 에너지를 전달하고 이 과량의 에너지는 분석 물질 분자 내에서 결합의 해리를 유발시켜서 광범위한 조각내기(fragmentation)로 이어지게 한다.

연성 이온화법(예, 화학 이온화법(CI), 전기 분무 이온화법(ESI))에서 첨가된 전하와 관련된 에너지는 일반적으로 $[M+H]^+$와 같은 첨가 이온을 생성하기에만 충분하기 때문에 조각내기가 거의 없거나 적게 일어난다.

질량 분석기에서 가장 빈번하게 생성되는 이온의 극성은 양전하이므로 일반적으로 양전하를 띤 이온을 주로 검출한다. 하지만 최근에 이르러서는 기기들이 양이온과 음이온을 번갈아가면서 둘 다 동시에 검출할 수 있도록 설계되고 있다. 따라서 질량 분석법에서 이온화 모드를 표기할 때는 양이온인지 음이온인지를 표시하여야 하며 (EI 경우는 양이온이 대부분이므로 따로 표시하지 않음), 해당 조각 이온들이나 분자 이온들을 표기할 때는 양이온 혹은 음이온을 표기해 주는 것이 좋다(예, $[M+H]^+$, $[M\text{-}H]^-$, $[M\text{-}CH_3]^+$ 등)

질량 분석법에서 생성된 질량 스펙트럼은 **질량-대-전하비**(mass-to-charge ratio, m/z)(x-축)와 이들의 세기(y-축)로 나타내는데, 이는 이온의 **질량**(m)을 이온화 과정 중에 시료가 얻은 **전하의 수**(z)로 나눔으로써 얻어진 값이며, 이온의 m/z는 단위가 없기 때문에 m/z 149와 같이 이온을 표시할 때 등호(=)를 사용하지 않는다. 즉, 엄밀하게 말하면 질량 분석기는 m/z 분석기이지 질량을 직접 측정하는 것이 아니다.

한편, 원자 질량(m)의 척도는 합의된 표준을 기반으로 하고 있다. 현재 IUPAC에서 인정한 표준은 탄소 원자 한 개(양성자 6개와 중성자 6개를 가지고 있는 ^{12}C 동위원소)가 정확히 12 u (1 u = 1.66 × 10^{-27} kg)의 질량을 갖도록 정의된 단위가 없는 숫자인 **원자 질량 단위**(atomic mass unit, amu 혹은 u)이다. 단위 u는 **돌턴**(Dalton, Da)이라고도 하는데, 돌턴이 원자 질량 단위(amu)보다 우선적으로 사용되고 있으며, 아르곤(Ar) = 40 Da, 카페인($C_8H_{10}N_4O_2$) = 194 Da와 같은 원자 및 분자의 질량을 표현하는 데 편리하다.

이온에 존재하는 전하(양 또는 음)는 z로 표시한다. 단일 전하는 양성자(+1) 또는 전자(−1)와 관련된 전자기력이다. 대부분의 경우 한 개 이온에 하나의 전하만 존재하므로 측정된 m/z 값은 이온의 질량(z = 1)과 동일하다. 이온에 한 개 이상의 전하가 있을 경우에 측정된 m/z 값은 이온 질량을 전하의 수로 나눈 값이다. 예를 들어, 질량이 399인 분자에 양성자 한 개(m = 1, z = 1)를 더하면 (399+1)/1이 되어 m/z는 400이다. 그러나 이 분자가 2개의 전하를 얻는다면, 두 개의 양성자가 더해져서(m = 2, z = 2), (399 + 2)/2, 즉 m/z 200.5인 이중 전하를 띤 이온을 생성하게 된다. 크고 복잡한 분자의 이온화에 적합한 가장 중요한 기술 중 하나인 전기 분무 이온화법 (ESI)은 분석 물질의 분자 질량에 따라서 단일 분석 물질에서 최대 75(또는 그 이상)의 전하를 가진 다중 이온들의 포락 곡선(규칙성을 가진 곡선 무리의 모두에 접하는 곡선; envelope curve)을 생성하기도 한다. 이렇게 포락 곡선 형태로 생성된 다중 전하 이온들의 신호는 소프트웨어 프로그램을 사용하여 이온들의 전하 상태가 계산되고 **디콘볼루션**(deconvolution)하여 분석 물질의 질량으로 계산된다.

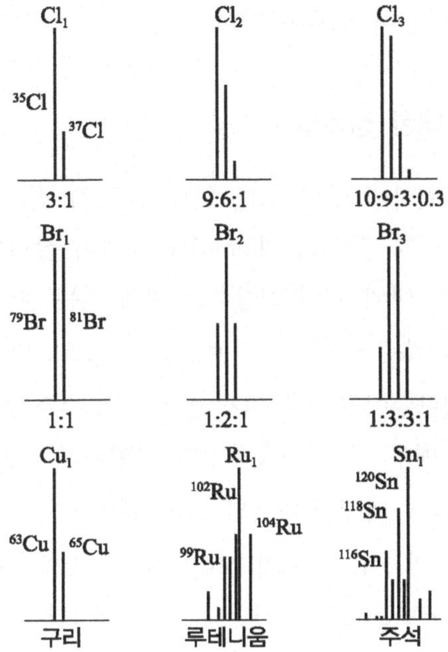

그림 4.4 여러 원소들의 동위 원소 패턴의 예

4.2.3 동위 원소

원자(atom)는 양성자(proton), 전자(electron), 중성자(neutron)라고 하는 세 개의 기본 입자로 구성되어 있는데, 양성자는 양(+)의 전하를 가지고 있으며, 전자는 음(−)의 전하를 갖고 있으나, 중성자는 전하를 가지고 있지 않다. 양성자와 중성자는 핵이라고 하는 원자의 중심에 위치하고, 전자는 핵으로부터 어느 정도 떨어진 거리에 있다. 각 원자들은 **원자 번호**(atomic number)를 가지고 있는데, 핵에 있는 양성자의 수가 원자 번호에 해당하며 다른 원소의 원자들은 원자 번호가 다르다. **질량수**(mass number)는 원자에 있는 양성자와 중성자의 수를 합한 것이며, 원자는 전기적으로 중성이므로 양성자의 수와 전자의 수가 같다. **동위 원소**(isotope)는 같은 원소의 원자이지만 중성자수가 다르기 때문에 질량수가 다르다.

예를 들어, 탄소의 경우 양성자(원자 번호)는 6개인데, 중성자는 6개, 7개 또는 8개가 될 수 있기 때문에 각각은 ^{12}C, ^{13}C, ^{14}C와 같은 동위 원소로 존재한다. 자연 상태로는 ^{12}C가 가장 많이 존재하며, ^{13}C는 각 탄소 원자당 약 1.1 %로 존재하고 질량 스펙트럼에서는 각 이온의 오른편에 나타나는데, 이를 **동위 원소 피크**(isotope peak)라고 한다. ^{14}C는 0.001 % 미만으로 존재하기 때문에 이 동위 원소는 일반적인 질량 분석기에서는 관찰되지 않는다. 염소 원자(^{35}Cl : ^{37}Cl = 3 : 1)와 브로민(^{79}Br : ^{81}Br = 1 : 1) 원자를 포함하고 있는 화합물에서는 그림 4.4와 같이 동위 원소 피크가 2 amu 단위로 동위 원소 패턴을 나타낸다. 이러한 동위 원소 패턴을 면밀하게 해석하면 원소 조성을 정하는 데 도움이 된다.

4.2.4 질량에 대한 정의들

질량 분석과 관련하여 질량수(A), 원자 번호(Z), 상대 원자 질량(A_r), 원자량, 상대 분자 질량(M_r)과 원자 질량 단위(amu)에 대하여 살펴보도록 한다.

앞에서 설명한 바와 같이 **질량수**는 핵에 있는 양성자와 중성자의 수의 합이며, **원자 번호**는 핵에 있는 양성자의 수이다(그림 4.5). 탄소 원자의 원소 기호는 $^{12}_{6}C$이며, 여기서 12는 질량수이고, 6은 원자 번호이다. 수소 원자(H) 한 개의 질량은 1.673559 $\times 10^{-24}$ g으로 매우 작아 사용하기가 불편하다. 따라서 화학자들이 **원자량**에 대한 기준을 국제협약에 의해서 다음과 같이 정하였다. 즉, $^{12}_{6}C$의 질량을 12로 정하여 이 원자 한 개 질량의 1/12을 원자 질량 단위로 정의하였으며, **원자 질량 단위**는 위에서 언급했듯이 amu 또는 u로 표시한다. 즉, 원자 질량 단위(u)는 1.6605×10^{-27} kg이며 탄소 원자 질량은 12 amu이다. 종종, 원자량이라 불리우는 원자의 **상대 원자 질량**은 amu로 표시되며, [(원자의 질량)/^{12}C 원자의 질량)] $\times$ 12와 같다. 이와 같이 모든 원자들은 ^{12}C에 대한 상대적인 질량이 된다. 다행히도, 대부분의 원소들은 평균 원자량이라 부르고 있는 정수에 가까운 평균 상대 원자 질량을 가지고 있다. 이것은 이들 원소들의 동위 원소들의 존재비를 고려한 결과이며, 분자량을 대략적으로 계산할 때 대부분의 유기 화합물들이 정수값을 나타내는 것을 알 수 있다. 그러므로 **상대 분자 질량**은 화합물을 구성하고 있는 원자들의 평균 상대 원자 질량을 합한 값이다. 예를 들어, 산소의 평균 상대 원자 질량은 정수 16에 근접한 15.994이며, 이는 ^{16}O 동위 원소(99.756%)의 양을 나타내며, 탄소는 ^{12}C 동위 원소(98.90%)의 양을 나타내는 것으로서 평균 원자량이 12.011이다.

한편, 전자의 질량은 매우 작아서 9.109×10^{-28} g 혹은 5.49×10^{-4} amu에 해당하므로 이온화 과정에서 최외각의 원자가 전자(valence electron) 질량 1개의 손실은 대부분의 질량 분석기의 분해능으로는 구분할 수 없는 양이므로 거의 무시할 만하다

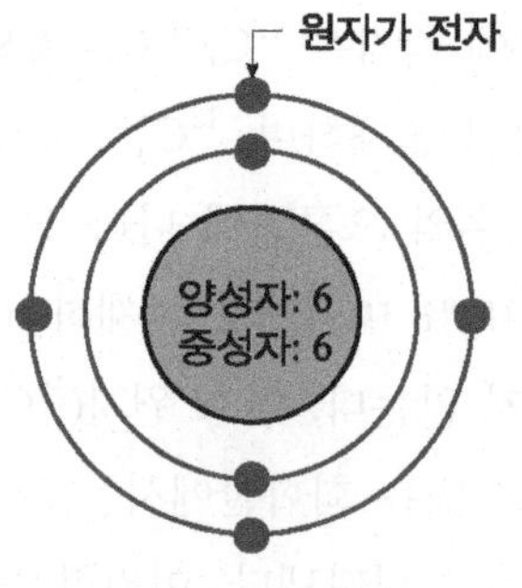

그림 4.5 탄소 원자의 전자 배치

(그림 4.5). 따라서 전자 한 개가 이탈한 한 분자 이온의 질량은 어미 분자의 질량과 동일하다고 보는 것이다.

일반적으로 이온들을 표시할 때 '$A^{\bullet+}$'로 표시하는데, 이는 분자의 전자 배치 때문이다. 실제적으로, 모든 유기 분자들은 짝수 전자를 가지고 있으므로 ':'로 표시한다. 이 전자들은 결합 또는 비결합 궤도 함수를 차지하고 있다. 그러므로 이온화가 이루어져서 전자 한 개가 제거되면 분자 이온은 홀전자로 남게 되어 홀수 전자의 배열을 가지게 되므로 분자 이온을 일반적으로 $M^{\bullet+}$로 표시한다. 즉, 라디칼 양이온이 되며 모든 분자 이온은 홀수 전자 배열을 가진다.

화합물, 이온, 조각의 **명목 이온 질량**(nominal ion mass)은 각 구성 원자의 동위 원소 중 자연계에서 가장 풍부한 원소들의 질량을 가장 근접한 정수로 반올림한 값(예, C = 12, H = 1.0078 → 1, O = 15.9949 → 16, N = 14.0030 → 14, Cl = 34.9688 → 35 등)을 사용하여 계산한다. 예를 들어, 실험식이 $C_8H_{10}N_4O_2$인 카페인의 명목 이온 질량은 12 × 8 + 1 × 10 + 14 × 4 + 16 × 2 = 194 Da이다. **정밀 질량**(exact mass)은 통합 원자 질량 단위(unified atomic mass unit) 크기(C = 12.0000, H = 1.0078, O = 15.9949, N = 14.0030)에 기초해서 원소들의 동위 원소의 질량을 사용하여 계산한 값으로써 카페인의 정밀 질량은 12.0000 × 8 + 1.0078 × 10 + 14.0030 × 4 + 15.9949 × 2 = 194.0796 Da이다.

한편, **단일 동위 원소 질량**(monoisotope mass)은 동위 원소들의 평균 질량이 아닌 원소의 가장 안정적이며 풍부한 동위 원소, 즉 주 동위 원소의 정밀 질량에 근거하여 화합물의 질량을 계산한 값이며, 탄소는 12.0000, 산소는 15.9949 등으로 계산한 질량이다. 따라서 개별 동위 원소의 질량을 관찰하는 기기의 능력 한계 때문에 보통은 단일 동위 원소 질량이 적절한 질량 측정이므로, 카페인의 경우 단일 동위 원소 질량은 위에서 계산된 194.0796 Da이다.

분자 질량(molecular mass)은 원소들의 상대 존재량에 기초하여 원소들의 모든 동위 원소에 대해서 계산한 화합물의 평균 질량이다. 즉, 자연계에 존재하는 동위 원소들의 존재비를 고려한 동위 원소 질량의 가중 평균값에 근거한다. 예를 들면, 탄소는 ^{12}C (98.89 % 존재)와 ^{13}C (1.11 % 존재)의 두 가지 동위 원소 혼합물로 존재한다. 개별적으로는 12.0000 (^{12}C)와 13.0034 (^{13}C)이지만 탄소 원자들의 평균 원자 질량은 12.011 Da이다. 즉,

$$\begin{aligned}\text{C의 원자량(평균 질량)} &= (^{12}\text{C 질량}) \times (^{12}\text{C 존재비}) + (^{13}\text{C 질량}) \times (^{13}\text{C 존재비}) \\ &= 12.0000 \times 0.9889 + 13.0034 \times 0.0111 = 12.011\end{aligned}$$

$$\begin{aligned}\text{Cl의 원자량(평균 질량)} &= (^{35}\text{Cl 질량}) \times (^{35}\text{Cl 존재비}) + (^{37}\text{Cl 질량}) \times (^{37}\text{Cl 존재비}) \\ &= 34.969 \times 0.7576 + 36.966 \times 0.24241 = 35.45\end{aligned}$$

사용되는 질량 분석기가 개별 동위 원소를 분리할 수 없는 경우에 관찰되는 피크는 존재하는 모든 동위 원소를 포함하고 있는 것이다. 분자 질량은 종종 **평균 질량**(average mass)이라고도 한다. 따라서 카페인의 분자 질량은 194.19 Da이며, 이는 앞에서 계산된 단일 동위 원소 질량(194.0796)과 차이가 있다. 분자 질량은 ^{12}C 동위 원소의 질량의 1/12에 기초한 절댓값(1.6605×10^{-27} kg) 단위이기 때문에 차원을 가지고 있다. 즉, 1.6605×10^{-27} kg을 1 **원자 질량 단위**(amu) 혹은 1 u라고 한다. 하지만 분석 물질의 질량을 ^{12}C의 질량에 대한 비로 고려한다면 차원은 생략되어 차원이 없는 상대 분자 질량이 된다. 하지만 이 두 가지 용어는 동일한 의미로 사용되고 있다.

분자 질량은 개별 동위 원소를 관찰하기에 충분하지 않은 질량 분해능을 가진 경우에 생체 고분자나 일반 고분자를 분석할 때 특별히 적절하다. 이 화합물들의 경우에 관찰된 이온은 존재하는 모든 동위 원소들의 평균으로 구성된 것이다. 탄소가 많은 화합물에서 ^{13}C 동위 원소의 상대적으로 높은 존재비(1.1 %)는 생체 고분자들의 질량 스펙트럼에서 관찰에 있어서 중요한 영향을 미친다. 예를 들어, 20 kDa 단백질에서 분자 질량은 단일 동위 원소 질량보다 약 10 질량 단위 정도 크다.

동중 질량(isobaric mass)은 명목 이온 질량은 동일 하지만 정밀 질량(exact mass)이 다른 경우이다. 예를 들면, CO와 N_2는 명목 이온 질량은 28 Da으로 동일하지만 정밀 질량은 27.9949와 28.0062 Da로 다르므로 이 둘은 '동중 질량'이라고 한다.

4.2.5 SIM, SRM 및 MRM

질량 분석법의 질량 기록 방법에는 여러 가지가 있다. 사용자가 정한 질량 범위 전체를 검출하는 **전체 질량 스펙트럼**(full scan spectrum)보다는 하나 또는 그 이상의 특정 m/z 값의 이온을 검출하여 그 세기를 기록하는 질량 분석기의 작동법을 **선택 이온 모니터링**(selected ion monitoring, SIM) 방법이라 한다. 한편, 두 단계 혹은 그 이상 단계의 질량 분석법(**텐덤 질량 분석법**(tandem mass spectrometry))을 통해서 수행할 수 있는 선택된 선구 이온(precursor ion) m/z에서 생성되는 하나 또는 그 이상의 특정 생성 이온(product ion)으로부터 데이터를 얻는 방식을 **선택 반응 모니터링**(selected reaction monitoring, SRM)이라고 한다. 하나 또는 그 이상의 선구 이온으로부터 다중 생성 이온에 적용되는 SRM을 **다중 반응 모니터링**(multiple reaction monitoring, MRM)이라고 한다. 이들을 도식으로 나타내면 SIM은 [●], SRM은 [●→●], MRM은 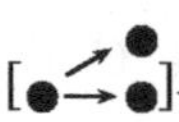와 같다.

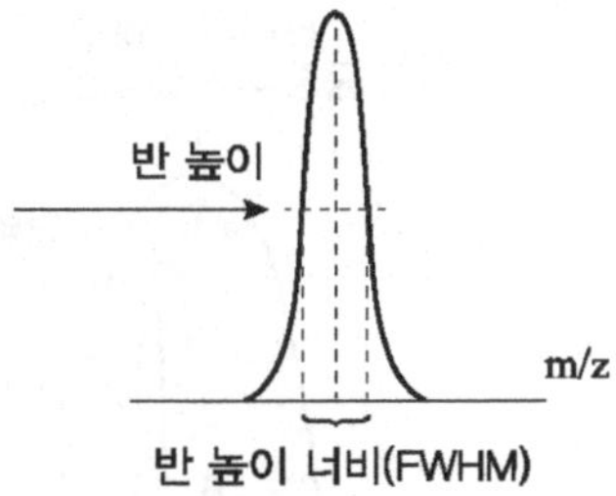

그림 4.6 분해능의 계산과 FWHM의 정의

4.2.6 분해능과 분리능

질량 분석기의 가장 중요한 성능 파라미터는 **분해능**(resolution)과 감도이다. 질량 분석기에서 분해능은 서로 가까이 있는 다른 m/z 값의 이온들을 분리하는 능력이다. 분해능에 대한 다른 정의들이 있는데 일반적으로는 두 이웃하고 있는 이웃들에 대한 분리하는 능력으로서, 질량 M과 M+ΔM에 대해서는 M/ΔM이다. 여기에서 ΔM은 두 이온 질량의 차이에 해당된다. 예를 등러, N_2^+(exact mass = 28.006158)을 CO^+(exact mass = 27.994915)를 분리하기 위해서는 28/0.011241 = 2490 이상의 분해능이 필요하다.

또 다른 정의로서, 분해능은 피크의 정의된 백분율 높이에서 단일 피크의 너비를 실험적으로 측정한 후에 m/Δm으로 계산된다. m은 질량이고 Δm은 피크의 너비인데, 일반적으로는 **반 높이 너비**(full width at half height, FWHM), 즉 최대 높이의 절반에서 피크의 너비를 이용한다(그림 4.6). 예를 들어, 질량 300의 이온이 최대 높이의 절반에서 0.05의 피크 너비(Δm)를 가질 때, 분해능은 300/0.05, 즉 6,000이다. 저분해능과 고분해능에 대한 명확한 구분점은 없으나 보통은 2,000 이하를 저분해능이라 하고 10,000 이상을 고분해능이라 하는 것이 일반적인데, 고분해능 기기에서는 목적에 따라서 분해능의 수준을 조절해서 분석할 수 있다.

'**분리능**(resolving power)'과 '분해능(resolution)'에 대한 우리말의 구분은 분명하지가 않아서 혼용되기도 한다. 하지만 영어로는 완전히 구분되어 분해능은 m/Δm으로써 보통 큰 숫자이지만, 분리능은 분해능의 역수, 즉 Δm/m가 되어 작은 숫자이므로 백만분율(parts per million, ppm)로 표현하는 것이 일반적이다. 따라서 두 화합물을 분리하는 데 필요한 분리능은 두 이온의 질량차를 이온 중 하나의 질량으로 나눈 것이다. 예를 들어, cholesterol ($C_{27}H_{46}O$, m.w. 386.3549)의 분자 이온을 ergostane ($C_{28}H_{50}$, m.w. 386.3913)의 분자 이온과 분리하기 위한 분리능은 (0.0364/386.3549) $\times 10^6$ = 94.2 ppm이다.

이온의 계산된 질량과 실험적으로 측정된 질량의 차이를 질량 분석에서의 **정확도**(accuracy)라고 하며, 밀리 돌턴(mDa) 또는 백만분율(parts per million, ppm)로 나타

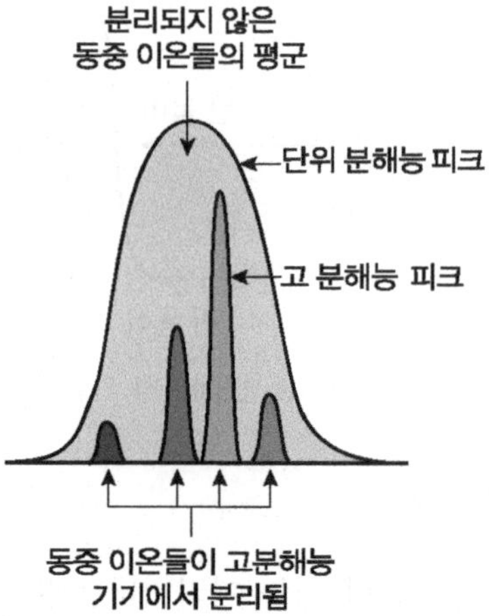

그림 4.7 고분해능 피크와 단위 분해능 피크

낸다. 질량 분석의 목적이 분석 물질의 원소 조성을 결정하는 것이면 질량 측정값이 수 mDa 내에서 매우 정확해야 한다. 이러한 측정은 고분해능 질량 분석기에서 수집된 데이터에서 가능하다.

고분해능이 질량 측정의 정확도를 향상시킬 수 있는 이유는 다음과 같다. 첫 번째, 고분해능은 동중 질량 이온의 분리가 가능하기 때문이다. 동중 바탕 이온의 양이 아주 적더라도 간섭하는 이 바탕 이온들이 측정 질량에 포함되어 평균화되므로 분석 물질의 측정 질량이 왜곡될 수 있기 때문에 중요하다. 동중 질량 이온들은 명목 이온 질량은 동일하지만 실험식이 다르기 때문에 정확한 질량이 다르다. 따라서 동중 피크는 고분해능 기기에 의해서 분리될 수 있다. 두 번째, 피크가 넓을수록 중심점(무게 중심)을 정확하게 결정(정확한 질량 측정)하기가 더 어려워지지만(그림 4.7), 좁은 피크의 중심은 정확하게 결정할 수 있기 때문이다. 그림 4.7에서 볼 수 있듯이 단위 분해능(unit resolution)에서는 측정된 피크가 여러 개의 분해되지 않은 동중 이온들의 평균이 될 수 있다.

4.2.7 스캔과 신호-대-잡음

스캔 속도(scan speed)는 질량 스펙트럼을 얻는 속도이며 단위 시간당 질량, 즉 질량 범위/단위 시간으로 측정된다. 이 용어는 일반적으로 전기장을 제어하는 전압 세트와 같은 특정 기기 파라미터가 연속적으로 더 높거나 낮은 m/z 값을 갖는 이온을 검출기로 전송하기 위해 지속적으로 스캔해야 하는 분석관에 적용되며, 그들의 세기는 시간의 함수로 기록된다. 사중 극자(Q)와 자기 부채꼴형(sector) 분석관을 사용하는 기기가 전압이 스캔되는 **스캔 질량 분석기**이다. 대조적으로, 푸리에 변환 데이터 분석을 사용하는 비행 시간형(TOF) 및 이온 트랩(IT)과 같은 **비 스캔 분석관**은 기기 파라미터를 스캔하지 않고 동시에 모든 질량에 대한 데이터를 기록한다. 비 스캔 장비에는 스캔 속도가 없지만 데이터 수집 시간이 기기 작동에 중요한 영향을 미친다.

질량 분석에서 **잡음**(noise)은 화학적 잡음과 전기적 잡음으로 분류할 수 있다. 화학적 잡음은 시료에 있는 분석 물질 이외의 화학 물질의 존재로 인해 발생하는 신호이다. 종종 작은 신호가 스펙트럼 전체에 걸쳐 나타나기도 하며, 크로마토그래프가 연결된 질량 분석기에서는 피크로 나타나기도 한다. 예를 들어, MADLI의 매트릭스 이온은 스펙트럼 전체에 걸쳐 많은 작은 신호가 존재하는 화학적 간섭 물질이기도 하다. 전기 잡음은 전자 회로의 기능과 온도 등을 포함한 여러 요인의 결과로 인한 것이며 피할 수 없는 결과이다. 원인이 무엇이든 잡음은 분석 물질 신호의 세기를 제한한다. 분석 물질의 세기 대 잡음 세기의 비율을 **신호 대 잡음비**(signal-to-noise, S/N)라고 하며, 특정 분석 물질에 대한 기기의 검출 한계(instrumental detection limit, IDL)를 나타내기도 하며 정량 분석에 있어서 검출 한계와 정량 한계를 정하는데 크게 영향을 미친다.

4.2.8 텐덤 질량 분석법

탠덤 질량 분석법이라고도 불리는 mass specrtrometry/mass spectrometry (MS/MS)는 동일한 장비 내에서 두 번의 질량 분리를 연속적으로 수행할 수 있는 능력 때문에 그 이름을 얻은 중요한 기술이다. **공간 의존형 텐덤**(tandem-in-space) 및 **시간 의존형 텐덤**(tandem-in-time) 기기로 분류할 수 있는데 가장 일반적인 텐덤 실험은 공간 의존형 텐덤 방법으로서 이온원으로부터 첫 번째 분석관(Q1)에 도달하는 총 이온 빔에서 특정 이온(선구 이온(precursor ion))을 선택한 후에 이 이온을 비활성 기체로 가압된 충돌셀(collision cell, q2)에 유입시켜서 충돌 유도 해리(collision-induced dissociation, CID)를 거쳐 두 번째 분석관(Q3)에서 생성 이온(product ion)을 분리/분석한다. 시간 의존형 텐덤에서는 동일한 분석관이 두 스캔에 이용되지만 시간차를 두고 사용된다. 결과로 생성된 생성 이온 스펙트럼은 복잡한 생체 분자뿐만 아니라 작은 분자의 확인에 중요한 구조 정보를 제공한다. MS/MS에서의 SRM과 MRM 모드는 표적 분석 물질에 대한 특이성과 감도가 좋아서 정량 분석에 널리 사용되고 있다.

4.2.9 질량 스펙트럼의 허용 오차

특이성(specificity) 혹은 **선택성**(selectivity)은 엄밀하게는 다른 용어이지만 혼용하기도 한다. 분석 방법의 유효성 검증(method validation), 임상 진단, 환경 오염 등과 같

표 4.3 여러 질량 분석법에서 표준 물질에 대한 시료의 상대 이온 세기의 허용 오차[18]

상대 이온 세기 (주피크에 대한 %)	허용 오차 (상댓값)	
	EI-GC/MS	CI-GC/MS, GC/MS/MS LC/MS; LC/MS/MS
>50%	≤10 %	≤20 %
20 % ~ 50 %	≤15 %	≤25 %
10 % ~ 20 %	≤20 %	≤30 %

이 적용 분야에 따라 다르게 정의될 수 있으며, 질량 분석법에서는 기기의 성능과 관련된 용어이다. 선택성은 주어진 방법이 다른 성분으로부터의 간섭 없이 매트릭스 또는 혼합물 내의 특정 분석 물질의 존재를 결정할 수 있는 능력이다. 예를 들어, 질량 분석법에서 SRM 방법은 크로마토그래프의 머무름 시간만을 기준으로 한 기술보다 훨씬 높은 선택성을 제공한다.

아울러 질량 분석기는 전기적인 잡음이나 질량 분석기 자체의 오염 정도, 시료 바탕에 의한 잡음 등으로 인하여 동일한 화합물에 대해서 질량 스펙트럼의 이온들의 세기가 약간은 달라질 수 있으며, EI로 얻은 스펙트럼을 라이브러리 매칭할 때도 차이가 있을 수 있다. 이러한 오차는 질량 분석기의 이온화 방법, 시료 도입 방법, 데이터 에큐지션 모드에 따라 차이가 있으므로 일반적으로 허용 오차 범위를 달리 정하고 있다. 특히 매트릭스가 복잡한 생체, 환경, 식품 등의 시료에서 분석 물질을 추출한 후에 농축 과정을 거친 극미량 분석에서는 주의하여야 하는데 다음과 같은 허용 오차를 참고하면 좋다(표 4.3).

예를 들면, 카페인 표준 물질의 EI 스펙트럼은 그림 4.8(a)와 같다. 주피크는 m/z 194이며, 조각 이온 중에서 상대 세기가 10 % 이상인 이온은 m/z 109 (70 %), m/z 82 (32 %), m/z 67 (42 %), m/z 55 (45 %)이다. 실제 시료 중에 있는 카페인을 시료 전처리 과정을 거친 후 분석했을 때 질량 스펙트럼에서 m/z 109 (50 %), m/z 82 (32 %), m/z 67 (42 %), m/z 55 (40 %)를 나타낸 경우를 가정할 수 있을 것이다(그림 4.8(b)). 이 경우에 m/z 109와 m/z 55가 주피크에 대한 상대 세기의 변화가 생겼다. 실제 시료로부터 얻은 질량 스펙트럼을 카페인의 질량 스펙트럼으로 받아들일 수 있는가를(즉, 카페인이 맞는가?) 결정하는 절차는 다음과 같다: i) 표준 물질에서 m/z 109의 세기는 70 %이므로 표 4.3에 의하면 >50 %에 해당하며, EI이므로 허용 오차

[18] Alder, L, Holland, PT, Lantos, J, Lee, M, MacNeil, JD (chairman), O'Rangers, J, van Zoonen, P, Ambrus, A (scientific secretary). 2000. Report of the AOAC/FAO/IAEA/IUPAC Expert Consultation on Single-Laboratory Validation of Analytical Methods for Trace-Level Concentrations of Organic Chemicals, Miskolc, Hungary, 8-11 November, (1999).

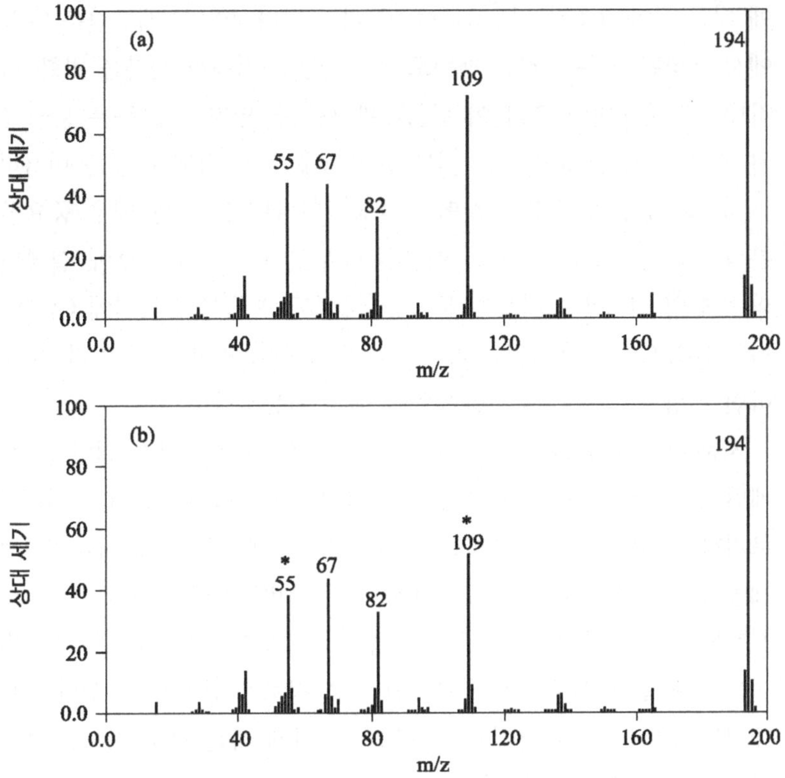

그림 4.8 카페인의 (a) 표준 물질과 (b) 실제 시료로부터 얻은 EI 스펙트럼

는 ≤10 %이므로 70 × 0.1 = 7, 따라서 63 % ~ 77 %가 이온에 대한 허용 범위이다. 하지만 실제 시료의 분석에서 얻은 m/z 109의 세기는 50 %이므로 허용 범위를 벗어났다. ii) m/z 55의 세기는 45 %이므로 20 % ~ 50 % 상대 세기에 해당하며, 허용 오차는 ≤15 %이므로 45 × 0.15 = 6.75, 따라서 허용 오차 범위는 38.3 % ~ 51.8 %인데 시료의 m/z 55의 세기는 40 %이므로 허용 오차 범위에 속한다. 이와 같이 표준 물질과 시료에서 얻은 질량 스펙트럼에 대한 일치되는 정도의 판단에서 m/z 109 이온이 허용 범위에서 벗어났기 때문에 시료로부터 카페인으로 인식된 물질이 정확한지는 의문이 있으며, 정량 분석 시에도 오차가 발생하기 때문에 재시험이나 추가적인 정제 과정 등 확인 절차를 수행할 필요가 있게 된다.

4.2.10 질량 스펙트럼의 정보들

이온화 방법의 선택과 실험 조건 등은 질량 스펙트럼에 많은 영향을 줄 수 있다. 예를 들어, EI 스펙트럼은 재현성이 높으며 화합물의 구조 정보를 포함하고 있지만, 분석 물질의 분자 질량을 제공하지 않을 수도 있다. 대조적으로, CI 스펙트럼은 사용된 시약 기체(reagent gas)에 따라 분자 질량 정보인 $[M+H]^+$ 이온 및 미흡하지만 구조에 대한 데이터(조각 이온)를 제공하기도 한다. ESI 스펙트럼은 일반적으로 대기압력에서 생성된 이온이 진공 챔버로 들어가는 지점에서 전압을 변화시킴으로써 일부 조각내기를 유도하여 조각 이온들을 관찰할 수 있지만, 보통은 분석 물질의 분자 질량과 관련된 이온으로만 구성되므로 구조에 대한 정보 제공은 미흡하다.

이온화 방법의 올바른 선택은 성공적인 분석을 위한 매우 중요한 단계이며, 질량 분석 결과는 반드시 사용된 이온원이 무엇인지를 밝힌 후에 설명되어야 한다. 이온화 방법의 선택은 화합물의 분자량, 극성도, 혼합물의 분리에 GC가 사용되었는지 아니면 HDLC가 사용되었는지에 따라 달라진다. 또한 실험 파라미터를 동일하게 사용하면 질량 스펙트럼은 일반적으로 재현 가능하다.

저분자량 분석 물질의 구조 해석은 EI에 의해 얻어진 질량 스펙트럼의 조각내기 패턴을 해석하는 것에 기초한다. 간단한 탄화수소에서부터 복잡한 알칼로이드에 이르기까지 다양한 유기 화합물 종류의 EI 스펙트럼의 해석을 위한 데이터와 전략을 제공하는 연구 결과들이 있다. ESI 혹은 APCI 이온원에서 분석 물질의 조각내기나 선택된 이온을 CID를 사용하여 2차 또는 그 이상의 조각내기를 거치는 MS/MS 기술의 응용 등을 사용하여 추가적인 구조 정보가 얻어질 수 있다. CID를 사용한 조각내기는 EI와는 다른 규칙을 따르고 뚜렷하게 다른 구조 정보를 가진 데이터를 제공한다. 하지만 질량 분석기가 강력하고 매우 효과적인 분석 기기임에도 불구하고 핵자기 공명(NMR), 원소 분석(EA), 자외선(UV) 및 적외선(IR) 분광법 및 기타 다른 분석 방법의 보충적인 정보 없이 질량 분석기 단독으로 복잡한 유기 물질이나 생물 물질의 구조를 결정하는 것은 거의 불가능하며 신뢰성도 미약하다.

고분해능 분석기는 동중 이온을 분리하므로 선택성이 크게 증가한다. 예를 들어, m/z 357.8444인 hexachlorobiphenyl ($C_{12}H_4{}^{35}Cl_6$)의 동중 이온인 m/z 357.8519의 pentachlorodibenzo-p-dioxin ($C_{12}H_3{}^{35}Cl_3{}^{37}Cl_2O_2$)를 분리하는 데 필요한 분해능은 $m/\Delta m = 357.8519/0.0075$, 즉 약 48,000인데 이는 어렵지만 가능한 일이다. 한편, 정의에 의하면 이성질체는 동일한 실험식을 가지므로 이러한 혼합물의 성분을 관찰하고 분석하기 위해서는 크로마그래피 분리를 우선적으로 수행하면 개별 물질에 대한 측정이 쉬워진다.

소수점 이하 3자리 또는 4자리의 정확도를 갖는 이온 질량의 측정은 이온의 가능한 원소 조성의 측정을 가능하게 하는데, 이 측정에서는 원소 질량(탄소 제외), 궁극적으로는 분석 물질의 이온 질량이 정수 값을 갖지 않는다는 것에 기초한다. 즉, 정확한 질량 측정이 가능한 고분해능 질량 분석기의 주요한 응용은 원소 조성의 측정에 기초하여 미지의 분석 물질을 확인하는 것이다. 질량이 증가할수록 더 큰 정확도가 요구되기 때문에 대개 1 kDa 이하의 분석 물질에만 국한해서 고분해능을 이용한

미지의 분석 물질 확인에 응용되고 있다.

4.2.11 응용의 다양성

주어진 분석 프로토콜이 다양한 질량 분석기의 구성을 통해서 수행될 수 있지만, 어떤 기기 유형이 특정 문제를 해결하는 데 가장 적합한지를 심사숙고해야 한다. 시료의 성질은 분석 물질의 분자량과 극성도 그리고 시료 매트릭스의 복잡성 등에 의해 결정된다. 가장 간단한 접근 방법은 분석 물질의 분자량에 따라 판단하는 것이다. 보통 분자량과 극성도는 일치하는 경향이 있다. 분자량이 낮은 화합물은 극성 또는 비극성일 수 있지만, 대부분의 고분자량 화학종은 극성이다. 정제된 화합물과 같은 단일 화합물로부터 시작해서 생물학적 조직 내에 있는 단백질 혹은 환경 및 식품 시료 내 미량의 오염 물질과 같은 복잡한 매트릭스 내의 다수의 화학종에 이르기까지 시료의 복잡성은 다양하다.

대부분의 질량 분석기는 최대 1 kDa까지의 화합물에 대한 정성 또는 정량이 가능하다. 가장 단순한 분석은 유기 합성 반응으로부터 얻은 단일 생성물에 대한 분자량 확인이라 할 수 있다. 이 경우는 직접 도입 탐침(direct inlet probe, DIP)을 사용하여 도입하여 분석할 수도 있지만, 정제가 덜 되어 불순물들이 다수 포함된 경우에 비극성/휘발성 화합물에 대해서는 EI 또는 CI를 사용하여 GC/MS로 분석하고, 극성/비휘발성 화합물에 대해서는 LC/MS를 사용하여 분석 물질과 불순물들을 분리한 후 ESI 또는 APCI를 사용하여 이온화시켜서 분석한다.

간단한 질량 분석법으로는 합성한 화합물의 존재 여부를 명목 이온 질량만으로도 확인하는 경우이다. 예를 들어, 합성할 화합물이 m/z 359가 예상되었는데 m/z 401이 관찰되면, 예상과는 다른 화합물이 합성되었음이 분명하다. 이 예상치 못한 결과를 이해하기 위해서는 예상한 화합물의 실험식으로부터 얻은 정확한 질량에 대한 측정이 필요할 수도 있지만, 이 경우에는 명목 이온 질량 측정으로도 예상한 화합물이 아님을 알 수 있기 때문에 충분하다. 정확한 질량 측정은 다른 경우에 유용하다. 이온 $[M+K]^+$ 및 $[M+O+Na]^+$는 둘 다 동일한 m/z $[M+39]^+$에서 관찰된다. 그러나 이들 2개의 이온은 상이한 정밀 질량을 가질 것이다. 예를 들어, $[C_{10}H_{20}N_2+O+Na]^+ = 197.0691$ Da, $[C_{10}H_{20}N_2+K]^+ = 197.0481$ Da이므로 고분해능 질량 분석기를 이용한 정확한 질량 측정은 M이 MO로 산화되었는지 여부를 판단할 수 있다.

식품, 혈장, 생물학적 조직 또는 환경 시료와 같은 복잡한 시료 매트릭스에서 화합물을 분석하는 경우는 좀 더 복잡해진다. 이들 시료에서는 우선적으로 관심 있는 화합물의 부류를 용매 추출법이나 고체상 추출법 등을 사용하여 시료 매트릭스로부터 회수할 필요가 있다. 하지만 시료 추출물은 여전히 복잡한 혼합물이므로 질량 분석기로 도입되기 전에 크로마토그래피로 분리하는 것이 우선인데, 분석 물질의 극성도에 따라서 GC로 분석할 것인지 HPLC로 분석할 것인지를 결정한다. 기능이 다양한 QqQ 기기는 이러한 화합물에 대해서 선택 반응 모니터링(SRM) 방법을 사용하여 정량 분석하는 데 적합하며, 반면에 생성 이온 스캔법(product ion scan), 선구 이온 스캔법(precursor ion scan), 중성 손실 스캔법(neutral loss scan) 등이 약물의 대사체 분석과 같은 초기 분석 물질과 관련된 화합물의 부류들을 탐색하는 데 사용될 수 있다.

원유(crude oil)와 같은 매우 복잡한 혼합물들에 대해서는 크로마토그래피 분리가 적절하지 않을 수도 있다. 예를 들어, 원유의 특성을 분석하여 원산지를 규명하거나 정제 과정에 도움이 되는 정보를 얻어야 하는 경우가 있을 수 있다. 이런 경우는 FT-ICRMS의 최대 분해능과 함께 여러 이온화 방법을 결합하여 사용하면 조성에 대한 정보를 알 수 있다.

분석 물질들 중에는 거대 분자들에 속한 단백질, 핵산, 복합 탄수화물과 같은 생체 고분자들이 있다. 단백질은 손상되지 않은 상태 혹은 삭임(digestion) 후에 펩타이드로 분석할 수도 있는데, LC/ESI-MS/MS 및 MALDI-TOF/TOF 기기에서 CID를 사용하여 아미노산 서열 정보를 분석할 수 있다. 단백질 기능의 이해에 필수적인 단백질의 번역 후 변형(post-translation modification, PTM) 위치는 전자 전달 해리(electron transfer dissociation, ETD) 및 전자 포획 해리(electron capture dissociation, ECD)와 같은 MS/MS 기술을 사용하여 얻을 수 있다. 다른 생체 고분자인 핵산(nucleic acid)은 선형 구조인데 단백질과 유사하게 MS/MS로 서열을 결정할 수 있다. 대조적으로, 대부분의 당은 가지(branch) 구조를 가지고 있어서 구조를 확인하기 어렵고 여러 단계의 MS/MS (MS^n) 분석을 필요로 한다.

4.3 질량 분석법의 분류

4.3.1 분해능에 따른 분류

질량 분석기에서 분해능(resolution)은 그들의 질량 대 전하비(m/z)에 따라서 서로 가까운 질량 이온들을 분리할 수 있는 질량 분석기의 성능을 나타낸다. 분해능은 상업적으로 제작 판매된 질량 분석기 분리 시스템의 고유한 성능으로서, **고분해능 질량 분석기**(high resolution mass spectrometer, HRMS)와 **저분해능 질량 분석기**(low resolution mass spectrometer, LRMS)로 나누어진다. LRMS 분석관으로는 사중 극자(Q), 사중 극자 이온 트랩(QIT) 등이 있으며, HRMS 분석관으로는 FI-ICR, 부채꼴형, 오비트랩(Orbitrap), Q-TOF 등이 있는데, 일반적인 경향은 표 4.4와 같다.

표 4.4 질량 분석관의 분해능

분해능	분석관	분해능 정도
LRMS	사중 극자	낮음/중간
	이온 트랩	낮음
HRMS	TOF	중간
	자기 부채꼴	높음
	오비트랩	높음
	FT-ICR	매우 높음

GC나 HPLC 등 크로마토그래프에 의해서 혼합물들이 물리적으로 완전히 분리된 후 곧 바로 질량 분석기로 주입되는 경우에는 각 성분의 질량 스펙트럼이 같을지라도 정성·정량 분석에 지장이 없지만, 다이옥신(dioxins)이나 PCBs와 같이 동족체(congener)가 많은 물질의 경우에는 크로마토그래프에서 분리도 잘 되지 않을 뿐만 아니라 질량 스펙트럼도 거의 동일하기 때문에 정성·정량 분석이 불가능하게 되는데, 정확한 질량에서는 차이가 있기 때문에 고분해능 질량 분석기를 사용하면 이들에 대한 분리가 가능해진다.

고분해능 질량 분석기는 일반적으로 C, H, N, O 등으로 구성된 화합물들을 구분하는 분해능이 10,000 이상인 것을 가리킨다. HRMS가 가능한 기기는 분석 시 설정하는 조건에 따라서 중간 정도의 분해능과 LRMS도 가능하다. HRMS의 스펙트럼을 해석할 때는 설정한 분해능에 따라 다르지만 보통 이온 질량이 소수점 셋째 자리에서 넷째 자리까지가 모두 의미가 있으므로 분자나 원자들의 정확한 질량을 계산하여야 한다.

저분해능은 분해능이 10,000 이하이며 명목 이온 질량에 따라서 분리하는 것으로서 LRMS 또는 단위 **분해능**(unit resolution) 질량 분석기라고 하며, 일반적으로 특별한 언급이 없으면 LRMS 기기로 생각하면 된다. LRMS의 실험에서도 종종 실험자들 가운데서는 분자량을 소수점 셋째 자리까지도 계산하는 경우가 있는데, 이것은 질량 분석기에 대한 이해 부족 때문이며, 예를 들어 염소(Cl)의 경우는 평균 원자 질량인 35.45로 계산하지 않고 명목 질량인 35로 계산해야 한다.

그림 4.9에서는 HRMS와 LRMS의 추출 이온 크로마토그램(extracted ion chromatogram, EIC)을 비교한 것이 나타나 있다. 추출 이온 크로마토그램이란 스캔(scan) 모드나 SIM 모드로 시료 분석이 종료된 후 data analysis에서 특정 이온에 대한 크로마토그램을 나타나게 하는 방법이다. 그림 4.9(a)는 HRMS에서 정밀 질량(exact mass)인 m/z 358.2692와 m/z 448.3192의 EIC 크로마토그램이고, 그림 4.9(b)는 명목 질량인 m/z 358과 m/z 448만의 EIC 크로마토그램이다. HRMS 크로마토그

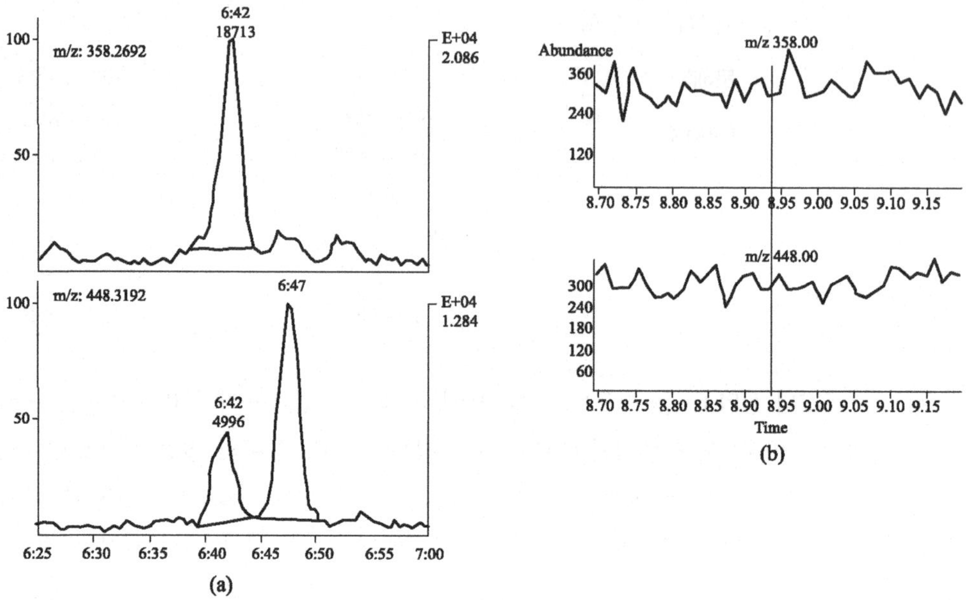

그림 4.9 (a) HRMS와 (b) LRMS의 EIC 비교

램에서는 뚜렷한 피크가 나타나지만, LRMS에서는 피크가 보이지 않고 있는데 이는 HRMS의 경우는 매우 선택적이므로 기기적인 잡음이나 시료 매트릭스에 의한 영향이 줄어들기 때문에 LRMS에 비해서 뚜렷한 피크 세기를 나타내고 있다.

4.3.2 이온화 방법에 따른 분류

질량 분석법의 이온화 방법은 주로 화합물의 성질, 즉 화합물의 극성도, 용해도, 열적인 안정도, 분자 질량 등에 기초하여 선택하게 되며 다양한 이온화 방법이 있다. 화합물들에 유일한 이온화 방법은 없으며 목적에 따라서 어떤 이온화 방법을 선택할 것인지를 결정해야 하는 것은 시험자의 몫이 된다. 표 4.5에 나타낸 화합물의 성질에

표 4.5 화합물의 성질에 따른 이온화 방법

화합물의 성질		EI	CI	ESI	APCI	MALDI	FAB
극성도	극성	-	-	○	○	○	○
	비극성	○	○	○	○	○	○
휘발성	휘발성	○	○	-	-	-	-
	비휘발성	-	-	○	○	○	○
분자량	저분자량	○	○	○	○	-	-
	고분자량	-	-	○	○	○	○
열적 안정도	안정	○	○	○	○	○	○
	불안정	-	-	○	-	○	○

따른 이온화 방법은 절대적인 기준은 아니고 일반적으로 권장하는 이온화 방법이다.

4.3.2.1 강성 이온화법

4.3.2.1.1 전자 이온화

전자 이온화법(electron ionization, EI)은 아직까지도 널리 사용되는 초기 이온화 방법이며 주로 GC/MS에서 사용되고 있다. EI에서는 기체상으로 있는 분석 물질이 진공 챔버 내부에 위치한 이온원의 가열된 필라멘트로부터 나오는 에너지(70 eV)를 가진 전자의 충격을 받는다. 분석 물질에 가해지는 에너지는 유기 화학종을 이온화하는 데 필요한 에너지(일반적으로 약 10 eV)보다 상당히 과다하므로 **강성 이온화법**(hard ionization)으로 분류된다.

시료 분자(M)들은 고진공(10^{-5} Torr 이하) 상태에서 이온원에서 발생되는 에너지가 풍부한 전자(e^-)들과의 충돌에 의해서 분자 이온($M^{\cdot+}$)을 생성하고($M + e^- \rightarrow M^{\cdot+} + 2e^-$), 분자 이온들 중에서는 더 작은 조각 이온들을 생성하는데, 이때 생성되는 이온들은 대부분이 양이온들이다.

EI 과정 동안 부여된 초과 에너지는 이온의 결합들 사이에 분포되어 하나 또는 그 이상의 결합을 해리시키며 라디칼이나 중성 화학종을 방출시킨다('조각내기(fragmentation)'라 함). 따라서 조각내기 과정에서 에너지가 소모되므로 생성된 **조각 이온**(fragment ion)은 분자 이온보다 더 낮은 질량과 더 낮은 에너지를 갖는다. 이때 조각내기가 너무 많이 일어나서 분사 이온이 관찰되지 않을 수도 있는데, 화합물의 분자 질량이 질량 분석기에 의해 제공되는 정보 중 가장 유용한 정보 중 하나이기 때문에 곤란해질 수도 있다.

그러나 EI에서 분자의 조각내기는 부분적으로 예측 가능하며, 조각 이온들은 분석 물질의 구조에 대한 정보를 제공해 줄 수 있기 때문에 매우 유용하다. 이러한 조각 이온들은 알려지지 않은 분석 물질의 잠정적인 구조 규명을 위해서 컴퓨터에 의한 검색이 가능하도록 스펙트럼의 라이브러리를 구성할 수 있게 해준다. EI에 의해 얻어진 질량 스펙트럼에 대한 라이브러리(library)는 미지 성분을 규명하는 데 가장 유용한 정보를 제공해 주는 것이라 할 수 있다.

질량 분석법에서 특별한 언급이 없으면 분석물을 70 eV 에너지로 이온화시키는 EI 스펙트럼을 얻는 것이라 생각하면 된다. 질량 범위는 m/z 10 ~ 1,000 정도이며, 응용 분야로는 휘발성이 있고 극성이 낮으며, 분자량이 작은(보통 m.w. 1,000 이하) 물질의 분석에 이용된다. 화합물의 조각 이온이 상대적으로 많이 생성되므로 이들을 이용한 물질의 구조 규명에는 유용하지만 분자 이온이 나타나지 않는 경우가 있으므로 분자량 측정에 어려운 경우가 있다. EI가 사용되는 질량 분석기에서 혼합물들은

GC를 연결(GC/MS)하여 분리한 후 질량 분석기에서 분석하는 경우가 대부분이며 단일 물질인 경우 직접 시료 주입구인 DIP(direct introduce probe)를 사용하여 이온원에 주입 후 분석할 수도 있다.

4.3.2.2 연성 이온화법

4.3.2.2.1 화학 이온화

EI 방법에서는 분자량을 가리키는 분자 이온의 세기가 미약하든지 혹은 거의 나타나지 않는 경우가 많아서 분석 물질의 분자 질량을 결정할 필요성 때문에 이온화 과정에서 분자에 전달되는 에너지의 양을 줄이는 **연성 이온화법**(soft ionization)이 개발되어서 조각내기를 제한할 수 있었는데, 최초의 방법이 **화학 이온화법**(chemical ionization, CI)이다.

연성 이온화법은 조각 이온들의 형성을 최소화하고 분자량에 관련되는 이온만을 형성할 수 있는 에너지 양을 분석 물질에 가해주는 것이 목적이다. 이러한 목적을 달성하기 위해서 분석 물질로 전달되는 에너지의 양은 EI에서 사용되는 70 eV보다 훨씬 적은 약 10 eV 정도로써 유기 화합물을 이온화하는 데 필요한 최소의 양으로 줄인다.

연성 이온화 방법에서 이온 형성의 주된 과정은 분석 물질과 이온화 시약의 결합이다. 전형적으로 양성자(H^+)가 분석 물질에 부가되어 $[M+H]^+$ 이온을 생성하지만, 분자 이온 영역에서 대체 이온을 형성하기 위해 분석 물질에 다른 화학종들을 부가할 수도 있다.

CI에는 **화학 양이온 이온화법**(positive chemical ionization, PCI)과 **화학 음이온 이온화법**(negative chemical ionization, NCI)이 있다. 일반적인 화학 이온화법은 PCI 법이고, NCI 법은 전자 친화도가 좋은 물질인 할로젠 함유 물질이나 나이트로 물질의 분석에 이용된다. 이 방법은 주로 분자 이온(즉, 분자량)을 측정하는 데 이용되고 극성이 낮고 휘발성이 있는 화합물에 응용하며, EI와 마찬가지로 주로 GC/MS에서 사용하는 방법이며, DIP 주입에 의한 스펙트럼 획득도 가능하다.

EI와 CI는 상호보완적인 이온화 방법으로서 보통 한 이온원에 결합되어 있어서 분석 시에 두 이온화 모드 간의 전환이 쉽게 이루어질 수 있도록 설계되어 있으며, EI에서와 마찬가지로 CI에 의한 분석 물질의 질량 상한은 약 1 kDa이다.

4.3.2.2.2 전기 분무 이온화

혼합물을 분리하고 비휘발성이고 극성인 화합물을 분석하기 위한 LC와 MS를 인터페이스(연결)해야 하는 필요성 때문에 질량 분석기의 진공 챔버 외부의 대기압에서 분석 물질을 이온화시킨 후 이온들을 질량 분석기로 직접 전달하는 기술의 개발로 이어졌다. 전기 분무 이온화(electrospray ionization, ESI) 방법은 분자량이 작은 것에서부터 단백질에 이르기까지 다양한 분자량에 적용될 수 있기 때문에 지금까지의 대기압력 이온화(atmospheric pressure ionization, API) 방법 중 가장 널리 사용되는 방법 중 하나라고 할 수 있다. 시료 이온화가 대기압력에서 이루어지면 상대적으로 압력이 낮은 CI 이온화 방법에 비해서 이온화 효율이 $10^3 \sim 10^4$배 커져서 검출 감도가 향상된다.

대기 압력에서 미량의 유량(1 ~ 10 μL/min)으로 모세관을 통과하는 액체에 강한 전기장을 걸어줌으로써 전기 분무(electrospray)가 생성된다. 전기 분무에 의해 생성된 이온, 방울, 증기 등은 노즐(nozzle)과 스키머(skimmer)를 지나 질량 분석관을 통과한 후 질량 스펙트럼을 생성한다.

ESI는 극성 화합물의 분석에 용이하며 전도성 용매(혹은 이동상 용매)가 필요하다. 이러한 특성 때문에 이 이온화 방법은 이동상은 극성이고 정지상은 상대적으로 비극성인 역상 LC (reverse phase liquid chromatography, RPLC)와 호환 가능하며, 따라서 매우 많은 부류의 화합물들이 이러한 형태의 크로마토그래프 시스템으로 분석이 가능하다. ESI는 질량 분석기가 수용성이며 극성인 다양한 화합물을 분석하는 것에 이르기까지 그 영역을 확장할 수 있도록 하였다.

ESI 방법은 이온화될 수 있는 위치(기능기)가 없는 분자의 경우에도 소듐(Na), 포타슘(K), 암모늄(NH_3) 등 다른 부가물(adduct)의 생성을 통해서 이용이 가능하다.

ESI에서는 거대 분자가 다중 전하 이온을 생성하므로 분자량이 큰 생체 고분자, 약물 등의 분자량 측정이 가능하므로 MS/MS 기능이 결합되면 펩타이드의 서열 분석(peptide sequencing), 단백질학(proteomics), 유전체학(genomics) 등에 널리 이용될 수 있는 방법이다. 주로 열적으로 불안정한 물질, 분자량이 큰 물질의 분석에 널리 이용되고 있으며, 현재의 대다수 LC/MS는 ESI 이온화 방법을 채택하고 있다.

4.3.2.2.3 대기압력 화학 이온화

대기압력 화학 이온화(atmospheric pressure chemical ionization, APCI)는 용어에서도 알 수 있듯이 기체상 이온과 분자의 반응이 대기압력에서 일어나는 이온화 방법으로서 ESI는 이온화가 용액상에서 일어나지만, APCI는 기체상에서 일어나는 차이점이 있다.

크로마토그래프에서 나온 용출물(LC 이동상 용매 포함)들은 기압식 분무기로 직접 들어가서 속도가 빠른 공기나 질소 빔에 의해 얇은 안개 형태의 작은 방울들로 전환된다. 방울들은 탈용매/기화 챔버라고 하는 가열된 가는 석영관을 통해서 기체 흐름(약 120 °C 정도)이 된다. 석영관을 나온 용매 분자와 분석 물질로 구성된 기체 흐름에 EI나 CI에서 사용되는 필라멘트의 역할을 하는 코로나 방전(Corona discharge)이 적용되면 다수로 존재하는 용매 분자들이 먼저 이온화된다(1차 이온화). 이 과정에 의해서 용매로부터 생성된 시약 이온은 CI에서 사용된 시약 기체에서 얻은 것과 동등하다. 이온화된 용매 분자들이 분석 물질(M)에 대한 양성자 전달 과정을 통해서 대기압력하에서 화학적으로 이온화(2차 이온화)되어 $[M+H]^+$ 이온을 생성한다. 이 방법은 열분해가 최소화되며 분석 물질의 이온화 효율이 매우 크다.

보통 APCI는 ESI로는 곤란한 열적으로 불안정한 물질이나 비휘발성 물질(당, 펩타이드, 프로테인 등)에 적용되며, ESI와 함께 LC/MS에서 가장 많이 사용되는 이온화 방법이며, 질량 한계는 약 1 kDa 정도이다.

4.3.2.3 표면 이온화

4.3.2.3.1 매트릭스 도움 레이저 탈착 이온화

매트릭스 도움 레이저 탈착 이온화(Matrix-assisted laser desorption ionization, MALDI) 방법은 펩타이드, 단백질 및 핵산과 같은 거대 분자 및 일부 합성 고분자의 분석을 위한 또 다른 연성 이온화 방법이며, ESI와 더불어 생체 고분자 분석에 가장 많이 사용되는 이온화 형태이다.

시료는 광자를 흡수할 수 있는 방향족 구성 성분을 갖는 과량의 휘발성 매트릭스(예: sinapinic acid 혹은 dihydroxybenzoic acid (DHBA))와 혼합한 후 건조하여 결정화시킨다. 건조된 혼합물(분석 물질과 매트릭스)이 진공 챔버 내에서 레이저 펄스에 의한 에너지에 노출되면, 분석 물질에 비해 상대적으로 과량인 매트릭스가 증발되면서 동시에 분석 분자들을 운반한다. 이때 매트릭스는 분석 물질을 양성자화하는 시약 이온을 형성하는데, 매트릭스의 종류에 따라서 화합물들의 이온화 효율에서 차이가 나기 때문에 매트릭스의 선택이 매우 중요하다.

이온화 방법의 특성상 짧은 수명의 신호를 검출하는 데 효과적인 비행 시간형(time-of-flight, TOF) 분석관이 주로 사용하고 있기 때문에 일반적으로 MALDI-TOF라고 한다.

생성된 이온은 보통 양성자화된 분자, 즉 $[M+H]^+$이며 조각 이온이 아주 적게 생성되므로 분자량 측정이나 생체 고분자인 펩타이드나 단백질의 서열 분석이 가능하며, 탄수화물 등과 같이 비휘발성이며 분자량이 큰(m/z 1,000 ~ 300,000) 물질에 응용되며 분리 장치(GC나 HPLC 등) 없이 사용되는 것이 일반적이다.

ESI와 다르게 MALDI에 의해 생성된 대부분의 이온은 단일 하전된 것들이다. 따라서 질량 분석관은 z = 1인 이온을 다루기에 충분히 넓은 질량 범위를 가져야 한다. 앞에서도 언급했듯이 TOF 분석관이 거의 항상 MALDI와 함께 사용되는데, MALDI-TOF 장비는 최대 350 kDa의 분자 질량을 갖는 화합물도 신속하게 분석을 할 수 있다. MALDI 스펙트럼은 에너지가 약하기 때문에 단일 하전된 스펙트럼이 주로 생성되므로 일반적으로 ESI 스펙트럼보다 해석하기가 쉽다.

4.3.2.3.2 고속 원자 충격법

고속 원자 충격법(fast atom bombardment, FAB)에서는 휘발성 매트릭스를 사용하는 MALDI와는 다르게 분석 물질을 비휘발성 매트릭스와 혼합한 후, 이를 고속으로 움직이는 상대적으로 질량이 크고 높은 운동 에너지를 가진 중성 원자인 영족 기체(Ar 혹은 Xe)의 원자 빔을 사용하여 시료에 충격을 가한다. 이때 전해진 에너지는 여러 방향으로 분산되며 이들 중 상당 부분이 시료를 이온화시키게 된다. 이온들은 전기장에 의해서 상대적으로 쉽게 가속화되어 질량 분석관으로 들어가게 된다.

일반적으로 FAB는 내부 에너지가 적은 분자 이온 또는 유사 분자 이온을 생성하므로 조각 이온이 거의 생성되지 않기 때문에 분자량에 대한 정보를 얻을 수 있는 연성 이온화 방법으로서, 분석 물질(M)은 분자 라디칼 양이온(M^+), 양이온이 첨가된 분자 이온($[M+X]^+$, X = H, Na, K 등) 또는 음이온 $[M-H]^-$을 생성한다. 따라서 FAB는 EI나 CI로는 이온화가 되지 않는 비휘발성 물질이나 펩타이드, 당, 탄수화물, 유기 금속물 등의 열적으로 불안정한 화합물들을 포함해서 광범위한 물질들을 분석하는 데 사용되며, 분자량 2,000 Da까지도 측정 가능하다. GC나 HPLC 같은 크로마토그래프 기기의 연결 없이 사용하는 형태이므로 이미 다른 방법에 의해서 분리 및 정제가 이루어진 비교적 순수한 물질들의 구조 확인 등에 주로 사용된다.

4.3.3 연결된 분석 기기에 따른 분류

혼합물의 경우에는 크로마토그래프에 의해 각 화합물들을 분리한 후 연속해서 질량 분석기로 들어가게 해서 각각의 스펙트럼을 얻게 된다. 표 4.6에는 시료 종류에 따른 연결 분석 기기에 따른 응용 가능성을 나타내었다.

표 4.6 시료의 복잡성과 화합물에 따른 분석법

화합물	시료의 종류	DIP	GC/MS	LC/MS	CE/MS	ICP/MS
유기 화합물	단일 물질	○	○	○	○	–
	휘발성/비극성 혼합 물질	–	○	–	–	–
	비휘발성/극성 혼합 물질	–	–	○	○	–
	열적 안정 물질	○	○	○	○	–
	열적 불안정 물질	–	–	○	○	–
	수용액 속의 혼합물	–	–	○	○	–
중금속		–	–	–	–	○

4.3.3.1 기체 크로마토그래프/질량 분석기

기체 크로마토그래프에 불꽃 이온화 검출기(FID), 질소-인 검출기(NPD), 전자 포획 검출기(ECD), 열전도도 검출기(TCD) 등의 검출기 대신에 질량 분석기(MS)를 연결한 형태로서 기체 크로마토그래프/질량 분석기(GC/MS)라 한다. 이 경우 소형의 GC/ MS를 GC/MSD (mass selective detector)라고 부르기도 한다. 가열된(약 200 ~ 300 °C) 시료 주입구에서 휘발된 혼합 시료는 50 ~ 300 °C의 컬럼에서 분리한 다음 각각의 물질에 대한 질량 이온들(조각 이온과 분자 이온)이 측정된다. 이온화 방법으로는 EI와 CI 방법이 주로 이용되고 있으며 휘발성이 있고 비극성이며 열적으로 안정한 화합물들의 분석에 이용된다.

4.3.3.2 액체 크로마토그래프/질량 분석기

액체 크로마토그래프(HPLC)에 UV/Vis 검출기, 형광 검출기(FLD), 굴절률 검출기(RID), 전기 화학 검출기(ECD) 대신에 질량 분석기가 검출기로서의 역할을 하게 되므로 액체 크로마토그래프/질량 분석기(LC/MS)라고 한다. 즉, HPLC에서 분리된 혼합물들의 각각에 대해서 질량 이온들을 측정한다. 주로 비휘발성이고 극성과 분자량이 큰 화합물에 응용되며, 이온화 방법으로는 ESI와 APCI 방법이 주로 사용되고 있다.

4.3.3.3 모세관 전기 이동/질량 분석기

모세관 전기 이동(capillary electrophoresis, CE)에 질량 분석기를 부착한 형태(CE/MS)로서 주된 이온화 방법으로는 ESI 방법이 사용되며, HPLC로 분석하기에는 분자량이 큰 생체 고분자들의 분석에 용이한 기기이며 대중화되어 있지는 않다.

4.3.3.4 유도 결합 플라스마/질량 분석기

유도 결합 플라스마(inductively coupled plasma, ICP)에 질량 분석기를 연결한 형태로 무기 원소들을 분석하는 데 응용된다.

4.4 시료 도입법

시료 도입 시스템의 주요 기능은 적절한 양의 시료를 이온원에 도입하여 가능한 원래 시료의 조성을 나타내도록 하기 위함이다. 질량 분석법으로 분석할 수 있는 시료의 범위는 단순한 기체에서부터 거대하고 복잡한 단백질 복합체에 이르기까지 다양하고 폭이 넓으며 단일 화학종 또는 매우 복잡한 혼합물까지이다. 순수 시료 또는 저분자량 분석 물질의 단순 혼합물이 이온원에 직접 투입될 수도 있지만, 질량 분석기만으로는 복잡한 혼합물을 정성 및 정량 분석하는 데는 제한이 있다. 따라서 혼합물의 성분은 GC나 HDLC와 같은 크로마토그래피 기기를 이용하여 분리한 후 질량 분석기로 분석해야 한다.

질량 분석기는 고진공(일반적으로 10^{-5} Torr 이하)에서 작동하기 때문에 기화된 상태에 있는 시료만을 분석할 수 있다. 마찬가지로 중요한 것은 중성 분석 물질 분자들은 반드시 이온으로 변환해야 한다는 것이다. 시료 도입 시스템의 역할은 시료로부터 분석 물질 증기를 생성한 후, 분석 물질들이 원래 성분을 유지한 채로 이온원으로 도입하는 것이다. 시료 도입과 이온화 과정이 동시에 일어나는 기술도 있는데, 이러한 기법에는 ESI와 APCI가 포함되어 있는 API 방법이다.

4.4.1 순수한 시료 혹은 단순 혼합물

단순 기체, 정제된 화학 합성 생성물, 질량 분석기 조율(튜닝)에 사용되는 화합물 등은 일반적으로 분석 물질의 농도가 일방적으로 크거나 단일 물질이기 때문에 분리 또는 정제할 필요가 없이 이온원에 직접 유입된다

4.4.1.1 배치 주입구를 사용한 기체와 휘발성 액체의 도입

배치 주입(batch inlet)은 분석 동안에 시료의 유속이 일정하게 신뢰할 만하게 유입되어야 하고 분석 물질에 비활성이어야 한다. 기체 및 휘발성 액체는 하나 또는 어러 개의 핀 홀(0.005 ~ 0.02 mm 직경)이 있는 금 또는 강철 호일을 통해 알려진 부피의 유리 또는 금속 저장소(350 °C까지 가열 가능)에서 EI 또는 CI 이온원으로 유입된다 (그림 4.10). 액체 주입은 펌핑 manifold에 연결된 작은 튜브에 시료를 넣어서 제어할 수 있다. 필요한 증기압을 유지하기 위해서는 과량의 시료가 필요하며, 따라서 분

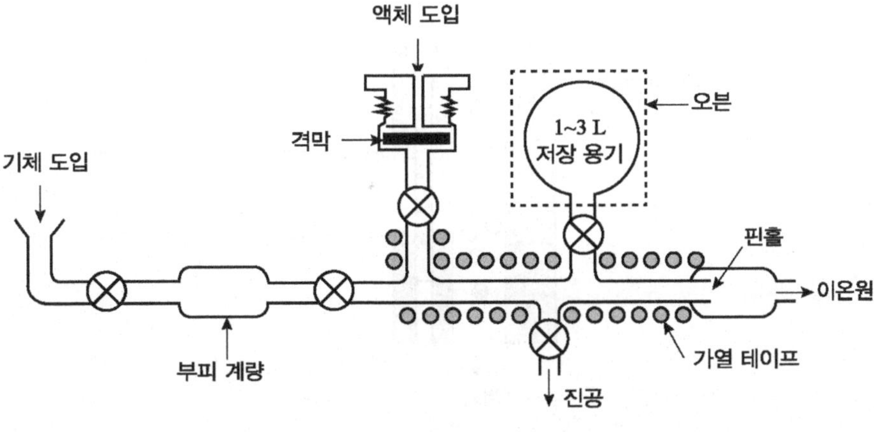

그림 4.10 배치(batch) 주입구의 구조

석 물질을 이온원으로 일정하게 흘려줘야 하기 때문에 시료가 배치 시스템으로 주입되는 양은 매우 낮다(약 0.01 %). 그러나 시료 흐름을 정확하게 제어할 수 있기 때문에 유기 및 무기 기체, 휘발성 액체의 일상적인 정량 분석과 왁스 및 타르와 같은 휘발성이 적은 고체를 저장 용기에 넣어서 적절하게 가열하여 분석하는 데 적합하며, 이러한 유형의 측정은 산업 공정 제어에 적절하다.

배치 주입구의 가장 보편적인 사용법은 질량 분석기를 조율하기 위해 화합물을 제어해서 흘려주는 도입이다.

4.4.1.2 반투과 중합체 막 주입구

실리콘 막(silicone membrane)과 같은 일부 중합체는 물 또는 무기 기체와 비교할 때 휘발성 유기 화합물에 대해 상이한 투과성을 가지므로, 이러한 성질을 이용하여 수용액 또는 기체 흐름에 존재하는 특정 분석 물질을 이온원으로 선택적으로 도입할 수 있다. 가열된 막 위로 액체나 기체 흐름이 지나감에 따라 분석 물질은 막의 한 면으로 선택적으로 흡수된 다음 질량 분석기 내부의 진공에 의해 다른 면에서 탈착된다. 이 방법에서는 추출이나 사전 농축과 같은 시료 전처리가 필요 없으며, ppt (parts per trillion)까지의 농도도 분석이 가능하다. 시료 전처리 과정이 필요 없기 때문에 산업용 공정과 폐기물 유출물 분석을 현장에서 온라인으로 분석하는 하는 것을 비롯하여 생리학적 대사체 분석에 이르기까지 다양한 응용 분야에서 **막 주입 질량 분석법**(membrane inlet mass spectrometry, MIMS)이 사용되고 있는데 여러 가지 형태가 있지만 기본 구조와 원리는 그림 4.11과 같다.

4.4.1.3 직접 주입 탐침

단일 화합물 또는 단순 혼합물을 직접 도입할 수 있는 대표적인 방법으로는 진공 잠

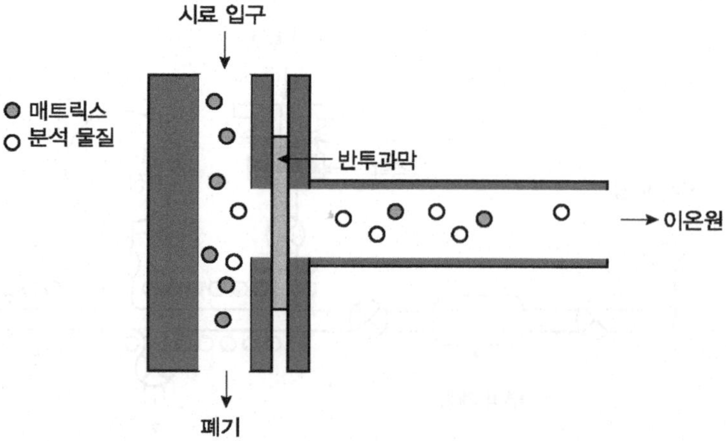

그림 4.11 반투과 막 주입구의 구조

금 장치를 통해 온도 제어가 가능한 **직접 도입 탐침**(direct inlet probe, DIP)을 이용하여 삽입하는 방법이 있는데, 이 경우는 혼합물이 아닌 단일 분석 물질이거나 주성분의 농도가 월등하게 높은 최소한의 혼합물에 국한된다.

시료가 증기상으로 존재해야 하기 때문에 시료를 기화시키기 위해서 열을 가하는 경우가 많았는데 이는 질량 분석법의 이용도에 있어서 제한 요인이 되기도 하였다. 효과적인 증발은 분석 물질의 극성과 분자 질량에 달려 있다. 작은 분자(1 kDa 이하)의 경우에는 극성도가 가장 중요한데, 특히 아민기($-NH_2$), 하이드록시기(-OH), 카복시기(-COOH)가 있는 경우에는 더욱 중요하다. 이러한 작용기가 둘 또는 세 개 있는 경우에는 낮은 압력에서도 증발되기 전에 가열로 인해 분해될 수도 있다. 따라서 화학적 유도체화는 분석 물질의 극성도를 줄이고 휘발성을 증가시킬 수 있어서 유용한 스펙트럼을 얻는 데 도움이 된다.

분석 물질이 1 kDa 이상일 경우에는 분석 물질을 가열하면 특정 기능기의 유무에 관계없이 분자가 분해되는 경우가 많은데, 증기 형성과 이온화가 동시에 일어나는 API와 MALDI의 개발은 시료의 분해에 대한 대부분의 문제를 해결할 수 있었다.

DIP에 사용되는 탐침에는 분말 형태의 고체 시료 혹은 휘발성 용매에 용해된 시료가 담긴 작고 한 쪽 끝이 막힌 석영, 유리 또는 불활성 금속(백금 또는 금) 재질의 모세관 바이알이 있다(그림 4.12). 탐침은 진공 차단 장치를 통해 수동으로 이온원 근처까지 삽입되며, 탐침 모세관을 400 °C까지 가열하여 시료를 이온화 구역으로 증발시키며, 시료의 증기압이 분석 물질이 분해되는 온도보다 낮은 온도에 도달할 때 스펙트럼이 얻어진다. 기기의 고진공이 시료의 증발을 도우며, 탐침의 온도 증가 속

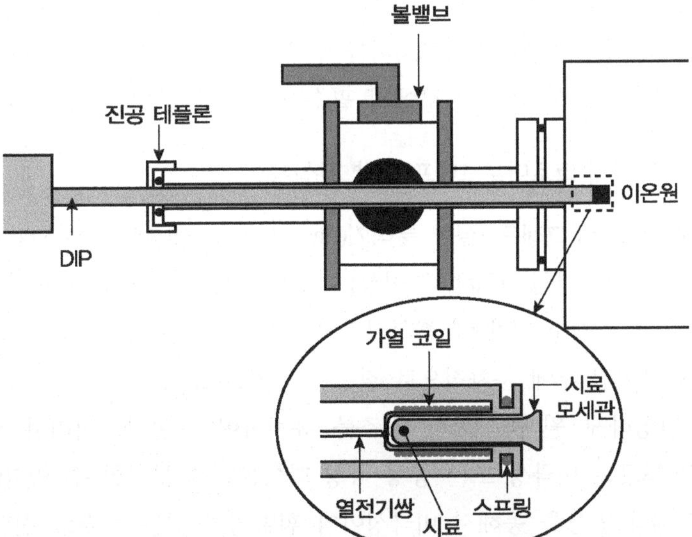

그림 4.12 직접 주입 탐침(direct inlet probe)의 구조

도를 조절함으로써 혼합물의 미세 증발을 가능하게 할 수 있다. 시료 활용도가 좋기 때문에 5 ng 정도의 분석 물질만으로도 유용한 정보를 얻을 수 있다.

직접 탐침의 단점은 탐침이 통과해야 하는 기계식 진공 잠금 장치가 수동으로 작동된다는 것이다. 이러한 잠금 장치는 잘못 다루게 되면 고장 나거나 작동 중에 급작스런 진공 손실이 발생할 수도 있다. 근래에는 대기압 이온화 방법의 개발과 더불어 고체 탐침은 거의 사용되지 않고 있다.

크로마토그래프 컬럼 없이(그리고 진공 잠금 장치 없이) 액체 흐름으로 시료를 도입하는 ESI 또는 APCI를 사용하는 **흐름 주입 분석**(flow injection analysis, FIA)은 직접 삽입 탐침과 동등한 기술이며 API 방법과 결합된 FIA는 DIP의 가열에 의한 시료 분해의 문제와 탐침에서의 제한된 질량 범위 문제를 해결하고 있다.

4.4.2 복잡한 혼합물의 크로마토그래피 분리

생물학적 시료나 환경 시료들은 매트릭스 성분들이 복잡하기 때문에 크로마토그래피 분리가 이루어진 후에 구성 화학종들을 연속적으로 그리고 순차적으로 이온원으로 도입시켜야 한다. 이를 위해서 GC, HPLC(혹은 UPLC) 등이 질량 분석기와 직접 연결될 수 있고, 이들의 결합을 통해서 질량 분석기의 식별/규명 및 정량 분석 기능에 대한 커다란 시너지 효과가 있는 분석 방법이 되었다.

GC/MS 및 LC/MS 시스템에서 MS가 정교한 LC 검출기 중 하나라고 할 수 있지만, 다른 한편으로는 크로마토그래프 장치가 질량 분석기의 도입구로 사용된 것이라고 얘기할 수도 있다. 이는 질량 분석기가 어떤 형태로 사용되는가에 따라서 다르게 생각될 수 있다는 것이다. 질량 분석학자는 질량 분석기가 더 중요한 구성 성분이라 말할 수 있지만 크로마토그래피를 주로 연구하는 학자들은 그 반대라 할 수 있을 것이다. 하지만 이 둘은 서로에게 필수적인 것은 분명한 사실이다.

4.4.2.1 기체 크로마토그래프-질량 분석기

기체 크로마토그래프–질량 분석기(gas chromatograph-mass spectrometer, GC/MS)에서는 시료를 가열된(200 °C 이상) 시료 주입구에 도입하여 휘발시킨 후 이동상 기체(헬륨 또는 질소 기체)에 혼합시켜서 가열되는 컬럼(30 ~ 320 °C)을 통과하면서 분리가 이루어진 후에 순차적으로 질량 분석기로 도입되는데, 이 과정 동안에 분석 물질은 안정하게 원래의 화학 구조를 유지하여야 한다. 이러한 휘발성 요건 때문에 GC/MS로는 비극성 또는 중성 극성 화합물만을 분석할 수 있다(극성 화합물은 화학 유도체화 반응을 통해서 비극성이며 휘발성이 있는 물질로 전환시켜서 분석).

모세관 GC 컬럼의 경우 컬럼을 통해 화합물을 이동시키는 이동상 기체(운반 기

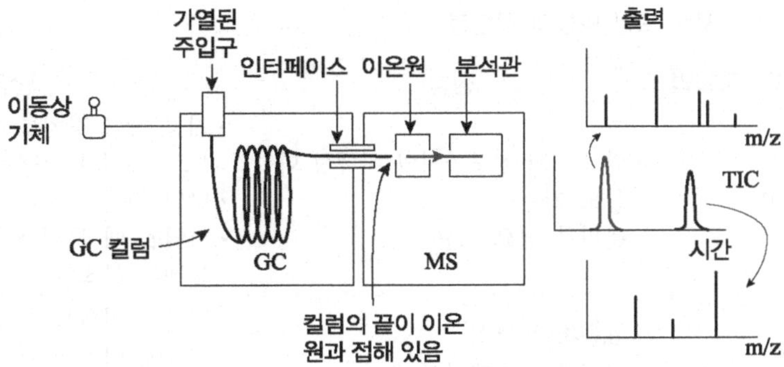

그림 4.13 기체 크로마토그래프-질량 분석기(GC)의 구성도

체)의 유량은 보통 1 mL/min 이하이므로 질량 분석기의 진공을 손상시키지 않으면서 직접 이온원으로 유입될 수 있다. 따라서 GC 컬럼이 삽입된 가열된 가는 연결관(interface tube)을 사용하여 MS의 이온원에 인접하도록 함으로써 GC와 MS 연결을 단순화할 수 있다.

GC(대기압)에서 사용되는 기체의 부피와 유량 및 MS의 진공(~10^{-5} Torr 이하)이 조화될 수 있기 때문에 기체 크로마토그래프와 질량 분석기는 두 장비를 크게 수정하지 않고 결합할 수 있다. 대부분의 모세관 컬럼은 0.25 ~ 0.32 mm의 내경을 가지고 있으며 운반 기체의 유량은 약 1 mL/min이다. 이 정도의 유량은 질량 분석기의 펌핑 설계, 특히 이온원의 차동 펌핑(differential pumping)의 개선과 함께 유량 감소는 MS 작동에 필요한 진공도를 손상시키지 않으면서 GC의 운반 기체를 효율적으로 제거할 수 있게 되었다. GC 컬럼은 시료 증착을 방지하기 위해 약 250 °C로 가열된 인터페이스 구역을 통과하여 EI 또는 CI 이온원에 접하도록 되어 있다(그림 4.13).

액체 주입이 시료 도입의 일반적인 방법이지만 다른 종류의 주입 방법도 있다. 낮은 분자 질량과 높은 휘발성을 가진 화학종에 대한 헤드스페이스(headspace) 분석, Tenax와 같은 흡착 물질로 채워진 카트리지를 통과하여 트랩한 분석 물질에 대한 열탈착, 액체 또는 기체 매트릭스로부터 섬유(fiber)상에 흡착된 화합물에 대한 고체상 미세 추출(solid phase microextraction, SPME)법 등을 통해서도 시료 주입이 가능하다.

시료를 휘발시켜야 하는 필요성은 항상 GC/MS의 제한 요소가 되었다. 경험에 비추어 볼 때 "극성기 한 개는 좋고, 두 개의 극성기는 나쁘며, 산(acid)은 분석하지 말라"는 유용한 가이드 라인이 있다. 1차 amine (-NH_2), hydroxy (-OH) 및 carboxylic acid (-COOH)는 가장 극성이 큰 기능기에 속한다. 이러한 화합물에 대해서는 비극성 및 휘발성 화합물로 유도체화시켜서 분석하는 것이 효율적인데, 유도체화 방법으로 가장 일반적인 것은 -OH 기를 trimethylsilyl ether로 전환하고 산(acid)을 에스터화시키는 방법들이 있다.

표 4.7 시료 도입 방법의 장단점

시료 도입법	장점	단점
DIP	• 약 1 kDa 정도까지의 비극성 화합물도 가능 • 분리가 필요 없음	• 진공 잠금 장치를 통해서 주입해야 하므로 주의가 요구됨 • 단일 화합물 혹은 제한된 혼합물 • 가열될 때 분해가 일어나는 극성 화합물에는 부적합
GC	• 효율적인 분리 • 간편한 인터페이싱	• 비극성 화합물에 국한됨 • 구조에 따라서 분자량이 600 Da 이하로 한정됨
LC	• 100 kD 또는 그 이상의 생물학적 고분자를 포함하여 열적으로 불안정하고 극성인 화합물 가능	• GC만큼 분리가 효율적이지는 못함 • 용출 액체로부터 많은 부피의 증기가 생성됨
CE	• 거대한 생물학적 화합물의 효율적인 분리	• 이동상의 유량이 매우 낮아 MS에 인터페이싱에 어려움이 있음

이와 같이 GC/MS는 일반적으로 분자 질량이 약 800 Da 이하(때때로 약 1 kDa까지 가능)인 의약품, 발암 물질, 대사체 및 환경 식품 오염 물질을 포함한 다양한 휘발성 또는 화학적으로 유도체화된 화합물의 식별 및 정량화에 널리 사용되는 분석 기술이다.

4.4.2.2 액체 크로마토그래프-질량 분석기

LC/MS에서의 주요한 사항은 분해 없이 극성 화합물을 기화시킨 후 이온화시키는 것뿐만 아니라 LC 용출 용매가 액체에서 증기상으로 전이됨에 따라 생성되는 상당한 양의 부피이다. 이러한 문제는 역상 LC 컬럼과 MS의 직접 연결을 가능하게 하는 API 방법의 개발로 해결되었다. 이러한 기술의 결합은 극성이 매우 큰 생물학적 분자들에 대한 질량 분석법의 유용성을 확장시켰는데, 다행히 LC는 펩타이드, 단백질 및 생물학적 고분자들을 포함한 분자량이 큰 화합물들을 잘 분리할 수 있으므로 LC와 MS의 연결이 가능하게 되었다. LC의 다른 형태라고도 할 수 있는 모세관 전기이동(CE)도 API와 연결하여 사용할 수 있다. 다양한 시료 도입 방법의 장점과 단점이 표 4.7에 요약되어 있다.

RPLC의 문제점 중 하나는 일부 매우 극성인 화합물이 이동상에 우선적으로 용해되고 비극성인 정지상에는 흡착이 되지 않는다는 것이다. 따라서 이러한 극성 화합물은 컬럼에서 머무름이 없어서 이동상 용매와 함께 용출되며, 유사하게 머무름이 없는 무기염이나 다른 화합물로부터 효과적으로 분리가 되지 않는다는 것이다.

RPLC와는 다르게 NPLC의 정지상은 일반적으로 실리카 또는 알루미나 같은 극성이며, 대기압력 이온화(API) 과정과는 호환되지 않는 헥세인 및 에틸아세테이트와 같은 비극성 용매를 이동상으로 사용한다. 정상 크로마토그래피에서 화합물은 극성이 작은 것부터 큰 것 순으로 용출되는데, 생체 시스템에서 발생하는 극성도가 높은 화합물은 용리되지 않고 계속해서 컬럼에 머물러있기 때문에 이 방법을 적용하는 데는 한계가 있다. 하지만 근래에는 친수성 액체 상호 작용 크로마토그래피(hydrophilic liquid interaction chromatography, HILIC)의 발달로 인해 수용액 상(RPLC)을 이용하는 분리가 가능하게 되었다. HILIC 컬럼은 C_{18} 컬럼에서는 머무름이 없는 극성 화합물을 분석하는 데 사용할 수 있기 때문에 매우 유용하다.

일반적인 LC에서는 컬럼 충전 입자의 크기가 2.6 ~ 5 μm이며 용매의 압력은 6,000 psi까지 가능하다. 입자 크기가 감소함에 따라 분리 효율은 향상되고 보다 넓은 범위의 유속(예를 들어, 0.2 ~ 1 mL/min)에서 작동된다. 충전 입자의 크기가 작은 것(1.7 ~ 2 μm)을 사용하면 컬럼을 통과하는 용매를 이동시키는 데 최대 18,000 psi의 압력이 필요하다. 이로 인해 2 μm 이하 크기의 입자에서는 더 높은 압력이 필요한데 이를 가능하게 하는 LC 시스템을 초고속 액체 크로마토그래피(ultra-high-performance liquid chromatography, UHPLC) 또는 초고성능 액체 크로마토그래피(ultra-perfor- mance liquid chromatography, UPLC)라고 한다.

대부분의 유기 용매 1 mL가 표준 온도 및 압력에서 증발 시에 약 1,000 mL(물의 경우는 약 1,600 mL)의 증기를 생성하기 때문에 LC와 MS의 연결은 GC의 연결보다 훨씬 어렵다. API 기술은 극성도가 큰 화합물을 파괴하지 않고 증발시켜야 하는 문제를 해결하였으며, LC를 MS에 효과적으로 연결할 수 있게 되었다. 하지만 휘발 과정에서 비휘발성 완충 용액인 인산 칼륨 대신에 휘발성 완충 용액인 아세트산 암모늄을 사용하여야 하고 분석 물질과 이온쌍의 세기 때문에 이온 형성을 절충하는 trifluoroacetic acid (TFA)를 피해야 하는 등의 방법론적인 조절이 필요하다.

4.4.2.3 모세관 전기 이동-질량 분석기

모세관 전기 이동(capillary electrophoresis, CE)은 분석 물질의 고체 및 액체 상과의 상호 작용 대신에 액체에서 분석 물질의 전하 및 크기 및 액체 내에서의 움직임을 기반으로 하여 분리가 일어나는 특정 형태의 LC로 간주될 수 있다. CE는 높은 전위(kV)의 전기장 영향하에서 용융 실리카 모세관(직경이 100 μm 이하)을 통해서 용액 내에서 이온들이 이동하는 것에 기반하고 있다. 전하를 띠는 분석 물질 화학종은 완충 용액에서 다른 속도로 이동하여 전기장에 의해 생성된 전기 삼투 흐름(electroosmotic flow)으로 인해 플러그 모양의 성분 프로파일을 생성한다. 질량 분석기와의 일반적인 인터페이스는 ESI 이온원이며 GC와 LC에 비해 CE의 장점에는 고효율 분리(이론단수가 10^5), 작은 시료 양, 적은 용매 소비량 등의 장점이 있다. 보통은 매우 낮은 유속(약 200 nL/min)으로 인해 문제가 발생하기도 한다.

4.5 이온화 방법

분자는 전기적으로 중성이므로 전기장이나 자기장을 사용하여 조작할 수 없다. 비유하자면, 플라스틱(중성 분자) 조각은 자석에 아무런 반응을 보이지 않을 것이다. 하지만 접착제를 사용하여 자석을 붙여놓은 플라스틱(중성 분자의 이온화)은 자석에 붙거나 반발할 것이다. 즉 같은 극끼리는 반발하고 다른 극끼리는 잡아당길 것이다. 이와 같이 중성 분자와는 다르게 하전된 화학종(이온)은 전기장이나 자기장 내에서 움직임을 조절할 수 있다.

질량 분석기의 초점 맞추기, 분리 및 검출 과정에서 하전된 화학종을 필요로 한다는 것은 시료 도입 후에는 분자를 이온으로 변환해야 한다는 것을 의미한다. 그동안은 대부분이 양전하를 띤 것이었으며 이를 검출하는 것이 일반적이었는데, 사실은 이온화 과정에서는 양전하(+) 및 음전하(−) 이온 모두를 생성할 수 있다. 대부분은 양전하를 띤 이온(양이온)이 분석되며 음으로 하전된 이온(음이온)은 유기산, 핵산 및 다이옥신과 같은 할로젠화된 환경 오염 물질을 포함한 특정 부류의 화합물로 제한되고 있다.

이온은 질량 분석기의 진공 챔버 또는 기기 외부의 대기압에서 형성될 수 있다. 진공에서 이루어지는 이온화의 예로는 전자 이온화(EI), 화학 이온화(CI) 및 매트릭스 도움 레이저 탈착 이온화(MALDI)가 있다. 이와 대조적으로 진공 시스템 외부에서 수행되는 이온화 기술은 통칭하여 대기압 이온화(atmospheric pressure ionization, API)라고 한다. 대표적으로 많이 사용되고 있는 API 방법은 전기 분무 이온화(ESI) 및 대기압 화학 이온화(APCI)이다. 다른 API 기술 중에는 대기압 광이온화(atmospheric pressure photo-ionization, APPI)와 DESI(desorption electrospray ionization), 실시간 직접 분석(direct analysis in real time, DART)을 비롯한 새로운 표면 이온화 기술이 있다.

이온화 과정에서는 분석 물질 분자에 외부 에너지를 가한다. 이때 가해준 에너지의 양은 생성되는 분자 이온 화학종이나 조각의 형태에 영향을 미치게 된다. 질량 분석기의 내부나 외부에서 이온을 형성할 수 있는 다양한 방법이 있으며, 이온화 방법에 따라 분석 물질에 가해지는 에너지의 양이 달라진다. 1990년대까지 모든 이온화(주로 EI와 CI)는 질량 분석기의 진공 챔버 내에 위치한 이온원(ion source)에서 이루어졌으나, 그 후에는 진공 챔버 외부, 즉 대기압에서 이온화를 수행하는 방법이 개발되었으며, 이 방법들은 질량 분석법의 다양성과 적용 범위를 크게 증가시키고 있다.

표 4.8 이온화 방법에 따른 생성된 이온의 정보

이온화 방법	분자 이온	분자 이온 형태	조각 이온
EI	+	M^+	+++
CI	++	$[M+H]^+$, $[M+CH_5]^+$, $[M+C_4H_9]^+$	++
ESI	+++	$[M+nH]^{n+}$, $[M-nH]^{n-}$, $[M+Na]^+$	+
APCI	++	$[M+H]^+$, $[M-H]^-$	++
MALDI	+++	$[M+H]^+$, $[M+Na]^+$	+
FAB	++	M^+	++

+ : 약함, ++ : 중간, +++: 풍부함

이온화 과정에서 가해지는 에너지의 세기와 분석 물질 분자의 구조는 생성된 이온이 손상되지 않았는지 또는 작은 조각으로 조각내기가 이루어지는지 여부를 결정한다. 이온화 방법에 따라서 분석 물질에 상당히 다른 세기의 에너지를 가하게 되는데 그 중에서 EI가 가장 크며 따라서 조각내기도 많이 일어난다. 이러한 에너지가 큰 이온화 방법을 **강성 이온화법**이라고 하며, 분자 화학종을 손상하지 않고 유지하고 있는 다른 방법을 **연성 이온화법**이라고 한다. 전달되는 에너지의 세기를 순서대로 나열하면 대략 다음과 같다.

$$\text{EI} > \text{CI} \approx \text{APCI} \approx \text{APPI} > \text{MALDI} \approx \text{ESI}$$

이온화 방법에 따른 분자 이온의 형태와 이온들에 대한 정보는 표 4.8과 같다.

화합물 부류의 범위에 대해서도 동일한 순서가 적용된다. 따라서 EI는 매우 공격적이고 광범위하게 적용 가능한 기술이지만, ESI는 에너지를 거의 전달하지 않으므로 극성 화합물만을 효율적으로 이온화시키기 때문에 ESI는 MALDI와 더불어 거대 분자에 유리한 이온화 방법이다. MALDI는 분석 전에 시료를 혼합해야 하는 과량의 매트릭스로 인한 간섭으로 인해 500 Da 이하의 분자에는 거의 사용되지 않는다. 이온화 방법, 극성도, 분자 질량 간의 관계를 그림 4.14와 그림 4.15에 나타내었다.

이미 언급한 바와 같이, 중성 분석 물질 분자에 부가되는 에너지의 세기는 이온화의 유형에 따라 달라지며, 분석 물질의 구조에 따라서 조각내기의 정도가 결정된다. 그림 4.16에는 dioctyl phthalate ($C_{24}H_{38}O_4$, 390.56 g/mol)에 대한 EI, CI, APCI 및 ESI에 의해 생성된 다양한 종류의 질량 스펙트럼을 나타내고 있다. EI에서는 분자량인 m/z 390의 분자 이온은 거의 없으며(주피크의 약 0.1 %) 광범위한 조각내기가 발생하여 m/z 167 및 주피크인 m/z 149에서 주요 이온을 생성한다. 한편, m/z 149의 이온은 프탈레이트 계열(EI 스펙트럼의 기본 피크임) 화합물에서 공통적이며 알려지] 지 않은 오염 물질이 프탈레이트인지 여부를 나타내는 유용한 지표 이온이다. CI에서는 암모니아가 시약 기체일 때, m/z 391에서 $[M+H]^+$ 이온은 스펙트럼의 주피크를

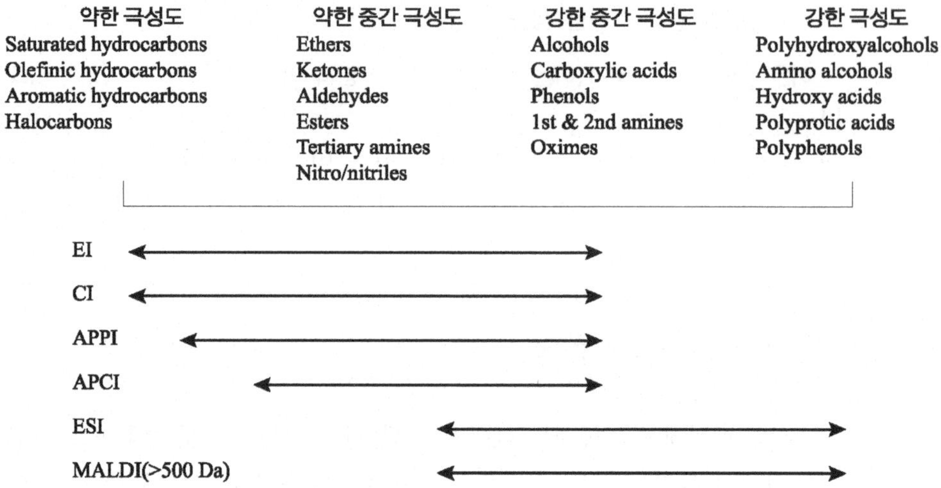

그림 4.14 분석 물질의 기능기에 따른 극성도와 이온화 방법의 선택[19]

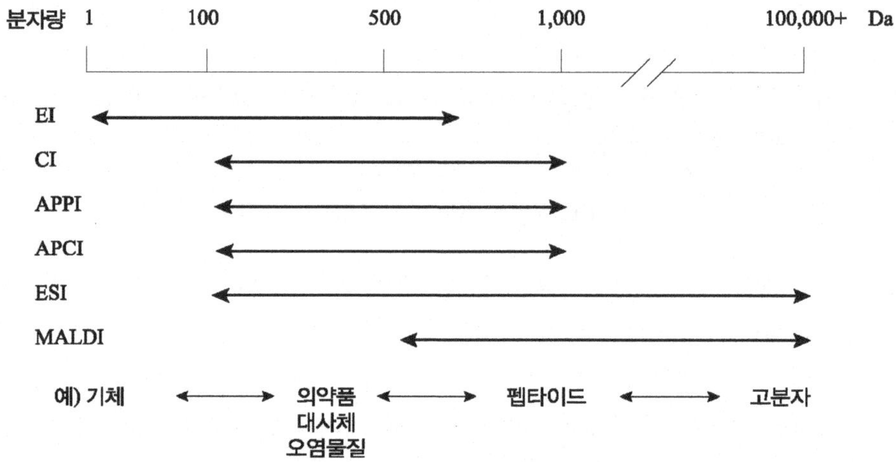

그림 4.15 분자량에 따른 이온화 방법의 선택

형성하고, 세기는 훨씬 낮지만 EI에서 보여진 조각 이온(m/z 167, 279 등)들도 확인할 수 있다. APCI 스펙트럼은 CI 스펙트럼과 유사한데, m/z 391에서 $[M+H]^+$ 이온이 가장 강하게 나타났으며 m/z 279, 167 및 149에서 익숙한 조각이 있다. ESI 스펙트럼은 알칼리 금속이 부가된 이온인 $[M+Na]^+$가 형성되어 m/z 413에서 가장 강하게 나타났고 $[M+H]^+$ 또한 관찰된다. 예상대로, ESI는 조각 이온이 거의 관찰되지 않는 가장 부드러운 이온화 방법이다.

19 J. Greaves, J. Roboz, Mass Spectrometry for the Novice, CRC Press, 2014.

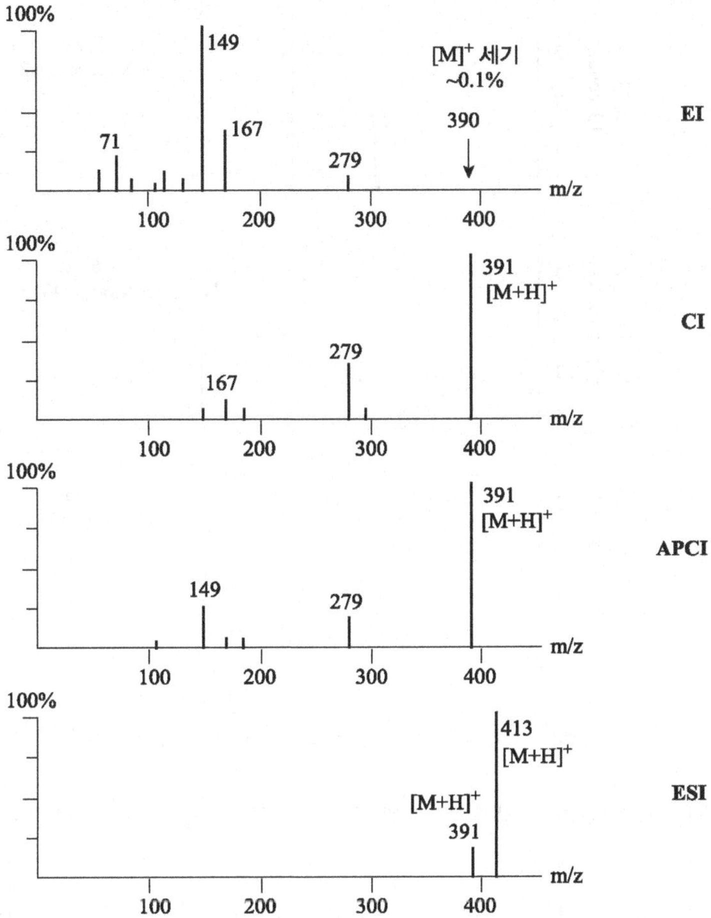

그림 4.16 이온화 방법에 따른 dioctyl phthalate의 질량 스펙트럼[20]

4.5.1 전자 이온화

전자 이온화(electron ionization, EI)(이전에는 전자 충격(electron impact) 또는 전자 충돌(electron bombardment)이라고 함)는 가장 일반적이며 널리 사용되는 최초의 이온화 방법이기 때문에 MS에서 오랜 역사를 가지고 있다. EI는 모든 GC/MS 기기에 있어서 표준화된 이온화 과정이다. 거의 모든 상업적인 기기에서는 고정된 70 eV의 이온화 에너지가 사용되고 있기는 하지만, 최근에는 특별한 목적을 위해서 이온화 에너지를 사용자가 선택(조절)할 수 있도록 되어 있는데, 이는 많은 양의 분자 정보를 얻을 수 있게 해 준다(그림 4.17). 스펙트럼에서 볼 수 있듯이 70 eV에서는 주피크인 m/z 182의 세기는 작고 조각 이온들(m/z 51, 77, 105 등)은 많이 생성되었지만, 14 eV에서는 m/z 182가 기준 이온으로 나타났고 조각 이온은 적고 세기도 낮게 나타났다.

20 J. Greaves, J. Roboz, Mass Spectrometry for the Novice, CRC Press, 2014.

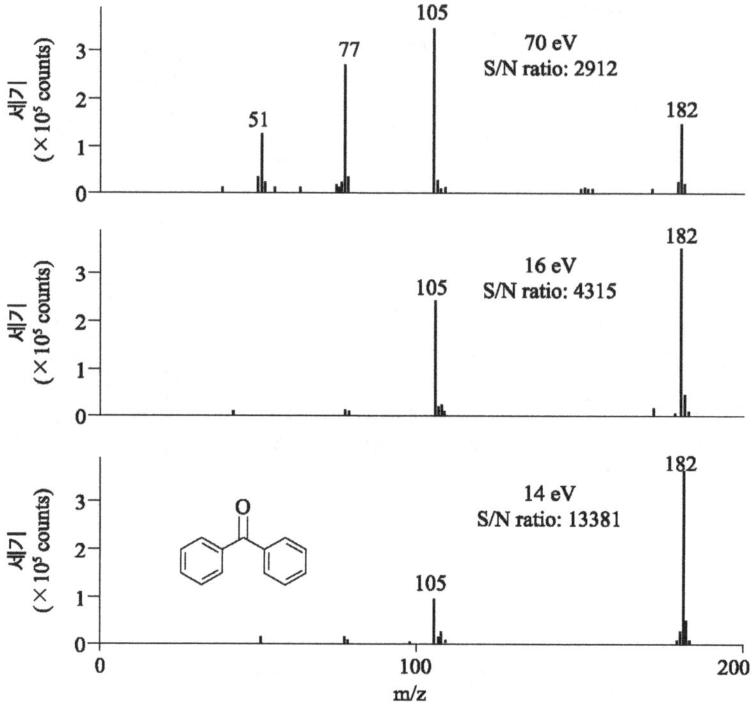

그림 4.17 Benzophenone의 이온화 에너지에 따른 EI 스펙트럼

MS 기기의 진공 챔버 내부에 위치한 EI 이온원은 열린 구멍이 있는 스테인레스강 재질의 부피가 1 mL 정도의 상자로 되어 있으며, 시료가 도입되어 이온화된 후에는 분석관으로 방출되게 구성되어 있다(그림 4.18). EI 이온원은 200 ~ 250 °C로 유지되어 분석 물질이 기체상을 유지하면서 벽면에 증착되는 것을 방지하며, 이온원 내에

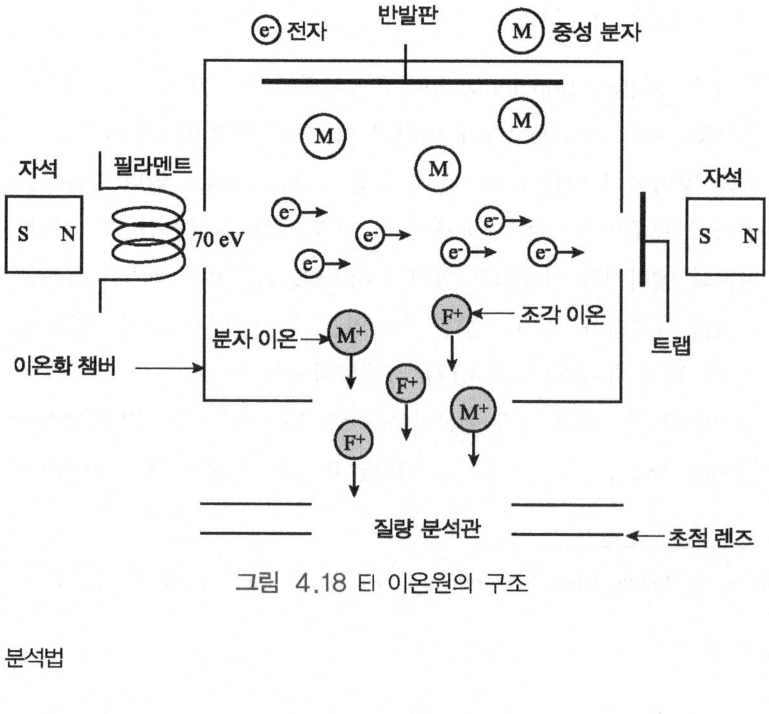

그림 4.18 EI 이온원의 구조

있는 시료의 증기압은 $10^{-7} \sim 10^{-2}$ Torr 범위이어야 한다. 가열된 텅스텐 또는 레늄 필라멘트는 이온원을 가로 질러서 분석 물질을 공격하는 전자 빔(열 이온 전자)을 생성하는 데 사용된다. 서로 반대편에 있는 필라멘트와 트랩(trap) 사이의 전위차는 전자가 이온원을 가로질러 이동하게 한다. 이온원의 바깥쪽 가까이에 있는 작은 영구자석은 전자가 이온원을 가로지를 때 나선형 경로로 전자를 조준함으로써 전자가 분석 물질을 이온화 할 가능성을 높여준다. 그럼에도 불구하고, EI 이온원은 이온원에 유입된 분석 물질의 약 0.1 %만이 이온화되기 때문에 비효율적이다.

필라멘트와 트랩 사이의 전위 강하(가변적임)는 일반적으로 70 eV(효율과 재현성을 위함)로 설정되어 이온원을 가로질러서 전자에 에너지를 제공한다. 질량 분석관을 향하는 출구 반대쪽에 위치한 반발판(repeller plate)의 전압은 이온들을 전자 흐름의 수직 방향으로 향하게 하여 이온 챔버의 밖으로 내보내고, 적절한 전압이 걸린 렌즈들에 의해 집중되어 질량 분석관으로 가속시킨다. 이와 같이 형성된 이온빔은 $10^{-7} \sim 10^{-14}$ A 범위의 전류가 된다.

일반적으로 중성 분자가 전자와 충돌하는 동안 얻은 에너지가 약 10 eV를 초과할 때 이온화가 일어나는데, 이 에너지는 작은 유기 분자의 전형적인 이온화 퍼텐셜 에너지에 해당된다. 중성 분자의 최외각에 있는 전자(원자가 전자) 한 개를 제거하면 양으로 하전된 이온이 형성된다. 모든 중성 화학종에 있는 전자들은 짝을 지어있기 때문에, 전자의 손실로 인해 짝짓지 않은 이온, 즉 라디칼 양이온을 갖는 이온을 생성한다($M^{\bullet +}$). 중성 분자를 이온화시키고 에너지는 진동 및 전자 들뜸을 통해 이완(소멸)되며, 이것이 결합을 끊지 않고 이루어지는 경우에는 분자 이온만 형성된다. 예를 들어, 방향족 화합물에서 분자 이온을 보존하는 데 필요한 에너지 분포를 허용하는 불포화 고리 내의 결합 사이에 있는 공명이 이에 해당한다. 가장 단순한 다환 방향족 탄화수소(PAHs)인 anthracene의 EI 스펙트럼은 그림 4.19(a)와 같이 거의 분자 이온만을 나타낸다. 하지만 일반적으로는 과량의 흡수 에너지가 결합을 끊어서 다양한 조각내기와 재배열(rearrangement) 이온을 형성한다. 예를 들어, 포화된 성질을 나타내고 탄소 원자 사이에 한 개의 결합이 있는 지방족 화합물에서는 이온화 중에 부가된 과량의 에너지는 수용될 수 없어서 결합이 끊어져 조각이 생긴다. 그 결과 분자 이온은 남아있지 않고 헥세인에서처럼 조각들의 세기가 크게 관찰되며 분자 이온은 작게 나타난다(그림 4.19(b)).

한편, 유기 화합물들을 이온화시키는 데 필요한 에너지는 70 eV보다 훨씬 낮은 15 eV 이하 정도이다. 표 4.9에 간단한 물질들의 일차 이온화 퍼텐셜(IP)을 나타내었다.

EI에서 이온화 과정 중에 나타나는 상황을 좀 더 상세히 살펴보면 다음과 같다.

1) 기화된 상태의 시료가 이온원으로 들어오면 70 eV의 에너지를 가진 전자가 중성 분자(시료)를 두드리는데, 70 eV는 유기 분자를 이온화하는 데 가장 효율적

표 4.9 화합물들의 1차 이온화 퍼텐셜(eV)[21]

화합물	1차 이온화 퍼텐셜	화합물	1차 이온화 퍼텐셜
Helium	24.60	Pentane	10.34
Nitrogen	15.30	Nitrobenzene	10.18
Carbon dioxide	13.80	Benzene	9.56
Oxygen	12.50	Toluene	9.18
Propane	11.07	Chlorobenzene	9.07
1-Chloropropane	10.82	Propylamine	8.78
Butane	10.63	Aniline	8.32

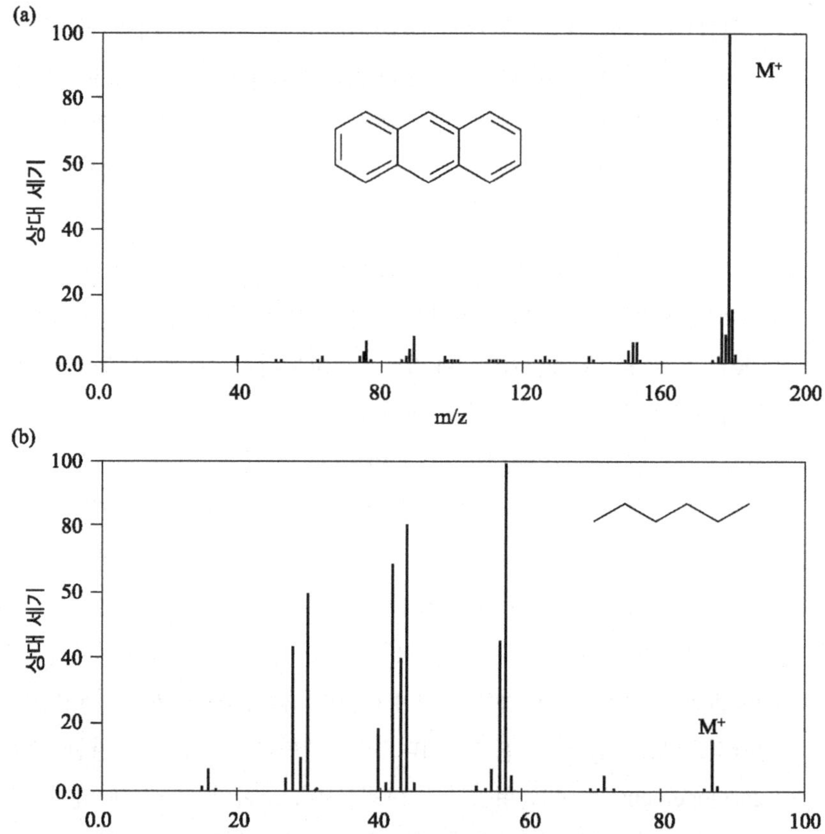

그림 4.19 (a) 방향족 화합물과 (b) 지방족 화합물에 대한 EI 스펙트럼 비교

인 에너지 값이다.

2) 충격으로 인하여 중성 분자의 전자 한 개를 빼앗기고, 내부 에너지가 증가된 분자 이온이 형성된다. 비록 전자 충격이라고는 하지만, 전자들이 분자들을 직접 때리면서 이루어지는 것이 아니고 전자들이 시료 분자들을 통과하거나 가까이

21 Hans-Joachim Hübschmann, Handbook of GC/MS: Fundamentals and Applications, Wiley- VCH, Germany, (2001).

지나갈 때 전자들과 분자들의 장(field)의 상호작용에 의해서 형성된다. 그 과정은 다음과 같이 설명될 수 있다:

$$\mathbf{M + e_b \rightarrow M^{\bullet +} + e_m + e_b'}$$

여기서 e_b는 충돌 전 충격하는 전자, M은 시료 분자, $M^{\bullet +}$는 분자 이온, e_m은 시료에서 방출된 전자, e_b'는 충돌 후 충격하는 전자이다.

3) 질량은 작지만 높은 운동 에너지를 가진 전자들은 충격 받은 분자들의 병진 운동 에너지의 증가에는 거의 기여하지 못하지만, 분자들은 높은 들뜬 상태의 진동 상태와 회전 상태로 남아 있게 된다. 즉, 내부 에너지의 증가로 인하여 일련의 분자의 진동과 회전, 분자 내 원자의 재배치 등을 하게 된다.
4) 이들 이온들이 이완될 때 분자 이온들은 조각내기를 함으로써 안정화되고 완전한 질량 스펙트럼을 만들게 된다. 1가 전하 이온의 운동 에너지(KE)는 eV로 나타낼 수 있으며, 여기에서 e는 이온의 전하이며, V는 가속 퍼텐셜이다.

$$
\begin{array}{lllll}
ABC^{\bullet +} & \longrightarrow & AB^{+} & + & C^{\bullet} \\
 & & AB^{\bullet} & + & C^{+} \\
 & & A^{\bullet} & + & BC^{+} \\
 & & A^{+} & + & BC^{\bullet} \\
 & & AC^{\bullet +} & + & B
\end{array}
$$

그림 4.20 EI에서의 이온화/조각화 과정

한편, EI의 이온화 및 조각화 과정은 그림 4.20과 같이 나타낼 수 있다. 먼저, 이온원의 필라멘트에서 형성된 70 eV의 에너지를 가진 전자(e^-)와의 충돌에 의하여 중성 상태의 ABC의 구조를 가진 화합물은 짝짓지 않은 홀수 전자(odd electron)인 $ABC^{\bullet +}$를 형성한다. 여기에서 이온 $ABC^{\bullet +}$를 **분자 이온**이라고 하며 $M^{\bullet +}$로 나타낸다. 내부 에너지가 높아진 상태가 된 $ABC^{\bullet +}$는 내부 에너지의 안정화를 위하여 일차 조각내기가 이루어져서 $A^{\bullet}$와 BC^{+}, AB^{+}과 $C^{\bullet}$, AB^{+}와 $C^{\bullet}$ 등을 형성한다. 이들 중에는 다시 B^{+}와 C, B와 C^{+}, A와 B^{+}, A^{+}와 B 등으로 다시 조각내기가 이루어지는 것들도 있다. 하지만 조각내기된 생성물들 중에서 이온 상태의 화학종들이 스펙트럼에 나타난다.

중성 분자로부터 전하를 띤 분자 이온($ABC^{\bullet +}$)을 만들려면 분자의 일차 이온화 퍼텐셜에 도달하여야 한다. 그 값은 전자가 궤도로부터 제거되어야 하는 수치이므로 최외각 분자 궤도 함수의 특성에 의존한다. 유기 분자들의 궤도 함수는 일반적으로 다섯 종류가 있는데, σ-결합(σ-bonding, σ), σ-반결합(σ-antibonding, σ*), π-결합(π-bonding, π), π-반결합(π-antibonding, π*), 비결합(non-bonding, *n*) 궤도 함수들이다.

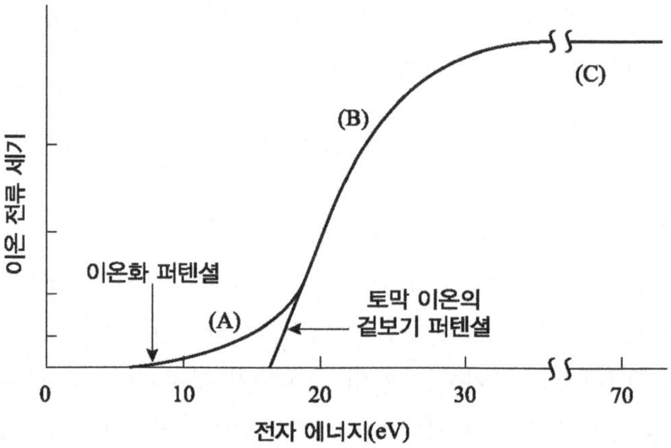

그림 4.21 전자 에너지에 따른 이온 전류의 세기: (A) 분자 이온이 주로 생성되는 영역, (B) 조각 이온의 생성이 증가되는 영역, (C) 조각 이온이 안정적으로 생성되는 영역[22]

표 4.9에서 보는 바와 같이 대부분의 유기 분자들의 일차 이온화 퍼텐셜은 8 ~ 15 eV이다. 그렇지만 전자 이온화법에서는 전형적으로 70 eV의 전자가 사용된다(그림 4.21). 일정량의 물질이 이온원으로 들어갈 때 신호 세기(이온 전류 세기)는 전자 에너지(즉, 이온화 에너지)가 증가함에 따라서 변함을 알 수 있다. 신호 세기의 증가는 이온화 퍼텐셜에 도달할 때 시작된다. 이보다 바로 아래의 세기는 비균질 전자빔의 결과로서 생성된다. 일반적으로 신호 세기는 평평한 지점에 도달할 때까지 이온화 에너지 증가에 따라서 증가된다. 그 이상에서는 이온화 에너지가 증가되더라도 약간의 감소를 나타낸다. 따라서 빛살(빔) 기기의 이온화 에너지를 통해서는 신호 세기에 있어서 더 이상의 증가를 가져오기는 곤란하다.

EI에서 70 eV의 이온화 에너지를 사용하는 이유는 이온화 효율과 질량 스펙트럼의 재현성 때문이다. 이 세기는 분자를 이온화하기에 필요한 양보다 훨씬 큰 에너지인데, 이 에너지는 분자의 회전 운동, 병진 운동, 진동 운동, 전자 에너지 등의 형태로서 분자 이온으로 이동된다. 이 중에서 진동 운동 에너지와 전자 에너지는 질량 분석학에서 매우 중요한데, 이들은 들뜬 상태에서 안정화를 위해서 새로운 이온과 중성 입자로 만드는 조각내기에 기여하기 때문이다. 따라서 낮은 이온화 에너지(0 ~ 17 eV 영역)에서는 주로 분자 이온인 M^{+}가 생성되며, 17 ~ 70 eV 영역에서는 조각 이온들이 생성된다(그림 4.21).

70 eV 전자 에너지를 사용하여 얻은 EI 스펙트럼의 중요한 장점은 조각 이온의 상대 세기와 조각내기 패턴이 사용된 기기의 유형에 무관하게 거의 일치한다는 것이다. 즉, 이온화 전자 에너지가 분석 물질을 이온화하는 데 필요한 것보다 과량이어서 이

22 J. Throck Watson, Introduction to Mass Spectrometry, Raven Press, New York, (2007).

온원의 디자인이나 작동 파라미터의 차이로 인한 효과를 무시할 수 있기 때문에 EI 스펙트럼은 재현성이 좋다.

전자 이온화 과정은 일반적으로 좁은 범위의 에너지 분포를 가진 양이온을 생성하는 방법이지만, 분자 이온에 전자가 붙어서 음이온이 되려면 극히 낮은 에너지(약 1 eV)에서만 가능하다. 이렇게 해서 생성된 분자 음이온은 상대적으로 불안정하므로 쉽게 조각내기가 이루어진다. 이들 음이온을 이용해서 분자 이온의 구조를 예측할 수도 있겠지만, 불행히도 그런 경우는 거의 없으며, 음이온 스펙트럼은 단지 몇 개의 조각 이온만을 만들 뿐이다. 그렇지만 분자가 나이트로(NO_2)나 할로젠류, 하이드록시기(−OH)를 가지고 있으면 이들은 전기 음성도가 있어서 전자들을 끌어당기기 쉬우므로 음이온들이 상대적으로 많이 생기며 이들로부터 구조에 대한 정보도 얻을 수도 있다.

EI에서 다양한 유기 화합물 부류의 조각내기를 지배하는 규칙은 잘 정립되어 있으며 책이나 논문으로 나와 있다. 이러한 EI 스펙트럼의 재현성은 거대한 스펙트럼 라이브러리(library)를 만들 수 있게 하였으며, 현재 Wiley에서는 775,000 화합물, NIST에서는 306,000 화합물에 대한 라이브러리를 보유하고 있는데, 약물 및 그 대사체, 농약, 스테로이드 호르몬, 향기 성분 등 다양한 화학종들끼리 모아 놓은 라이브러리가 상용화되고 있다. 컴퓨터를 사용하여 미지의 스펙트럼을 이 라이브러리의 스펙트럼과 비교함으로써 화합물의 정보를 알 수 있다. 컴퓨터를 통해서 제시된 결과는 표준물질의 스펙트럼과 일치되는 정도를 %로 나타내어서 %가 높은 순서대로 나열해 놓는데 높은 %라고 반드시 일치하는 것이 아니므로 주의해서 받아들여야 한다. 그리고 이 결과에 대해서는 반드시 표준 물질을 구해서 동일한 조건에서 분석하여 머무름 시간과 스펙트럼의 일치 여부를 확인하여 최종적으로 해당 화합물임을 확인할 필요가 있다.

정리하면, EI의 장점은 분자량이 작은 분자 분석에서 구조 정보를 제공하는 보편적이고 견고하며 에너지가 풍부하고 재현성 있는 이온화 방법이라는 것이다. EI와 관련된 에너지는 단점이기도 한데, 이는 이온화로 인해 분석 물질의 광범위한 조각내기가 발생하여 종종 분자 이온 $[M]^{+}$이 거의 나타나지 않는 것이다. 분자 질량 정보를 제공할 필요가 없이 라이브러리 검색을 통해 알려진 화합물의 정체성을 결정/확인하거나 미지의 분석 물질에 대한 구조적 특성을 얻는 것을 목표로 할 때는 적합한 방법일 수 있다. 그리고 EI는 GC/MS에서 가장 일반적으로 사용되는 이온화 방법이다.

4.5.2 화학 이온화법

화학 이온화법(chemical ionization, CI)은 1960년대 중반에 개발된 이후 화학 물질의 구조 해석에 매우 유용한 도구로 사용되었지만 현재는 ESI를 비롯한 다른 효과적인 이온화 방법의 개발로 인하여 그다지 많이 사용되고 있지는 않다. 이 방법은 **시약 분자**(reagent molecule) 또는 **시약 기체**(reagent gas)인 중성 분자와 분자/이온들이 상호 작용을 하여 새로운 이온을 만드는 것이다. 즉, 시약 기체로부터 시료 분자로 전하를 이동시키는 방법으로써 전하 이동을 통하여 시료의 분자 이온과 새로운 시약 이온이 생성된다. 시약 이온의 내부 에너지가 시료 분자로 매우 작게 전달되기 때문에 생성되는 조각 이온들의 양에 비해서 분자 이온의 생성은 증가하게 된다. 이 때문에 화학 이온화법은 '**연성 이온화**(soft ionization)' 방법이라고 한다. 이온들의 생성 과정에 따라서 화학 양이온화법(positive chemical ionization, PCI)과 화학 음이온화법(negative chemical ionization, NCI)이 있으며, 적절한 시약 기체로부터 시약 이온을 생성시키기 위하여 전자 이온화법(대략 100 ~ 200 eV 정도)이 사용되며 그 과정은 다음과 같다.

에너지를 가진 전자빔이 나오고 있는 이온원으로 시료가 들어가지만 이온원에는 시약 기체가 시료에 비하여 훨씬 많은 양(0.3 ~ 1 Torr)이 존재하고 있기 때문에 확률적으로 시약 기체들이 먼저 이온화된다. 비록 시료가 이온화되더라도 적은 수만이 조각 이온을 형성하게 된다. 메테인이 시약 기체로 사용될 경우, 전자 이온화법에 의해서 메테인 기체가 이온화되면 먼저 시약 기체의 분자 이온($CH_4^{\bullet+}$)이 형성된다:

$$CH_4 + e^- \rightarrow CH_4^{\bullet+} + 2e^-$$

그렇지만, 이온원은 메테인의 압력이 높으므로 메테인 분자 이온들이 다른 중성의 메테인 분자들과 충돌하는 횟수가 현저히 많아진다($CH_4^{\bullet+} + CH_4 \rightarrow CH_3^{\bullet} + CH_5^+$).

이 경우 $CH_4^{\bullet+}$는 양성자 주개인 산으로 작용하고, CH_4는 양성자 받개, 즉 염기로 작용한다. 양성자가 첨가된 메테인 이온(CH_5^+)도 산/염기 작용에 따라서 양성자 주개로 작용한다. 시료 분자(M)가 이온원에 들어오면 CH_5^+로부터 양성자 한 개가 이동되어 시료 분자에 양성자가 첨가된 유사 분자 이온인 MH^+가 형성되며, 이것은 분자 이온보다 1 amu가 큰 m/z를 갖게 되며, 전자 충격법에 의해 생성된 분자 이온보다는 내부 에너지가 훨씬 낮으므로 조각 이온의 형성이 현저히 줄어들게 된다:

$$CH_5^+ + M \rightarrow CH_4 + MH^+$$

이러한 양성자 첨가 반응의 경우에 시료 분자의 **양성자 친화도**(proton affinity, PA)가 시약 기체의 PA보다 커야 한다. 시약 기체의 양성자 친화도 PA의 선택을 통해서 시료 분자로 전달되는 에너지의 양과 조각내기 정도, 선택성 등이 조절될 수 있다.

하지만 시약 기체의 PA가 시료 분자의 PA보다 클 경우에는 양성자 첨가 반응이 일어나지 않는다.

CI에서는 기체 반응에 따라서 양이온뿐만 아니라 음이온도 생성될 수 있다. 일반적인 GC/MS 시스템에서는 화학 양이온(PCI)만이 검출되도록 되어 있으므로 화학 음이온(NCI)을 검출하기 위해서는 분석관의 퍼텐셜의 극성과 전환 다이노드를 갖춘 전자 증배관의 극성이 반대가 되는 장치가 필요하다. 특별한 기기에서는 CI에서 생성된 양이온과 음이온을 동시에 검출할 수 있는 장치(pulsed positive ion-negative ion chemical ionization, PPI-NICI)가 있는데, 이는 한 번 분석으로 두 벌의 자료 파일(PCI와 NCI 스펙트럼)을 얻게 된다.

4.5.2.1 화학 양이온화

화학 양이온화법(positive chemical ionization, PCI) 반응에는 양성자 첨가 반응, 수소 음이온 제거 반응, 전하 교환 반응 등이 있다. PCI에서 가장 빈번하게 일어나는 반응은 양성자 첨가 반응으로써 **유사 분자 이온**(pseudo-molecular ion)인 $[M+H]^+$를 형성하며, 반응은 다음과 같다:

$$M + RH^+ \rightarrow MH^+ + R$$

여기서 M은 분석 물질, RH^+는 양성자화된 시약 기체, R은 시약 기체이다.

양성자 첨가 시약 기체(RH^+)의 원천으로는 메테인, 물, 메탄올, 아이소뷰테인, 암모니아 등이 사용된다(표 4.10).

메탄올은 조각내기 정도와 선택성에서 중간 세기의 시약 기체이며, 메테인은 덜 선택적이며 강한 CI 시약 기체로 분류된다. 아이소뷰테인($i\text{-}C_4H_{10}$)과 암모니아는 전형적인 약한 CI 시약 기체이다.

양성자 첨가 반응에 의해 생성된 CI 스펙트럼은 유사 분자 이온인 $[M+H]^+$를 나타내

표 4.10 양성자 첨가 반응에 사용되는 시약 기체[23]

시약 기체	시약 이온	PA [kJ/mol]
H_2	H_3^+	422
CH_4	CH_5^+	527
H_2O	H_3O^+	706
CH_3OH	$CH_3OH_2^+$	761
$i\text{-}C_4H_{10}$	$t\text{-}C_4H_9^+$	807
NH_3	NH_4^+	840

23 Hans-Joachim Hübschmann, Handbook of GC/MS: Fundamentals and Applications, Wiley- VCH, (2000).

며 미약하지만 조각내기는 이 이온에서부터 시작된다. 유사 분자 이온은 시약 기체의 첨가 생성물로부터 생성된 신호(m/z)에 의해서 알 수 있는데, 메테인의 경우는 $[M+H]^+$, $[M+C_2H_5]^+$, $[M+C_3H_5]^+$가 나타나며, 암모니아의 경우는 $[M+H]^+$, $[M+NH_4]^+$가 나타난다.

수소 음이온 제거 반응에서는 수소 음이온(H^-)이 분석하고자 하는 분자(M)로부터 시약 이온(R^+)으로 이동된다. 반응은 $M + R^+ \rightarrow RH + (M-H)^+$이며, 이 과정은 메테인 시약 기체가 사용될 때에 관찰되는 것으로서 메테인 뭉치 이온(cluster ion) 내에 포함된 $C_2H_5^+$ 이온(m/z 29)이 분석 물질의 알킬 사슬로부터 수소 음이온을 제거하는 것이다.

전하 교환 반응은 시료 분자(M)가 시약 이온(R^+)과 전하를 교환해서 분자 이온(M^+)을 형성하는 반응으로서 EI에서처럼 홀수 전자의 라디칼 분자 이온을 형성한다:

$$M + R^+ \rightarrow R + M^+$$

따라서 조각내기의 양상은 EI 스펙트럼과 비슷하며 조각내기 정도는 시약 기체(R^+)의 이온화 퍼텐셜에 의해서 결정된다. 전하 교환에 의한 이온화를 위해 사용되는 일반적인 시약 기체는 벤젠, 질소, 일산화 탄소, 산화 질소, 아르곤 등이 있다.

4.5.2.2 화학 음이온화

음이온은 EI 조건에서도 생성되기도 하지만 양이 매우 작아서 분석에 이용될 수는 없다. 음이온을 의도적으로 생성하기 위해서는 열전자를 첨가하거나 전하 교환을 하거나 양성자를 제거함으로써 가능한데, 이 방법이 **화학 음이온화법**(negative chemical ionization, NCI)이며, 전자 포획 반응, 전하 이동 반응, 양성자 제거 반응 등에 의해서 음이온들이 생성된다.

전자 포획 반응은 NCI에서 가장 많이 일어나는 반응이다. 기체 크로마토그래프의 전자 포획 검출기(ECD)에서의 물질의 거동과 거의 유사하며 용도도 유사하고, 유기 화합물을 분석하는 질량 분석기 중에서 검출 한계가 가장 낮다(즉, 감도가 높다).

전자 친화도가 큰 물질에 대해서는 감도가 매우 높으며, 5 ~ 6개 할로젠 원자를 가진 분자들의 경우에 NCI는 EI에 비해 매우 높은 선택적인 감응을 나타낸다(그림 4.22). EI에서는 염소(Cl)의 원자수가 증가함에 따라서 감응도는 감소할 수도 있는데, 이는 개개의 동위 원소 질량에 의해서 전체 신호가 분할이 되기 때문이다. NCI 방식에서는 ECD에서와 유사하게 전기 음성도의 증가 때문에 Cl이 증가함에 따라서 감응도가 증가한다. 따라서 dioxines과 furans은 염소가 많이 붙어 있는 화합물이지만, 염소원자가 4개인 2,3,7,8- TCDD의 경우는 EI 방법이 더 감도가 좋다. NCI에서는

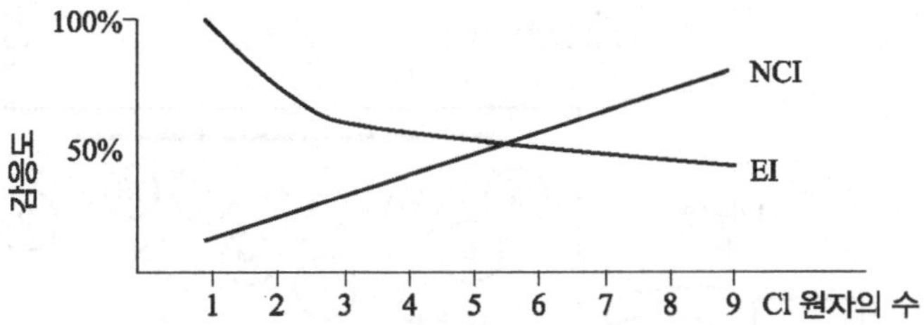

그림 4.22 염소(Cl) 원자수의 증가에 따른 NCI와 EI 방식에서의 감응도 비교[24]

ECD와 마찬가지로 할로젠 원자의 수뿐 아니라 분자내에서 그들의 위치에 따라서 감도가 달라진다. 미량 분석을 위해서는 과불화 시약(예, heptafluorobutyric anhydride, per- fluorobenzoyl chloride)을 사용하여 유도체화한 후 NCI에서 분석하면 감도가 크게 증가한다.

전하 이동 반응에서는 음이온 상태의 시약 이온(R^-)과 시료 분자(M) 간의 전자 이동에 의해서 이온화가 이루어진다. 이 반응은 $M + R^- \rightarrow M^- + R$이며, 분석 물질의 전자 친화도가 전자 주개인 시약 기체(R)의 전자 친화도보다 클 때 일어난다.

양성자 제거 반응은 시료 분자로부터 양성자를 제거함으로써 가능하다. 알코올이나 페놀과 같은 산성 수소를 가진 물질들은 약한 이온화 반응을 일으킨다. 반응은 $M + R^- \rightarrow [M-H]^- + RH$이며, 양성자 제거는 시약 기체 이온의 양성자 친화도가 분석 물질의 양성자 친화도보다 클 때 일어난다. OH^-와 같은 강염기가 이온화를 위한 시약으로 사용되며, 시약보다 더 염기성인 물질들은 이온화되지 않는다.

4.5.2.3 시약 기체

메테인은 CI에서 가장 많이 사용되는 시약 기체 중 하나이며, 반응성이 강한 시약 기체이므로 많은 에너지가 시료에 전달되기 때문에 광범위한 조각내기를 초래할 수 있다. 메테인의 시약 기체 뭉치에는 m/z 17 (CH_5^+, 50 %), m/z 29 ($C_2H_5^+$, 48 %) 이온이 많이 존재하며, m/z 41 ($C_3H_5^+$, 2 %)이 약간 존재한다. 상태가 좋은 CI에서는 m/z 17 대 m/z 16의 비가 10:1이다. 양성자 친화도가 낮은 메테인의 경우는 $[M+C_2H_5]^+ = [M+29]^+$와 $[M+C_3H_5]^+ = [M+41]^+$가 존재하므로 분석물의 분자 질량을 해석하는데 도움이 된다.

암모니아는 양성자 첨가 반응에 있어서 매우 약한 시약 기체이고, 선택성이 높아서 많은 활성 물질들의 미량 분석에 널리 사용된다. 분석 물질과 첨가 생성물인 $[M+NH_4^+]$와 $[M+N_2H_7]^+$를 형성하며, 가끔 $(NH_3)_n \cdot NH_4^+$가 부가 생성물로 형성되기

24 Hans-Joachim Hübschmann, Handbook of GC/MS: Fundamentals and Applications, Wiley- VCH, (2000).

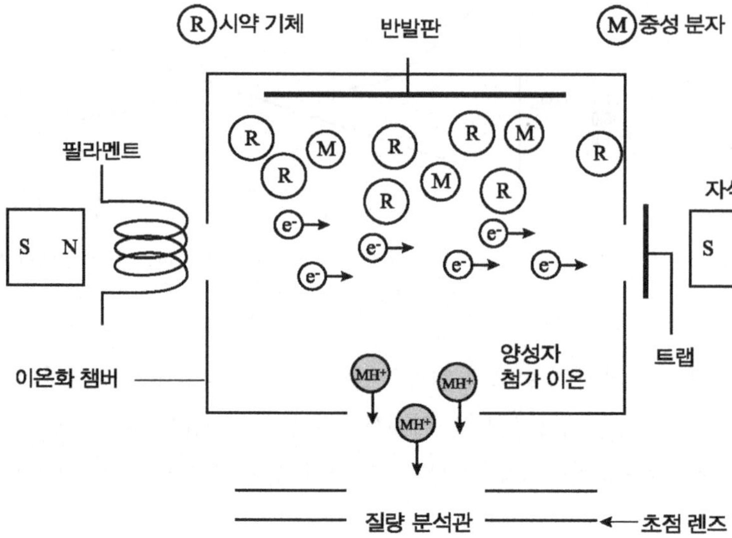

그림 4.23 화학 이온화(CI)의 구조

도 한다. 암모니아 저장 실린더에는 특별한 저감 밸브 장치가 필요하며 공격적인 성질 때문에 부식이 잘 일어나므로 전체 연결관 시스템이 잘 관리되어야 한다.

아이소뷰테인도 메테인과 마찬가지로 화학 이온화법에 잘 알려진 시약 기체이며, 가장 비극성인 화합물인 alkane 류를 이온화시키는 데 유리하다. *t*-Butyl 양이온(m/z 57)이 시약 기체 뭉치 이온들 중 주된 생성물인데 이는 시약 기체의 약한 성질 때문이다. 아이소뷰테인은 작용기가 많고 극성이 있는 화합물의 양성자 첨가 반응에 사용되고, 선택성이 높으며 조각내기가 거의 일어나지 않지만 이온원을 검댕이로 오염시키는 문제점이 있어서 필라멘트의 손상을 가져오기 때문에 이온원을 세척해야 하는 빈도가 높아진다. 분석 물질과의 첨가 생성물로는 $[M+C_4H_9]^+$이다.

4.5.2.4 EI와 CI의 비교

EI 이온원을 비롯한 질량 분석기 내부 전체는 $10^{-5} \sim 10^{-7}$ Torr 진공 상태에 있지만, CI 이온원은 공급되는 시약 기체는 이온화 반응을 일으켜서 분자 이온을 생성하여 질량 분석관으로 들어간 후에도 후속해서 공급되는 시약 기체의 압력이 약 1 Torr가 되도록 설계되어 있다(그림 4.23). 이는 EI 이온원보다 작은 분석관 출구 슬릿을 만들고 이온 트랩을 제거함으로써 가능하게 된다.

CI에서는 전자 빔의 에너지를 200 eV까지 상승시켜서 시약 화학종의 형성을 증가시킴으로써 CI의 효율이 향상되고, 진공 시스템에서는 차동 펌프질(differential pumping)을 하여 과량의 시약 기체를 제거함으로써 질량 분석관의 압력에는 영향을 미치지 않도록 설계되어 있다.

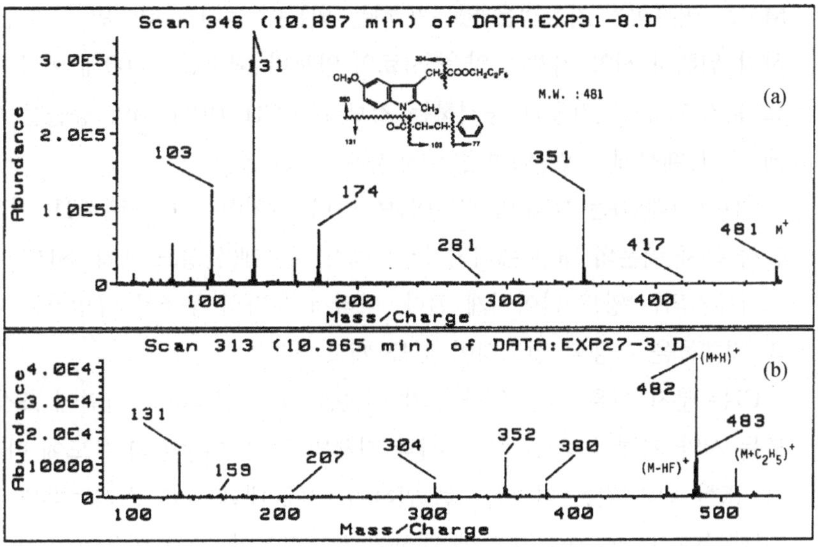

그림 4.24 (a) EI와 (b) PCI로부터 얻은 질량 스펙트럼의 비교[25]

분석 물질 이온에 가해지는 에너지의 양을 줄이는 또 다른 방법은 EI 이온원에서 사용된 온도인 250 °C가 아닌 약 150 °C에서 CI 이온원을 작동시키는 것이다. 낮은 이온원의 온도는 일부 화합물의 조각내기 정도를 현저하게 줄일 수 있다.

이온원의 EI 방식이 CI 방식으로 완전히 바뀌지 않으면 EI/CI 혼합 스펙트럼이 생성되기도 한다. CI 방식에서는 이온원의 압력이 높아서 오염이 쉽게 되므로 원래 EI 시스템의 감도를 회복하기 위해서는 세척이 필요하기도 하다. 일반적으로 EI와 CI 이온원은 컴퓨터상에서 쉽게 변환이 가능하게 되어 있다.

CI에서 생성되는 유사 분자 이온은 에너지가 낮아서 조각 이온 형성이 매우 적기 때문에 EI 스펙트럼에서 관찰되는 분자 이온에 비하여 CI에서 나타나는 유사 분자 이온은 훨씬 많다. 그림 4.24는 PFP-cinmetacin의 EI(그림 4.24(a))와 CI 질량 스펙트럼을 비교한 것이다. CI 스펙트럼(그림 4.24(b))에서는 조각 이온의 개수가 EI 스펙트럼(그림 4.24(a))에 비하여 훨씬 적음을 볼 수 있으며, 유사 분자 이온인 $[M+H]^+$ 피크가 크게 검출된다. 이와 같이 CI에서는 조각 이온으로부터 분자의 구조에 대한 정보는 적게 얻는 대신에 분자량에 대한 정보를 얻을 수 있으므로 EI에서는 분자량은 거의 나타나지 않고 조각 이온들만 생성되는 지방족 탄화수소 화합물 등에서 분자량을 확인하는 데 아주 용이하다.

CI 이온원에서 시약 기체인 메테인과 마찬가지로 전자 충격에 의해서 시료 M이

25 Seung-Woon Myung, Myungsoo Kim, Chang-No Yoon, Jong-Sei Park, Woon-Sun Ahn, J. Chromatogr. B, **660**, 75 (1994).

$M^{\cdot+}$로 이온화될 가능성은 없는가 하는 의문이 들기도 하지만 이런 문제점을 극소화 하기 위해서 시약 기체의 양을 시료의 양보다 최소한 1,000배 이상 높게 해주면 시료 분자(M)는 전자들과 충격하는 것보다는 CH_5^+(메테인)와 충돌할 확률이 훨씬 높게 되기 때문에 그런 염려는 하지 않아도 된다.

CH_5^+(메테인)는 NH_4^+(암모니아)보다 더 산성이 강하므로 CH_5^+에 의해서 생성된 유사 분자 이온의 내부 에너지가 더 크기 때문에(산성도 세기: $NH_4^+ < C_4H_9^+ < CH_5^+$) 조각내기되는 양도 많아지게 된다. 따라서 분자의 구조를 규명하는 데는 다른 종류의 기체들을 사용할 필요성이 있을 때도 있다.

CI는 분자 이온 혹은 유사 분자 이온을 크게 생성하는 반면에 조각 이온 생성 정도는 시약 기체의 종류, 시료, 시약 기체의 압력, 이온원의 온도에 따라 많이 의존한다. 또한 위와 같은 다양함으로 인하여 CI에 대한 표준 스펙트럼은 EI에 비하여 적기 때문에 library search 등에 대하여 제한적이며, 조각 이온이 없기 때문에 구조 분석에 대한 정보를 얻기가 어려울 수도 있다.

4.5.3 전기 분무 이온화

전기 분무 이온화법(electrospray ionization, ESI)은 1990년대 이후 질량 분석법에 큰 변혁을 일으켰으며, 저분자량 화합물에서부터 생체 고분자에 이르는 극성 화합물에 대한 우월적인 이온화 방법으로써 그동안 질량 분석기로는 접근할 수 없었던 광대한 새로운 연구 영역까지의 연구를 가능하게 해주고 있다. ESI는 가장 부드러운 이온화 기술이며 이 에너지는 이온 생성에 필요한 에너지보다 약간 높을 뿐이다.

ESI는 오랫동안 질량 분석학자들이 원했던 기술인 극성 화합물을 분해를 일으키지 않고 휘발시킬 수 있는 목표를 달성할 수 있었다. ESI 이전에는 시료를 고체 탐침(probe)에서 증발시켜 이온원으로 도입하는 방법을 사용하기도 하였다. 탐침을 가열하면 극성 화합물에 대해서는 유용한 스펙트럼을 생성하지 못하고 대신 탐침 팁에서 분해된 물질의 잔류물이 생성되기도 하였다. ESI 과정은 표면으로부터 분석 물질을 기화시키는 대신 하전 상태로 분무된 분석 물질 용액에서 이온들이 형성된다. 미세 방울이 연속해서 건조(탈용매)되면 결국은 방울이 붕괴되어 이온화된 분석 물질을 기체상 속으로 방출한다. 또한 진공 챔버 외부의 대기압에서 증발이 일어나며, 액체 흐름으로부터 유도된 거의 모든 기체는 기기 외부에서 제거되므로 질량 분석관 내부의 진공을 유지할 수 있게 된다.

그림 4.25에서 보는 바와 같이 EI에서는 이온원이 고진공 상태에 있지만, ESI나 나중에 소개될 APCI의 경우는 이온원이 대기압력하에 있기 때문에 **대기압력 이온화**(atmospheric pressure ionization, API)라고 한다.

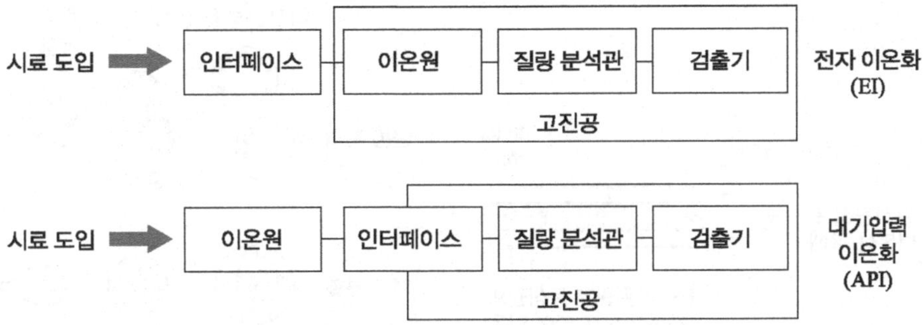

그림 4.25 전자 이온화(EI)와 대기압력 이온화(API)의 구성

API 방법은 ESI든지 혹은 APCI든지 질량 분석기의 진공 시스템 외부에서 이온화가 이루어지므로 진공 상태에서 이온화되는 EI, CI, FAB 등 방법에 비해서 감도와 효율이 증가되도록 진공 연결 장치를 만들 수 있는 장점을 가지고 있다.

ESI는 분석 물질 이온들이 이동상 용액상에서 생성된 후 이동상 용매가 기화된 후에 기체상 분석 물질 이온이 생성되는 API 방법의 하나이다. 즉, ESI 이온원을 사용하고자 할 경우에는 분석하고자 하는 물질이 용액(시료 또는 이동상) 내에서 이미 이온화가 되어 있어야 한다. HPLC나 infusion syringe에서 흘러나온 용액, 즉 전기 전도성 액체(주로 수용액)에 용해된 분석 물질은 진공 챔버를 기준으로 2 ~ 5 kV(양 또는 음)의 높은 전압을 받는 가는 강철 튜브를 통해 흐른다. 이 전압은 가해진 전압과 반대되는 극성의 이온을 제거하여 단지 하나의 전하 형태가 있는 용액을 생성하는데 이는 이온화 과정에 필수적이다. 액체를 운반하는 튜브 바깥에는 직경이 더 큰 외부 튜브가 있으며, 이 튜브를 통해 **덮개 기체**(sheath gas)로 작용하는 질소 기체가 흐르면서(약 5×10^3 Torr) HPLC나 infusion syringe를 이용한 흐름 주입으로부터 나온 용출물들을 하전된 방울 속으로 분무시킨 후 용매들을 건조시킨다(탈용매).

용매의 증발로 인해서 미세 방울들은 점점 더 작은 방울이 되고 궁극적으로는 증기상으로 이온을 방출시킨다. 방울에서 전기장의 밀도가 방울의 붕괴가 일어나는 지점까지 증가하게 되어 용매의 기화가 일어난다.

산성 조건 용액에서 양성자들은 미세 방울 시료들을 양(+)전하를 띠게 하므로 음(−)으로 하전된 방향으로 움직이게 된다. 미세 방울에 있는 용매가 기화됨에 따라 전하 밀도는 증가하고 쿨롱 반발력이 생겨나서 방울들은 연속적으로 붕괴가 일어난다. 이때 방울들이 기화되면서 전하가 용매로부터 분석 물질로 이동하는 환경이 만들어져서 기체상 분석 물질 이온이 생성된다. 기화 과정은 양(+)전하를 띠며 수가 많고 서로 근접해 있는 작은 방울로 분할될 때까지 방울들의 크기를 감소시키는 역할을 한다. 이러한 기화 과정은 흐르는 기체(일반적으로 질소 기체)와 열의 도움으로 가능하다. 미세 방울 시료가 더 작은 크기로 되고, 전하를 띠고 양성자화된 화합물이

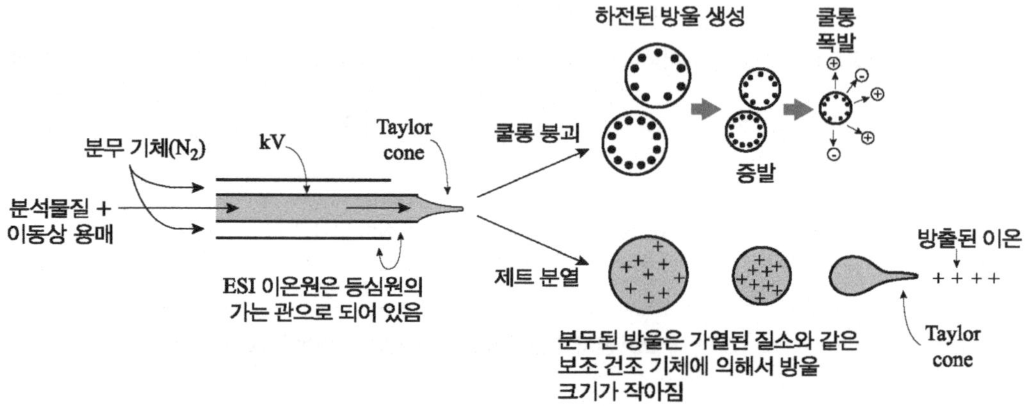

그림 4.26 전기 분무 이온화 과정

기체 상태로 탈착될 때까지 기화와 미세 방울 분할 과정은 반복되며, 적절한 전기장이 걸리게 되면 질량 분석기 속으로 직접 들어갈 수 있다(그림 4.26).

붕괴가 일어나는 것에 대해서는 **쿨롱**(Coulombic) **붕괴**와 **제트**(jet) **분열**에 대한 두 가지 모델이 있다. 방울의 표면에 있는 같은 전하들 사이의 반발적인 쿨롱 힘이 표면 장력에 기인하는 힘을 초과하면, 방울은 전하를 간직한 채 더 작은 단위로 분해된다(**쿨롱 붕괴**). 일반적으로 방울들이 약 10 nm의 반경으로 감소되면, 전기장은 직접 이온 증발을 지원하기 시작한다. 이러한 유형의 증발이 일어나는 동안에 방울은 왜곡되고 Taylor cone이라고 불리는 뾰족한 표면으로 전개되면서 이온이 방출된다(**제트 분열**)(그림 4.26). 그림 4.26에서는 또 다른 Taylor cone의 생성을 보여 주고 있는데 이번에는 용매 흐름이 분무될 때 방울이 형성되는 ESI 탐침(모세관 튜브)의 끝에서 나타난다. Taylor cone은 표면 장력과 전하 반발의 상호 작용으로 형성된다.

양이온 ESI에서는 양성자화($[M+H]^+$) 외에도 다른 양이온 부가(adduct)에 의해 중성 분석 물질로부터 이온이 형성된다. $[M+Na]^+$, $[M+K]^+$ 및 $[M+NH_4]^+$ 이온을 형성하기 위해 알칼리 금속 양이온(특히 소듐과 포타슘) 및 암모늄 양이온이 분석 물질에 부가될 수도 있다. 다른 알칼리 금속인 리튬과 세슘도 이온화 화학종으로 작용할 수 있으며, 이 모든 경우에 전하가 분자에 부가되고 있는데, '**부가 생성 이온**(adduct ion)'이란 용어는 양성자화된 형태 이외의 화학종에 사용된다.

음이온 모드에서는 탈양성자화 또는 음이온 첨가가 발생한다. 카복실산은 종종 양성자의 손실을 통해 형성된 이온인 $[M-H]^-$을 형성한다. 할로젠 또는 아세테이트 음이온으로부터는 $[M+Cl]^-$ 및 $[M+CH_3COO]^-$ 이온과 같은 하전된 화학종의 첨가가 일어난다. 음이온 ESI는 공유 결합 황산염(sulfate)과 인산염(phosphate)과 같은 양성자를 쉽게 잃는 다른 종에도 적용할 수 있으며, 인산염은 핵산에 적합한 음이온 모드를 만든다.

초기의 ESI 이온원에서는 충분한 탈용매화가 이루어지게 하기 위하여 질소 기체의 유량이 10 μL/min 이하로 제한되었다. 현재에는 직각 방향에서 질소를 흘려줌으로써 탈용매화를 개선시켰기 때문에 더 높은 유량을 사용해도 무방하다. 직각 방향에서 기체를 흘려주는 ESI 이온원은 1 ~ 1,000 μL/min 유량이 가능하므로 내경 1.0, 2.1, 4.6 mm의 HPLC 컬럼들을 사용할 수 있다. 충분한 탈용매화가 이온화에 결정적인 요소이므로 ESI 이온원은 미세 방울의 기화를 돕기 위해 압력을 가해서 분무를 도울 뿐만 아니라 이온원을 가열할 수 있도록 설계되어 있다. 미세 방울의 탈용매화가 완전하지 않으면 분무가 잘 일어나지 않고 가열이 충분하지 않기 때문에 이온화 효율은 감소된다. 이러한 이온화 효율의 저하는 용매 뭉침(cluster)이나 과다한 분석물질의 부가물을 형성하게 된다. 그림 4.27에서는 유사 분자 이온으로 $[M+H]^+$와 $[M+K]^+$가 생성됨을 볼 수 있다.

앞서 언급되었듯이 ESI에서 생성된 이온의 흐름 방향은 질량 분석관 입구와 직각 방향이 효율적이다. 전압 변화와 입구 뒤쪽의 진공(질량 분석관 쪽)이 결합된 상태에서, 이온은 ESI 탐침을 통해서 생성될 때의 각도에서 벗어나 분석관으로 들어가게 되는데 기기 제조사에 따라 다양한 각도(조정 가능한 경우도 있음)를 사용한다. 분석물질 이온을 중성 분자의 흐름으로부터 멀리 이동시키면 진공 챔버로 도입되는 분무

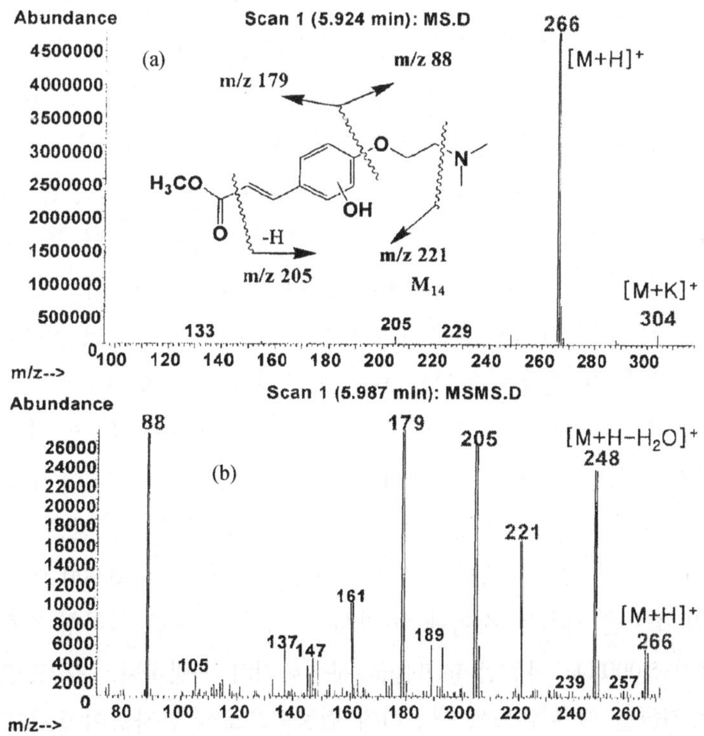

그림 4.27 (a) ESI 전체 스펙트럼 및 (b) 선구 이온 m/z 266에 대한 MS/MS 스펙트럼

기체 및 용매 증기의 양이 감소되어 바탕 잡음이 감소된다. 이온원으로부터 배출되는 대부분의 중성 분자가 제거되더라도, 붕괴하는 방울, 이온, 분무/건조 기체의 혼합물은 점진적으로 고진공 상태로 유지되는 일련의 챔버를 통해 기기의 진공 구역으로 유입된다. 차동 펌핑은 이온이 질량 분석관으로 들어가기 전에 과량의 기체와 용매 분자를 제거하는 역할을 해준다.

ESI에서 선형 농도 범위(동적 범위)는 단지 $10^3 \sim 10^4$ 수준이며, 그 이상에서는 이온화 과정이 포화에 도달한다. 그러므로 ESI는 많은 양의 물질이 주입되더라도 생성될 수 있는 이온 전류의 양이 제한되는 방법으로 생각할 수 있다. 흐름 주입 모드에서는 화학종들이 분리가 되지 않는 상태이므로 극성이 큰 화학종이 분석 물질의 이온화 능력을 봉쇄시키므로 선택적인 이온화에 있어서 문제가 된다. 반면에, 극성이 다른 화합물을 분리하기 위해서 LC가 사용되는 경우에는 각 화합물이 컬럼에서 용리되어 개별적으로 이온화되기 때문에 이온화에 대한 제한된 능력은 그다지 문제가 되지 않는다.

4.5.3.1 이온화 극성과 다중 전하

ESI 방법에 의해서는 양(+)이나 음(−)으로 하전된 이온들이 생성될 수 있다. 생성된 이온의 형태는 이온화 과정에서 잃은 부분이나 얻은 부가물의 전하에 의존한다. 대부분의 경우 ESI에 의해 생성된 이온들은 양성자(H^+) 한 개를 잃거나 얻은 결과이다. 따라서 생성된 이온의 극성은 분자의 산성/염기성 성질에 의해서 정해지는 것이 일반적이다. 아민류와 같은 염기성 유기 분자들은 양(+)으로 하전된 이온을 형성하기를 선호하며, 카복실산과 같은 산성 분자들은 탈양성자 반응을 하는 경향이 있으므로 음(−)으로 하전된 이온을 형성한다. 따라서 분석 감도를 높이기 위해서는 분석하고자 하는 화합물의 pK_a 값을 미리 아는 것이 필수적이다.

펩타이드와 단백질 같은 고분자량 화합물 분석에 많이 이용되는 ESI의 특징은 다중 전하를 띤 이온, 즉 $[M+nH]^{n+}$을 생성하는 데 있다. 한 개의 화합물에서 다수의 하전 상태가 발생하여 이온 포락 곡선(envelope)을 생성할 수 있다.

한편, 질량 분석기에 의해서 측정되는 질량-대-전하비(m/z)의 한계는 분석관의 종류에 따라 다르다. 예를 들면, 사중 극자형 질량 분석관은 상한선이 m/z 2,000 ~ 5,000이지만 비행 시간(TOF)형 질량 분석관은 m/z 10,000 이상이다. 이는 전하 z가 1일 경우를 말하는 것이다. 따라서 이 경우에 사중 극자형 질량 분석기에서는 분자량이 5,000 Da 이상인 화합물을 분석하기가 곤란하다. 그렇지만 ESI 방법에서는 다중 전하를 띤 이온들을 생성시켜 검출함으로써 분자량이 5 kDa 이상인 단백질의 분석도 가능하다. 질량 분석관이 질량이 아닌 m/z 비율을 결정하기 때문에 질량 범위가 4 kDa이며 간단하고 저렴한 질량 분석관인 사중 극자(Q)로도 최대 150 kDa까지 높은 분자량의 분자도 분석이 가능할 수 있다. 예를 들어 2, 3, 4개의 전하를 갖는 이온을 형성하는 분자량이 5 kDa인 펩타이드는 각각의 전하에 대해서 (5,000+2)/2, (5,000+3)/3, (5,000+4)/4, 즉 m/z는 2,501, 1,667.7 및 1,251의 값을 갖는다. 따라서 이 m/z 값은 질량 범위가 3 kDa인 기기를 사용해서도 관찰이 가능하다.

화합물의 분자량이 증가하면 다중 산성 또는 염기성 작용기가 생성될 확률은 증가한다. TOF와 FT 시스템과 같은 분해능이 충분할 경우에는 동위 원소 패턴 내의 이온 간격은 전하 상태(즉, 이온의 전하수)를 나타낸다. 위의 예에서, m/z인 x-축의 간격은 각각 1, 2, 3개의 하전 상태에 대해 각각 1.0, 0.5, 0.33 Da이 된다(그림 4.28). 상용 소프트웨어는 일련의 연립 방정식을 풀어서 다중 하전된 이온의 m/z 원시 데이터(raw data)를 분석 물질의 평균 질량으로 디콘볼루션(deconvolution)할 수 있다.

산성 용액 내에 있는 단백질을 전기 분무 이온화시키면 용액 내에 있는 과량의 H^+가 여러 전하수를 가지는 이온 상태를 만들 수 있다. 질량 분석기는 한 이온의 질량 대 전하비를 측정하는 것이므로 기기의 유효 질량 한계는 1가 하전된 m/z 범위 이상까지 확장될 수 있다.

그림 4.28은 ACN : H_2O (0.1% formic acid)을 50:50으로 흘려주면서 pH 3 정도

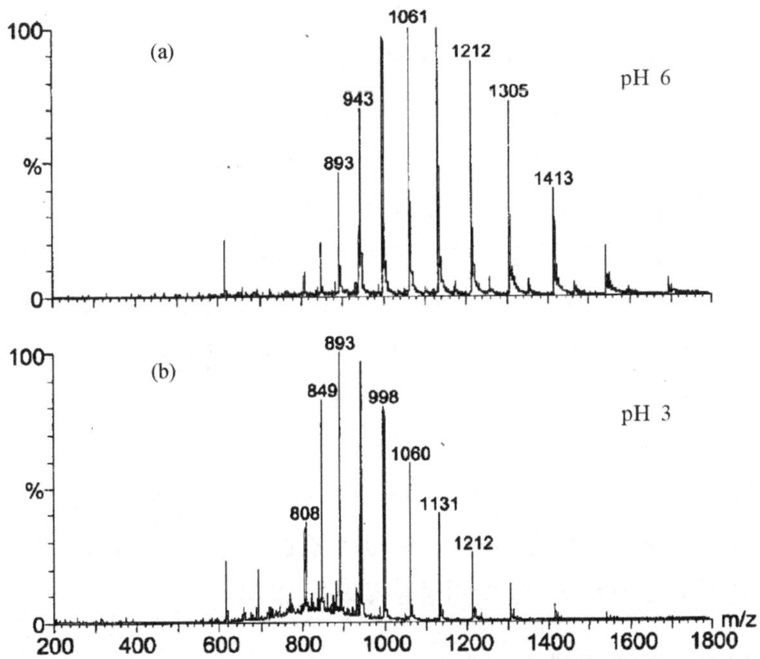

그림 4.28 ESI에서 pH에 따른 질량 스펙트럼 변화[26]

26 J. Throck Watson, Introduction to Mass Spectrometry, Raven Press, New York, (2007).

에서 말의 심장 마이오글로빈을 연속 주입해서 얻은 ESI 질량 스펙트럼을 나타낸 것이다. 이 마이오글로빈의 평균 분자량은 16,954 Da이다. 예를 들어, m/z 893에서 측정된 이온은 19개 H^+가 붙은, 즉 전하 상태가 19인 마이오글로빈이다.

$$m/z = \frac{(M + nH)}{nH} = \frac{16954 + 19H}{19H} = 893$$

이웃해 있는 다른 이온인 m/z 998은 전하 상태가 17이며, m/z 849는 전하 상태가 20에 해당된다. 전기 분무 이온화에 의한 다중 전하를 이용해서도 사중 극자 질량 분석기는 ±0.01% 이내에서 단백질의 분자량을 측정할 수 있다. 다중으로 하전된 단백질의 전하 상태에 영향을 미치는 중요한 요인 중 하나는 용액의 pH이다. 용액의 pH가 증가함에 따라서 이온화를 위한 자유 양성자의 이용도는 감소하며, 다중 하전된 단백질의 전하 상태 분포는 이동하게 된 것을 관찰할 수 있다(그림 4.28(a)).

그림 4.28(b)에서는 전하 상태 19에 해당하는 m/z 893 이온의 세기가 가장 크다. 같은 시료를 pH 6.0의 ACN : H_2O 용액에서 측정하면 전기 분무 부가 반응에 이용될 양성자의 농도가 낮아져서 다중 하전을 위한 가능성이 줄어들기 때문에 전하 상태 분포가 이동되어 전하 상태 16에 해당하는 m/z 1,061 이온의 세기가 가장 크게 나타난다(그림 4.28(a)).

응용하기에 따라서 다중 전하는 장점이 될 수도 있고 단점이 될 수도 있다. 전하 상태는 양성자의 농도(즉, 용액의 pH)에 의해 영향을 받을 뿐만 아니라 분석 물질 자체의 농도에도 의존한다. 다중 전하 상태 간의 평형이 존재할 때 분석 물질의 농도가 증가함에 따라서 이온화 효율은 급격하게 감소한다. 그 결과 다중 하전된 이온을 검출하면 높은 농도에서는 검정 곡선이 평평하게 되지만 +1로 하전된 이온을 검출하면 검정 곡선이 상승하게 된다. 이러한 비선형성은 재현성과 반복성이 떨어지므로 다중 전하 상태로 화합물을 분석할 때는 특별한 주의가 요구된다. 한편, 텐덤 질량 분석 방법을 이용한 정량 분석은 +1가 전하 상태의 선택적인 검출에 의존하는 것이 일반적이므로 질량 이온의 제한을 받는다.

다중 하전된 화합물들은 일반적으로 그림 4.28과 같이 전체적으로 종 모양(포락 곡선)의 다중 하전된 피크를 나타내고 있으며, 오른쪽으로 갈수록 낮게 하전된 피크이며, 실제 분자량을 계산할 수 있는 전환 프로그램들이 설치되어 있으므로 스펙트럼이 복잡하더라도 별로 걱정할 필요는 없다.

4.5.3.2 ESI와 용매 시스템

ESI의 첫 번째 특징은 양(+)으로 하전된 미세 방울을 생성하는 데 사용되는 산성 용액은 분자 내 모든 염기성 위치를 양성자화시키는 것이 가능하다는 것이다. 또한 이온화 과정의 효율성이 높아서 감도가 좋다는 것이다. 산성 조건 용액에서 염기성 자리를 양성자화시켜서 효율을 높이면 감도가 증가한다. 그리고 RPLC 용매 시스템과 잘 어울릴 수 있다는 것이다. 물/유기 용매 혼합 용매는 탁월한 분무 성질을 나타내며, 유기 용매로는 메탄올이 가장 좋고 아세토나이트릴도 적절한 용매이다. 그렇지만 기존의 HPLC(예로써, 내경 1 mm의 컬럼에서 아세토나이트릴/TFA 용매 기울기를 50 μL/min으로 용리)를 사용하여 단백질 가수 분해물 등을 분리할 경우 ESI에서 감도를 저하시키는 문제점들이 존재한다는 연구 결과도 있다. 내경 1 mm의 컬럼은 유량이 너무 높으며, 기울기 용리 시스템을 사용할 경우에는 분석 시간에 따라서 유기 용매와 물의 배합 비율이 달라져서 초기에 맞추어진 기기 조건이 달라질 수 있다는 것이며, TFA에 의해서 이온화가 억제된다는 것이다.

이들 문제점은 다음과 같이 해결될 수 있다. 먼저, 높은 유량은 모세관 컬럼 HPLC처럼 작은 크기의 크로마토그래피 시스템을 사용하든지 질량 분석기로 용매가 들어가기 전에 용매 분할 장치를 사용하여 용매의 유량을 낮추어 주면 가능하다. 뒤에 언급될 나노 분무와 마이크로 분무 이온화 방법을 사용하면 더욱 좋은데, 이는 ESI의 감도가 유속과 반비례하기 때문이다. 내경 75 μm의 모세관 컬럼을 0.6 μL/min 유속으로 작동하였을 경우 내경 1 mm의 컬럼에서 50 μL/min으로 작동하였을 때보다 10배 정도 더 감도가 좋으며, nL/min으로 흘려주는 나노 분무 이온원의 경우는 μL/min 시스템보다 10배 정도 감도가 좋다. 유량이 낮으면 질량 분석기로 유입되는 물질의 양이 적으므로 기기의 유지 보수의 빈도가 줄어드는 장점도 있다.

기울기 용리법에 따른 유기 용매와 물의 비율 변화에 따른 감도의 변화는 컬럼 후미에서 덮개 용매(sheath solvent)를 흘려주어 컬럼에서 나오는 용액과 혼합시켜줌으로써 최소화할 수 있으며 보통은 컬럼의 직각 방향에서 공급해 준다. 일반적으로 덮개 용매의 조성은 메탄올 70 %, 물 30 %, 아세트산 0.125 % 정도이고 컬럼 유량의 2배 정도이며, 덮개 용매는 용매 기울기의 효과를 줄여서 분무법에서의 감도 저하를 최소화한다. 컬럼 유량이 1.0 μL/min이고 덮개 흐름은 0.5 μL/min일 때, 전기 분무의 유기 용매인 아세토나이트릴이 기울기 용리 조건에 의해서 20 %에서 80 %로 60 % 정도가 변해도 덮개 흐름이 적용되면 53 %에서 73 %로 단지 20 %만 변하게 된다. 따라서 이온원에서의 조건은 처음 조율된 것과 거의 같은 상태가 되므로 기울기 용리 조건에서도 최적의 감도를 유지할 수 있다. 하지만 나노 분무와 마이크로 분무 방법에서는 덮개 용액이 필요 없다.

펩타이드 등을 역상 HPLC 시스템으로 분석할 때에 흔하게 사용되는 이온쌍 시약인 TFA가 이온쌍 역할을 하여 분석 물질 이온의 양성자화 반응을 방해해 양(+)이온 생성이 힘들게 되므로 분무 이온화 방법의 감도를 최대화시키는 데 있어서 큰 걸림

돌이 된다. 이온쌍 시약의 선택이 복잡한 혼합물의 분리에 있어서 매우 중요한 영향을 미치지만 아세트산을 사용하여도 펩타이드의 분석이 잘 이루어진다. 이와 같이 높은 UV의 흡수 차단 파장 때문에 HPLC/UV-Vis에서 사용이 곤란한 용매도 질량 분석기에서는 무관하므로 사용이 가능하다. 효과적으로 ESI를 작동하기 위해서는 다음과 같은 것들이 고려되어야 한다.

① 유속은 1 mL/min 또는 그 이상도 가능하기는 하지만 S/N 감소의 원인이 되므로 낮은 유속(100 μL/min 이하)을 사용하면 최대 감도를 얻을 수 있다.

② 이동상은 분석 물질들이 이온화될 수 있는 pH를 유지해야 한다. 따라서 양(+)이온 ESI 모드에서 염기성 화합물을 분석하고자 할 경우는 산성 이동상이 적절하고, 염기성 pH에서는 산성 분자를 분석하기에 적합하다. 하지만 높은 pH 이동상에서 염기성 화합물을 분석한 예외적인 경우도 있다. pH 조절을 위해서는 일반적으로 폼산, 아세트산 등이 사용되며, TFA의 경우는 이온 억제 효과를 나타내므로 사용 시 주의해야 하며, 염산, 황산 등은 기기를 손상시키므로 사용하지 않아야 한다.

③ 인산염 완충 용액과 같은 비휘발성 완충 용액을 사용할 경우에는 이온원의 스키머 등에 염이 침적되고, 다중 첨가물을 생성하여 스펙트럼이 복잡하게 되므로 아세트산 암모늄과 같은 휘발성 완충 용액을 사용해야 한다. pH를 조절하기 위해서 사용되는 완충 용액, 산 또는 염기들의 농도는 가능하면 낮은 것이 좋다(수 mM 정도). 그렇지 않으면 기체상 이온으로 전환을 위해서 분석 물질과 전해질 이온들 간의 경쟁이 일어나서 분석 물질의 감도를 낮게 한다.

   이는 한 화학종이 과량 존재하면 작은 방울의 표면을 덮게 되어 다른 이온들이 표면에 접근하는 것과 휘발되는 것을 막게 된다. 또한 과량의 화학종들은 얻을 수 있는 모든 전하들을 얻게 되어 매우 낮은 농도로 존재하는 다른 분자들의 이온화를 막게 된다. Sodium octane sulfonate와 같은 이온쌍 시약들은 계면활성제 성질을 가지고 있어서 이동상에 이들이 존재하면 분무를 형성하는 것이나 작은 방울이 휘발되는 것에 좋지 않은 영향을 미치게 된다.

④ 시료 중에 높은 농도의 염이 포함되어 있거나, 다른 분석 물질이 과량 존재하면 이온화 과정에서 경쟁이 일어나면서(매트릭스 효과) '이온 억제(ion suppression)'를 일으키게 되는데, 정량 분석을 위한 크로마토그래피 과정에서 이런 효과를 충분히 제거해야 한다.

4.5.3.3 나노 분무와 마이크로 분무 이온화

나노 분무법(nanospray)과 마이크로 분무법(microspray)은 질량 분석기를 이용한 단백질 가수분해물을 비롯한 다양한 극성 화합물의 분석에 사용되는 ESI 기법이다. 이 방법은 전기 분무 이온화법과 동일한 작동 원리를 가지고 있지만 분무에 이용되는 유속과 모세관 바늘의 지름이 현저히 작다는 것에 차이가 있다. 전기 분무법은 내경이 100 ~ 200 μm인 모세관을 통해서 μL/min 단위의 유량에서 작동되는 반면에, 나노 분무법은 내경이 5 ~ 10 μm인 모세관으로 nL/min가 흘러가면서 작동된다.

나노 분무법을 통한 Taylor 스키머 부분과 스퍼터된 미세 방울의 크기는 감도 증가의 결과로 나타나는데, 유속이 감소하고 전기 분무의 가는 관의 크기가 작아짐에 따라서 생성되는 Taylor 스키머 부분과 미세 방울의 크기가 감소하므로 감도가 증가한다. 전기 분무된 미세 방울로부터의 분석물 이온의 탈착 효율은 미세 방울의 크기가 감소함에 따라 증가한다. 이는 미세 방울의 전체 부피에 비해서 미세 방울의 표면적이 증가하기 때문이다. 그 결과, 많은 양의 분석 물질이 미세 방울로부터 탈착되므로 분무 바늘로부터 질량 분석관의 입구로 들어가는 양이 많아진다. 이 효율은 500배 정도 증가된 것으로 알려져 있다. 따라서 펩타이드의 경우 attomole (10^{-18} mol)까지도 검출이 가능하다. 이러한 감도 증가의 결과는 나노 분무 이온화법이 전기 이동 젤에서 단백질 서열 분석의 경우 silver stain 검출 농도까지, 즉 젤 내에 있는 10 ~ 100 femtomole (10^{-15} mol) 정도의 단백질까지도 검출을 가능하게 해 준다.

또한, 나노 분무법의 실효성은 펩타이드 가수분해물에 의해 생성된 μL 단위의 적은 시료량으로 오랜 시간 동안 분무가 가능하다는 것이다. 이온들이 오랫동안 발생되기 때문에 정교하고 복잡한 실험이 가능하게 되어 생성 이온의 구조 규명을 위한 MS/MS 실험, 다양한 에너지를 사용함으로써 MS/MS에서 충돌 조건을 최적화하는 실험, 짧은 시간 동안에 생성 이온 스펙트럼을 간단하게 구할 수 있는 등 펩타이드, 단백질 등의 분석에 있어서 적은 시료량으로도 다양한 실험이 가능하다. 나노 분무 이온화법의 근본적인 단점은 소형화된 것과 관련된 어려움이 있다는 것이다. 즉, 모세관을 설치하는 등 기기 조작에 있어서 돋보기나 CCTV 모니터를 사용하여야 하며, nL/min이라는 매우 낮은 유속에서 HPLC 분리를 해야 한다.

마이크로 분무 이온화법은 나노 분무 조건과 낮은 유량의 전기 분무 조건과의 중간 정도의 유량을 사용하는 분무 이온화법을 일컫는 것이다. 이 방법도 전기 분무 및 나노 분무의 이온화 메커니즘과 같다. 표 4.11에 전기 분무법, 마이크로 분무법, 나노 분무법의 차이를 요약하였다.

4.5.4 대기압력 화학 이온화

ESI와 마찬가지로 대기압력 화학 이온화(atmospheric pressure chemical ionization, APCI)는 이온화가 진공에서 일어나지 않고 대기압에서 일어난다. 그렇지만 ESI는

표 4.11 전기 분무, 마이크로 분무, 나노 분무의 차이점[27]

	전기 분무 (electropsray)	마이크로 분무 (microspray)	나노 분무 (nanospray)
유속	2 μL/min	0.2 μL/min	20 nL/min
바늘의 내경	75 μm	75 μm	5 μm
검출 한계	10 femtomole	1 femtomole	50 attomole
덮개 흐름	필요	불필요	불필요

이온화 과정이 용액상에서 일어나는 반면에 APCI는 기화된 상태에서 APCI와 ESI의 이온화 메커니즘은 근본적으로 다르기 때문에 두 방법은 분석 물질의 규명에 있어서 서로 보완적으로 이용된다.

크로마토그래프에서 나온 용출물들은 기압식 분무기로 직접 들어가서 속도가 빠른 공기나 질소 흐름에 의해 옅은 안개 형태의 방울로 전환된다. 코로나 전극으로 둘러싸인 대기는 HPLC 용출물, 질소, 분석 물질 분자로부터 생성된 증기로 구성되어 있다.

APCI는 기존 CI 이온원보다 약 10^3 정도 높은 압력에서 수행되는 CI와 유사한 이온화 방법이다. CI에서 시약 기체를 이온화시키는 전자를 생성하기 위해 사용되는 필라멘트는 이 압력에서 작동 시에는 즉시 타 버리기 때문에 대신에 이온원에 위치한 코로나 방전 핀(바늘)에 고전압(약 3 kV)을 가해준다(그림 4.29).

분석 물질에 상대적으로 많은 양이 존재하는 질소와 산소는 코로나 방전에 의해서 각각 N_2^+, O_2^+로 이온화되고, 이들과 용매 분자들(X)(예, HPLC의 이동상인 물과 메탄올)이 반응하여 XH^+, 즉 H_3O^+와 $CH_3OH_2^+$를 생성함으로써 이들이 화학 이온화를 위한 시약 이온이 된다. H_3O^+와 $CH_3OH_2^+$는 분석 물질보다 양성자 친화도가 낮을 경우 분석 물질에 양성자를 빼앗김으로써 분석 물질은 $[M+H]^+$를 생성한다. 즉, 양이온

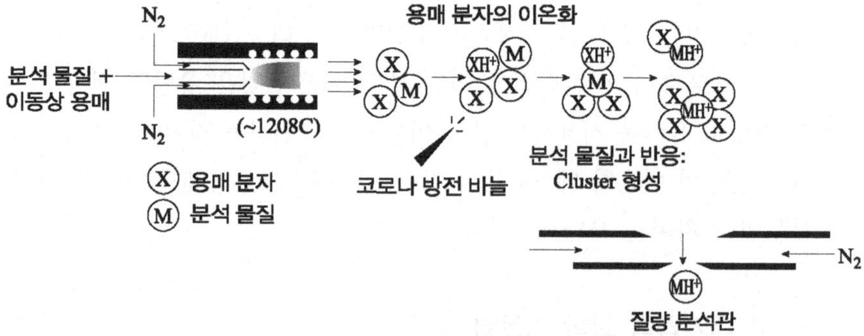

그림 4.29 APCI의 이온화 과정

27 James Barker, Mass Spectrometry, 2nd Ed., John Wiley & Sons, England, (1999).

모드에서 분석 물질의 양성자 친화도가 시약 이온(XH^+)보다 클 경우는 $XH^+ + M \rightarrow X + MH^+$가 되며, 음이온 모드에서는 분석 물질의 기체상 산성도가 시약 이온의 기체상 산성도보다 낮으므로 $[X-H]^- + M \rightarrow X + [M-H]^-$가 된다. 경우에 따라서는 용매 부가물이나 라디칼 양이온($M^{\bullet +}$)이 관찰되기도 한다.

이와 같이 분석 물질 이온이 형성된 후 이 이온들이 질량 분석관으로 들어가서 분리되고 검출되는 과정은 ESI와 동일하다. 일반적인 APCI 이온원은 모세관 인터페이스, 가열된 분무 시스템, 고전압 코로나 방전 바늘로 구성되어 있으며, ESI와 마찬가지로 중성 분자의 혼입을 줄이고 바탕 신호를 줄이기 위해 이온 흐름은 질량 분석관 입구에 직각으로 위치시키는 방법이 일반적이다(그림 4.29).

APCI는 관련 화학 반응과 200 ~ 500 °C 범위의 탈용매를 위한 온도 필요성 때문에 ESI보다 더 에너지가 활발한 과정이다. 이러한 조건은 중간 극성도를 갖는 작은 분자(1.5 kDa 이하), 즉 쉽게 양성자화될 수 있고 용매를 제거하는 데 필요한 열에 노출될 때 분해되지 않는 화합물로 APCI를 제한하기 때문에 이 기술이 적용할 수 있는 화합물의 부류는 EI와 ESI 중간에 위치한 것들이다. 예를 들어, steroid 류는 APCI에서는 쉽게 분석할 수 있지만 극성이 낮기 때문에 ESI에서 분석하는 것이 더 어려운 경우도 있다. Alkane과 polyaromatic hydrocarbon (PAH)와 같은 비극성 화합물은 EI(및 CI)에 의해서는 분석될 수 있지만 APCI에 의해서는 분석하기 힘들다.

APCI가 효과적으로 작동되기 위해서는 다음 사항이 고려되어야 한다:

① 일반적으로 APCI의 유속은 ESI보다 높은 유속에서 작동되며, 보통 수백 μL/min 정도이다.

② ESI의 경우는 분석 물질이 이미 용액 속에서 이온화가 되어 있지만, APCI에서는 HPLC 이동상을 이온화시켜서 시약 이온으로 만들어야 하므로 이온화가 되기에 적합하여야 하며 경우에 따라서는 약간의 변형제를 첨가하여야 한다.

③ 완충 용액은 휘발성 완충 용액이어야 하며 농도는 mM 정도이어야 한다.

헥세인, 클로로폼, 디클로로 메테인와 같은 용매들은 일반적으로 비극성이며, 중성의 pH이므로 정상 크로마토그래피(NPLC) 시스템에 자주 사용된다. 정상 크로마토그래피 시스템이 사용될 경우에는 5 ~ 10 % 알코올을 첨가하면 양성자 주개 특성이 증가하게 되어 이온화 효율이 증가된다.

ESI와 APCI에서 이동상 선택 시 주의 사항

① 이온화 방법은 ESI 혹은 APCI, 양이온 혹은 음이온이 선택되는데, 이는 분석 물질의 성질(pK_a 값, 기체상의 산성도)에 따라 달라지며 이동상은 이온화 방법에 적합하게 선택한다.

② 이동상이나 이동상 첨가제의 분자량은 이동상의 분자량보다 큰 것이 바람직하다.
③ 완충 용액을 사용할 경우에는 염의 침적으로 인한 이온원의 오염을 방지하기 위해서 가능하면 휘발성 완충 용액을 사용해 준다(예, 인산염보다는 아세트산 암모늄이 적합).
④ 용매의 산성도를 조절하기 위해서 염산, 황산, 메테인 술폰산과 같은 물질을 사용하면 기기를 부식시키므로 대신에 TFA, 폼산, 아세트산과 같은 휘발성 유기산을 사용하여야 한다.
⑤ 이동상에 존재하는 이온들인 Na, K, NH_4, acetate 등은 부가물을 형성하므로 분자량을 예측하기 쉽지만, 인산염의 경우는 다중 부가물을 만들어서 질량 스펙트럼을 복잡하게 만든다.
⑥ 이온쌍 시약이나 계면 활성제들은 분무 형성이나 작은 방울의 휘발을 방해하고 이온 형성에서 분석 물질과 경쟁하게 되므로 조심해서 사용하여야 한다.
⑦ 완충 용액의 농도는 mM 정도가 적합하며, 너무 농도가 높으면 이온 억제가 일어난다.
⑧ 일반적으로 사용되는 용매 조성은 역상 크로마토그래피(RPLC) 조건으로서 메탄올/물과 아세토나이트릴/물이며(메탄올이 아세토나이트릴보다 감도가 약간 우수하다), pH 조절 물질로는 폼산, 아세트산, TFA, NH_4, TEA, DEA, 탄산염, 폼산 암모늄, 아세트산 암모늄, 탄산 암모늄 등이 사용된다.

APCI의 장점으로는 이온화 효율이 분석 물질의 극성 변화에 영향을 받지 않기 때문에 ESI보다 훨씬 균일하다는 것이다. 구조 의존성이 덜하다는 것은 APCI가 전체 화합물의 군, 예를 들어 약물 및 그의 대사체의 구성원을 검색하고 정량할 때 유용하다는 것을 의미한다. 따라서 APCI는 생물학적 시스템에서 약물의 거동, 분포 및 동역학을 조사하기 위해 제약 업계에서 자주 사용되고 있다.

4.5.5 대기압력 광이온화

대기압력 광이온화(atmospheric pressure photo ionization, APPI)는 코로나 방전 바늘(그림 4.30) 대신에 자외선(UV) 빛이 있는 것을 제외하고는 APCI에서 사용된 것과 근본적으로 동일한 이온원에서 수행된다. APPI의 중요한 점은 자외선에 의해 제공되는 에너지가 약 10 eV이므로 대부분의 유기 화합물을 이온화하는 데 필요한 것보다 조금 높지만, RPLC에서 사용되는 물, 메탄올 및 아세토나이트릴뿐만 아니라 질소와 같은 대기 기체의 이온화 에너지보다는 낮은 에너지이므로 이들은 이온화가 되지 않기 때문에 이들 용매 및 기체는 바탕 신호에 기여하지 않는다는 것이다.

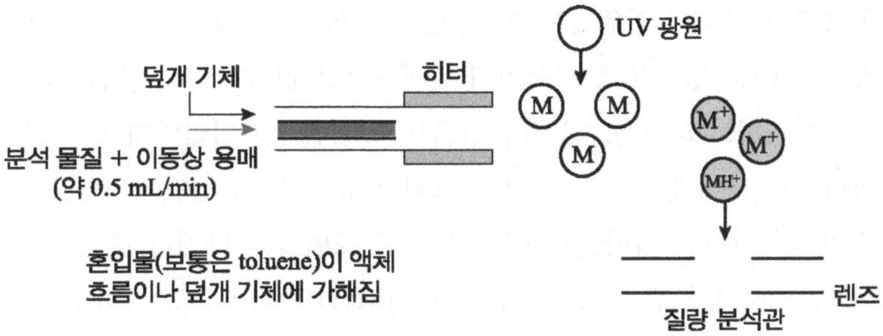

그림 4.30 대기압력 광이온화(APPI) 이온원의 구조

APPI에는 두 가지 경쟁 이온화 과정이 있다. 첫 번째는 분석 물질이 자외선을 흡수하는 데 이상적이며, 획득한 에너지가 전자 한 개를 방출하기에 충분하여 $[M]^+$ 이온을 형성하는 경우(예, 다핵 방향족 탄화수소(PAHs))이다. 두 번째 메커니즘은 자외선에 의해 직접 이온화될 수 없는 분석 물질에 사용되는 방법으로써 톨루엔 또는 아세톤과 같은 혼입물이 UV 광원을 통과하는 증기 흐름에 첨가된다. CI의 시약 기체와 마찬가지로 일련의 반응은 자외선에 의해서 [혼입물+H]$^+$ 및 [용매+H]$^+$ 화학종을 형성하고 이 반응성 양성자 주개가 분석 물질에 양성자를 전달하여 $[M+H]^+$ 이온을 생성한다.

APPI는 일부 화합물에 대해서는 APCI와 겹치기는 하지만 분석 가능한 분석 물질의 범위를 극성이 적은 화학종(예, PAH)까지 확장시키기 때문에 유용하며 HPLC 용매의 바탕 신호를 감소시킨다.

4.5.6 탈착 전기 분무 이온화

표면에 흡착된 화합물을 확인하기 위한 이온화 방법으로써 탈착 전기 분무 이온화(desorption electrospray ionization, DESI)와 실시간 직접 분석법(direct analysis in real time, DART) 등이 있다. 응용 분야는 법의학 분야의 폭발물 및 약물 규명에서부터 생체 조직의 특성 분석과 같은 생물학적 영역에 이르기까지 다양하다.

DESI 이온원은 분무된 방울을 건조시키기 위한 가열된 질소 등 보조 기체의 흐름이 없다는 점을 제외하고는 ESI 이온원과 유사하다(그림 4.31). 메탄올과 물의 혼합

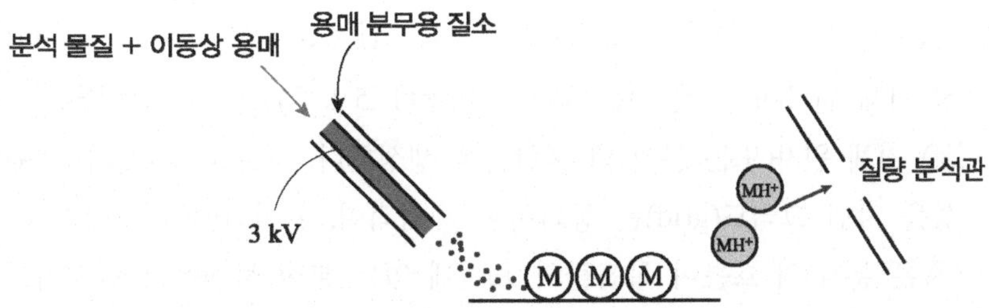

그림 4.31 탈착 전기 분무 이온화(DESI) 이온원의 구조

물에 3 ~ 5 kV의 전위를 가한 다음 약 7 bar로 공급되는 질소로 분무시킨다. 분무 혼합물은 이온 형성을 향상시키기 위해 산(아세트산 또는 폼산) 또는 암모니아로 개질될 수 있다. 그 다음, 하전된 방울의 흐름은 수 밀리미터 떨어진 고체 시료의 표면 방향으로 향하게 된다. 그 결과 고체 시료 표면에 있던 화합물들은 탈착이 일어나게 되며, 이 탈착된 화합물은 이온 형태로 표면을 떠나거나 증기 기둥 형태로 이온화되며, 암모니아가 변형제로 사용될 때 $[M+H]^+$ 이온 또는 $[M-H]^-$이 생성된다.

방울의 입사각, 즉 방울이 시료 표면에 도달하는 각도의 선택이 중요한데 작은 분자의 경우 약 40°, 펩타이드와 단백질의 경우 약 75°와 같이 분석 물질 분자의 질량에 따라 최적의 이온화를 위한 각도는 다르다. 형성되는 이온이 질량 분석관으로 들어가게 하는 것은 약 10°의 각도에서 이루어지는데, 작은 분자에서는 약간 더 높은 각도, 생체 고분자에서는 약간 적은 각도가 적합하다. 이온들은 분석 시료 표면에 가깝게 놓인 수집 튜브를 통해 질량 분석관으로 들어간다(그림 4.31).

생체 고분자의 DESI 질량 스펙트럼은 다중 이온을 포함하고 있으며 ESI에서 얻어진 것과 유사하다. 이온화 효율은 표면 효과, 분무 용매의 화학적 조성 및 유속, 가해진 전압, 분무 각도 등 몇 가지 실험 파라미터에 따라 달라진다.

탈착 대기압 화학 이온화(desorption atmospheric pressure chemical ionization, DAPCI), 탈착 대기압 광이온화(desorption atmospheric pressure photo-ionization, DAPPI), 레이저 절제 전기 분무 이온화(laser ablation electrospray ionization, LAESI), 추출 전기 분무 이온화(extractive electrospray ionization, EESI)를 비롯한 몇 가지 다른 이온화 방법이 DESI를 기반으로 개발되었다. 각각의 기술은 용매의 변형, 하전된 빔의 형성 방법, 분석 대상 이온의 생성을 촉진하는 데 사용되는 방법이 다르게 사용되고 있으며, 이들은 표면 처리 방법(EESI 제외)이므로 HPLC와 호환되지 않는다.

4.5.7 실시간 직접 분석법

실시간 직접 분석법(direct analysis in real time, DART)은 보통 헬륨(질소나 네온도 사용 가능)과 같은 들뜬 기체 흐름이 분석 물질을 이온화하는 데 사용된다는 점에서 다른 표면 탈착 이온화 방법과 다르다(그림 4.32). 저속(1 ~ 5 L/min)으로 흐르는 중성 기체 원자(또는 분자)는 코로나 방전(1~5 k$\overline{\text{V}}$)을 받아서 이온, 전자 및 들뜬(준안정) 기체 원자(또는 분자)의 혼합물을 생성한다. 모든 하전된 화학종(이온)은 반대 극성을 가진 그리드(grid)를 통과하여 제거되며, 활성화되어 에너지를 가진 기체 원자(혹은 분자)의 흐름이 목표물의 표면에 있는 분석 물질을 증발시키고 이온화하는 데 사용된다. 들뜬 기체 흐름은 시료의 증발을 돕기 위해 550 °C까지 가열될 수도 있다.

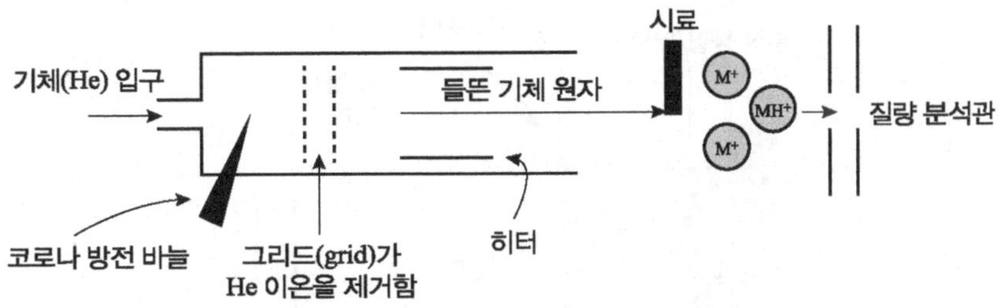

그림 4.32 실시간 직접 분석법(DART)의 이온원의 구조

이 방법은 양이온 또는 음이온을 생성하는 데 사용할 수 있으며, 이온은 다른 대기 이온화 방법에서 사용된 것과 유사한 스키머를 통과하여 질량 분석관으로 들어간다.

DART에는 경쟁 이온화 과정이 있다. 들뜬 기체 원자(혹은 분자)와 충돌하여 분석 물질에 전달된 에너지가 이온화 에너지를 초과하면, 전자가 방출되어 $[M]^+$ 이온을 형성할 수 있다. 다른 한편으로 활성화된 기체는 주변 대기에서 물과 상호 작용하여 양성자 주개를 형성할 수 있으며, 이는 분석 물질에 양성자화되어 $[M+H]^+$ 이온을 생성시킨다.

DART에서는 준안정 기체의 흐름이 질량 분석관으로 들어가는 입구와 일직선상에 있다. 따라서 이 방법은 이온화 및 증발이 진공 챔버의 입구를 향한 흐름에 방해하지 않는 기체 흐름이 되도록 분석 물질이 목표물의 모서리에 위치할 때 가장 효과적이다.

DART는 유리, 종이, 과일, 직물, 정제 의약품 및 박막 크로마토그래피 판과 같은 다양한 표면에서 다양한 분석 물질을 기화시켜 이온화하는 데 사용되고 있다. DART는 작은 분자 분석에만 유용하며 표면 이온화 방법이기 때문에 크로마토그래프와 결합될 수 없다는 한계점을 가지고 있다.

4.5.8 매트릭스 도움 레이저 탈착 이온화

레이저는 분자를 직접 이온화하는 방법으로 오랫동안 사용되어 왔는데, 보통은 가해진 에너지가 과다했고 따라서 분석 물질의 분해 또는 광범위한 조각을 생성하였다. 직접 레이저 이온화와 **매트릭스 도움 레이저 탈착 이온화**(matrix-assisted laser desorption ionization, MALDI) 사이의 중요한 개념적 차이점은 후자의 경우 분석 물질에 비해 사용되는 매트릭스(보통은 aromatic acid)가 과량으로 존재하며 과량의 매트릭스는 레이저 에너지 대부분을 흡수한다는 것이다.

휘발성 매트릭스와 분석 물질이 혼합된 용액은 수백 개의 시료 '점적(spot)'을 배치할 수 있는 특수 재질의 판(스테인레스강 또는 금 코팅)에 증착된다. 휘발성 매트릭스 용매의 증발로 인해서 분석 물질은 매립되는데, 이때 매트릭스는 분석 물질과 함께 결정화되기 위해서 결정의 형성을 유도한다. 결정이 형성된 시료 판을 진공 챔

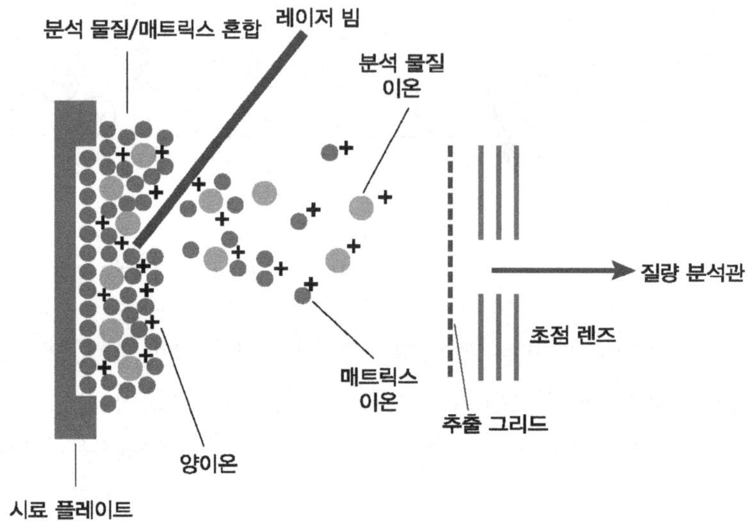

그림 4.33 MALDI 이온화 과정

버 안에 놓으면, 이 결정 성분들은 $10^6 \sim 10^{10}$ w/cm^{2}의 펄스(수 ns) 레이저(UV)에 노출되면서 흡수된 에너지가 매트릭스 분자를 들뜨게 하여, 양성자 친화도가 분석 물질의 양성자 친화도보다 낮은 양성자화된 매트릭스 이온을 형성하게 되는데, 이때 레이저의 파장을 변경시킴으로써 선택적인 이온화가 가능하다. 레이저는 과량의 에너지를 시료에 매우 빠르게(나노 초) 가하며, 폭발하는 증발이 발생할 때 약 1,000 °C까지 온도를 상승시킨다. 이 과정의 속도는 분석 물질의 분해 가능성을 감소시킨다. 시료의 증발이 발생할 때 중성 분석 물질 분자도 증기상으로 운반하기도 하는데, 여기서 양성자화된 매트릭스로부터 더 높은 양성자 친화성을 갖는 임의의 화합물로 전하 이동이 진행되어 양성자화된 분자 $[M+H]^+$를 생성한다. 시료 또는 원래 용액으로부터 유래된 알칼리 금속의 이용 가능성에 따라 $[M+Na]^+$, $[M+K]^+$와 같은 부가 생성물 형성에 의해 분석 물질 이온이 생성될 수도 있다(그림 4.33).

MALDI에서는 분석 물질로 전달되는 에너지의 양이 매트릭스에 따라 다르므로 매트릭스의 선택이 매우 중요하다. 사용되는 매트릭스는 휘발성이며 일반적으로 사용되는 매트릭스로는 2,5-dihydroxybenzoic acid, α-cyano-4-hydroxy-cinnamic acid, sinapinic acid (sinapinic acid라고도 함), 3,5-dimethoxy-4-hydroxycinnamic acid, 2,5-dihydroxybenzoic acid, 3-hydroxypicolinic acid, trihydroxyacetophenone, 5-chlorosalicylic acid 등이 있다. Alpha-cyano는 최대 5 kDa의 펩티드에 적합하며 반면에 sinapinic acid는 더 큰 펩타이드와 단백질에도 사용된다. 이유는 alpha-cyano가 sinapinic acid 보다 많은 양의 에너지를 분석 물질에 전달하여 더 큰 펩타이드와 단백질을 파괴하기 때문이다. 시료와 매트릭스는 동일한 용매, 예를 들어 0.1 ~ 1 % TFA를 함유한 ACN : H_2O (1 : 1 v/v) 혼합물에서 조제되는 것이 바람직하며, 매트릭

스의 농도는 약 10 mg/mL이다. Alpha-cyano는 매일 준비되어야 하며 빛으로부터 보호되어야 하지만, 다른 매트릭스는 안정적이며 며칠 동안 보관할 수도 있다.

시료의 점적을 만드는 방법은 여러 가지가 있다. 예를 들어, 시료와 매트릭스가 점적하기 전에 혼합될 수도 있고, 두 용액 중 어느 하나를 먼저 점적할 수도 있다. 시료 적재에 대한 여러 접근법을 시도해서 가장 좋은 신호 대 잡음비를 제공하는 매트릭스를 선택하는 것이 바람직하다. 나노-LC에서 나온 용출물을 로봇을 이용하여 점적할 수도 있는데, 수백 개의 지점을 자동으로 순차적으로 분석한 신호는 LC 크로마토그램을 대체하기도 한다. 이러한 응용에서는 MALDI 점적판을 분석 물질에 적합한 표면을 제공하기 위한 매트릭스 용액으로 전처리한다.

MALDI는 과량으로 존재하는 매질이 대부분의 전달된 에너지를 흡수함으로써 이온화되고, 분석하고자 하는 화합물에 이온화 화학종(일반적으로 양성자)을 전달한다는 점에서 CI와 유사하며, 조각내기를 최소화하는 저에너지 과정이다. MALDI 스펙트럼은 분자량이 큰 화학종을 분석할 때 이중 및 삼중 전하 상태가 나타날 수 있지만 주로 단일 하전된 이온으로 구성된다.

Nd : YAG 레이저(주파수가 증폭되어 355 nm 출력을 제공)는 이용 가능한 펄스 반복율이 높고 수명이 길기 때문에 가장 많이 사용되는 레이저이다. MALDI 이온원은 일반적으로 단일 하전된 분석 물질을 관찰하는 데 필요한 질량 범위의 가용성과 MALDI 이온화 방식이 펄스에 의한 것이기 때문에 TOF 분석관과 결합되어 사용되는 것이 일반적이므로 보통 'MALDI-TOF'라고 불린다.

MALDI는 다양한 단백질학(proteomics) 연구에서 광범위하게 사용되고 있다. 시료나 매트릭스에 있는 소듐 또는 다른 알칼리 금속 이온들이 nucleotide phosphate 기능기에 흡수되어 피크를 넓게 하므로 이를 피하기 위해서는 주의를 기울여야 한다.

표 4.12 여러 가지 시약들에 대한 MALDI에서의 내성 농도[28]

시약	내성 농도
Urea	0.5 M
Guanidine	0.5 M
Sodium dodecyl sulfate (SDS)	0.01 %
SDS 이외의 detergents	0.1 %
Dithiothreitol	0.5 M
Glycerol	1 %
Na^{2+}와 같은 알칼리 금속 양이온	0.5 M
Tris	50 mM
Phosphate	50 mM

28 Michael Kinter, Nicholas E. Sherman, Protein Sequencing and Identification Using Tandem Mass Spectrometry, Wiley-Interscience, New York, (2000).

알칼리 금속 이온은 이온 교환 수지에 흡착시켜 ammonium으로 치환시켜 제거하면 $[M-H]^-$ 이온이 우세한 음이온으로 관찰된다.

표 4.12는 펩타이드나 단백질 분리 과정에서 일반적으로 동반되는 여러 가지 시약들에 대한 MALDI의 내성 농도를 나타내고 있는데, 이들이 시료 중에 많이 존재할 경우에는 매트릭스가 결정화되는 것을 방해해서 분석물들이 매트릭스 결정에 함유되지 않게 되며, 오염 물질의 감응 신호 수준이 너무 높아서 분석 물질이 잘 나타나지 않을 수도 있다.

한편, MALDI의 장점은 다음과 같다:

① 각 분석 물질의 흡수 진동수를 파장과 일치시킬 필요가 없다.
② 시료의 크기(30 kDa 이상의 질량도 가능)와 흡수 성질에 상관없이 분석이 가능하다.
③ 감도가 좋아서 니코틴산 매트릭스를 사용하면 수 picomole 정도의 단백질의 검출도 가능하다.
④ 분석 시료의 양에 비해 과량의 매트릭스를 사용함으로써 분자 이온의 생성을 방해하는 시료 이온의 뭉침 현상을 방지할 수 있다.

또한, 전기 분무 이온화는 오염 물질에 의해 쉽게 방해를 받는 반면에 MALDI는 어느 정도의 오염 물질에도 별로 영향을 받지 않는다. 아울러, MALDI 실험에서는 HPLC를 연결하지 못한다는 단점이 있다.

4.5.9 표면 증가 레이저 탈착 이온화

SELDI (surface-enhanced laser desorption ionization, SELDI)에서는 MALDI의 변형인 특수 변형 배열된 표면이 사용된다. 사용된 시료 표면의 유형은 화학적(예를 들어, 이온 교환기로)으로 또는 생물학적(예를 들어 항체로)으로 변형된 것들이 있다. 시료가 표면과 상호 작용하도록 허용된 후에 머무름이 없는 화학종은 씻어낸다. 머무름이 있는 분석 물질은 MALDI 매트릭스와 혼합되고 이어서 기체 이온으로 방출된다. SELDI는 재현성의 결여와 관찰된 화학종의 규명에 대한 어려움이 있다는 단점에도 불구하고 여전히 단백질학과 생체 지표 연구에 사용되고 있다.

4.5.10 고속 원자 충격 이온화법

고속 원자 충격법(fast atom bombardment, FAB)은 극성 화합물의 이온화를 위해서 1980년대에 개발된 방법이며, 빠른 속도로 움직이는 중성 원자살이 시료가 입혀진 금속판을 향하게 되어 있다(그림 4.34). 따라서 큰 에너지를 가진 원자살의 높은 운

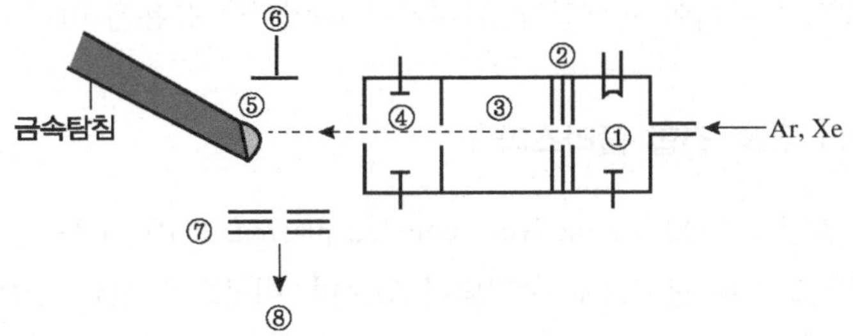

그림 4.34 FAB 이온원과 탐침의 구조

동 에너지 대부분이 충격 받는 시료 분자로 전달되며, 에너지는 여러 방향으로 분산되어 결국에는 시료를 이온화시킨다. 이 과정을 요약하면 다음과 같다.

1) 주로 비활성 기체인 제논(Xe)이나 아르곤(Ar)들은 약 5 keV의 에너지를 지닌 이온빔에서 먼저 이온화된 후(①)
2) 전기장이 걸린 구역(②)을 통과하면서 가속된 빠른 속도의 이온[$Ar^{\cdot +}$(fast)]들과 다른 아르곤[Ar (thermal)]이나 제논 기체 원자들은 약 10^{-5} Torr의 압력으로 들어 있는 방(③)을 통과하면서 충돌이 일어나서 전하 교환 반응을 일으킨다:

$$Ar^{\cdot +}(fast) + Ar\,(thermal) \rightarrow Ar\,(fast) + Ar^{\cdot +}(thermal)$$

3) 형성된 빠른 원자[Ar(fast)]들은 빠른 이온[$Ar^{\cdot +}$(fast)]들이 원래 가지고 있던 운동 에너지의 대부분을 지니고서 $Ar^{\cdot +}$(thermal)와 함께 같은 방향으로 계속해서 진행하게 된다. 전극(④)을 통과하면서 이온[$Ar^{\cdot +}$(thermal)]들은 전극에 의해 흡수되고, 빠른 속도의 중성 원자 Ar (fast)만이 시료가 있는 금속 탐침(⑤)에 도달한다.
4) 시료는 빠른 중성 원자들과의 충격 과정에서 양이온이나 음이온이 생성되며, 생성된 이온들은 밀게(⑥)에 의해 가속된 후 (+) 전압이나 (−) 전압이 걸려있는 추출 틈새(⑦)에 의해서 추출되어 질량 분석관(⑧)으로 진행된다.

시료는 보통 glycerol, *m*-nitrobenzylic alcohol(비극성 시료에 좋음), diethanolamine, thioglycerol(dithiothreitol : dithioerythritol = 5 : 1)과 같은 비활성 매트릭스와 혼합되어 탐침에 장착된다. 매트릭스는 응축 상태로부터 분석 이온을 탈착시키기 위해 격자 에너지가 감소되는 것을 도와주며, 충격에 의한 손상을 방지하는 수단이 되기도 한다. 효율적인 이온화를 위해서 매트릭스 물질의 표면 위에 있는 시료가 단분자층이 되는 것이 중요하고 시료가 매트릭스에 잘 용해되어야 좋은 결과를 얻을 수 있다. 한편, 시료는 탐침부에 도포된 진공 잠금 장치를 통해서 이온원으로 주입된다.

매트릭스에 의한 바탕이 높고 시료 탐침에 의한 직접 주입법만 가능하기 때문에 ESI가 등장하면서 뒤로 밀려나기는 하였지만, FAB을 이용한 펩타이드와 단백질 서열 분석을 통하여 단백질학, 대사체학 등에서의 응용은 아직도 활발하다.

4.5.11 유도 결합 플라스마

유도 결합 플라스마(inductively coupled plasma, ICP) 이온원은 유도 결합에 의해 생성되는 뜨거운 불꽃으로 구성되어 있으며, 이곳으로 시료 용액이 분무 형태로 주입되는 이온화 방법으로써, 다른 여러 이온화 방법은 유기 화학종의 이온화 방법인 것에 대조적으로 ICP는 주로 금속 원소에 대한 이온화 방법이다. 이 이온원은 3개의 동심원 석영관으로 구성되어 있으며 중심관으로 아르곤(Ar) 기체가 흐른다. 그림 4.35에서 보는 바와 같이 가장 큰 관의 앞부분에 냉각된 유도 코일이 둘러 감겨 있다. 이 코일은 27 또는 40 MHz에서 1.5 ~ 2.5 kW 사이의 전력을 발생하는 RF 발생기에 의해 동력이 공급되며, 진동하는 전기장과 자기장이 석영관 토치의 끝에서 생성된다. 방전 시에 존재하는 아르곤 이온과 전자들은 코일에서 RF 전류에 의해 생성된 고주파 진동 유도장과 상호작용에 의해서 가속되어 아르곤 원자와 충돌하고 아르곤 원자들을 이온화시킴으로써 플라스마가 생성된다($Ar \rightarrow Ar^+ + e^-$).

한편, 시료는 열적으로 생성된 증기, 작게 나누어진 에어로솔 방울 또는 미세 입자 형태로 중간 석영관을 통해 흐르는 아르곤과 혼합되어 뜨거운 플라스마 속으로 이동된다. 높은 온도에 의해서 시료는 빨리 탈용매되고 기화되어 원자화된다. 또한, 높은 온도와 대기압력하에 있는 이 플라스마는 매우 효율적인 들뜸 장치이다. 시료 원자들은 5,000 ~ 10,000 K의 온도 구역에서 몇 밀리초 동안 지내면서 단일 양전하를 띤 이온으로 이온화되며, 이온화 효율은 거의 100 %에 근접하기 때문에 검출 감도가 매우 좋다. 플라스마를 빠져나온 이온들은 2단계 진공 펌프 인터페이스를 통과해서 질량 분석관으로 주입된다.

ICP/MS는 용액 주입이 자동적으로 이루어지며, 몇 분 이내에 20 ~ 30종의 원소를 측정 가능하다. 일반 광학 방출 분광법 ICP에 비해서 감도면에서 몇십에서 몇백 배

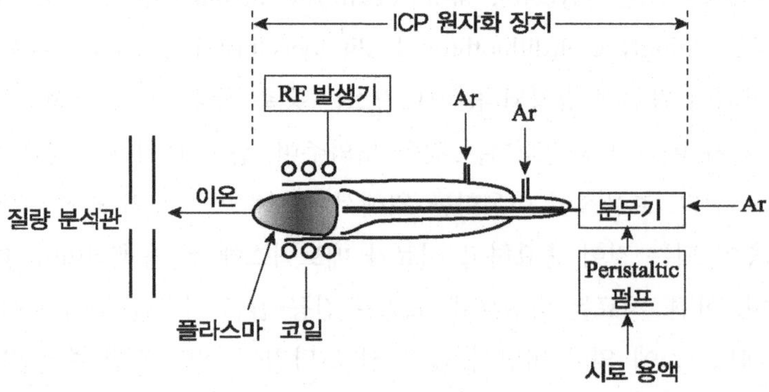

그림 4.35 ICP의 이온원

정도 높다. 하지만 매트릭스 방해와 스펙트럼 방해가 큰 단점이다.

4.6 질량 분석관

질량 분석관(mass analyzer, 질량 거르게(mass filter)라고도 함)의 역할은 질량 분석기의 진공 시스템 내부 혹은 외부에서 생성된 분석 물질 이온을 m/z 값에 따라 이온들을 분리하고 초점을 맞춰서 이 이온들을 검출기 또는 텐덤 질량 분석기의 충돌 셀(collision cell)로 전송하는 것이다. 질량 분석관은 모든 질량 분석기의 핵심에 해당된다. 질량 분석관의 선택은 매우 중요한데 이는 질량 분해능, 질량 측정 정확도 및 사용 가능한 질량의 동적 범위를 포함하여 생성된 데이터의 여러 측면에 영향을 미치기 때문이다. 분석관에는 사중 극자(quadrupole, Q), 이온 트랩(사중 극자 이온 트랩(quadrupole, QIT) 또는 선형 이온 트랩(linear ion trap, LIT)), 비행 시간(time-of-flight, TOF), 자기 부채꼴(magnetic sector, B), 오비트랩(orbitrap, OT) 및 이온 사이클로트론 공명(ion cyclotron resonance, ICR) 셀 등이 있는데, 마지막 두 가지는 소위 '푸리에 변환(Fourier transform, FT)' 기기이다.

분석관은 시간적 또는 공간적으로 이온을 분리할 수 있다. Q, QIT, LIT 및 B 분석관에서는 스펙트럼을 얻기 위해 작동 파라미터(전기장 혹은 자기장)가 시간 경과에 따라 점진적으로 변하여야 한다(스캔형(scanning) 기기). 이러한 스캔 기기는 이온들이 일정 시간 동안(밀리 초에서 몇 초)에 걸쳐 연속적으로 수집되기 때문에 **시간 의존형**(in-time) **분석관**이다. 스캔 방법은 기기의 다양성을 증가시키지만, 작동 주기(duty cycle) 문제, 즉 전체 스펙트럼을 수집하는 동안에 주어진 질량을 분석하는 데 소요되는 제한된 시간으로 인해 스펙트럼을 수집 시에 감도가 감소된다. 이와는 대조적으로, TOF와 FT와 같은 **공간 의존형**(in-space) **분석관**은 스캔하지 않고(비스캔형(nonscanning) 기기) 동시(FT의 경우)에 혹은 거의 동시(TOF의 경우)에 검출한다. 공간 의존 방법은 전체 스펙트럼을 수집할 때 감도를 향상시키지만 선택 반응 모니터링(selected reaction monitoring, SRM)(혹은 다중 반응 모니터링(multiple reaction monitoring, MRM))과 같은 다른 중요한 기술의 사용이 불가능하다. 여러 가지 형태의 질량 분석관을 표 4.13에 비교해 놓았다.

이온은 대개 그들이 분석되는 위치와 분리된 곳에서 생성되므로 거의 모든 유형의 이온원은 어떤 유형의 분석관과도 결합될 수 있다. 하지만 예외적으로 MALDI 방법은 제한된 질량 범위로 인해 사중 극자 분석관과는 결합될 수 없다.

분석관은 단일 분석관 시스템보다 훨씬 더 많은 정보를 제공할 수 있는 QqQ,

표 4.13 여러 형태의 분석관의 비교[29]

파라미터	사중 극자(Q)	비행 시간(TOF)	오비트랩(OT)	FT-ICR
이온빔	연속	펄스	펄스	펄스
분리 메커니즘	스캔(scanning)	비행 시간	진동	회전
검출	이온 전류	이온 전류	이미지 전류	이미지 전류
분해능	단위 분해능	10^4 이상	10^5 이상	10^6 이상
분석관의 압력(Torr)	10^{-5}	10^{-7}	10^{-10}	10^{-10}
질량 정확도 (1 kDa)	1 Da	2 mDa	0.5 mDa	0.1 mDa
상대 질량 정확도(1 kDa)	0.1 %	2 ppm	0.5 ppm	0.1 ppm
스펙트럼 수집 속도(Hz)	Scan 20	10,000	10	1 이하
장점	• Scan과 SIM 가능	• 가장 빠른 고분해능 스펙트럼 수집 • 가장 높은 질량 범위	• 고분해능	• 가장 높은 분해능
한계점	• 명목 이온 질량만 검출	• SIM 불가	• 데이터 수집 속도와 질량 증가에 따라 분해능 감소	• 데이터 수집 속도와 질량 증가에 따라 분해능 감소 • 초전도 자석

Q-TOF 및 LIT-FT-ICR과 같은 혼합 및 매칭 방식으로 정교한 텐덤(tandem) 기기와 결합될 수 있다. 텐덤 분석관은 '**질량 분석기/질량 분석기(MS/MS)**' 장비라고도 한다. 이 용어는 향상된 검출 한계를 달성하거나 지금까지는 가능하지 않았던 구조 정보를 제공하기 위해 2개 이상의 분석관을 조합한 경우에 적용된다. **텐덤(tandem)**은 보통 3중 사중 극자(QqQ) 및 TOF-TOF 시스템과 같이 유사한 분석관을 이용하는 것을 의미하지만, 반면에 **혼합**(hybride) 기기는 Q-TOF 혹은 LIT-orbitrap과 같이 전혀 다른 형태의 분석관을 결합한 경우를 의미한다. MS/MS 분석은 연성 이온화 기술과 결합할 때 분자 질량 데이터만을 제공하기 때문에 특별히 중요하다. 또한, 두 번째 분석관에서 연속적으로 분석되는 이온을 조각내기하는 방법을 통해서는 구조 정보를 알 수 있게 되었다. 분석관 또는 분석관의 조합을 선택할 때는 찾고자 하는 데이터의 형태, 즉 구조적(정성적) 정보 혹은 정량적 정보, 원하는 분해능 및 질량 측정의 정확

[29] J. Greaves, J. Roboz, Mass Spectrometry for the Novice, CRC Press, 2014.

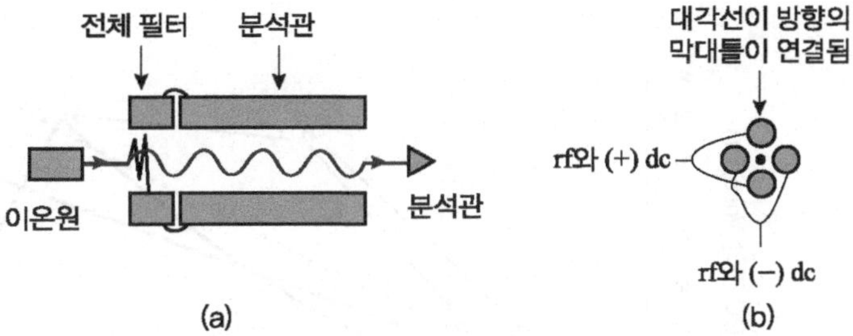

그림 4.36 사중 극자(Q) 분석관(a) 측면도, (b) 정면도

도를 모두 고려해야 한다.

4.6.1 사중 극자

이름에서 알 수 있듯이 **사중 극자 분석관**(quadrupole analyzer, Q)은 4개의 막대로 구성되어 있다. 금속(보통은 몰리브데넘) 또는 금속 코팅으로 된 막대 세라믹(길이 10 ~ 20 cm, 직경 0.5 ~ 1 cm 정도)을 정사각형으로 평형하게 놓고 반대편 쌍을 전기적으로 연결시킨다(그림 4.36). 서로 다른 m/z 값의 이온을 분리하는 데 필요한 대칭 전기장을 생성하려면 막대의 정렬이 정밀해야 한다. 정사각형의 중심점을 향한 막대 표면의 프로파일은 이상적인 전기장을 얻기 위해 쌍곡선이어야 하지만 원통형 막대도 사용된다. 대각선 방향으로 마주하고 있는 한 쌍의 막대에 걸리는 전압은 중첩된 고주파(rf) 전압(약 2 kV)과 결합된 양(+)의 직류(dc) 전압(약 400 V)으로 구성되어 있고, 다른 한 쌍의 막대는 첫 번째 쌍의 막대와 180° 위상차가 있는 rf 성분을 갖는 음(−)의 dc 전압이 걸린다. 막대가 양극 또는 음극으로 표현되어 있지만, 중첩된 rf 전압으로 인해 막대는 양극과 음극이 지속적으로 번갈아 바뀐다.

중첩된 rf 및 dc 전압에 의해 생성된 전기장에 이온이 들어오면 진동하기 시작하면서 질량 분리(질량 필터링이라고도 함)가 이루어진다. 전압의 조합에 의해 유도된 특정 장(field)에 대해서 하나의 특정 m/z 값을 갖는 이온만이 사중 극자 축을 따라 진행하면서 안정된 진동 궤도를 유지한 채 검출기로 향하게 된다. 한편, 다른 m/z 값을 가진 다른 모든 이온은 비행 경로에 수직인 불안정한 진동 패턴을 일으켜서 막대(혹은 전치 필터(prefilter))와 충돌하여 방전으로 손실된다. dc와 rf 전압의 비율을 일정하게 유지하면서 점진적으로 변경하면 미리 정한 질량 범위(mass range)를 스캔하게 되면서 질량 스펙트럼을 생성할 수 있다.

이온들이 분석관에 들어가서 z-축을 따라서 검출기로 이동할 때 x-y 평면에서 이들의 운동은 Mathieu 식에 의해서 표시되는데 파라미터 a와 q는 다음과 같이 정의된다.

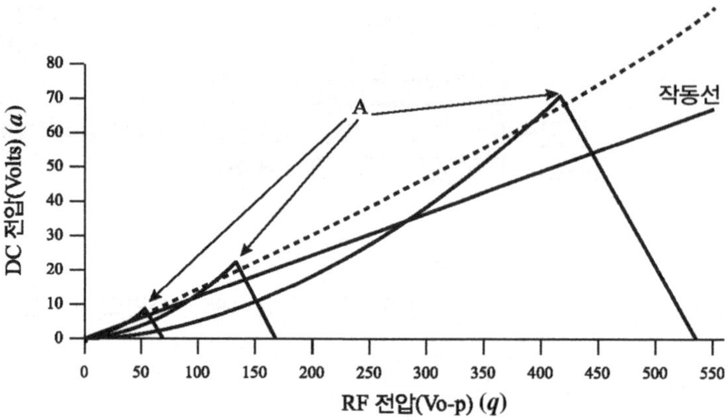

그림 4.37 사중 극자 분석관에서 안정 다이어그램[30]

$$a_x = -a_y = \frac{4ze\,U}{mw^2 r_0^2}$$

$$q_x = -q_y = \frac{2ze\,V}{mw^2 r_0^2}$$

여기서 r_0는 반대편 사중 극자 막대 사이의 거리의 절반이며, w는 교류(rf) 주파수, U는 dc장의 크기, V는 rf 장의 진폭이다. 파라미터 a와 q는 그림 4.37과 같으며, 이온이 사중 극자 장내에서 수학적으로 안정한 궤도를 가지는 구간은 (a, q) 공간에 있을 때이다.

그림 4.37로부터 두 가지 중요한 점을 알 수 있다. 먼저, 사중 극자가 안정 다이어그램에서 작동선으로 정의된 dc 퍼텐셜과 rf 진폭에서 작동된다면 다이어그램의 꼭대기에서 (a, q) 공간 좌표로 정의된 m/z를 가진 이온들만이 안정한 궤도를 가지게 될 것이다. dc/rf 비가 작동선 위로 올라가서 맞춰진다면 기기의 분해능은 증가하지만 감도는 감소하게 될 것이다. 이것은 몇몇 이온들만이 안정한 궤도를 따라서 검출기로 도달하게 되기 때문이다. 두 번째로는, 사중 극자의 'RF만으로' 작동되는 것과 관련이 있다. rf만의 방식에서는 dc 장이 없다. 즉, 위 식에서 $U = 0$이므로 $a = 0$이다. 그러므로 작동선은 q-축을 따라 그어지게 된다. 이는 모든 m/z 이온들이 안정된 궤도를 갖게 되며, 사중 극자 필터를 통과하게 된다는 것이다.

한편, 분석관을 통과하지 못하고 방전된 이온들은 막대의 시작 부분에 가까운 표면에 퇴적되어 시간이 지남에 따라 결국은 rf 및 dc 전압에 의해 설정된 장을 왜곡시켜 분해능과 감도를 모두 저하시키기도 한다. 드물기는 하지만 많이 오염된 경우에는 사중 극자를 유기 용매를 사용하여 세척해야 하는 경우도 있다. 따라서 세척을 위

30 J. Throck Watson, Introduction to Mass Spectrometry, Raven Press, New York, (2007).

해 쉽게 탈착할 수 있는 각 막대의 짧은 부분인 전치 필터를 설치하면 오염 문제를 줄일 수 있다. 막대에 전기적으로 연결되어 있는 전치 필터는 분석관의 일부이며 또한 불안정한 진동 이온을 방전시키고 분리하는 초기 지점 역할을 한다.

사중 극자 분석관은 질량 범위 전체에 걸쳐 **단위 분해능**(unit resolution)을 갖는다. 예를 들어, m/z 145와 146, 350과 351만을 구분할 수 있기 때문에, m/z 386.4432와 386.3523는 구분이 안 되고 두 이온 모두 m/z 386으로 검출되며, m/z 386.4432와 387.4432는 각각 m/z 386과 387로 구분되어 검출된다. 따라서 사중 극자 분석관은 정확한 질량 데이터를 얻기에 적합하지 않은 저분해능 기기로 분류된다. 낮은 분해능 때문에 명목 이온 질량은 같으나 실험식이 다른, 즉 다른 정확한 질량을 가진 두 이온(**동중 이온**(isobaric ion))은 분리될 수 없고 그들의 질량은 평균된 m/z 값으로 측정된다. 또한, 피크가 넓기(너비가 약 1 m/z) 때문에 정확한 중심 값을 얻는 것이 어려워서 질량축이 흔들리기도 한다. 사중 극자의 질량 범위는 단일 하전 이온의 경우 4 kDa까지 확장도 가능하며, 질량 범위 제한과 이온화 방식의 특이성으로 인해 MALDI를 제외한 모든 이온화 방법과 호환이 가능하다.

사중 극자와 같은 스캔형 기기는 감도뿐만 아니라 작동 모드에도 영향을 미친다. 1초 동안 1 kDa의 질량 범위에서 질량 스펙트럼을 얻는다고 생각해 보자. 사중 극자의 스캔 기능이 선형이고 rf 및 dc 값의 한 조합만 특정 m/z 이온을 통과시킨다고 할 경우, 각 m/z가 검출할 수 있는 시간은 1 s/kDa 또는 1 ms/Da이다. 따라서 특정 이온을 스캔하는 동안에 나머지 다른 이온들은 스캔이 이루어지지 않기 때문에 1,000 Da/s 스캔의 경우 각 질량 이온에 대한 기기의 듀티 사이클(duty cycle)은 0.1 %, 즉 전체 이온 중에서 이 정도만 검출기에 도달하게 되는데 이는 스펙트럼을 얻기 위해 많은 시간을 희생한다는 것을 의미한다. 따라서 생성된 모든 이온들 중 일부만 검출되기 때문에 다른 질량 분석관에 사중 극자형 질량 분석관의 감도는 상대적으로 낮다.

그러나 이미 질량 스펙트럼이 알려진 화합물의 정량화에 사중 극자형(Q) 기기를 사용할 경우에는 이용 가능한 듀티 사이클의 중요한 이점이 있다. 이 경우에 일단 분석 물질의 m/z 값 특성이 얻어지면, 나머지 스펙트럼은 무의미해진다. 사중 극자 막대에 걸린 전압을 분석 물질에 특정한 m/z만 통과할 수 있는 값으로 설정하면, 다른 모든 이온의 경로는 불안정해지며 그 이온들은 손실된다. 즉, 사중 극자는 선택된 이온만을 검출기로 통과시키는 질량 필터(filter)로서 작용한다. 이러한 조건에서는 선택된 이온의 듀티 사이클은 100 %이며 분석관은 선택된 m/z 값에 대해 가장 민감한데, 이 작동 모드를 **선택 이온 모니터링**(selected ion monitoring, SIM)이라고 한다. 본질적으로 사중 극자는 하나의 질량 단위만 스캔하도록 설정할 수 있어서 SIM 기능이 큰 장점이 되는데, 모든 질량이 분석관을 통과해야 하는 TOF 분석기로는 SIM

기능을 수행할 수 없다.

이와 같이 사중 극자 분석관에서 장이 전자적으로 유도되어 신속하고 선택적으로 조작될 수 있다는 사실에는 여러 장점이 있는데 다음과 같다: (1) 빠른 스캔(예: m/z 50 ~ 500 스캔의 경우 0.1 s/mass decade, 혹은 10 Hz), (2) 스캔 사이의 리셋 시간이 없음, (3) 용이한 질량 범위 설정, (4) 상이한 m/z 값 사이의 신속한 점핑으로 질량 범위 내의 임의의 하나 또는 여러 개의 선택된 질량을 모니터링하는 능력. 이러한 장점은 정성 분석 및 SIM을 사용한 고감도 정량 분석을 위해 GC/MS 및 LC/MS에서 널리 활용되고 있다. 사중 극자 분석관의 또 다른 이점은 사용 편의성, 설치 공간 및 값싼 비용이다. 단점은 낮은 듀티 사이클과 상대적으로 정확한 질량 측정 능력의 부족이다.

앞에서 언급한 것처럼, 사중 극자가 질량 분석관으로 사용될 때는 좁은 띠(일정 범위 또는 특정 m/z) 통과 모드에서 작동하여 m/z 값을 필터링한다. 또는 dc 전기장과 결합하지 않은 상태로 동일한 rf 전압을 사중 극자에 걸어줄 수 있는데 이것이 넓은 띠(전체 m/z) 통과 모드이다. 이러한 조건하에서, 예를 들어 이온원으로부터 나오는 모든 이온 또는 충돌 셀(q)에 진입하는 3중 사중 극자의 Q1(첫 번째 사중 극자)으로부터 나오는 이온은 그들의 m/z 값에 관계없이 전송된다. 그러므로 여기서 q는 분석관이라기보다는 두 지점 사이에 이온을 전달하는 이온 가이드 역할을 한다. 소문자 q는 사중 극자가 질량 분석관이 아닌 이온 가이드로 사용됨을 나타내기 위함이다. 사중 극자가 이온 가이드로 사용되는 경우, 육각 극자(hexapoles) 또는 때로는 팔각 극자(octapoles)와 같은 다른 막대 조합을 보는 것이 일반적인데 이는 이러한 형식이 이온 전송에 더 효율적이기 때문이다.

Q 또는 q 모드에서 사중 극자의 다용도는 다중 분석기와 특히 관련이 있다. 스캐닝이나 정적인 형식으로 Q를 사용할 수 있을 뿐 아니라, Q 또는 q 동작 모드 사이를 신속하게 전환할 수 있기 때문에 첫 번째 분석관이 어떻게 사용되는지에 따라서 첫 번째 분석관으로부터 두 번째 분석관으로 통과하는 다른 이온 세트의 실험이 가능하다.

사중 극자를 더 발전시킨 기술로는 이온 용량이 더 높은 **사중 극자 이온 트랩**(quadrupole ion trap, QIT)과 **선형 이온 트랩**(linear ion trap, LIT)이 있다. 이러한 이온 트랩의 분해능은 단일 사중 극자의 분해능과 비슷하다. 하지만 이 이온 트랩의 장점은 검출하기 전에 이온을 저장하고 조작할 수 있어서 MS/MS 실험이 가능하다는 것이다.

사중 극자 분석관은 단일 하전된 이온들에 대해서 질량 범위는 최대 4 kD 정도이며, 단일 분해능만 사용할 수 있다는 제한점이 있다.

4.6.2 이온 트랩

4.6.2.1 사중 극자 이온 트랩

사중 극자 이온 트랩(quadrupole ion trap, QIT)은 도넛형 고리 전극(ring electrode)과 두 개의 덮개 전극(end cap electrode)으로 구성된 삼차원 사중 극자이며, 모두 쌍곡선 내부 표면을 갖도록 가공되어 있다(그림 4.38). 이온은 외부 이온원에서 생성되며 제한된 수만이 이온 전류 모니터링에 의해 덮개 전극 중 하나를 통해 트랩 셀(cell)로 들어간다. 고리 전극과 접지된 덮개 전극에서 결합된 rf/dc 장에 의해 생성된 3차원 사중 극자 장은 셀 내의 복잡한 정현파(sinusoidal) 경로에 주입된 모든 이온을 통제한다.

QIT가 트랩 내에서 헬륨(약 1 mTorr)이 유입되면, 기체는 시료 이온을 뭉치(cluster)로 만들어 전기장이 가장 대칭인 셀의 중심에 가깝게 유지시켜서 이온이 안정된 궤도에 머무르게 한다. 헬륨에 의한 이온의 충돌 냉각은 안정한 이온 경로를 유지하는 것을 돕기도 한다. 고리 전극에서 rf의 진폭을 변화시키면 셀 내의 이온 경로의 반경을 증가시킨다. 고리 전극상의 증폭된 rf 전압과 덮개 전극의 rf 전압의 조합을 통해서 셀 내부로부터 검출기가 위치하는 덮개 전극의 좁은 공간을 통해 이온을 방출하게 되는데, 이온을 불안정하게 만드는 데 필요한 rf 전압의 조합은 각 m/z 마다 고유하다. **공명 방출**(resonance ejection)이라 하는 이 기술은 m/z 값에 따라 순차적으로 이온을 방출하여 질량 스펙트럼을 얻는 데 사용된다. 선택한 범위 위와 아래에 있는 모든 이온을 방출하여 m/z 값의 특정 밴드를 유지하는 것도 가능하다.

이와 같이 특정 m/z를 갖는 이온이 선택되어 안정된 궤적으로 트랩에서 머무르는 반면, 다른 m/z 값을 갖는 다른 모든 이온은 제거된다. 한편, 트랩 내부에 잔류하는 이온은 트랩에 추가 기체 펄스를 도입하여 충돌 유도 해리(CID)를 사용하여 조각내기를 할 수 있으며 이때 생성된 생성 이온에 대해 스캔하면 MS/MS 스펙트럼을 얻을 수 있는데, MS^2 이상의 MS^n 스펙트럼을 생성하기 위해 이러한 격리 및 조각내기 사이클을 반복할 수 있다. 이 방법은 MS^6 이상이 가능하다고 하지만, 반복 횟수가 증가함에 따라 신호가 크게 감소하기 때문에 실제적으로는 대개 MS^3까지만 가능한

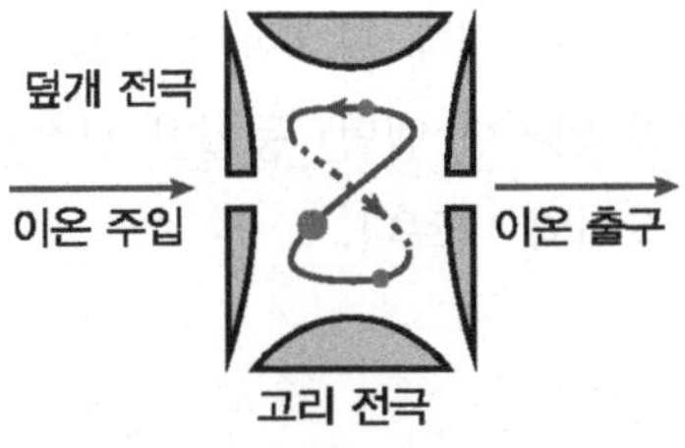

그림 4.38 사중 극자 이온 트랩(QIT) 분석관의 구조

것으로 알려져 있다. 예를 들어, 스캔 1 (MS)에서 특정 m/z 10개의 조각 이온 10^3개 중에서 한 개 m/z만을 선택하면 전체 이온수는 1/10로 줄어들어 스캔 2 (MS^2)에서는 이온수가 10^2가 되므로 특정 m/z 이온의 감도는 10배 감소하게 된다.

사중 극자(Q) 및 사중 극자 이온 트랩(QIT) 모두 rf 및 dc 전압의 조합으로 생성된 전기장의 이온 안정성에 기반을 두고 있지만 두 시스템의 기능은 반대이다. Q 분석관에서는 특정 장에서 안정한 이온만이 검출기로 전달되는 반면 불안정한 이온은 손실된다. 하지만, QIT 분석관에서 모든 이온은 셀 내에서 안정된 궤도에 갇혀 있다. 선택된 m/z 값은 인가된 전압에 의해 불안정하게 되고 최종적으로 트랩에서 검출기로 방출됨에 따라 검출된다. QIT의 장점은 트랩된 이온이 장기간 셀 내부에서 머물 수 있기 때문에 추가 실험(MS^n)에 사용할 수 있다는 것이다.

QIT 내의 이온은 복잡한 정현파 경로를 따르므로 이온 경로가 교차하는 여러 위치가 있다(그림 4.38). 교차 위치에서의 이온의 밀도는 이온 전류가 셀 내의 전기장을 왜곡시키는 수준에 도달할 수 있으며, 이는 데이터의 품질을 저하시키는 **공간 전하 효과**(space-charge effects)를 일으킨다. 결과적으로, QIT에 가둘 수 있는 이온의 수에 제한이 있으며, 이는 이러한 분석관의 감도 및 동적 범위에 영향을 미친다. 트랩에 저장할 수 있는 이온의 실제 수는 이온을 저장할 것인지, 특정 m/z를 분리할 것인지 또는 스펙트럼을 얻는 것인지에 따라 달라지게 된다. 이 중에서 스펙트럼을 얻는 것이 가장 중요한 요소이며 약 2,000개의 이온이 허용된다.

QIT는 스펙트럼을 얻고 이온을 저장하고, 정교한 MS/MS 실험을 비용면에서 효율적으로 수행할 수 있기 때문에 주목할 만한 질량 분석관이다. 모든 형태의 이온 트랩에 해당하는 한 가지 제한점은 CID MS/MS에서 선구 이온 m/z 값의 약 1/3 미만에 해당하는 생성 이온만을 검출한다는 소위 3분의 1 규칙이다. 예를 들어 m/z 900의 선구 이온의 경우, 생성 이온에 대한 검출 한계 이온은 약 m/z 300 정도이다.

이온 트랩형의 중요한 특징은 감도가 매우 좋다는 것이다. 이온들이 이온원으로부터 질량 분석관을 통해서 검출기까지 도달하는 거리가 수 cm 이내이므로 이동성이 좋고, 이온원에서 형성된 이온들 중에서 가능한 많은 양이 이온 트랩/질량 선택 방출 과정을 거쳐 이용되기 때문이다. 이온원의 크기가 소형인 이온 트랩형 분석관은 감도에는 물론이고 전체적인 크기 및 시스템의 가격에도 영향을 미치고 있다.

MS/MS 데이터를 얻기 위해 필요한 두 개의 질량 분리 단계가 시간에 따라 순서가 정해지고(즉, 시간 의존형 템덤) 동일한 분석기를 사용하기 때문에 QIT의 물리적 형태는 다른 직렬 장치와 다르다.

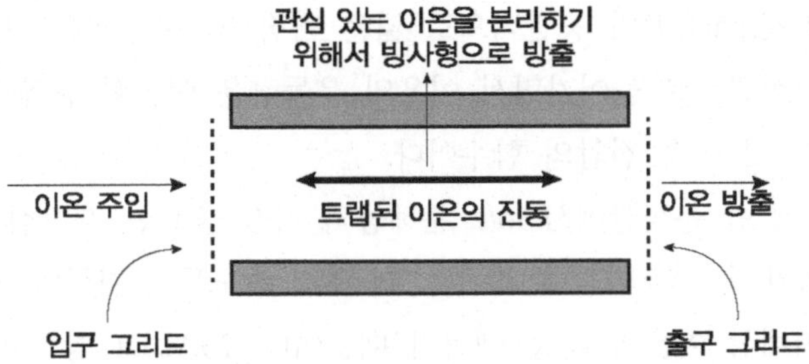

그림 4.39 선형 이온 트랩(LIT) 분석관의 구조

4.6.2.2 선형 이온 트랩

QIT에서 공간 충전 효과가 스펙트럼을 왜곡하고 공간 내에 수용할 수 있는 이온수에 대한 제한 때문에 선형 이온 트랩(linear ion trap, LIT)을 개발하게 되었다. LIT에서, 이온은 사중 극자의 길이를 따라 선형 방식으로 진동하며 QIT에서 주요한 공간 전하 문제가 발생하게 하는 많은 교차점을 제거한다(그림 4.39). 조작할 수 있는 전압과 함께 사중 극자의 각 끝에 있는 그리드(grid)는 이온이 LIT에 들어가도록 허용하고, 셀 내에서 이온을 반사 및 유지한 다음에 검출기나 두 번째 분석관으로 이온을 방출할 수 있게 한다. 사중 극자 막대의 전압을 변경하면 원하지 않는 m/z 이온을 방사형으로 방출하고 특정 이온을 편리하게 선택하여 정량화하거나 조각내기(MS^n)하거나 두 번째 분석관으로 전달할 수 있다. 이러한 기능은 QIT의 기능과 유사하지만 LIT는 훨씬 더 많은 수의 이온을 이용할 수 있어서 검출 한계를 크게 향상(스펙트럼 수집 시 약 30,000개의 이온)시킨다. 그러나 분해능, 질량 정확도 및 1/3 규칙의 한계는 남아 있다.

4.6.3 비행 시간

비행 시간 분석관(time-of-flight, TOF)의 작동 원리는 매우 간단하다. 이온들은 높은 전압(20 ~ 30 kV 정도)의 전기장 펄스로서 가속되어 같은 운동 에너지를 가지게 된다. 가속된 이온들은 m/z에 반비례 관계의 속도로 전기장이 없는 영역으로 들어간다. 이온의 속도는 질량과 반비례하므로 낮은 m/z의 이온은 높은 m/z의 이온보다 더 빨리 이동하고, 분석관을 통과하는 비행 시간은 1 ~ 30 μs 범위이다. 따라서 장이 없는 표류관(길이가 1 m 정도)을 통해서 이동하는 데 필요한 시간이 측정되고 속도를 계산하는 데 사용되며 결국은 이온의 m/z를 측정하게 된다($v = (2zV/m)^{1/2}$)).

TOF 분석관은 1950년대부터 있었지만 분해능(약 200 정도)이 낮았기 때문에 사용하지 못했다. 부적절한 분해능의 주요 원인은 레이저 기반 이온원에 의해 생성된 이온 패킷(packet)의 공간적으로 넓은 퍼짐 및 운동 에너지 분포 때문이다. 이온이 TOF 분석관으로 들어가면서 이온의 운동량은 이온화 중에 받는 에너지, 가속될 때의 위치 및 가속 전압의 함수이다.

TOF 질량 분석관에서 m/z 분해능의 가장 중요한 제한점은 이온들이 가속됨으로 인한 초기 속도의 퍼짐 분포이다. 이 초기 속도들은 기화와 이온화 과정에 의해서 주어진 기체상 이온의 운동 에너지 때문이다. MALDI 방법에 의해 생성된 이온들은 그들의 운동 에너지의 변화가 특별히 크다. 이 변화에 의해 생성된 속도 분포(Δv)는 질량 분해능을 저하시키는 효과를 가지게 되는데, 이것은 동일한 실험식, 즉 동일한 m/z의 이온들이 이온화될 때 이온들은 일정 범위의 에너지 분포를 가질 것이며 이런 상이한 에너지는 이온을 다른 속도로 이동시켜서 결국은 다른 비행 시간을 갖게 되기 때문이다. 즉, Δv는 Δt를 유발하고, 이는 다시 m/z 분석 동안 분해능을 저하시키는 Δm/z으로 나타나게 된다.

더욱이 초기 TOF 기기는 고속 전자 장치 및 컴퓨터 기술의 부재로 인해 방해를 받았지만, 지연 추출 및 반사경을 사용하는 이온의 공간 및 에너지 차이를 계산할 수 있는 수단과 전자 및 컴퓨팅의 개발로 1990년대에 부활하였다.

TOF 분석관은 스펙트럼을 얻기 위해 분석관의 작동 파라미터를 변경할 필요가 없기 때문에 비스캔(non-scanning) 분석관이다. 비스캔 형태 분석관에서는 이온이 이온원에서 생성된 모든 m/z 값을 포함하고 있는 불연속(개별) 패킷 형태로 분석관으로 펄스되어야 하며, 각 패킷의 모든 이온은 다음 패킷의 이온이 도입되기 전에 분석관에서 제거되어야 한다. 일련의 이온이 통과하는 시간은 마이크로 초(μs) 단위인데, 첫 번째 이온이 검출기에 도달하기 전에 두 번째 이온 패킷이 분석관에 들어가게 되면 비행 경로가 왜곡되고 데이터가 겹쳐진다.

이온원이 펄스를 생성하는지 아니면 연속적인 이온 스트림을 생성하는지에 따라 이온 펄스를 생성할 필요성은 달라진다. MALDI 이온원에서는 이온들이 각 레이저 펄스마다 패킷으로 출발한다. 밀리 초(ms) 단위로 펄스의 반복이 이루어지므로 MALDI는 TOF 분석기의 마이크로 초(μs) 작동에 적합하며 각 이온 세트는 다음 이온 패킷이 도입되기 전에 비행관에서 제거될 것이다. 반대로 ESI 및 기타 API 이온원은 지속적으로 이온을 생성하는데, 이온 패킷을 형성할 필요성은 직각 TOF 분석관의 개발에 의해 해결되었다.

MALDI-TOF 장비에서 **지연 추출**(delayed extraction)은 이온들을 분석관으로 방출하기 전에 전자 게이트에서 이온을 정렬하고 집중시킴으로써 공간적 분포 문제를 해결하였다. 지연 추출의 또 다른 이점은 에너지 분포를 줄이는 일렬 정렬 과정 중에 이온의 충돌 냉각이 있다는 것이다. 이 충돌은 에너지를 이온으로부터 기체상의 잔

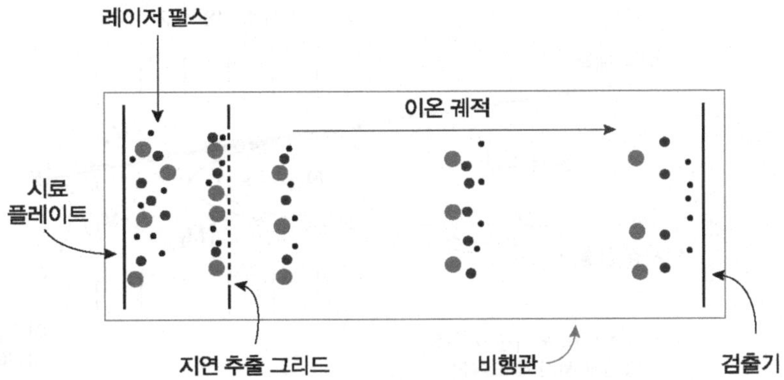

그림 4.40 선형 MALDI-TOF 분석관에서 이온의 거동

류 분자로 이동시켜서 이온화 중에 부가된 진동 에너지를 감소시키고 조각내기를 제한하는 저에너지 상호 작용이다.

간단하고 선형인 MALDI-TOF 장비에서 이온은 이온원에서 검출기로 직선으로 이동한다(그림 4.40). 그림에서와 같이 MALDI 과정에서 시료 플레이트의 표면으로부터 이온이 흩어져 나온다. 이는 동일한 m/z의 이온이라 할지라도 출발 시점이 다르기 때문에 TOF 분석관을 통과하여 검출기까지 도달하는 시간이 달라서 다른 m/z로 인식될 수 있다는 것이다. 따라서 이온은 분석관 튜브로 방출되기 전에 지연 추출 그리드에서 '일렬로 정렬'된다. 지연 시간은 시료 형태에 따라 50 ~ 750 ns 범위이며, 더 큰 분자는 더 긴 지연 시간을 필요로 한다. 일단 그리드에 정렬된 후에 모든 이온은 동일한 가속 전압을 받으며 검출기로 이동하는 거리가 동일하므로 m/z 값(z = 1)의 함수에 따라서 분리될 수 있다. 지연 추출 그리드를 사용하면 이온 간의 공간 의존(즉, 출발 위치) 차이를 줄이고 어느 정도는 에너지 함량의 불균일성을 감소시킴으로써 분해능을 향상시킬 수 있다.

하지만 지연 추출 그리드에서의 충돌 냉각에도 불구하고, 동일한 실험식의 주어진 이온 세트에 대해 획득된 에너지의 분포에는 여전히 차이가 있을 것이다. 결과적으로 동일한 m/z이지만 약간 다른 에너지를 가진 이온들은 다른 속도로 이동하여 비행관 내에서 퍼지게 되어 검출기에 도달하는 시간의 차이를 일으키고, 따라서 작지만 측정된 질량의 범위가 있게 된다. 즉, 동일한 실험식 및 동일한 m/z 값을 가진 이온들이지만 이온화 과정에서 보유한 에너지의 차이로 인해서 작지만 m/z 퍼짐에 의해 선형 TOF 기기의 분해능은 제한을 받게 된다.

반사경(reflectron)은 MALDI 이온원의 지연 추출 그리드에서 충돌 냉각으로 보상되지 않은 에너지 퍼짐의 영향을 막음으로써 정확한 질량 측정을 얻을 수 있을 뿐만 아니라 분해능을 높이는 데 사용된다. 즉, 반사경은 이온 거울로서 전압 기울기가 적용되는 동심원 고리와 그리드로 구성된 원통형으로 되어 있으며, 이온이 들어오는

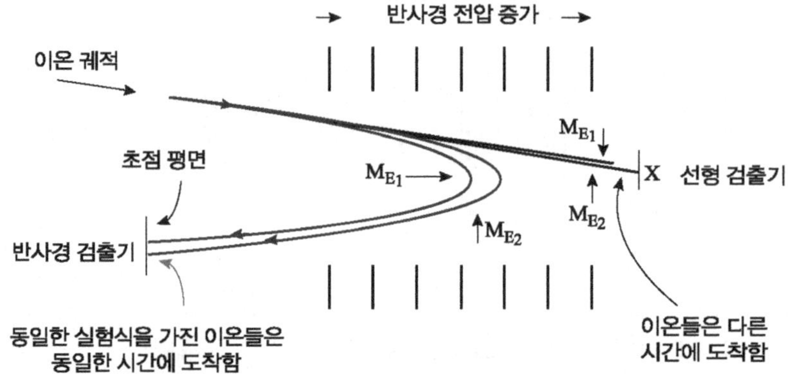

그림 4.41 반사경의 작동 원리

강도를 증가시키는 전기장을 생성하는데, 이 장(field)은 분석된 이온의 극성과 동일한 극성으로 설정된다. 전기장에 들어가는 이온은 동일한 전하끼리는 서로 반발하기 때문에 이온의 속도를 느리게 하고 비행 경로 축에서 약간 벗어난 방향으로 되돌아간다. 이 과정의 원리는 동일한 m/z이지만 에너지는 약간 차이나는 2개의 이온을 전기장에서 방향을 역전시키려면 에너지가 높은 이온은 약간 더 높은 세기의 전기장을 필요로 한다는 것이다. 따라서 에너지가 큰 이온은 반사경을 통과하는 데 더 긴 경로를 택하게 되므로 결국은 두 이온이 동시에 도달하는 **초점 평면**(focal plane)이 생겨서 초기 에너지의 차이는 해결될 수 있다(그림 4.41). 즉, 에너지가 커서 속도가 높은 이온들은 반사경을 깊숙하게 파고 들어가므로 에너지가 낮은 이온들보다 반사경 내에서 더 오래 머무르다 나오기 때문에 두 이온 간의 속도차가 보상되어 검출기에는 동일하게 도달하게 된다.

예를 들어, M_{E1}과 M_{E2}는 분자 구조는 같지만 에너지가 다른 이온들이다($M_{E1} < M_{E2}$). 이온들은 동일한 시간에 이온원을 출발하였음에도 불구하고 속도가 다르므로 속도로 선형 검출기(X)에 다른 시간에 도착한다. M_{E2}는 M_{E1}보다 앞서 X에 도착하므로 이 두 이온은 다른 질량으로 나타난다(M_{E2}가 M_{E1}보다 가볍게 나타남). 하지만 반사경이 작동되면 구조적으로 동일한 이온의 에너지 퍼짐은 이온이 반사경으로 이동하는 깊이의 차이에 의해 보정된 후 방향을 바꿔서 초점 평면으로 이동하여 반사경 검출기에는 동시에 도달하게 된다.

지연 추출과 반사경은 각각 MALDI-TOF 장비의 분해능을 약 10배 증가시킨다. 지연 추출은 분해능을 약 200에서 약 2,000으로 향상시키고, 반사경을 결합하면 약 2,000에서 약 20,000으로 분해능이 향상된다. 분해능이 증가함에 따라 질량을 더 정확하게 교정할 수 있게 된다. 반사경이 없는 선형 모드에서는 명목 이온 질량 측정만이 가능하지만, 반사경이 결합되면 정확한 질량 측정이 가능해진다.

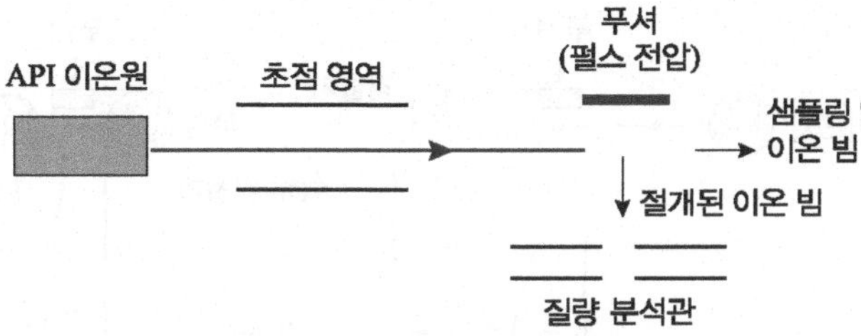

그림 4.42 직교 TOF 분석관으로 주입되는 이온의 경로

반사경에 대한 중요한 주의 사항이 있는데, 약 5 kDa 이하에만 효과적이며 그 이상에서 분석관은 선형 모드에서 사용해야 하고 분해능은 계속 떨어진다. 분해능의 손실은 MALDI 이온원이 사용되기 때문인데, 이는 이 방법이 단일 하전된 이온만을 생성하기 때문에 반사경의 유리한 특성의 이점이 고분자량의 단백질 분석 등에서는 손실되기 때문이다. 반면에, ESI에서 형성되는 다중 하전된 이온은 보통 m/z 5,000 이하이기 때문에 반사경으로 초점을 맞출 수 있다.

ESI 및 기타 API 이온원에 TOF 분석관을 사용하려면 MALDI 이온원보다 더 복잡한데, 이 이온화 방법들은 이온을 지속적으로 생성하기 때문이다. 즉, TOF의 특성상 이온 패킷이 이온 스트림으로부터 제거되어야만 하고 다음 이온 패킷이 도입되기 전에 비행관을 완전히 통과해야 한다. 이 문제를 극복하기 위해 이온원에서 나오는 이온 빔에 직각으로 분석관을 세팅한다. API 이온원에서는 이온들이 연속적으로 생성되는데, TOF 분석관에서는 개별 이온 패킷이 필요하므로 직각 방향에서 푸셔 전압을 걸어주어 이온 빔을 절개해서 분석관으로 가속시킨다(그림 4.42). 연속 이온 빔의 일부만 샘플링된 절개된 이온 패킷은 다른 이온 세트가 들어오기 전에 분석관으로 들어간다. 이온의 각 패킷은 다른 패킷이 도입되기 전에 분석관이 완전히 청소되어야 하기 때문에 이온원으로부터의 일부 이온 흐름은 샘플링되지 않고 불가피하게 푸셔 영역을 통과할 것이다. 이와 같이, 단지 연속 빔의 일부분만 분석될 수 있기 때문에 이는 듀티 사이클, 즉 직교 TOF 분석관의 감도를 제한한다.

앞에서 설명되었듯이, 가장 높은 분해능을 얻기 위해서는 가능한 정확하게 이온의 시작점과 에너지가 제어되어야 한다. 푸셔 영역에서의 이온 빔의 집중 및 제어는 연속 이온 생성(API, EI, CI)을 사용할 때 분석관의 시작점을 규정하고 있다. 분해능을 향상시키는 데 필요한 에너지 집중을 얻으려면 이온들은 반사경을 통과해야 하므로, 주입된 이온의 경로에 대한 수평 및 수직 운동 성분의 조합과 반사의 사용으로 인해 ESI-TOF 기기의 특성인 V자 모양의 이온 경로를 갖게 된다(그림 4.43(a)).

m/z 값들에 따른 이온들의 분리, 즉 분석관의 분해능은 이온들이 검출기에 도착하는 시간의 함수이기 때문에 분석관의 비행 경로 길이를 늘리는 것이 분해능을 증가

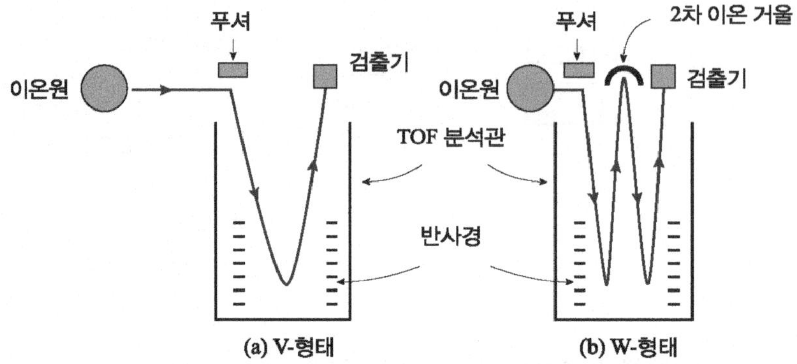

그림 4.43 V-형태와 W-형태의 직교 TOF 분석관의 원리

시키는 방법이다. 사실, 몇 미터(심지어 20 m까지도 있음) 길이의 비행 경로를 가진 기기(MALDI 및 ESI 이온원)도 있다. 이러한 연장된 비행 경로 시스템은 이온 경로가 V 타입인 경우에는 크고 불편할 것이다. 따라서 이온 경로에 W 형태(그림 4.43 (b))와 더 복잡한 다중 경로 형식을 제공하기 위해 추가 반사경을 사용하여 경로 길이를 증가시킬 수 있다. 비행 경로를 증가시키면 추가적인 이온 경로로 인해 이온의 일부가 손실되고 감도가 감소할 확률이 더 크다는 사실을 절충점으로 받아들여야 한다.

한편, TOF 분석관은 다음과 같은 몇 가지 중요한 장점을 가지고 있다. 먼저, 현재까지는 약 350 kDa이지만 이론적으로는 질량 범위가 무제한인데, 이는 이온이 단독으로 하전되는 MALDI 이온원에서 특히 중요하다. 또한 이온의 각 패킷은 마이크로초(μs) 단위로 독립적으로 분석되어 초당 수만 개의 스펙트럼을 수집한다. 이러한 스펙트럼을 개별적으로 관찰하는 것은 현실적이지 않지만 다양한 시간대에 걸쳐 데이터 시스템에 의해 그룹화되고 표시될 수 있다. 그리고 TOF에서 분해능은 데이터를 수집하는 시간과 무관하며, TOF 분석관은 피크 폭이 초 단위로 측정되는 크로마토그래프와 인터페이스 할 때 특히 유용하다. 개별 크로마토그래피 피크를 완전히 특징짓기 위해서는 가능한 많은 MS 및 MS/MS 데이터를 얻는 것이 중요하다. 또한, 고분해능에서 스펙트럼의 신속한 에큐지션(aquisition)은 더 정보를 얻을 수 있는(예를 들어, 중첩되는 LC 피크의 성분의 디콘볼루션(deconvolution)을 돕는 일) 정확한 질량 측정 모드에서 모든 데이터의 수집을 가능하게 한다.

TOF 분석관이 MALDI 이온화 방법에만 국한된 것이 아니며, 최근에는 EI와 CI, ESI, APCI에도 활발하게 이용되고 있다. 따라서 고분해능의 정확한 질량 측정 기능과 빠른 데이터 수집 속도로 인해 TOF 기기가 광범위하게 사용되고 있으며, TOF 분석관을 사용하는 텐덤/혼성 시스템에는 TOF/TOF와 Q-TOF 형식이 있다.

4.6.4 푸리에 변환

분해능의 최상단에는 오비트랩(orbitrap, OT) 및 이온 사이클로트론 공명(ion cyclotron resonance, ICR) 분석관을 포함한 **푸리에 변환**(Fourier transform, FT) 기기가 있는데, 두 분석관은 모두 이온 트랩형이다. 그러나 사중 극자 기반 트랩 및 다른 분석관들과는 달리 FT 장비의 분석 셀은 이온이 **이미지 전류**(image current)(**과도**(transient)**라고도** 함)로 기록되는 검출기이다.

오비트랩의 질량 분해능은 250,000에 이르며, ICR 시스템은 3,000,000 이상이 될 수도 있는데, 이온은 셀 내에서 진동 및 회전한 후 이온을 방출시켜 셀의 표면에서 유도하는 전류를 기록함으로써 검출된다. 분해능은 분석 물질 이온의 질량과 데이터 수집에 필요한 시간 모두에 반비례한다. 따라서 단 몇 초 만에 피크를 특성화할 수 있도록 여러 스펙트럼을 수집해야 하는 크로마토그래피 시간대에서는 가장 높은 분해능을 얻을 수 없다. LIT/FT 조합은 Orbitrap 및 ICR 분석관을 사용하는 MS/MS 시스템의 가장 흔한 형태이다.

4.6.4.1 오비트랩

가장 최근의 상업용 질량 분석관인 **오비트랩**(orbitrap, OT)은 스핀들(spindle) 모양의 내부 전극과 분할된 외부 전극으로 구성된 정전기식 이온 트랩이다(그림 4.44). 일반적으로 ESI 또는 APCI의 이온은 C-트랩이라는 특수 부품에 수집된 다음 고속 펄스로 오비트랩에 주입된다. 이 속도는 이온들에게 중심 전극에 대한 흡인력에 대응하는 데 필요한 원심력을 제공한다.

그림 4.44는 오비트랩의 정면도를 보여주고 있다. 분할된 외부 전극은 작은 간격으로 2개의 동일한 부분으로 절단된 배럴의 모양을 갖는 전극이며, 중심에 있는 내부 전극은 스핀들 모양을 갖는다. 중심 전극의 최대 직경은 8 mm이고 외부 전극의 최대 직경은 20 mm이다. 이온은 외부 전극의 두 부분 사이의 간극을 통해 접선 방향으로 주입된다. 양이온에 대해 음의 수 kV의 정전기 전압이 중앙 전극에 인가되고 외부 전극은 접지되어 있다.

이온들은 수 KeV의 운동 에너지로 주입된 후 직류 전압 및 트랩의 기하학적 구조에 의해 얻어진 정전기장의 영향하에 있는 내부 전극 주위의 복잡한 나선의 트랩에서 진동하기 시작한다(그림 4.44(a)).

이 기기에서 주입 시 외부 전극은 접지 상태로 있지만, 내부 전극은 양이온에 대해서 약 −3200 V로 설정된다. 이온들이 내부 전극 주위에서 원형 또는 타원형의 궤적을 가지려면 이온은 약 1600 eV의 운동 에너지를 가져야 한다. 이온은 내부 전극을 중심으로 회전하기 시작하고, 아울러 z-축을 따라 진동한다. 즉, 이온은 내부 전극 주

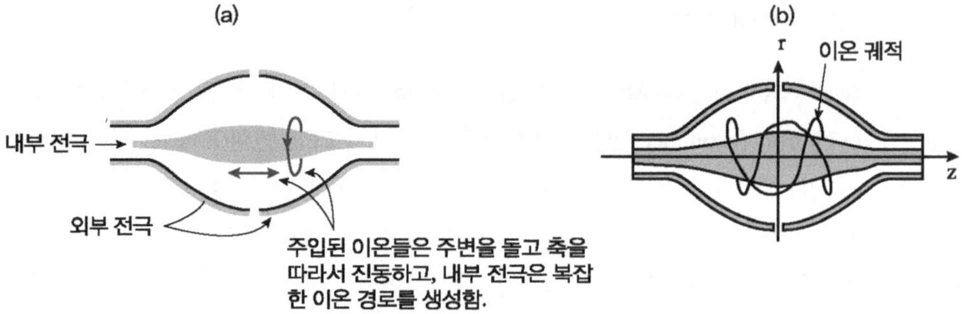

그림 4.44 오비트랩 분석관의 구조와 이온들의 움직임

위의 회전 운동과 축 방향의 진동 운동으로 구성된 복잡한 궤적을 따른다(그림 4.44 (b)).

이론적으로 주파수는 주입된 이온의 운동 에너지와는 무관하다는 것을 보여 주는데, 이는 오비트랩의 매우 중요한 성질이다. 즉, 진동의 주기는 성분 이온의 m/z에 비례하기 때문에 진동하는 이온에 의해 유도된 광대역 전류가 측정되고, FT에 의해 개별 주파수와 세기로 변환되어 질량 스펙트럼을 생성한다.

오비트랩의 분해능은 200,000을 초과할 수 있는데, 이는 FT-ICR 시스템보다는 낮지만 다른 형태의 분석관보다는 훨씬 높다. 다른 장점으로는 높은 정확도로 질량 측정이 가능하고 동적 범위가 10^3 이상이라는 것이다. 단점은 트랩에 담을 수 있는 이온의 수가 제한되어 있다는 것이며, 이는 특히 다중 전하를 띠는 분석 물질이 있는 경우 작은 시료 성분 검출에 영향을 미칠 수 있다. 이는 각 전하 상태 내의 모든 동위 원소 이온이 총 이온수에 기여할 수 있기 때문이다. 오비트랩은 FT-ICR 시스템보다는 훨씬 저렴하지만 다른 분석관에 비해서는 상당히 비싸며(40 ~ 50만 달러) 초전도 자석 및 관련 냉각제가 필요 없기 때문에 유지 관리가 더 쉽다.

4.6.4.2 푸리에 변환-이온 사이클로트론 공명

FT-ICR 분석기는 이온이 자기장에서 원형 경로로 이동함을 기반으로 한다. 회전의 빈도는 이온의 m/z와 자기장의 세기에 따라 달라진다. 운동의 방향은 Fleming의 왼손 법칙을 사용하여 알 수 있는데, 이는 이온의 궤적에 대해 90°로 설정된 자기장을 통과하는 양(+) 이온은 시계 방향 곡선으로 움직인다는 것을 나타낸다. 이때 곡선의 반지름은 이온의 질량에 비례한다.

분석 셀은 초 냉각된 초전도 자석의 코어 내에 위치하고 있다. 시판되는 기기에는 7 ~ 15 Tesla 범위의 자석이 내장되어 있다. 이온원 또는 다른 질량 분석관으로부터 나온 이온은 진공의 정도가 점점 증가하는 일련의 펌핑 단계를 거쳐 셀의 한쪽 입구로 이동한다(그림 4.45(a)). 셀에 진입한 이온들은 초고진공(10^{-10} Torr) 내에서 몇 시

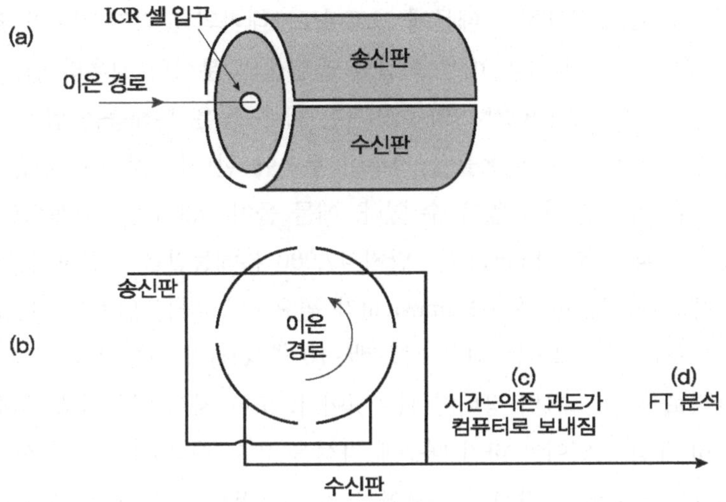

그림 4.45 푸리에 변환(FT)-이온 사이클로트론 공명(ICR) 분석관의 구조

간 동안도 궤도 경로를 따라 이동할 수 있는데, 분석 셀의 입구와 출구에서 작은 전압을 가함으로써 트랩된다. 이온은 전기적으로 연결된 대칭 쌍을 가진 사분면으로 나누어진 셀에서 회전한다(그림 4.45(b)).

회전하는 분석 이온의 전하가 수신판에서 전류를 유도하며, 송신판은 인가된 전압이 180° 위상차가 되도록 설정된다. 이온이 셀의 중심에 가깝게 순환하는 동안 이 이온들은 수신판으로부터 너무 멀리 떨어져 있어서 전류를 유도하지 못한다. 이온이 m/z에 따라 분류되고 검출되기 위해서는 수신판으로 점점 더 가까이 이동하여야 하는데 이는 송신판을 통해 송신되는 rf 전압 펄스를 사용하여 수행된다. rf 펄스와 자기장의 특정 비율에서 주어진 m/z의 이온에 의해만 에너지는 흡수되며, 비율을 변경하면 각 m/z에서 이온을 개별 패킷으로 결합할 수 있다. 각 이온 세트의 회전 주파수는 m/z와 관련이 있는 반면, 각 패킷의 이온수는 유도된 신호의 진폭을 결정한다. 이온은 펄스 이후에 궤도가 감쇠됨에 따라 안정된 궤도로 나선형으로 회전한다. 오비트랩과 마찬가지로 FT 분석을 사용하여 이미지 전류를 디콘볼루션하여 질량 스펙트럼을 얻는다.

FT-ICR 분석기의 고유한 장점은 최대 3,000,000의 초고분해능과 다른 유형의 질량 분석기보다 높은 질량 정밀도(mDa 이하)를 측정하는 능력이다. 다른 중요한 이점으로는 ESI와 MALDI 이온원을 사용할 수 있으며, 모든 질량을 동시에 감지할 수 있고 질량 조각 연구를 MS^4까지 수행 가능하며, 전기적인 파라미터만을 조정함으로써 작동 모드를 저분해능에서 고분해능으로 쉽게 변경할 수 있다.

FT-ICRMS는 종종 특정 연구를 위한 유일한 솔루션일 때도 있다. 예를 들면, 손상되지 않은 단백질을 분석하는 top-down 단백질학, 비슷한 머무름 시간에 너무 많은 관련 성분이 존재하기 때문에 크로마토그래피의 분리가 의미가 없는 원유(crude oil)와 같은 작은 분자의 매우 복잡한 혼합물의 분석의 경우라 할 수 있다.

오비트랩과 FT-ICRMS의 어려움은 매우 높은 분해능을 얻기 위해서는 오랜 시간 동안 분석관 내에 이온들을 가두어 두어야 한다는 것인데, 이는 크로마토그래피 시간 척도와 호환되지 않을 수 있다. 예를 들어, 9.8 Tesla 자석으로 m/z 800의 이온을 분석할 때, 0.5초 transient는 단지 47,000 분해능만을 제공하지만 약 500,000의 분해능을 얻기 위해서는 5초 transient가 필요하다. 다른 단점으로는 ICR 시스템에서 초전도 자석 및 고성능 진공 시스템(~10^{-10} Torr)의 필요성과 함께 가격이 최대 2백만 달러로 매우 고가의 장비이다는 것이다. 또한 자석에는 액체 헬륨과 액체 질소로 적절히 채워져 있어야 하기 때문에 자석을 유지 관리하는 데 비용이 많이 든다. 냉각에 실패할 경우에는 자석의 중단이 생겨서 비용이 크게 드는 사고가 발생하기도 한다.

4.6.5 이온 이동도

이온들이 기체를 통과할 때 이온의 단면적 차이에 따라 이동성이 다르다는 **이온 이동도**(ion mobility, IM) 기술을 사용하여 분자의 형태를 알아내고 이를 이용하는 것이 가능해졌다. 하나는 구겨지고 다른 하나는 평평한 종이를 동시에 떨어뜨리면 구겨진 것은 평평한 것보다 공기 저항이 적기 때문에 바닥에 먼저 부딪친다. 유사한 상황이 기체를 통과할 때 모양이 다른 이온에도 적용될 수 있다. 이온 이동도 질량 분석기에는 **높은 장 비대칭 파형 이온 이동도 분석기**(high-field asymmetric waveform ion mobility spectrometer, FAIMS)와 **이온 이동도 분리기**(ion mobility separator, IMS)라는 두 가지 현격하게 다른 유형이 있다. FAIMS 분리기는 이온원과 분석관 사이에 배치되는 반면, IMS 셀은 MS/MS 기기의 분석관들 사이에 배치된다.

4.6.5.1 높은 장 비대칭 파형 이온 이동도 분석기

FAIMS에서는 라디오 주파수에서 고전압(kV) 비대칭 파형을 사용하여 대기압에서 두 전극에 전압 파형을 배치한다. 그림 4.46(a)는 전압이 비대칭으로 인가될 경우 파형의 양(+)과 음(−)의 아래 면적(즉, 인가된 전압 × 펄스 시간)은 동일함을 보여 주지만 시간과 크기는 다르다는 것을 보여 주고 있다. 이온이 이러한 장(field)에 주입되면 이온은 압축되고 집중될 뿐만 아니라, 방전되거나 손실될 전극(전극의 모양 또는 구조에 의존함)으로 표류한다. 하나의 전극에 보정 전압(dc)을 인가하면 특정 구조의 이온은 이동도 분석관에서 안정된 궤적을 나타낸 후(그림 4.46(b)), 검출기에 도달하여 검출되거나, 분리된 일반 질량 분석관으로 도입된다.

이온의 형태에 따라 이들을 여과하는 능력은 복잡한 매트릭스에 존재하는 분석 물

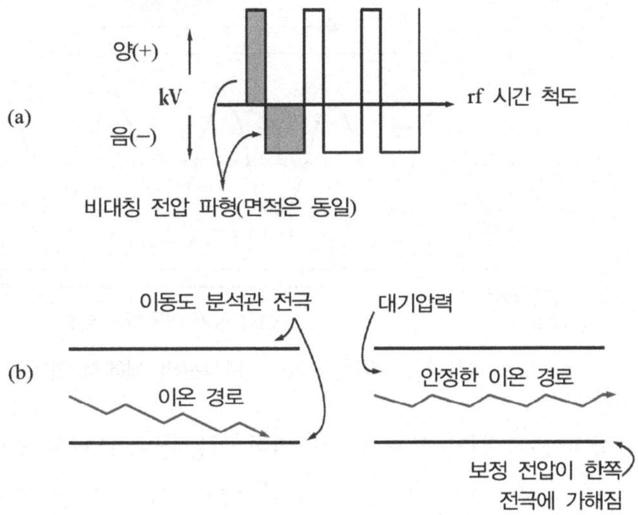

그림 4.46 높은 장 비대칭 파형 이온 이동도 분석기의 분석관

질의 존재를 결정하거나 농도를 측정할 경우 신호 대 잡음비를 개선시키는 데 이용된다. 관찰된 신호는 분석 물질의 m/z는 물론이고 동일한 m/z를 갖는 다른 간섭 화합물 모두로부터의 신호도 모니터된다. 다양한 동중핵 이온(이성질체 포함)은 모양(단면적)이 다르므로 분석관 내에서 기체를 통과할 때 저항이 달라진다. 분석 물질의 m/z에 적용된 보정 전압은 분석 물질 이온에는 특이적인 안정된 궤도를 제공하지만, 다른 간섭 화합물은 분석관의 벽에서 손실되어 결과적으로는 분석 물질에 대한 신호 대 잡음비를 향상시키게 된다.

4.6.5.2 이온 이동도 분리기

이온 이동도 분리기(IMS)는 FAIMS과는 완전히 다른 이온 이동 분석관이다. IMS 셀은 mTorr 압력에서 작동하는 MS/MS 시스템의 두 질량 분석관 사이의 진공 챔버 내부에 배치되고, 전압 파형의 이동 경로를 따라서 일련의 플레이트 형태로 구성되어 있다(그림 4.47). 또한 셀은 전압파가 이동하는 반대 방향으로 흐르는 질소로 채워져 있는데, 유입되는 분석 물질 이온은 질소의 역류에 대항하는 전압파에 의해 밀어 넣어진다. 동일한 m/z(예를 들어, 이성질체)를 갖는 이온이 질소 기체를 통과하는 속도는 이들의 3차원 형상의 함수이다. 질소 흐름에 의해 생성된 저항은 큰 단면적을 가진 이온을 전달하는 전압파의 능력을 감소시키므로 그 이온들은 파의 뒤에 떨어지며, 후속파에 의해서 밀려나게 된다. 이와 같은 지연 메커니즘이 셀을 통해 연속적으로 발생함에 따라 다른 단면적을 갖진 구조들은 분리된다.

분리 과정은 그림 4.47에서 원(●)과 막대(▬)로 설명되어 있는데 막대 모양은 더

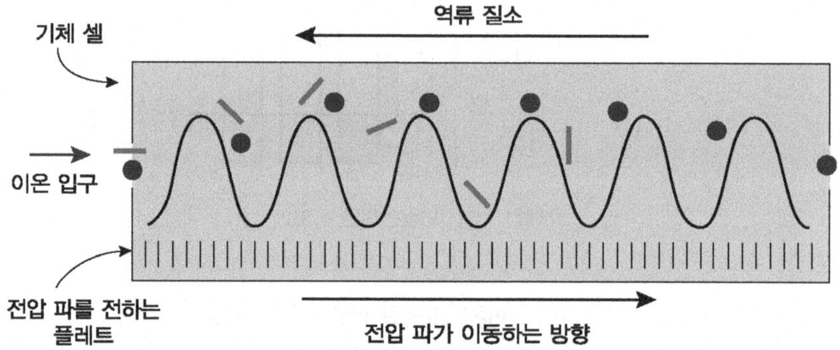

그림 4.47 이온 이동도 분석관의 셀에서 이온의 거동

큰 단면적 때문에 원 모양보다 지연되어 이동한다. IMS는 전압 서핑 과정으로 간주될 수 있기 때문에 더 조밀한(소형) 화학종은 덜 조밀한 화학종보다 더 효율적으로 전압 파를 타고 셀에서 더 빠르게 방출된다. 셀에서 빠져나온 후 이온들은 TOF 분석기로 들어가서 m/z 비와 세기가 기록된다.

이동 분리의 시간 척도는 밀리 초(ms)이다. 따라서 IMS는 HPLC 피크의 너비가 초(s) 단위이고 TOF 분석기가 마이크로 초(μs) 단위로 작동하는 HPLC-TOF 장비와 편리하게 결합할 수 있다. HPLC 컬럼으로부터 용리되는 화합물은 이온화되고 이온원을 나와서 IMS로 방출되기 전에 이온 트랩에 저장된다. 첫 번째 세트의 이온이 IMS를 통과하는 밀리 초 동안, 이온원으로부터 두 번째 패킷의 이온이 트래핑 영역에 축적된다. 셀을 통과한 이온들은 ESI-TOF 시스템과 마찬가지로 직각 방향에서 MS 분석관으로 주입되며, TOF의 μs 시간 척도는 IMS에서 나오는 분리된 화합물에 대한 스펙트럼 수집을 가능하게 한다.

앞서 기술한 바와 같이 이온 이동도 분리관은 분석 대상 물질과는 다른 3차원 모양을 갖는 동중핵 이온을 제거하여 S/N을 향상시킨다. IMS는 크로마토그래프 및 질량 분석기에 의해 제공되는 머무름 시간, 질량 및 세기에 추가하여 이온의 단면적을 측정할 수 있게 한다.

4.6.6 자기 부채꼴

4.6.6.1 단일 초점형

자기 부채꼴형 분석관(magnetic sector analyzer, sector)은 개발된 첫 번째 유형의 질량 분석기이며 단일 초점형(single focusing)과 이중 초점형(double focusing)으로 구분될 수 있다. 시료들이 이온원에서 이온화된 후 이온들이 질량 분석관 영역으로 들어갈 때 자기장을 사용하여 분석하는 방법으로써, 자기장을 통과할 때 전기 흐름이 일어나며 곡선의 행로를 갖게 된다. 이온 빔은 전기 흐름으로 간주될 수 있으므로 이온들이 질량 분석관을 통과할 때는 곡선 비행 경로를 따르게 된다. 이온 빔이 부채꼴형 분석관의 각도가 60°나 90°인 원주를 횡단할 수 있도록 자석 장치가 설계되어 있기 때문에 이런 형태의 질량 분석기를 자기 부채꼴형 질량 분석기라고 한다.

FT-ICRMS와 마찬가지로, 작동 원리는 플레밍의 왼손 법칙이 적용된다. 이온이 고정 전압에 의해 가속되고 이온이 검출기에 도달하기 위해 특정 운동 각이 요구되는 경우, 자기장의 세기를 체계적으로 스캐닝하면 주어진 m/z를 갖는 각 이온이 필요한 편향 각을 달성할 수 있어서 검출기에 도달하게 된다.

질량이 m이고 전하가 z인 이온이 원주의 반지름이 r인 곳에서 속도는 v로, 전위차는 V로 통과하는 경우, 이온이 옆길로 빠져나가지 않게 하기 위해서는 원심력에 대응하는 원의 중심을 향하는 같은 세기의 구심력이 필요하다. 이는 자기장 B를 걸어 줌으로써 가능하며, 구심력의 크기(F)는 F = Bzv이며, $v^2 = \dfrac{2zV}{m}$이고 $m/z = \dfrac{B^2r^2}{2V}$이다.

위 식에서 자기장의 세기(B)와 가속 전압(V)이 고정될 경우, 어떤 특정의 m/z를 가지는 이온은 반지름이 r인 원의 곡면의 경로를 따라서 검출기로 이동하게 된다. 이때, 다른 m/z 값의 이온들은 다른 반지름의 원을 따라서 이동하게 되므로 검출기에 도달하지 못한다.

위 식으로부터 m/z가 다른 이온들이 올바른 궤도를 지나서 검출기까지 도달하도록 하려면 두 가지 방법이 있다. B를 고정시키고 V를 변화시키는 방법과, V를 고정시키고 B를 변화시키는 방법이 있는데, 첫 번째 방법은 전압 스캔이며, 두 번째 방법은 자기 스캔 질량 분석법이다. 전압 스캔 방법의 기기는 가격이 저렴하고 초창기에 사용된 방법이며, 자기 스캔 방법의 기기는 감도가 더 좋으며 대부분의 기기는 이 방법을 사용하고 있다.

4.6.6.2 이중 초점형

이중 초점(double focusing)은 자기 부채꼴 분석관의 가장 일반적인 형식이다. 고분해능에서는 동일한 실험식을 가진 이온들의 에너지 차이 제거와 질량 분리가 둘 다 필요하다. 자석이 m/z에 따라 이온을 분리한다 하더라도, 동일한 실험식의 이온들 간에 이온화 과정에서 유래된 에너지 차이(작은 크기 임에도 불구하고)는 아직 남아있다. 이러한 에너지 차이는 에너지가 더 많은 이온은 초점에 도달하기 전에 더 긴 경로를 따라 움직여야 하는 정전기 분석관(electrostatic analyzer, ESA)으로 제거할 수 있는데, 분석관의 기하학적 구조에 따라 ESA를 자석 앞이나 뒤에 놓거나 각 위치에 배치할 수 있다(그림 4.48).

질량 분석관 내에서 이온이 행동하는 방법을 결정하기 위해서는 이온의 질량(m),

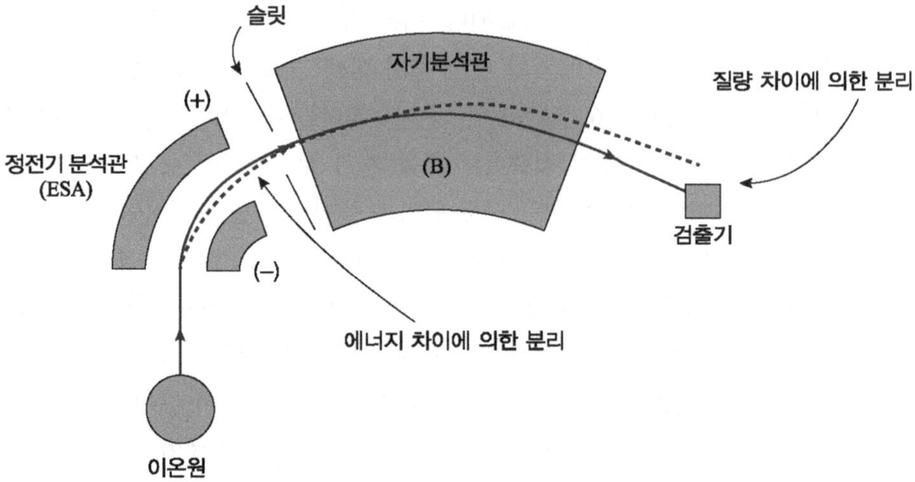

그림 4.48 이중-초점 고분해능 자기 부채꼴형 질량 분석기의 구조

전하(z), 속도(v)를 알아야 한다. 가속된 후에 속도를 일정하게 유지한 채로 자기장을 통과한다고 가정하면 이온의 속도 항은 제거될 수 있다. 비슷한 전하를 가진 이온들의 운동 에너지가 같다면 무거운 이온들은 가벼운 이온보다 느리게 움직인다(이온들의 운동 에너지는 질량에는 무관하며, 전하(z 혹은 e)와 가속 퍼텐셜(V)에만 의존한다. 즉, KE = eV).

때로는 이온들의 성질을 규명하기 위해서 속도 초점 맞춤 방법이 사용되기도 한다. 하지만 동일한 m/z 값을 갖는 모든 이온들의 운동 에너지가 정확하게 같지는 않다. 이온들은 그림 4.49에서 보는 바와 같은 운동 에너지 분포 현상을 보인다. 이 에너지 분포 현상은 이온들이 형성된 분자들로부터의 열에너지에 대한 Boltzmann 분포를 따르게 되는데 이는 이온원 내에서 장(field)의 불균일성 때문이다. 즉, 같은 m/z 값을 가진 이온들이라 하더라도 그들이 생성된 이온원 내의 장소에 따라서 느끼는 퍼텐셜 값의 차이가 있게 된다. 그림 4.49의 3개 곡선 중에서 곡선 A는 가장 뾰족한 모양을 나타내므로 가장 정확하게 측정되는 반면에 곡선 C는 상대적으로 넓적한 모양을 나타내므로 덜 정확하게 측정된다.

자기형 분석관이 작동하는 원리에서, 동일한 m/z 값을 가진 이온들은 동일한 운동 에너지(즉, 같은 속도)를 가지므로 운동 에너지의 변화는 질량에서의 변화와 연계된다는 것이다. 따라서 그림 4.49는 에너지 척도(E) 대신에 질량/전하의 척도(m/z)로 대체될 수 있다.

그러므로 넓은 분포의 운동 에너지를 가진 이온들은 질량 측정에 있어서 불확정도가 크며, 이는 곧 질량 분석기의 분해능이 제한됨을 의미한다. 따라서 질량을 정확히 측정하려면 그림 4.49에서의 곡선 A와 같은 뾰족한 피크를 만들어야 한다. 이것은

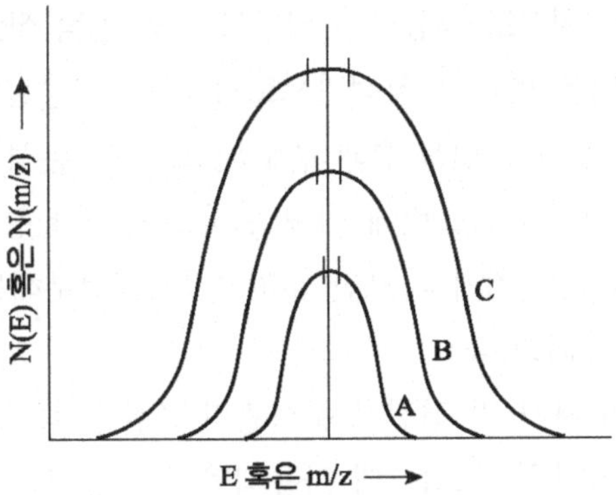

그림 4.49 에너지(혹은 m/z) 대 입자의 개수(혹은 m/z의 개수) 다이어그램

이온원과 자기 분석관 사이에 별도의 초점을 맞추는 장치를 설치해서 운동 에너지의 분포 현상을 감소시킴으로써 가능하게 된다. 이 장치는 정전기 분석관 또는 전기 부채꼴이라 불리는 한 쌍의 곡선형 금속판인데, 이 금속판 사이에 전기 퍼텐셜을 걸어준다. 한 이온이 이 금속판 사이를 통과할 때는 이온에 작용하는 힘을 느끼게 된다. 이온들이 양전하를 띠고 있다면 이들은 음극(−) 금속판으로 끌리게 되며, 이온 빔은 음극 쪽으로 휘어짐이 일어나게 된다. 이때 느끼는 힘(F)의 크기는 zE (F = zE)로서 금속판 사이의 전기장 세기(E, 단위는 V/m)와 이온의 전하(z)의 곱에 해당된다. 전기력이 속도가 v인 원심력과 균형을 이루게 되면 이온들은 그들의 원래 비행 경로로부터 원의 반지름이 r인 원주와 일치하는 원형 궤도로 휘어짐이 일어나게 된다(그림 4.48).

따라서 전기력과 원심력을 같게 하면 $zE=\dfrac{mv^2}{r}$, 또 운동 에너지가 이온들이 통과할 때의 퍼텐셜 차와 같다는 식인 $\dfrac{mv^2}{2}=zV$와 결합시키면 $mv^2=2zV=zEr$이 되고, 식을 정리하면 $r=\dfrac{2V}{E}$이 얻어진다.

마지막 식에서 알 수 있듯이 동일한 운동 에너지를 가진 임의의 m/z 값의 이온들은 같은 궤도(r)를 따라 운동하며 운동 에너지가 다르면 다른 궤도로 움직이게 된다. 이는 E와 V만이 위 식에 포함되어 있기 때문이다. 따라서 전위차가 V인 곳으로 가속되며, 전기장이 E이며 반지름이 r인 곡선을 따라 움직이는 임의의 m/z값을 가진 이온들은 같은 운동 에너지값을 갖는다.

그림 4.48에서 정전기 분석관과 자기 분석관 사이에 슬릿을 두었는데, 이는 반지름이 r인 궤도를 따르는 이온들, 즉 이에 필요한 운동 에너지를 가진 이온들만 슬릿을 통과하게 된다.

이와 같은 원리로 작동하는 기기를 **이중 초점 질량 분석관**이라고 하는데, 정전기장 분석관(ESA)은 에너지 분석관으로서 같은 질량일지라도 에너지 차에 따라 분리가 이루어져서 일차 슬릿을 통과하게 되고, 자기 분석관(B)을 거치면서 질량에 따라 분리가 이루어져 이차 슬릿에 의해 원하는 질량만 통과하게 되므로, 같은 질량이라 할지라도 운동 에너지가 다르면 분리가 되는 고분해능이 되며 이런 유형의 기기는 분해능이 10^5 정도이다.

이와 같이 자기 및 정전기 분석관의 조합은 정확한 질량 측정이 가능한 높은 분해능을 갖는 기기를 만드는 데 사용되었다. 이들 장비는 스캐닝 장비이기 때문에 사중극자 분석관에서와 마찬가지로 자기 부채꼴 분석관은 듀티 사이클의 한계가 있다. 또한 자기장의 스캔 속도가 분해능에 비례하기 때문에 분해능이 증가함에 따라 스펙트럼을 얻는 데 추가 시간이 필요하다. 가속 전압 스캐닝이 정확한 질량 측정을 위해 사용될 수 있지만, 이 방법은 전압이 변경될 때 발생하는 감도 및 초점 문제로 인해 제한된 질량 범위에만 적용할 수 있다.

4.6.7 다중 분석관

앞에서도 언급했듯이, 동일한 유형의 분석관을 사용하는 조합을 보통 **텐덤**(tandem) 기기라고 하고, 다른 분리 방법을 사용하는 것을 **하이브리드**(hybrid) **시스템**이라고 한다. 다중 분석관(MS/MS) 장비에서, 첫 번째 분석관은 조각내기된 이온이나 조각내기가 안 된 분석 물질 이온을 선택하여 두 번째 분석관으로 보내는 데 사용되고, 충돌 셀 다음에 배치된 더 높은 분해능을 가진 두 번째 분석관은 정확한 질량 측정에 사용된다.

4.7 이온 검출기

이온 전류(ion current) **검출기** 혹은 **이온 검출기**(ion detector)의 역할은 질량 분석관에서 분리되어 나온 개별 m/z 이온의 존재량을 측정하는 것이다. 검출기는 검출기 표면에 도달하는 이온에 의해 생성된 매우 낮은 전류를 증배(증폭)하기 때문에 **증배관**(multiplier)이라고도 한다. 이온원에서 분석관을 통해 검출기로 이동하는 이온은 이온 전류를 형성한다. 1초당 1개 이온이 도착하면 1.6×10^{-19} A의 전류에 해당하므로, 대부분의 질량 분석기의 이온 전류는 $10^{-9} \sim 10^{-16}$ A 범위이다. 특정 m/z의 이온이 계속해서 검출기에 도달하는 한, 작은 전류는 m/z 값에 기인하는 신호를 증가시키기 위해 증폭될 수 있다.

첫 번째 이온 검출기는 **패러데이 컵**(Faraday cup)이었다. 질량 분석관으로부터 도착한 이온이 방전되어 전류를 생성하는 금속 용기로 구성되어 있다. 간단하면서도 매우 정밀한 조작이 가능하지만, 패러데이 컵은 각 도착 이온에 의해 운반되는 아주 작은 전하에서 파생된 신호를 증폭할 수 없기 때문에 충분한 양의 시료를 사용할 수 있는 특정 용도에서만 사용된다. 따라서 패러데이 컵은 단순 검출기이지 증배관(multiplier)은 아니다.

검출기에 따라서는 증폭 단계가 결합되어 검출 감도를 향상시킬 수 있다. 신호는 검출기 내에서 증폭된 후 진공 챔버 외부에서 후속 전자 증폭이 발생하고 데이터 시스템에 의해 기록된다. 도달하는 이온과 관련된 전류를 증폭시키는 검출기는 불연속 다이노드(dynode) 전자 증배관, 연속 다이노드 전자 증배관, 다중 채널 플레이트 검출기를 비롯한 다양한 형태가 있다.

가장 일반적인 검출기인 **전자 증배관**(electron multiplier, EM)에서, 수집 지점에 도착한 이온은 전자가 방출되는 표면에 충돌한다. 이 전자는 두 번째 표면으로 가속되어 증가된 수의 전자를 방출한다. 이러한 증배 과정이 여러 번 반복되면서 전자들은 연속적으로 증가되어 그 결과 전류가 되고 전자적으로 증폭되어 데이터 시스템에 기록된다.

하지만 FT 기기에서는 이온 검출 방식이 다르다. 이온이 검출기의 표면을 지나 이동하면서 이온의 m/z에 비례하는 주파수는 교류 전류를 유도하고 신호 세기는 분석물질의 농도를 나타낸다. 그 결과로 나타난 이미지 전류는 유도된 모든 전류 주파수의 합성물이며, 푸리에 변환 방법을 사용하여 수학적으로 디컨볼루션되어 질량 스펙트럼을 얻는다.

데일리 검출기(Daly detector)는 scintillant로 코팅된 표면에 이온이 입사하여 광자가 생성된 후에 광전자 증배관을 사용하여 증폭된다.

4.7.1 전자 증배관

가장 일반적으로 사용되는 이온 검출기로는 **전자 증배관**(electron multiplier, EM)인데 이는 연속 다이노드 형태이다.

EI 질량 분석법을 비롯한 대부분의 이온화 방법에서는 이온화 효율이 매우 낮아서 검출기에 도달하는 이온들의 절대 수가 적으므로 신호를 증폭시킬 수단이 필요하다. 모세관 GC/EI-MS에서 분자량이 194인 카페인 200 ng이 포함된 시료에서 카페인을 분석한다고 가정해 보자. 이 시료에는 약 6×10^{14}개의 카페인 입자가 포함되어 있다. 이상적으로는 모세관 GC 컬럼에 시료가 주입되었을 때 전부는 아니지만 이들 분자의 상당한 부분이 이온원으로 들어갈 것이다. GC 피크의 정점에서 스펙트럼 스캔은

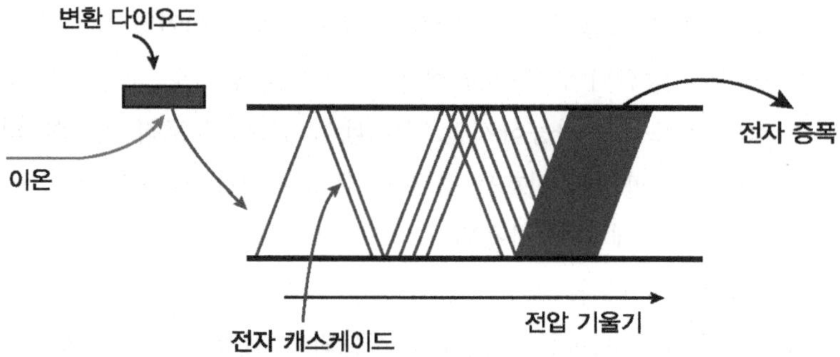

그림 4.50 전자 증배관 검출기의 원리

용출 물질의 10 ~ 20 %만 채취되며, 이온화에 이용되는 양은 5 ~ 10배 정도 낮아진다. EI 방법의 이온화 효율은 0.1 % 정도면 이상적이므로 단지 10^9 분자들이 최대 시료 농도에서 이온화된다. 더욱이 분석관은 어느 특정 시간에서는 한 개의 m/z 값의 이온만이 통과하도록 허락되므로 이온의 대부분이 검출기에 도달하지는 않는다. 만일 기기가 질량 범위 m/z 10 ~ 310을 스캔한다면 어느 주어진 m/z 값을 가진 이온들은 시간의 1/300이 분석관을 통과한다. 따라서 그 스캔 동안에 검출기를 두드리는 이온의 가장 큰 세기는 $6 \times 10^{14} \times (1/10) \times (1/10^3) \times (1/300) \fallingdotseq 10^6 \sim 10^7$개의 입자를 나타내게 된다. 이 이온의 숫자는 큰 수로 보이지만 10^7개 분자는 단지 10^{-16} mol에 지나지 않는다. 각 이온들은 단지 1.6×10^{-19} C의 전하를 띠고 있으므로 최상의 조건에서 생성된 전류조차도 매우 미약하다.

전자 증배관 검출기는 한 개 이온이 증배관 표면과 충돌할 때 한 개 이상의 전자를 방출하는 표면의 능력을 갖게 함으로써 시료 분리, 이온화 과정, 분석관을 통과하는 정도 등에서 손실된 감도를 회복시켜 준다. 전자 증배관의 전도성 표면은 구리-베릴륨 합금 또는 납으로 처리된 유리(10 ~ 20 % 산화 납)를 포함하고 있다. 이 표면은 공기에 민감하며, 특히 이온의 높은 농도에 민감해서 증배관이 켜져 있을 때 진공 시스템이 새어 나온다든지 또는 GC 작동 중 용매가 용출될 때 필라멘트가 켜져 있으면 증배관이 심하게 손상될 수 있다. 따라서 GC/MS에서는 모세관 컬럼이 직접 이온원에 연결되어 있고 많은 양의 용매(약 1 ~ 3 μL)가 주입되므로 보통은 1 ~ 2분 정도의 용매 지연 시간(solvent delay time)을 두어서 용매가 빠져나간 다음에 EI 이온원의 필라멘트를 비롯한 질량 분석기가 작동되도록 하고 있다.

전자 증배관의 종류에 따라 구조는 상당히 다를 수 있지만, 작동 원리는 본질적으로 동일하다. 그림 4.50에서 보는 바와 같이 첫 번째 단계는 이온 전류를 전류, 즉 이온 대신 전자로 구성된 전류로 변환하는 것이다. 이는 질량 분석관으로부터 도착한 이온을 변환 다이노드로 가속시킴으로써 달성되는데, 변환 다이노드에서는 이온의 충돌에 의해 증배관으로 가속되는 전자를 방출한다.

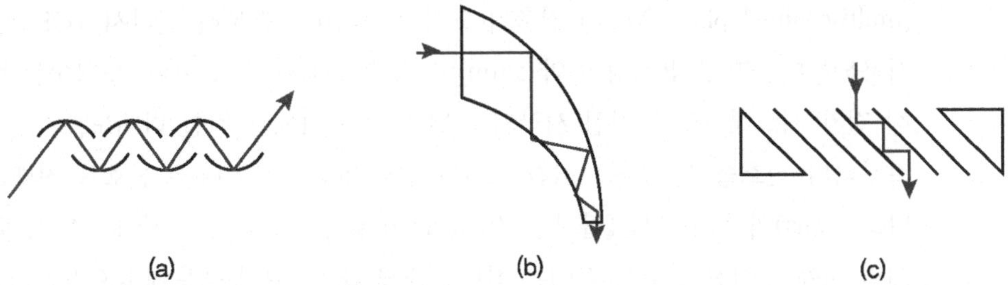

그림 4.51 전자 증배관의 형태: (a) 불연속 다이노드; (b) 연속 다이노드; (c) 다중채널 플레이트(MCP)

전자 증배관의 입구 부근의 표면은 높은 퍼텐셜이 유지되고(보통 −1.2 ~ −3 kV) 반면에, 증배관의 후미는 접지가 되어 있어서(0 V) 방출된 이온들에게는 입구 표면을 제외한 나머지 증배관들이 더 양성(+)으로 보이게 되어 이온들은 증배관 깊숙이 끌리게 하는 전압 기울기(전자의 캐스케이드(cascade))를 생성한다. 방출된 이온들의 실제 숫자는 증배관의 게인(gain)에 의존하며, 이는 증배관 표면의 입구부터 후미까지의 전체 퍼텐셜 차이의 함수가 된다. 게인은 기기를 조율할 때 맞추어지는데, PFTBA와 같은 일정량의 표준 시료가 거의 비슷한 신호 세기를 나타내도록 하는 것이다.

2차 충돌에 의해서 방출된 각 전자는 두 개의 전자를 방출하게 하며, 이 과정은 증배관의 후미(혹은 마지막 다이노드)까지 계속된다. 전체 신호 확대는 약 2^n이며, n은 증배관 표면과 충돌하는 전체 횟수이다. 대부분의 증배관은 $10^5 \sim 10^6$배의 신호 증가(전류 게인(gain))를 나타내는데, 이것은 18 ~ 20회 충돌에 해당한다. 증배관 표면과 마지막 충돌에서 생성된 전자들은 증배관의 신호 전류 출력으로 나타나며, 이 전류는 외부 전자 신호 증폭 회로로 보내져서 마지막으로 자료 시스템에서 얻어지게 된다.

가장 오래된 전자 증배관은 **불연속 다이노드**(discrete dynode)이다(그림 4.51(a)). 일련의 구리/베릴륨 플레이트가 전자를 반사하는 거울로 작용하는데, 변환 다이노드의 한 플레이트에서 다음 플레이트로 방출된 전자를 각 플레이트에서 더 많은 전자를 순차적으로 방출함으로써 각 단계에서 신호를 증폭한다. 거울에서 거울로의 전자 캐스케이드는 증배관의 길이를 따라 전압 기울기에 의해 강화된다. 최신 버전인 **연속 다이노드**(continuous dynode) 시스템은 반도체 물질이 코팅된 저항성 표면에 전압 기울기가 설정되는 곡선 유리 깔때기 내에서 전자 캐스케이드를 용이하게 한다. 깔때기에 들어가는 전자는 캐스케이드되고 들어오는 신호를 증폭한다(그림 4.51(b)).

불연속과 연속 다이노드 검출기는 사중 극자 및 자기 부채꼴 기기에서 잘 작동하지만, TOF 분석관이 필요로 하는 신속한 검출 및 증폭은 제공하지 못한다. 다공성 유리판의 개별 동공 내에서 전자 캐스케이드가 발생하는 다중 채널 플레이트

(multi-channel plate, MCP) 검출기(그림 4.51(c))는 충분히 빨라서 TOF 분석기에서 사용되는데, 각 구멍(직경이 약 5 μm)이 미세 증배관이다. 한편, 도착하는 이온에 의해 전자 캐스케이드가 직접 시작되는 MCP 검출기에는 변환 다이노드가 없다. MCP로부터의 신호를 획득하는 시간-디지털 변환기(TDC)는 다른 신호가 진행되기 전에 나노 초(ns)의 복구 기간(불감 시간, dead time)을 가지며, 플레이트가 특정 시간 프레임 내에 주어진 실험식의 이온 하나만을 받을 수 있기 때문에 MCP에 의한 검출은 제한이 있다. 이러한 지연은 충분하게 시간이 벌어진 다른 m/z 이온에 대해서는 문제가 되지 않는다. 그러나 동일한 실험식의 두 이온이 MCP에 도달하면 처음 도착하는 이온만 기록된다. 불감 시간 문제로 인해 빠르게 포화 상태가 되기 때문에 MCP 검출기의 동적 범위는 제한적이므로($10^2 \sim 10^3$) 정량화에 적합하지 않다. 동일한 실험식의 이온이 검출기에 도달하면 약간 더 높은 에너지를 가진(더 빠르게 이동하는) 이온만 검출되기 때문에 정확한 질량 측정을 왜곡시킨다. 즉, 이 이온들은 검출기에서 도착 시간의 함수이기 때문에 질량이 약간 더 낮게 나타난다.

검출기 표면의 오염이 방출되는 전자의 수를 감소시키기 때문에 전자 증배관의 수명은 1 ~ 2년 정도이나 유지 관리의 정도에 따라 더 사용할 수도 있다. 따라서 증배관은 대다수의 응용에서 최대 민감도가 필요 없기 때문에 수년 동안 사용도 가능하다.

4.7.2 이미지 전류

FT 기기(오비트랩과 ICR)는 전자 증배관이 필요하지 않다. 대신에, 전기 발전기에서 전기장의 작용과 유사하게 이온이 금속 표면 가까이 통과하면 그 표면에 전류를 유도하는 현상을 기반으로 이온을 검출한다. 그 결과 주파수가 전류를 유도한 이온의 m/z에 비례하는 사인파 경로를 갖는 교류 전류가 발생한다. FT 시스템은 스캔 기기가 아니므로 분석 셀의 모든 이온이 기울기 rf 전압을 사용하여 해당 m/z에 해당하는 패킷으로 병합된 다음 동시에 검출된다. 각 이온 패킷은 m/z 값에 비례하는 주파수를 가진 자체 사인파 전류를 생성한다. 중첩, 부가, 사인파 곡선의 매우 복잡한 생성물인 최종 **이미지 전류**(image current)는 푸리에 변환(FT) 기법을 사용하여 수학적으로 디콘볼루션 처리하여 구성 요소의 m/z 값을 결정한다.

FT 기기의 특별한 장점은 생성된 이미지 전류의 변화를 지속적이고 정확하게 측정할 수 있기 때문에 분석관에서 방해받지 않고 연속적인 이벤트 프로파일을 제공한다는 것이다. 이는 이온의 검출이 불연속적인, 즉 이온의 표면 충돌 및 신호의 후속 증폭에 기초한 질량 분석관과는 대조적이다. FT 분석은 과도신호가 무한히 작은 조각으로 처리되어 정보의 품질을 향상시키기 때문에 지속적으로 작동할 수 있는 수학적 프로세스이다. FT 기반 시스템에서 데이터의 생성 및 처리는 전자 증배관에 도착

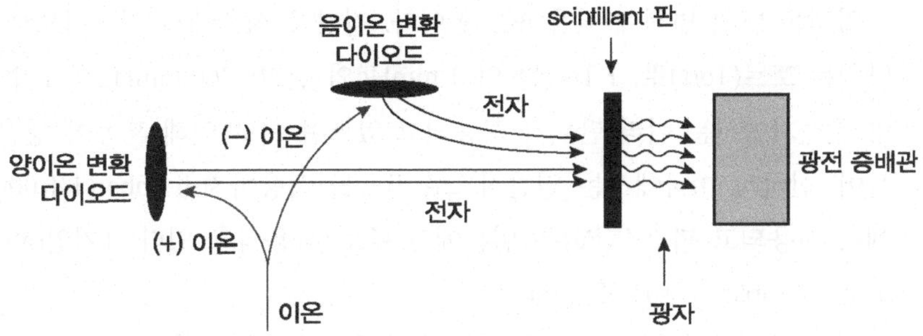

그림 4.52 데일리(Daly) 검출기의 원리

하는 이온에서 발생하는 것처럼 개별 이벤트의 결과가 아닌 연속적이기 때문에 보완적이다.

4.7.3 데일리 검출기

데일리(Daly) 검출기는 전자 증배관이 아닌 광전 증배관을 사용한다. 분석관을 나온 이온은 변환 다이노드로 보내지고 방출된 전자는 빠른 작용 scintillant으로 코팅된 판 위로 가속된다. 각 전자는 scintillant로부터 광자를 방출한다. 그러면 광자가 광전자 관에 들어가 광전자에 충격을 가하여 전자를 생성(광전 효과)하고 전자 캐스케이드를 시작한다(그림 4.52). 광전 증배관의 출력은 다이노드 형 전자 증배관의 출력과 유사하게 전자적으로 더 증폭되며, 증폭 수준은 전자 증배관과 비슷하다. 광전 증배관은 전자 증배관보다 오래 지속되지만 scintillant 코팅 판은 몇 년마다 교체해야 한다.

4.8 진공 시스템

질량 분석기에서는 약 $10^{-5} \sim 10^{-7}$ Torr (FT 장비에서는 약 10^{-10} Torr)의 고진공이 필요한데, 이는 생성된 이온들이 기기의 여러 챔버에서 공기 중의 중성 분자와 충돌하여 이온이 손실되는 것을 방지하기 위한 것이다. 또 다른 중요한 기능은 이온원에서 미반응 분자를 제거하여 크로마토그래프 또는 전기 이동 유출물에서 연속적으로 용리되는 성분같은 신속하게 연속적으로 도입되는 시료 간의 교차 오염을 최소화함으로써 메모리 효과를 방지 또는 감소시키는 것이다. 하지만 충돌 유도 해리(CID) 및 이온의 충돌 냉각과 같이 이온과 중성 분자 사이의 충돌이 일어나야 하는 공간은 고진공이 아니다. 따라서 질량 분석기의 여러 부분에서 필요한 진공의 정도를 고려하는 것이 중요하다.

압력은 단위 면적에 작용하는 힘이다. 질량 분석학에서 일반적으로 사용되는 압력 단위는 토르(Torr)로, 1 Torr는 약 1 mmHg와 같고, 760 mmHg는 1기압(atm)이다. 질량 분석기에서는 여러 단위가 사용되고 있으며 이로 인해 혼동이 생길 수 있다. 예를 들어, 한국과 미국에서는 일반적으로 Torr를 사용하지만 mbar(1/1,000 기압)는 유럽에서 사용되고 파스칼(Pa)은 일본에서 주로 사용되고 있다. 1기압(atm) = 14.70 psi = 1013 mbar = 101,325 Pa.

질량 분석기에서 진공은 챔버가 비워지는 정도를 반영하는 것으로써 저진공(rough vacuum) (대기압 ~ 10^{-2} Torr 범위), 고진공(high vacuum) (10^{-4} ~ 10^{-7} Torr), 초고진공(ultra-high vacuum) (10^{-7} ~ 10^{-10} Torr)으로 구분될 수 있다.

질량 분석기에서 이온의 수명은 이온화 과정 중에 에너지가 부가될 때 이온의 안정성뿐만 아니라 이온이 분자(예: 공기 성분) 또는 표면과 충돌하여 손실되는지 여부에 달려있다. 이러한 현상들은 분해능과 감도를 현저하게 감소시킬 수 있다. 중성 분자(특정 압력에서)를 만나기 전에 이온이 이동할 수 있는 평균 거리를 **평균 자유 행로**(mean free path, λ)라고 하는데, 진공 시스템은 이온 손실을 줄이기 위해 λ를 극대화하도록 설계되었다.

질량 분석기에서 진공을 얻는 것은 두 단계로 구성되어 있다. 첫 번째 단계는 대기압에서 ~ 10^{-2} Torr까지 시스템에 **회전식 펌프**(rotary pump)를 이용한 초기(거친, rough) 진공을 제공한다. 두 번째 단계에서 **터보 펌프**(turbo molecular pump)와 같은 고진공 펌프는 기기의 다양한 챔버에 필요한 10^{-5} ~ 10^{-10} Torr까지 진공을 유지해 줄 수 있는데, 회전식 펌프에 의해서 약 10^{-2} Torr의 압력에 도달한 후에 고진공 펌프가 작동하기 시작한다.

현대 질량 분석기의 진공 시스템의 중요한 요구 사항은 낮은 전도도를 갖는 작은 구멍에 의해 분리되는 여러 챔버의 **차동 펌핑**(differential pumping)을 제공하는 것이다(차동 펌핑은 기기 내의 여러 위치에서 서로 다른 압력을 유지하는 과정을 설명하는 용어). 필요한 진공은 개별 챔버(예를 들어, 이온원과 분석관)의 독립적인 펌프를 사용하여 얻어진다. CI 이온원에서 시약 기체의 높은 압력이 분석관 영역에 영향을 주어서는 안 되기 때문에 차동 펌핑이 필요하며 각 영역은 별도로 펌핑된다. 이온원과 분석관 사이의 작은 구멍은 이온의 효율적인 통과를 가능하게 하지만 두 챔버 사이의 압력 균등화를 제한한다. 기체 압력이 존재해야 하는 곳의 다른 예는 ESI에서 작은 방울의 탈용매, MS/MS 기기에서 사용되는 CID와 IMS에 사용되는 셀이며, 추가된 기체의 신속하고 효율적인 제거가 필수적이다. 동일한 구성 요소 내에서도 차동 펌핑이 필요할 수 있다.

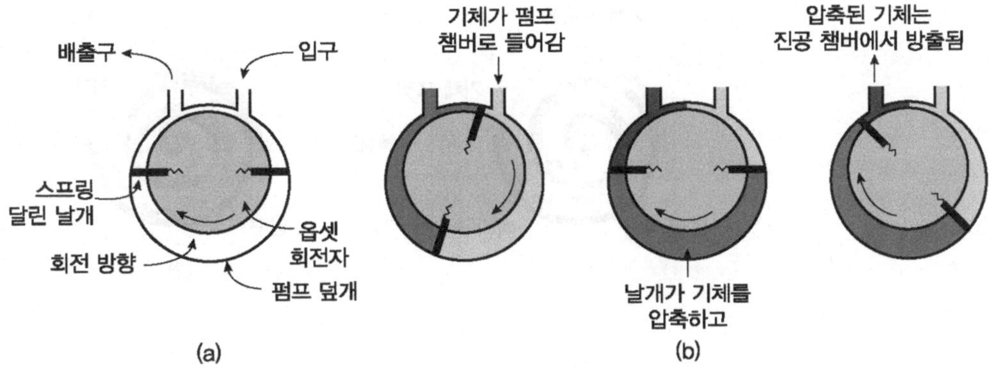

그림 4.53 회전식 진공 펌프의 원리

4.8.1 보조(어림) 펌프

보조 펌프는 **어림 펌프**(rough pump)라고도 하는데 이 펌프는 대기 기체를 신속하게 제거하고 고진공 펌프의 작동에 필요한 최소 진공(약 10^{-2} Torr 이하)에 도달하게 하며, 고진공 펌프에서 나오는 배기 가스를 제거하는 두 가지 목적을 수행한다. 회전 날개 펌프와 스크롤 펌프가 보조 펌프의 일반적인 유형이다.

4.8.1.1 회전식 펌프

수십 년 동안 사용된 오일 기반 **회전식 펌프**(rotary pump)는 저진공을 생성하는 가장 일반적인 방법이다(그림 4.53(a)). 작동 모드는 원통형 챔버에서 회전하는 옵셋 회전자를 기반으로 하며, 회전자의 튀어나온 플랩(날개)은 실린더 벽과의 접촉을 유지하고 있다. 옵셋 회전자-날개 결합은 펌프 하우징 주변의 포획된 기체 패킷을 휩쓸며 기체가 배기구로 밀려 나올 때 압축한다. 압력이 증가하면 배기구를 통해 기체가 배출된다(그림 4.53(b)). 한 가지 단점은 API를 사용할 때 특히 이온원에 연결된 펌프의 오일이 시료 도입 중에 사용되는 용매, 즉 역상 크로마토그래피에서 사용되는 물, 메탄올 및 아세토나이트릴과 같은 오염물로 인해 자주 교체되어야 한다는 것이다. 또 다른 문제는 펌프 오일의 성분의 역류로 인해 이온원과 분석관을 오염시킬 수 있다는 것이다. 예를 들어, EI 이온원의 오염으로 인해 특징적인 탄화수소 조각 이온을 나타나게 하고, 분석관의 오염은 분해능 및 감도의 손실을 초래한다.

4.8.1.2 스크롤 펌프

다른 종류의 보조 펌프인 **스크롤 펌프**(scroll pump)의 작동은 두 개의 아르키메데스 나선을 기반으로 한다. 하나는 고정되고 다른 하나는 약간 오프셋된 회전으로 움직

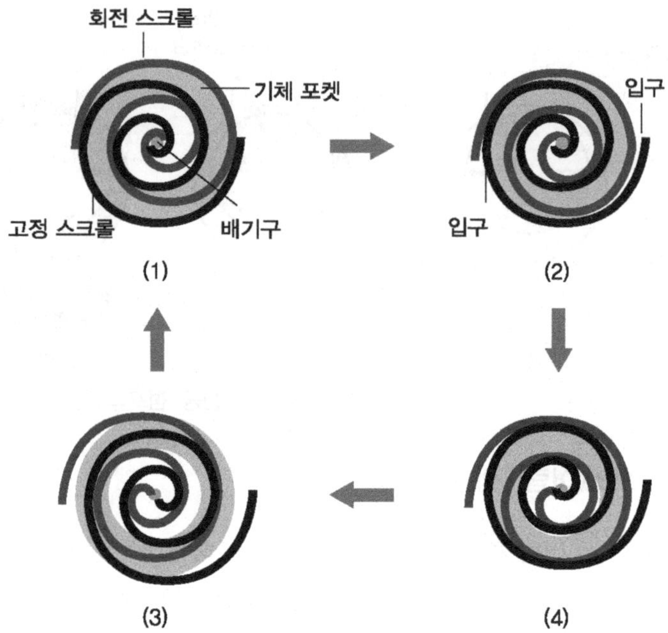

그림 4.54 스크롤 펌프의 원리

인다. 아르키메데스 나선형은 나선형의 각 회전 사이의 거리(간격)가 일정하다. 회전식 펌프와 유사하게 스크롤 펌프는 기체의 주머니를 포획하고 점차적으로 작은 부피로 압축하여 결국 중심 배기구를 통해 기체를 배출함으로써 작동한다. 기체는 나선형의 중앙을 향하여 존재하는 꾸준히 감소하는 체적을 통과하면서 압축되며 배기구는 나선형의 중심에 있다(그림 4.54). 오일을 사용하지 않아 오염을 줄이는 이점이 있으며 움직이는 표면은 유지 보수하는 동안에 쉽게 교체할 수 있는 테프론 재질로 되어 있다. 회전식 펌프보다 비싸지만 스크롤 펌프가 널리 보급되고 있는데 열 발생과 소음이 감소되는 이점이 있다.

4.8.2 터보 펌프

질량 분석기 작동에 필요한 고진공은 대개 **터보 펌프**(turbomolecular pump)에 의해 제공된다. 터보 펌프는 기본적으로 50,000 ~ 90,000 rpm의 매우 빠른 속도로 회전하는 정교한 팬이다. 터보 펌프의 내부는 제트 엔진의 전면과 유사하다. 제트 엔진에서는 외부 공기를 끌어당기고 압축한 다음 연소실로 배출하는 일련의 팬 날개가 있다. 외부 공기를 흡입하는 대신 팬이 밀폐된 챔버에 부착된 경우 비워진 공기가 압축되어 펌프를 통과할 때 진공이 생성되어 펌프가 배출구로 제거된다. 터보 펌프는 회전자와 고정자로 구성되어 있다(그림 4.55). 각진 회전자 날개는 기체 분자를 부딪쳐서 펌프 안으로 들어가게 한다. 고정자를 통과하면 다음 회전자 날개 세트로 흐름을 세

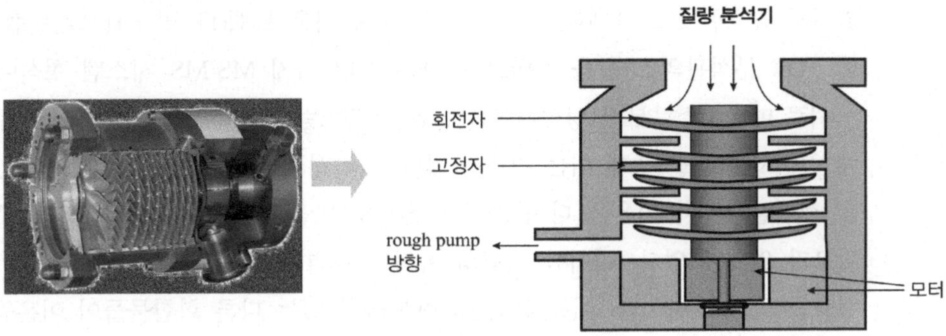

그림 4.55 터보 펌프의 구조

팅한다. 여러 개(약 8개)의 회전자와 고정자 조합이 함께 적층되며 기체가 챔버에서 멀어지면서 각 쌍이 약 10배 정도의 압축을 수행한다.

터보 펌프는 오일을 사용하지 않기 때문에(단지 매우 적은 양의 윤활유만 사용함) 오일에 의한 오염이 방지되고 시동 및 정지 시간이 짧기 때문에 이전에 많이 사용된 확산 펌프(diffusion pump)를 대체했다. 터보 펌프는 베어링 마모로 기계 고장이 발생하기 전까지 수년 동안 작동이 가능하다.

4.9 텐덤 질량 분석법

질량 분석기는 이온화된 원자나 분자를 질량 대 전하 비(mass-to-charge ratio, m/z)가 다름을 이용하여 분자에 대한 화학적 구조적 정보를 얻는 데 유용하며 정량에도 사용되고 있다. 순수한 화합물을 전자 이온화(EI) 이온원을 사용하여 분석하면 스펙트럼에는 분석하고자 하는 성분에 속하지 않은 피크는 나타나지 않을 것이며, 구조 확인에 유용한 많은 조각을 관찰할 수 있다. 그렇지만 EI 법은 경우에 따라 분자 이온을 형성하지 않으며, 또 비휘발성 화합물을 분석하는 데는 적합하지 않아서 혼합물에 직접 적용하기도 어렵다.

마찬가지로 화학 이온화법(CI)도 휘발성 화합물에만 적용되며 대부분의 경우에 분자 이온만 형성하므로 EI 법에 비하여 조각 이온이 작아서 구조 확인을 위한 정보가 적다. 고속 원자 충격(FAB)법, 대기압 화학 이온화(APCI)법, 전기 분무 이온화(ESI)법, MALDI와 같은 탈착 혹은 분무 방법들은 비휘발성 화합물에 적용될 수 있다. 이들 이온화 방법들은 분자 화학종(분자 이온 혹은 유사 분자 이온)에 대한 스펙트럼을 나타내기 때문에 전자 이온화법보다 구조에 대한 정보가 상대적으로 적다.

다중 분석 질량 분석기의 개발은 질량 측정뿐만 아니라 이온의 구조를 규명함에 있어서 중요한 요소가 되었다. 사중 극자(Q), 이온 트랩(IT 및 FT(오비트랩과 ICR)) 및 TOF 분석관의 조합을 기반으로 하는 여러 가지 MS/MS 시스템 형식이 있다.

시료 매트릭스로부터 형성된 이온들은 스펙트럼들을 복잡하게 만들어서 구조 해석에 있어서 혼동을 주게 되는 경우가 많다. 따라서 이온원에서 형성된 관심 있는 이온을 선택한 후 이 이온을 다시 조각 이온으로 만들고, 이때 형성된 조각들을 분석할 필요가 있게 되었다. 이러한 실험의 목적은 특별한 한 이온 화학종에 대한 더 많은 정보를 얻기 위함이다. 이는 혼합물 속에 들어 있는 다른 화합물들이 이온원으로 들어감으로써 하나의 이온이 조각내기되는 것을 방해하거나 이온화 과정 중에 매트릭스에 의해 방해를 받을 수도 있고 또는 선택된 이온화 방법이 구조를 확인하는 데 필요한 조각 이온을 적게 생성하기 때문이다. 이를 위해서 현재 많은 기기와 많은 기법이 사용되고 있는데 그 중에서 **텐덤 질량 분석법**(tandem mass spectrometry, MS/MS)은 조각 이온을 형성하거나 중성 손실을 가능하게 해 준다. 이 방법은 목표한 화합물을 검출하는 데 강력한 도구로 사용되고 있다. 여기에서는 가장 널리 사용되고 있는 기법과 기기 구성, 충돌 유발 해리 과정(collision-induced dissociation, CID)과 응용에 대하여 설명하기로 한다.

4.9.1 개념 및 원리

Mass spectrometry/mass spectrometry (MS/MS)를 일반적인 용어로서 **텐덤 질량 분석법**(tandem mass spectrometry)이라고 하며, 이에 대한 기기 구성 방법과 응용은 매우 다양하지만, 가장 기본적인 개념은 질량 분석기 내에서 일어나는 반응 전후의 이온들에 대한 m/z를 측정하는 것이다. 가장 일반적으로 측정되는 과정은 질량의 변화인데, 다음 식에 나타나 있다: $m_p^+ \rightarrow m_d^+ + m_n$

여기서 질량값은 $m_p = m_d + m_n$이고, m_p^+는 **선구 이온**(precursor ion) 또는 **어미 이온**(parent ion)이라 한다. 선구 이온과 분자 이온은 차이가 있는데, **분자 이온**(molecular ion)은 이온원으로 주입된 화합물의 분자량에 해당하는 질량 이온을 가리키며, 이 분자 이온이 MS/MS 실험에서 선구 이온으로 선택하는 것이 일반적이다. 선구 이온은 반드시 분자 이온일 필요가 없으며, 조각 이온들이 선구 이온으로 선택되기도 한다. 선구 이온에서부터 형성된 것이라 해서 m_d^+를 **생성 이온**(product ion) 또는 **딸 이온**(daughter ion)이라 한다. m_n은 분해 반응에서 형성된 중성 조각이다. 질량 분석기는 단지 전하를 띤 입자들만 분석하므로 중성 조각은 검출되지 않지만 m_p^+와 m_d^+가 측정되기 때문에 자연히 m_n은 알 수 있다.

기본적인 MS/MS 실험은 기기의 첫 번째 분석 단계에서 선구 이온이 선택되고 **충돌 유발 해리**(collision-induced dissociation, CID) 과정에서 생성된 생성 이온의 분석

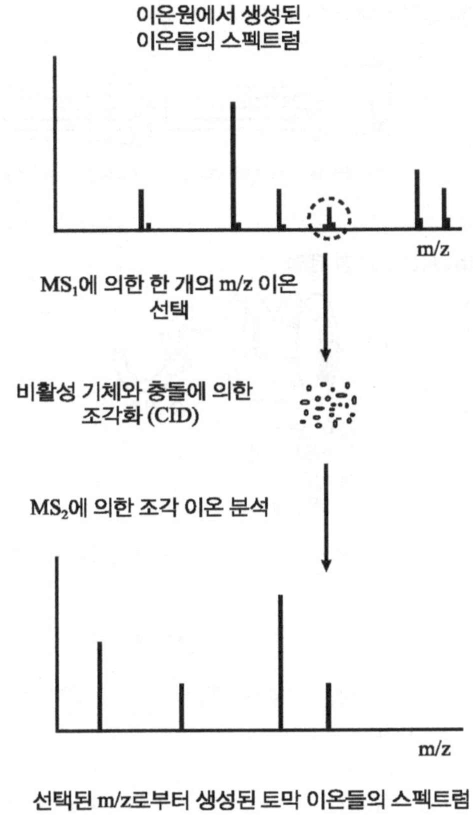

그림 4.56 MS/MS의 기본 개념

은 두 번째 분석 단계에서 이루어지기 때문에 실제적으로는 생성 이온(m_d^+)만이 검출된다. 이것을 그림 4.56에 나타내었다.

해리되는 이온의 양과 주어진 이온에 대한 조각화 경로의 수를 증가시키기 위하여 반응 영역에서 선구 이온에게 내부 에너지를 가해 주기 위한 수단들이 고안되어 왔다. 가장 일반적인 방법으로는 중성 기체와 선구 이온이 충돌해서 분해가 유도되도록 반응 영역에 비활성 충돌 기체를 넣어 주는 방법이다. 충돌 유발 해리(CID) 반응으로 알려진 이 과정이 MS/MS 실험의 핵심이라고 할 수 있다: $m_p^+ \xrightarrow{N} m_d^+ + m_n$

텐덤 질량 분석기를 구분하는 한 가지 방법은 실험이 완성되는 방법인데, **공간 의존형 텐덤**(tandem-in-space)과 **시간 의존형 텐덤**(tandem-in-time)으로 구분될 수 있다(그림 4.57). 공간 의존형은 각 과정이 물리적(공간적)으로 분리되어 단계별로 이루어지며, 반면에 시간 의존형은 이온화 → 질량 분석 → 해리 → 질량 분석이 한 공간에서 이루어진다.

공간 의존형 텐덤 질량 분석기는 삼중 사중 극자(QqQ), Q-TOF, TOF-TOF, LIT-orbitrap 등이 있으며, 시간 의존형 텐덤 질량 분석기에는 이온 트랩형과 푸리에

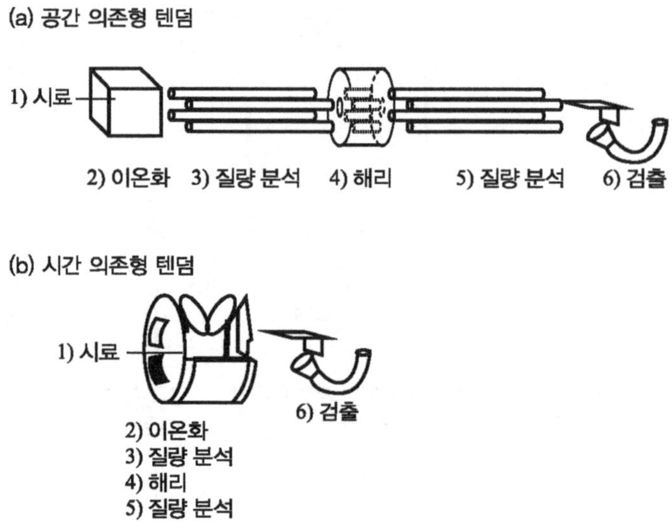

그림 4.57 MS/MS에서 (a) 공간 의존형 텐덤과 (b) 시간 의존형 텐덤 방식

표 4.14 텐덤 질량 분석기의 형태

공간 의존형 텐덤	시간 의존형 텐덤
QqQ	
Q-TOF	이온 트랩
TOF-TOF	FT (오비트랩, ICR)
LIT-orbitrap	

변형 질량 분석기가 있다. 표 4.14는 텐덤 질량 분석법에 대한 것을 요약한 것이다.

4.9.2 MS/MS에서 선택 이온의 조각내기 방법

4.9.2.1 충돌-유발 해리

MS/MS 기술에서는 두 개의 질량 분석관 사이에 배치된 충돌 셀이라는 특수 챔버에서 일어나는 과정을 이해하는 것이 중요하다. 셀 내부로 가속화되는 동안 병진 에너지가 가해진 분석 대상 이온(선구 이온)은 상대적으로 높은 압력(~ 6 mTorr)이 유지되고 있는 높은 이온화 포텐셜의 중성 원자(보통 헬륨 또는 아르곤) 또는 분자(예: 질소)와 충돌한다. 충돌 동안에 이온의 운동 에너지의 일부는 과량의 내부 진동 에너지 또는 전자 에너지로 변환되는데 이 과정을 충돌 활성화라고 한다. 충돌 중에 얻은 과량의 에너지가 화학 결합을 깨뜨리기에 적당하다면, 이 이온들은 **충돌 유발 해리**(collision- induced dissociation, CID)가 진행되었다고 한다. 충돌 셀에서 발생하는 가장 일반적인 과정은 CID이지만, 전자 전달 해리(electron transfer dissociation,

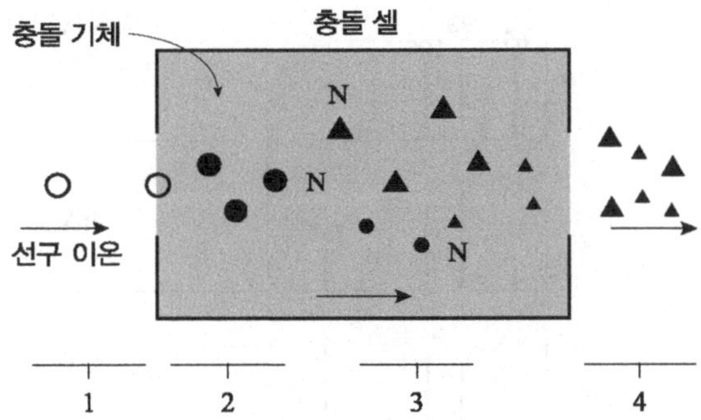

그림 4.58 충돌 유발 해리(CID) 과정

ETD) 및 이온 이동 분리(ion mobility separation, IMS)와 같은 제 1 및 제 2 분석관 사이의 공간을 활용할 수 있는 다른 기술도 있다.

CID 과정을 순차적으로 도식화하면 그림 4.58과 같다. 1) 선구 이온(○)은 첫 번째 분석관에서 가속(10 ~ 100 V) 중에 얻은 운동 에너지로 충돌 셀에 들어간다. 2) 일단 셀에 들어가면 이온은 의도적으로 채워주는 중성 기체 원자(N)와의 다중 충돌을 통해 추가적인 진동 에너지를 얻게 되어 에너지 과량의 이온(●)이 되고, 3) 이온에 충분한 에너지가 축적되면 조각내기가 일어나서 생성 이온(▲)들을 생성하고, 초기 조각들이 충분한 추가적인 에너지를 얻게 되면 2차 조각내기가 일어난다. 4) 충돌 셀을 빠져나온 이온들은 두 번째 분석관으로 이동된다. 조각내기는 보통 탄소와 인접한 헤테로 원자(N, O, S 및 Si 등) 사이의 결합을 끊는 것이며, 조각내기의 성질 및 정도는 초기 가속 전압 및 충돌 기체의 유형 및 압력에 따라 크게 좌우된다.

선구 이온에 가해지는 운동 에너지의 양은 분석 물질과 원하는 데이터 유형에 따라 다르다. 구조적 정보를 얻으려면 스펙트럼이 점진적인 에너지 의존적 조각내기가 나타나도록 일정 범위의 에너지를 사용해야 한다. 예를 들어, 설파 약물인 sulfadimethoxine의 스펙트럼은 충돌 에너지가 증가함에 따라 보다 광범위한 조각내기를 나타낸다(그림 4.59). 선택 반응 모니터링(selected reaction monitoring, SRM)을 사용한 정량화를 목적으로 한다면, 충돌 에너지는 높은 세기의 단순한 조각 이온들을 생성하도록 조정되어야 한다.

양이온 모드의 CID 과정은 양성자화된 분자에만 효과적이다. 즉, 첫 번째 분석관에서 선택된 m/z가 소듐이 첨가된 화학종인 $[M+Na]^+$이면, 이 이온들은 안정성이 커서 가해지는 에너지의 양에 상관없이 조각내기를 일으키지 않으며 획득한 에너지가 더욱 커지면 이온의 완전한 붕괴에 이르는 지점에 도달해버린다.

선구 이온이 1 ~ 20 kV로 가속될 때 이 방법을 고에너지 CID라고 한다. 이 충돌은 아르곤보다는 저원자량인 헬륨이 일반적인데 분석 물질의 전자 상태를 들뜨게 하고 획득된 내부(진동) 에너지의 넓은 분포를 생성한다. 광범위한 조각내기는 많은 구조

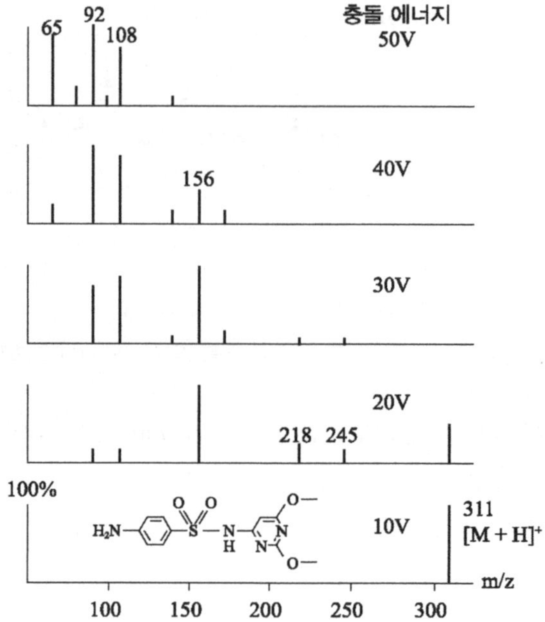

그림 4.59 충돌 에너지에 따른 충돌-유발 해리(CID) 조각내기 패턴의 영향[31]

정보를 제공할 수도 있다.

4.9.2.2 적외선 다중 광자 해리

적외선 다중 광자 해리(infrared multiphoton dissociation, IRMPD)는 CID에서 얻은 것과 유사한 조각내기를 생성하기 위해 FT-ICR MS 장비에서 사용되는 기법이다. IRMPD는 적외선 레이저가 창을 통해 인도되는 ICR 셀 내에서 발생한다. 이 과정은 CID와 유사한데 이는 조각내기를 유도하기에 충분한 에너지가 흡수되는 지점에 도달할 때까지 레이저에서 나온 여러 광자와 분석 물질 이온이 계속적으로 상호 작용하기 때문이다. 사용된 레이저는 10.6 μm의 파장과 광자당 0.12 eV의 에너지를 갖는 이산화탄소 형태가 일반적이다.

4.9.2.3 전자 전달 해리와 전자 포획 해리

이온을 조각화하여 종래의 CID에 의해 얻어진 것과 다른 정보를 포함하는 MS/MS 스펙트럼을 생성하는 수단으로는 **전자 전달 해리**(electron transfer dissociation, ETD)와 **전자 포획 해리**(electron capture dissociation, ECD)가 있다.

ETD는 QqQ, Q-TOF 및 orbitrap 기기에서 사용된다. Fluoranthene과 nitroso-

[31] J. Greaves, J. Roboz, Mass Spectrometry for the Novice, CRC Press, (2014)

benzene과 같은 시약들은 APCI의 코로나 방전에서 각각의 라디칼 음이온으로 전환하여 활성화되며, 라디칼은 ESI를 사용하여 이온화된 분석 물질과 혼합되어 시약에서 분석 물질로 전자가 전달된다. 획득된 에너지는 CID에서 볼 수 있는 것과 다른 분열 경로를 촉진한다.

FT-ICRMS 기기에서 사용되는 ECD는 ETD에서 얻은 것과 유사한 조각내기를 생성하는 대체 방법이다.

4.9.2.4 광해리와 표면-유도 해리

특정 파장에서 에너지를 흡수하는 발색단(chromophore)을 포함하고 있는 이온은 UV 레이저에 의해 제공되는 알려진 에너지를 가진 광자에 의해 조사될 때 전자 들뜸이 일어날 수 있다. **광해리**(photodissociation, PD)는 조사하는 레이저의 파장에서 에너지를 흡수할 수 있는 이온 또는 이온의 특정 부분만 활성화되기 때문에 매우 선택적이다. 이온 트랩 기기는 이온이 조사될 수 있는 영역에서 장시간 동안 머물러 있기 때문에 PD에 적합한 환경을 제공한다. IRMPD 방법 또한 PD 과정을 기반으로 하지만 구조에 의존하지 않으며, 이용되는 파장과 광자의 에너지에 의존하기 때문에 더 일반적으로 적용 가능하다.

표면 유도 해리(surface-induced dissociation, SID)에서 이온은 내부 에너지를 얻고, 이어서 이온 경로에 수직 또는 이온 경로에 대해 비스듬히 위치된 타겟 표면과의 충돌 시 해리된다. 다른 방법으로는, 이온이 내부 표면으로부터의 튀어 오름으로 인해 이온을 조각내기하는 데 필요한 추가 에너지를 제공하는 매우 좁은 채널을 통과한다. 표면의 조성 및 물리적 성질은 조각내기의 정도에 영향을 미치는 주요 변수이다. 저에너지 충돌조차도 좁은 에너지 분포로 높은 내부 에너지를 갖는 분석 물질을 제공하기 때문에 SID가 효율적이다.

4.9.3 공간 의존형 텐덤

공간 의존형 텐덤(tandem-in-space)에서 충돌 셀은 동일하거나(예, QqQ 혹은 TOF/TOF) 다른 유형을 조합한(예, Q-TOF 혹은 LT-orbitrap) 두 개의 분석관 사이에 배치된다. 즉, 분석관이 기기에서 공간적으로 분리되어 있다.

공간 의존형 텐덤 질량 분석법을 정리하면 표 4.15와 같으며, 텐덤 질량 분석법의 용도는 다음과 같다. 1) 시료 매트릭스가 화학 잡음들에 의해 오염된 경우, 2) 불순물들이 동시 용출될 때, 3) 화합물의 구조를 규명하고자 할 때, 4) 다루기 힘든 매트릭스 내에서 고감도로 정량이 필요한 경우, 5) SIM 분석을 수행한 후 확인 작업을 할 경우 등이다.

표 4.15 공간의존형 MS/MS 스캔 방법

방법	스캔 방식		결과	응용
	MS_1	MS_2		
생성 이온 스캔법	SIM	Scan	생성 이온 스펙트럼	구조 규명 및 확인
선구 이온 스캔법	Scan	SIM	특정 조각 이온의 선구 질량(선구 이온 스캔)	공통 구조를 가진 화합물(물질들의 종류별)의 특별한 분석 및 스크리닝
중성 손실 스캔법	Scan	Scan-NL	중성 입자의 손실을 나타내는 선구 이온	공통적인 작용기를 갖는 화합물들의 분석
선택 반응 모니터링법	SIM	SIM	생성 이온들 개별적인 세기	복잡한 매트릭스에서의 고도의 특이성과 감도를 요구할 때

4.9.3.1 QqQ 기법

3중 사중 극자(Triple quadrupole, QqQ)는 상업용으로 아직까지 사용할 수 있는 1세대 다중 분석관 질량 분석기로써 유일하며(다른 초기 MS/MS 장비로는 자기 부채꼴형이 있었다), 여전히 가장 많이 사용되고 있는 다중 분석관 질량 분석기이다.

3중 사중 극자는 두 개의 사중 극자 질량 분석관(Q1과 Q3)으로 구성되며, Q1과 Q3 사이에 있는 충돌 셀인 분석관 q(q2로 표기)는 rf만 적용된다(그림 4.60). q2의 rf 장(field)은 두 개의 분석용 사중 극자(넓은 띠 통과 모드) 사이에서 이온을 전송하도록 이온을 제어하는 역할을 한다. 충돌 셀(q2)은 **충돌 유도 해리**(CID)를 수행하기 위해 충돌(시약) 기체 (보통은 헬륨 또는 아르곤)가 도입되는 지점이다. 충돌 기체의 압력은 일정하게 유지되는 한편, Q1을 떠나 q2로 유도하는 데 사용되는 전압의 진폭을 변화시킴으로써 조각내기가 최적화되며 기체 압력을 변경하여 조각내기의 정도에 영향을 줄 수도 있다. 그러나 속도, 편리성 및 재현성을 위해 기체의 압력을 일정하게 유지하면서 충돌 에너지(전압)를 변화시키는 것이 바람직하다. CID 과정을 통해서 생성된 이온들은 전체 스펙트럼을 수집하기 위해 스캔하거나 특정 이온의 세기를 기록함으로써 Q3에서 분석된다. QqQ는 Q1과 Q3 분석관이 스캐닝 또는 정적(선택 이온 모니터링) 모드에서 서로 결합하여 사용될 수 있기 때문에 매우 응용이 다양하다.

분석을 수행하는 측면에서 보면, 양쪽 바깥에 있는 두 개의 사중 극자(Q1과 Q3)만

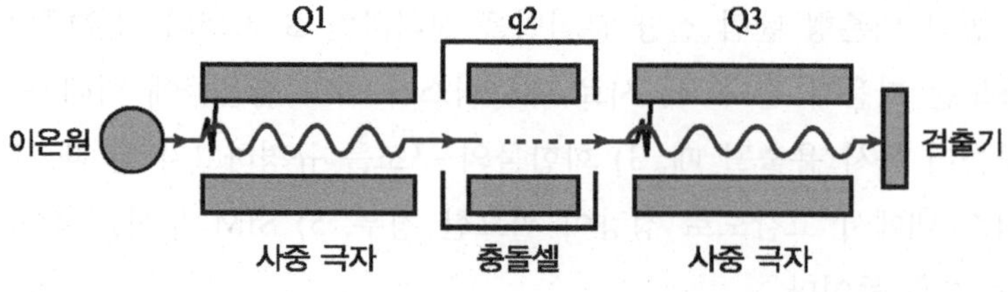

그림 4.60 3중 사중 극자(QqQ) 질량 분석관의 원리

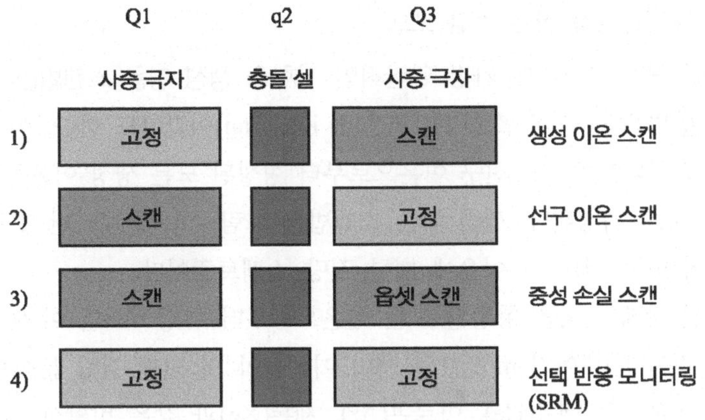

그림 4.61 3중 사중 극자 기기의 작동 모드

스캔할 수 있기 때문에 엄밀하게는 3중 사중 극자라는 이름은 잘못된 명명이라 할 수도 있다. 중간 사중 극자(q2)는 분석 기능이 없고 Q1에서 나오는 이온에 CID를 수행하는 충돌 셀 역할을 한다. q2에서는 rf 만의 필드가 사용되고, 충돌로부터 생긴 조각 이온을 분리 없이 Q3으로 전송하는 데 사용된다. 사실, q2(충돌 셀)는 사중 극자일 필요는 없고 충돌이 분석 물질 이온의 조각내기를 유도하는 데 사용되는 챔버이며, 충돌 셀(q2)은 조각 이온이 형성되어 Q3으로 운반될 때 조각 이온의 산란을 방지하도록 설계되어야 한다.

사중 극자는 전체 스펙트럼 수집에 대해 제한된 감도를 갖는 스캔형 분석관이지만 단일 m/z 값을 모니터링할 때 매우 감도가 좋다. 스캔되거나 고정된 두 가지 분석관을 사용하면 3중 사중 극자의 다양성을 제공할 수 있다. 스캔 작동과 고정 작동의 가능한 조합은 그림 4.61에 설명된 것처럼 상당히 다른 분석 전략을 가능하게 하는 몇 가지 데이터 수집 모드를 가능하게 한다. 그림 4.61에 대한 설명은 다음과 같다. 1) Q3에서의 **생성 이온 스캔**(product ion scan)은 Q1에서 선택된 특정 m/z 이온에 대한 구조적인 정보를 제공한다. 2) Q1에서의 **선구 이온 스캔**(precursor ion scan)은 Q3에서 선택된 생성 이온을 생성하는 선구 이온들이 어떤 것인지를 알 수 있다. 3) **중성 손실 스캔**(neutral loss scan)은 Q1과 Q3을 모두 스캔하여 관련 화합물의 '계열'을 찾는 데 사용된다. 분석관은 CID 과정 중에 손실되는 공통의 중성 구조의 하위 그룹에 해당하는 m/z로 서로 옵셋된다. 4) **선택 반응 모니터링**(selected reaction monitoring, SRM)은 정량화를 위해 사용된다. 선택된 m/z에서 향상된 S/N를 Q3에서 관찰할 수 있는데 이는 CID 과정이 화학적 잡음을 억제하기 때문이다.

4.9.3.1.1 생성 이온 스캔 모드

텐덤 질량 분석기의 가장 일반적인 실험은 **생성 이온 스캔법**(product ion scan)이다. 이 방법은 딸 이온 스캔법(daughter ion scan)이라고도 한다. 이 실험에서 어미 이온은 고정되어 있고, 선구 이온으로부터 형성된 모든 생성 이온들의 질량, 즉 F_1^+, F_2^+, F_3^+ 등이 측정된다. 생성 이온 스캔법은 그림 4.61에 나타난 것처럼 한 질량 스펙트럼에 있는 어느 한 이온에 대한 질량 스펙트럼이다.

첫 단계는 처음 형성된 모든 이온으로부터 특정 m/z의 이온(선구 이온)을 선택하는 것이다. 주어진 m/z 값의 어미 이온들이 첫 번째 질량 분석관(Q1)에서 선택되고 이 이온들은 헬륨(He), 아르곤(Ar), 제논(Xe)과 같은 비활성 기체가 채워진 충돌실(q2)로 들어간다. 충돌실에서 이온들은 비활성 기체와의 충돌에 의해 활성화되고 조각 이온을 형성하게 된다. 그리고 이 생성 이온들은 적절한 질량 범위에 걸쳐서 스캔하도록 조율된 두 번째 질량 분석관(Q3)에 의해 분석된다. 이렇게 얻어진 스펙트럼은 혼합물 내에서 한 성분으로 존재하고 있는 특정 화합물의 선구 이온으로부터 생성된 조각 이온을 기록하게 된 것이며, 이는 선택된 이온의 구조에 대한 정보를 제공해 준다.

4.9.3.1.2 선구 이온 스캔 모드

두 개의 질량 분석기가 결합된 기기(공간 의존형 텐덤 방식)에서는 어미 이온 스캔법(parent ion scan)으로 알려진 이른바 **선구 이온 스캔**(precursor ion scan)이 가능하다. 이 실험법은 F_1^+, F_2^+, F_3^+가 종속 변수이다. 한 화합물의 계열이 매우 안정한 이온을 형성하는 어떤 특별한 하부 구조를 가지고 있는 경우에 이 계열의 구성원으로부터 유도된 선구 이온은 이 하부 구조의 이온으로 만들어지는 과정을 거쳐서 분해되는 경향이 있다. 이와 같이 공통 생성 이온이 있는 경우에 생성 이온은 종속 변수로서 고정되고, 그들의 모든 선구 이온들만 검출할 수 있다.

선구 이온 스캔 모드에서 Q1은 스캔을 하고 Q3는 고정된 상태이므로 이 접근법은 생성 이온 스캔 모드의 반대이다. 즉, Q1이 먼저 스캔되고 모든 이온들은 q2로 통과하면서 CID를 거치게 되며, Q3는 고정된 상태로 유지되어 한 개의 미리 선택된 m/z 값만 통과할 수 있다(그림 4.61). Q3의 신호는 Q1의 스캔 기능과 연관되어 있어서, 특정 생성물로 해리된 선구 이온의 스펙트럼이 얻어진다. 이 기법의 중요한 응용은 화합물의 특정 부류에 속하는 혼합물 성분의 확인이다. 선구 이온 스캔은 복잡한 혼합물에서 원하는 화합물 종류를 검색하는 데 사용할 수 있는데, 이는 Q3가 특정 하전된 CID 조각을 선택하도록 설정되기 때문이다.

예를 들면, Q3가 m/z 77 ($[C_6H_5]^+$)에 고정되어 있으면 선구 이온 스캔은 페닐기를 가진 화합물들을 기록하게 될 것이다. 다른 이온들에 의해서 형성된 m/z 77이나 생성물로서 m/z 77을 나타내지 않는 페닐기를 포함하고 있는 이온들에 의한 비정상적인 조각화가 이러한 실험을 방해할 수도 있다. 이 실험 방법은 특별한 작용기를 가진 이온들과 이 기준을 만족하는 모든 이온들의 질량들을 생성하는 것들에 선택적이다.

4.9.3.1.3 중성 손실 스캔 모드

중성 손실 스캔(neutral loss scan) 모드는 Q1과 Q3가 둘 다 스캔하는 방식이다. Q1과 Q3 모두 동일한 속도로 스캔되지만, 충돌 셀(q2) 내에서 CID 과정 중에 손실된 중성 화학종인 특이적이고 선택된 성분에 해당하는 m/z 만큼 서로 옵셋(차이를 두고)되어 스캔한다. 특정 중성 손실이 어느 화합물의 부류에서 발생하는 것으로 알려진 경우, 이러한 유형의 MS/MS 분석은 중성 조각을 방출하는 혼합물의 성분을 확인할 수 있게 된다. 예를 들어 carboxylic acid 류는 CO_2 (44 Da)를 잃는 경향이 있으므로 Q1 및 Q3는 44 Da만큼 차이를 두고 스캔한다. Nitroaromatic 양이온은 NO (30 Da)를 잃는 경향이 있는데 중성 손실 모드에서 이 조각을 스캔하면 nitroaromatic 화합물의 후보 물질들을 찾을 수 있게 된다. 이 방법의 장점은 만일 nitroaromatic 화합물에 관심이 있으면 혼합물 내에서 각 성분들을 일일이 확인할 필요가 없다는 장점이 있다.

선구 이온 스캔법의 경우에서와 같이 이 스캔 방식은 시간 의존형 텐덤 질량 분석기로는 행할 수 없고 공간 의존형 텐덤 방식으로만 가능하다. 작용기를 선택적으로 스캔하는 것이고, 실제로는 선구 이온 스캔법보다 복잡하다. 왜냐하면, 두 분석관이 함께 스캔되어야 하며, 두 분석기 사이에는 일정한 m/z 값이 차이가 나게 스캔되어야 하기 때문이다.

4.9.3.1.4 선택 반응 모니터링 모드

선택 반응 모니터링(selected reaction monitoring, SRM)은 다중 반응 모니터링(multiple reaction monitoring, MRM)이라고도 하는데 조각화 반응을 선택하는 MS/MS 방법으로서 LC-MS/MS에서 감도, 즉 신호 대 잡음비(S/N)를 증가시켜서 미량 분석을 하는 데 가장 많이 사용되고 있는 방법이다(그림 4.61). 이 방법에서는 Q1과 Q3가 고정된 상태이다. Q1은 분석 물질에 해당하는 m/z(보통은 $[M+H]^+$) 이온만 통과하도록 설정된다. Q1에서 나오는 이온은 q2에서 CID를 거치게 되고 특정 생성 이온은 Q3을 사용하여 모니터된다.

이 방법은 일반적인 질량 분석법에서 선택 이온 모니터링(selected ion monitoring, SIM)과 유사하다. 그렇지만 이 방법에서는 첫 번째 질량 분석기(Q1)에 의해 선택된 이온들이 선택 반응에 의해 주어진 조각을 생성할 경우에만 검출된다. 스캔 없이 오랜 시간 동안 선구 이온들과 조각 이온들에만 초점이 맞추어지므로 SIM에서와 마찬

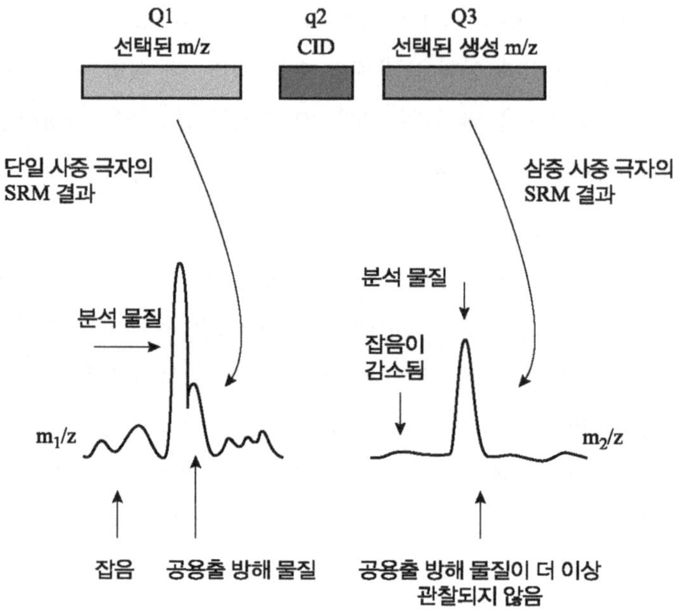

그림 4.62 단일 사중 극자 분석관과 삼중 사중 극자 분석관에 대한 이온 비교

가지로 감도의 증가를 가져오는데, 이 감도 증가는 선택성의 증가 때문이다.

Q1을 통과한 이온은 관심 있는 화합물의 이온뿐만 아니라 같은 m/z를 생성하는 다른 모든 화학종의 이온도 포함하고 있다. 이 이온들은 시료로부터의 동시 추출된 화합물, 추출 과정 자체로부터 유래된 용매 오염 물질, 장비 내에 존재하는 화합물 같은 다수의 원인으로부터 기원되는 화학적 바탕과 잡음 등이 있다. 낮은 분석 물질 농도를 갖는 시료가 분석됨에 따라, 관심 m/z에서 발생하는 화학적 잡음은 궁극적으로 분석 물질 이온을 바탕 잡음과 구별하는 능력을 제한하게 되어 검출 한계에 도달한다. Q1 이후에 검출기가 배치되면(즉, 단일 분석관) 화학적 잡음으로 인한 제한은 단일 사중 극자의 한계에 해당하게 된다(그림 4.62, 왼쪽).

한편 QqQ에서는 q2에서 CID가 조각 이온들을 생성하며, 분석 물질과 방해 잡음 이온이 동일한 생성 이온 m/z를 생성하지는 않는 한 Q3을 분석 물질의 특정 생성 이온을 모니터하도록 설정하면 다른 m/z 값으로 조각내기된 방해 화학종의 바탕 이온(잡음)은 제외되어 검출이 안 된다. 이 과정에서 분석 물질 이온이 조각내기되어 피크의 크기가 작아진다 할지라도 바탕 이온에 대한 억제가 증가하고 S/N가 향상되므로 실질적으로는 검출에 있어서 이익이 있게 된다(그림 4.62, 오른쪽).

한편, 이 방법에서는 전체 스펙트럼이 수집되지 않기 때문에 데이터의 특이성이 감소한다. 그러나 분석 물질로부터 두 번째 조각 이온을 모니터링한 후에 시료 추출물에서 두 이온의 세기 비율을 표준 분석 물질에 대한 것과 동일함을 확인함으로써

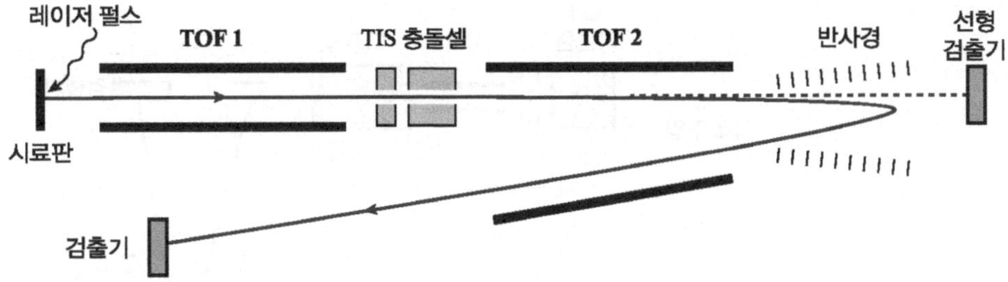

그림 4.63 MALDI-TOF/TOF 분석관의 개략도

특이성은 증가될 수 있다.

선구 이온과 생성 이온 질량 모두가 분석 물질의 특성인 것으로 알려진 경우 SRM은 매우 복잡한 생물학적 또는 환경적 매트릭스에서도 높은 민감도와 동시에 높은 특이성을 가진 알려진 표적 화합물의 정량화를 가능하게 한다. 약물 및 그 대사체에 대한 약동학 정보를 얻는 것과 내인성 화합물 및 환경 오염 물질을 정량화하는 것 등이 대표적인 응용 예이다. 이러한 응용에서 분석 물질은 생체 시료, 환경 퇴적물 또는 식품과 같이 매우 복잡한 매트릭스에서 확인되고 정량화되기 때문에 일반적으로 크로마토그래피를 통한 예비 분리가 필요하다.

4.9.3.2 TOF/TOF 기법

이온원을 떠나는 일부 이온 중에는 **준안정성 이온**(metastable ion)이 있는데, 단일 분석관 MALDI-TOF 시스템에서는 이들이 비행관을 이동함에 따라 조각이 생성되기 때문에 반사경 분석 모드에서 구조 정보를 얻을 수 있는데, 그 과정을 **이온원 후 붕괴**(post-source decay, PSD)라고 한다. 이 기술은 조각내기를 위해 이온을 미리 선택할 수 없으며 생성 이온 스펙트럼을 얻기 위해 반사경의 파라미터를 단계적으로 변경해야 하기 때문에 제한적이라 할 수 있다.

TOF/TOF **기법**에서는 두 개의 분석관을 결합하면 PSD 이온 검출의 문제점을 극복할 수 있다. 첫 번째 분석관(TOF 1)으로 이온을 분리한 후에 **시간 이온 선택기**(timed ion selector, TIS)라고 하는 전자 게이트를 사용하여 관심 있는 이온을 선택할 수 있다. 전자 게이트가 작동하는 속도와 이온이 이동하는 속도로 인해 수 질량 단위의 윈도우(시간 주기) 내에 충돌 셀에 이온이 도달한다(그림 4.63). 선택된 이온은 충돌 셀에서 조각내기된 다음 두 번째인 반사경 TOF 2 분석관에서 생성 이온 스펙트럼을 분석한다. 알려진 화합물로 TOF 1을 교정하면, 분석 물질 이온의 전후에 도착하는 다른 이온을 편향시키는 고속 전자 기술을 사용하는 TIS에서 관심 이온의 도달 시간을 예측할 수 있게 해준다. 선택된 m/z 윈도우가 수 질량 단위 폭이기 때문에 조각 이온들에 대한 정상적인 동위 원소 분포가 관찰된다. kV 가속도로 이온원을

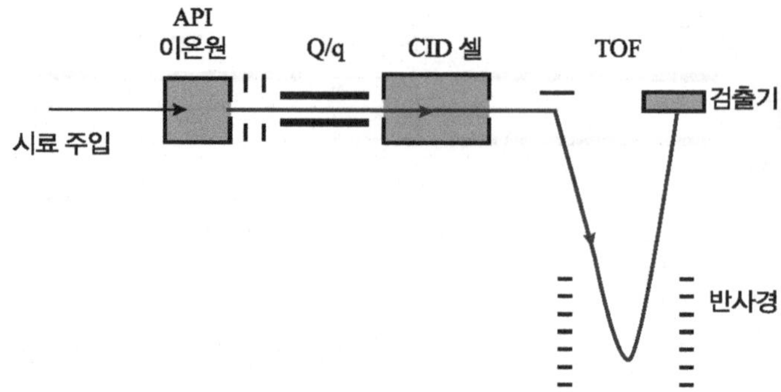

그림 4.64 Q-TOF MS/MS 기기의 원리

떠나는 이온은 조각내기 정도와 충돌 셀에서 지낸 시간의 관점에서 CID에 비해 너무 높은 에너지를 가지고 보유하고 있다. 따라서 선택된 이온은 충돌 셀에 들어가기 전에 감속되어야 한다. 나타나는 조각 이온은 두 번째 가속 지점에서 수집된 후에 반사경이 장착된 TOF 2로 방출된다.

명목 이온 질량 데이터만 수집되는 사중 극자 기반 시스템과는 달리 TOF/TOF 시스템은 생성 이온에 대해 정확한 질량을 제공할 수 있다.

TOF/TOF는 분석관을 스캔할 수 없기 때문에 MS/MS 형식 중 가장 제한적이다. 그러나 이 기기는 MALDI와 keV 에너지에서 작동되는 CID와 연결되어 높은 감도를 나타낸다. TOF/TOF 장비에서 CID 셀의 이온 체류 시간은 짧고, 다른 충돌 시스템보다 더 낮은 충돌 기체 압력을 사용한다. 충분한 조각내기를 위해서 1 ~ 2 keV에서 CID가 발생하며, 대부분의 MS/MS 시스템에서 사용되는 10 ~ 100 eV CID로 얻은 것보다 구조에 덜 의존적이며 보다 포괄적인 조각내기를 제공한다는 이점이 있다.

반사경의 질량 범위는 약 5 kDa까지로 제한된다. 질량이 5 kDa 이상인 경우 선형 탐지기를 사용해야 하며 분해능이 100 이하로 급격히 떨어지면서 피크는 매우 넓어진다.

MALDI-TOF와 MALDI-TOF/TOF는 500 Da ~ 5 kDa 질량 범위의 질량에 대해 많은 수의 시료를 신속하게 분석할 수 있다. 그러나 선형 모드에서 단백질과 같은 고분자들을 분석할 때 분해능과 정확도가 부족한 점이 한계이다.

4.9.3.3 하이브리드 기법

4.9.3.3.1 사중 극자-비행 시간 분석관

사중 극자-비행 시간 분석관(Q-TOF) 시스템(QqTOF라고도 함)은 다양한 구성이 가능하다. 사중 극자는 넓은 띠 또는 좁은 띠 통과 모드에서 사용되어 어느 이온이 충돌 영역(q)으로 통과한 후에 비행 시간 분석관으로 전달되는지 결정할 수 있다(그림 4.64). 사중 극자 분석관이 넓은 띠 통과 형식으로 작동되고 충돌 셀에 기체가 없으며, 모든 이온이 TOF 분석관으로 전송될 때 기본 모드에서 전체 스캔 MS 데이터를 얻는다. MS/MS 데이터가 필요할 때, 사중 극자는 좁은 띠 통과 작동 모드로 설정되어 사중 극자 장(filed)을 신속하게 전환할 수 있다.

예를 들어, 단일 크로마토그래피 피크 내에서 조각내기를 위해 다중 이온을 개별적으로 선택할 수 있기 때문에 매우 유용하다. 알려진 m/z의 이온을 조각내기하기 위해 Q는 필터(선택 장치)로 작용하여 원하지 않는 모든 화학종을 제거하면서 원하는 m/z를 통과하도록 설정되므로 다른 모든 이온에 대한 정보는 사라진다.

TOF 분석관의 고유한 감도, 분해능 및 신속한 데이터 수집은 LC-MS/MS 분석의 주요 요소가 된다. TOF 형식은 분자 이온 화학종과 조각 이온 모두에 대해 정확한 질량 데이터를 제공하며, Q-TOF 기기는 ESI와 MALDI 간의 편리한 전환을 포함하여 다중 이온화 모드를 특징으로 하고 있다.

이온 이동도 분리기(IMS)를 Q-TOF 형태와 결합한, 예를 들어 충돌 기체가 q 셀에 배치될 수 있는 Qq1IMSq2TOF 시스템과 결합시킴으로써 분석에 있어서 정교함을 증가시킬 수 있다. 이러한 정교한 기기는 여러 유형의 실험을 가능하게 한다. 예를 들어, 여러 화학종으로 구성된 특정 m/z는 Q에서 선택될 수 있고, q2에 트랩되며 선택된 m/z의 성분이 단면적에 따라 분리되는 IMS 셀로 전달된다. 다른 구성을 가진 이온이 IMS 셀에서 순차적으로 출현하고 q2에서 CID를 거친 다음 TOF 분석관을 사용하여 MS/MS 스펙트럼을 수집한다.

4.9.3.3.2 선형 이온 트랩-푸리에 변환 분석관

선형 이온 드랩–푸리에 변환(LIT-FT) 분석관은 FT 기빈 혼성 기기에서 첫 번째 분석관은 선형 이온 트랩(LIT)이며, 두 번째 분석관은 오비트랩(orbitrap) 혹은 ICR 셀이다. 이러한 분석관 조합은 LIT가 이온 선택 장치와 스펙트럼 수집용으로 모두 사용할 수 있는 MS/MS 장비이기 때문에 유용성이 높다. LIT의 트래핑 기능은 정확한 질량 측정을 위해 두 번째 FT 기반 분석기로 특정 이온을 이동시킴과 동시에 MS^n 분석을 가능하게 한다(그림 4.65). FT 분석관에서 가장 높은 분해능을 사용하려면 LIT 및 FT 분석관의 데이터 수집 시간을 고려해야 한다. LIT의 높은 데이터 수집 속도는 한 m/z의 MS/MS 스펙트럼을 얻을 수 있으며, 동일한 m/z의 일부는 FT 셀로 전송되어 고정밀 질량 측정이 가능하다. 한편, LIT에서 얻은 MS/MS 데이터는 명목 이온 질량이다. 두 번째 충돌 셀이 LIT-오비트랩 조합에 통합되면 다른 에너지를 사용하여 추가 구조 정보를 얻을 수 있다(그림 4.65a). ICR에서는 셀이 초전도 자석(그림 4.65b) 내에 위치하기 때문에 LIT에서 나오는 이온을 두 번째 분석관으로 전송하려면 ICR 시스템에 확장된 광학이 필요하다.

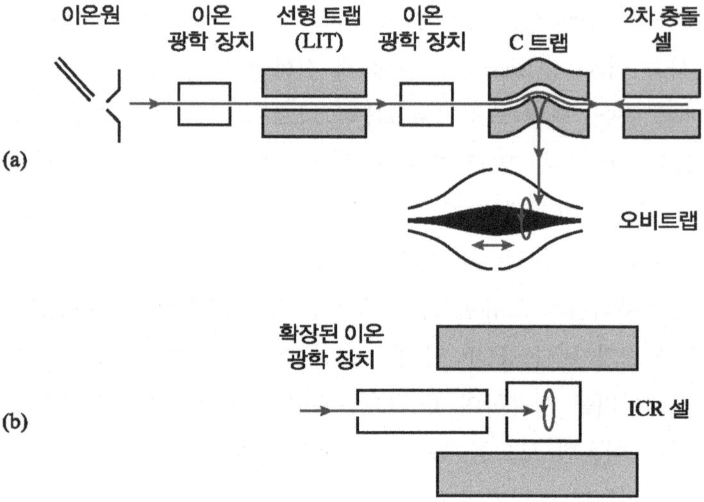

그림 4.65 두 번째 분석관이 (a) 오비트랩 혹은 (b) ICR 셀이 연결된 혼성 선형 이온 트랩의 계략도

4.9.4 시간 의존형 텐덤

시간 의존형 텐덤(tandem-in-time) 질량 분석기에서는 모든 작업이 단일 이온 트랩 장치 내에서 이루어지지만 시간차가 존재한다. 가장 일반적인 텐덤 기기는 사중 극자 이온 트랩(quadrupole ion trap, QIT)인데, 고감도의 선형 이온 트랩(linear ion trap, LIT)의 개발이 계속되면서 QIT는 다소 위축되고 있다.

시간 의존형 텐덤 MS/MS 분석에는 4가지 기본 단계가 있다. 1) 분석 물질로부터 선구 이온의 질량 선택, 2) 덮개 전극으로 들뜸 전압의 인가 및 충돌(시약) 기체 주입, 3) 에너지가 충분한 이온이 해리되어 생성 이온을 형성, 4) 생성 이온의 질량 분석. 2단계와 3단계 동안 선택된 이온은 충돌 기체 존재하에서 들뜸 파형에 의해 보다 높은 운동 에너지로 순간적으로 가속된다. 약 1 ms 동안 지속되는 이 과정은 다중 충돌 및 제한된 수의 조각 이온 유형을 포함하는 스펙트럼을 생성하는 다른 저에너지 과정으로 진행된다. 충돌 기체 대신에 레이저가 광분해 생성물을 생성하기 위해 사용될 수도 있다.

선택, 조각내기 및 스캔 프로세스는 신속하고 완전한 전자 제어로 이루어진다. 이 프로세스는 MS^n 스펙트럼을 획득하기 위해 여러 번 수행될 수 있는데, 이는 모든 것이 단일 분석관 내에서 발생하기 때문이다. MS^n 데이터를 얻는 것은 QIT 및 LIT 분석관의 아주 중요한 기능에 해당된다. 실제로, 각 주기 동안 발생하는 이온 손실 때문에 n은 일반적으로 3 ~ 6 정도에 그친다. 이 제한은 QIT와 특히 관련이 있는데, 전체 스펙트럼을 수집할 때 처음에 트랩에 들어갈 수 있는 이온의 수를 공간 대 전하 문제를 피하기 위해 약 2,000개로 제한해야 한다. 대조적으로, LIT에서는 약 30,000

개의 이온이 존재하는 경우에도 스펙트럼을 얻을 수 있다. MS^n은 각 반복에서 얻은 스펙트럼에 의해 추가 정보가 제공되기 때문에 화합물 구조의 상세한 탐색을 가능하게 하는 등 유용성이 크다. QIT (LIT)에서 동일한 분석관이 시간에 따라 순차적으로 사용되어 스펙트럼을 생성한다. MS1 스캔으로부터 격리된 이온은 선택된 이온인 MS2에 대한 구조 정보를 제공하는 생성 이온 스펙트럼을 산출하는 충돌 유도 해리(CID)를 겪는다. 격리 과정-CID-스캔의 과정은 추가 데이터인 MS^n 스펙트럼을 제공하기 위해 스캔을 반복할 수 있다.

4.10 유도 결합 플라스마-질량 분석법

4.10.1 서론

유도 결합 플라스마-질량 분석법(Inductively Coupled Plasma-Mass Spectrometry, ICP-MS)은 원소 측정에 사용되는 분석 기술로서 1980년대 중반에 상업화되어 소개되었으며 현재 많은 실험실에서 사용되고 있다. ICP-MS는 중금속 원소 분석에 대한 탁월한 검출 능력으로 인해 기존의 원자 흡수 분광법(atomic absorption spectrometry, AAS)과 ICP-광방출 분광법(inductively coupled plasma-optical emission spectrometry, ICP-OES)을 대체함으로써 최근에는 중금속 분석을 위한 분석 장비로 ICP-MS를 구매하는 비율이 15 %를 넘어서고 있다는 보고도 있다. 고가의 장비임에도 불구하고 다른 원소 분석 기술에 비해 다음과 같은 많은 장점을 가지고 있기 때문에 대중화되어 사용되고 있다: 1) 중금속 원소들에 대한 검출 한계가 1 ng/kg (ppt) 혹은 그 이하로서 AAS나 ICP-OES보다 좋은 검출 한계, 2) 높은 시료 처리 속도, 3) 고온의 ICP 소스에 의한 최소한의 매트릭스 간섭으로 단순 매트릭스와 복잡한 매트릭스를 모두 처리할 수 있는 능력, 4) 10^9에 달하는 넓은 작업 구간, 5) 탁월한 동위원소 정보 수집 능력.

ICP-MS는 고온의 ICP 소스와 질량 분석기(MS)를 결합한 형태로서, 기존의 ICP 원자화 장치가 시료 중의 원소 원자를 이온으로 변환시킨 후에 질량 분석관에 의해서 이온을 분리하고 검출하는 기기이며, 그림 4.66은 ICP-MS 및 ICP 소스의 개략도이다. 아르곤이 ICP 토치의 동심원 채널 내부로 흐르며, rf 부하 코일이 고주파(rf) 발생기에 연결되어 있다. 고주파 발생기로부터 전력이 부하 코일에 공급됨에 따라 진동하는 전기장 및 자기장이 토치 끝 부분에서 생성된다. ICP 토치를 통해 흐르는 아르곤에 스파크가 가해지면 아르곤 원자에서 전자가 제거되면서 아르곤 이온이 형성된다($Ar \rightarrow Ar^+ + e^-$). 아르곤 이온들은 진동하는 장(field)에서 붙잡히고 다른 아

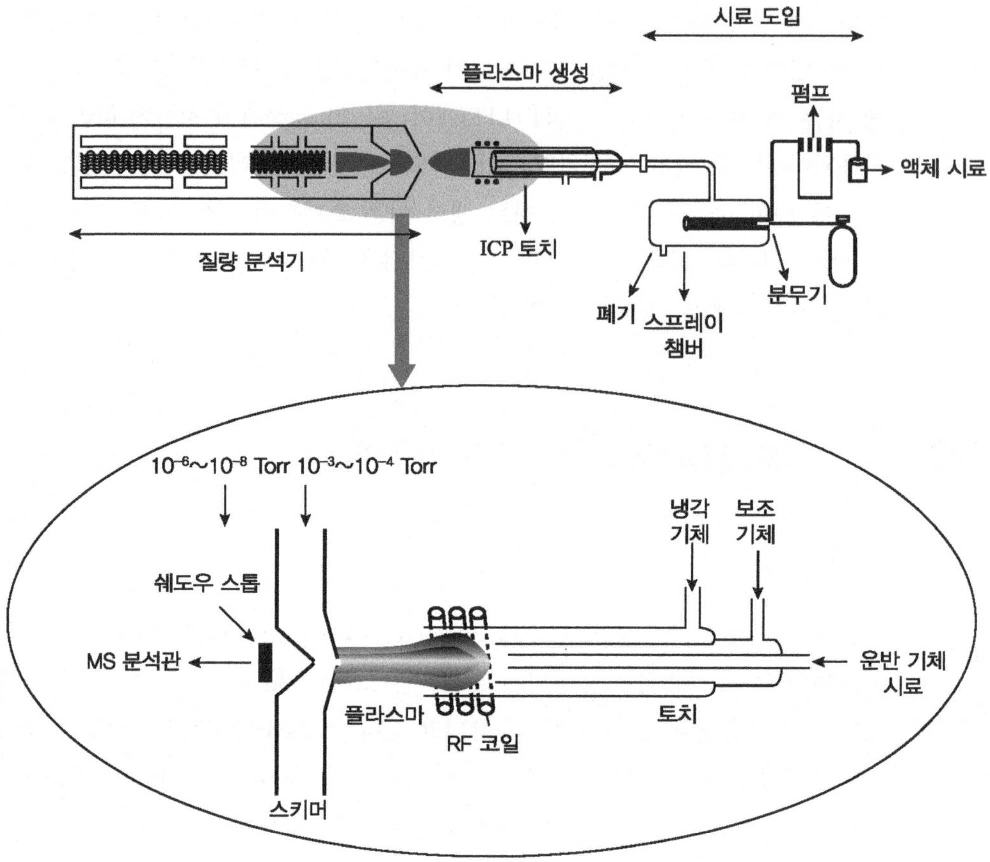

그림 4.66 ICP-MS 개략도

르곤 원자와 충돌하여 아르곤 방전 또는 플라스마를 형성한다.

4.10.2 시료 도입

분석의 첫 번째 단계는 시료의 도입인데 다양한 수단을 통해 가능하다. ICP-MS 분석기는 액체 시료뿐만 아니라 고체 시료도 분석이 가능하다. 액체 또는 용해된 고체 시료를 분무기(nebulizer) 속으로 흡입하거나, 레이저 절삭(laser ablation) 시스템을 사용하여 고체 시료를 에어로솔로 직접 전환시킨 후에 ICP 플라스마에 도입한다(그림 4.66). 일단 시료 에어로솔이 ICP 토치에 도입되면, 완전히 탈용매되고 에어로솔의 원소는 원자 기체로 변환된 다음 플라스마 끝으로 가서 이온화된다.

ICP-MS 시스템에 도입된 대부분의 시료는 수용액인데 아르곤 플라스마에 도입하기 전에 작은 방울들로 만들어준다. 액체 시료는 연동 펌프(peristaltic pump) 또는 자체 흡입을 통해 미세한 물방울의 에어로솔을 생성하는 분무기로 도입될 수 있다. 사용되는 분무기의 유형은 점도, 청결도 및 분석될 시료의 가용 양에 따라 달라진다. ICP-MS

시스템에 일반적으로 사용되는 분무기에는 동심원, 교차흐름, Babington 등이 있다.

앞의 세 가지 일반적인 범주 내에서 다시 여러 다양한 형태의 분무기들이 있는데, 각각의 특수 분무기들은 특정 시료 유형의 도입 능력을 향상시킴으로써 ICP-MS의 전반적인 성능을 향상시킨다. 분무기에 의해 생성된 미세한 방울은 플라스마에 들어가기 전에 스프레이 챔버를 통과하는데, 일반적으로 사용되는 스프레이 챔버의 재질로는 폴리머, 유리 및 석영 등이 있다. 또한 탈용매 장치, 냉각, 차단막 등을 사용하여 작동을 향상시킬 수 있다. 디자인에 관계없이 원하는 최종 결과는 분무 장치를 이용하여 작은 방울들을 만들어서 토치에 들어가게 하고 큰 방울들은 제거하는 것이다.

4.10.3 토치

ICP-MS는 일반적으로 석영 재질의 3개의 동심 튜브로 구성된 **토치**(torch)에서 이온화가 이루어진다. 이 토치의 끝은 고주파 전류가 공급되는 rf (radio frequency) 유도 코일로 감겨 있으며(그림 4.66), 토치의 바깥 튜브에 냉각 기체(일반적으로 14 ~ 18 L/min)를 흘려주고 짧은 시간 동안 전기 스파크를 가하여 자유 전자를 아르곤 기체 흐름에 도입한다. 두 번째(중간) 튜브로 흐르는 기체(아르곤)(보조 기체)(약 1 L/min)는 플라스마를 토치의 벽으로부터 멀어지게 하기 때문에 ICP가 석영 토치에서 유지될 수 있다. 고주파(보통 27.12 혹은 40 MHz)에서 1.5 ~ 2.5 kW 전력을 발생하는 rf 발생기에 의해 유도 코일에 동력이 공급되며 따라서 토치의 끝에서 진동하는 전기장과 자기장이 생성된다.

짧은 시간 동안 전기 스파크를 가하여 자유 전자를 생성시키고, 이 전자들은 유도 코일의 rf와 상호 작용하고 고주파에서 필드가 변함에 따라 한쪽 방향으로 먼저 가속한 다음 다른 방향으로 가속된다. 가속된 전자는 아르곤 원자와 충돌하고 충돌로 인해 아르곤 원자에서 전자 하나가 떨어져 나가면서 아르곤 이온이 된다. 이때 방출된 전자는 빠르게 변화하는 자기장에 의해 가속되며, 이 과정은 충돌 시 새로운 전자의 방출 속도가 아르곤 이온(전자를 잃어버린 원자)과 전자의 재조합 속도에 의해 균형을 이룰 때까지 계속된다. 이때 대부분은 아르곤 원자이며 약간의 자유 전자와 아르곤 이온으로 구성된 **플라스마**(plasma)를 생성하는데, 이 플라스마의 온도는 매우 높아서 약 6,000 ~ 10,000 K이므로 우수한 이온원으로써 ICP 방전에 의해 생성된 분석물질 이온은 일반적으로 양이온, 즉 M^+ 또는 M^{2+}이므로 Cl, I, F 등과 같은 음이온 형성을 선호하는 원소들은 ICP-MS를 통해 측정하기가 매우 어렵다. 이와 같이 플라스마의 높은 온도에서 많은 화학 원소의 원자 중 상당 부분이 이온화되며 각 원자는 가장 느슨하게 결합된 전자를 잃어서 단일 하전된 이온을 형성한 후 플라스마를 빠져 나와 인터페이스 영역으로 들어간다.

토치의 중앙 관에도 아르곤 기체(운반 기체)가 유입(1 L/min)되는데, 이 기체 흐름은 플라스마의 중심을 통과하여 주변 플라스마보다 차갑지만 화학 불꽃보다 훨씬 더 뜨거운 채널을 형성하며, 분석할 시료는 이 중앙 채널에 주입되어 아르곤 기체와 혼합되어 플라스마 속으로 이동되어 이온화된다($M \rightarrow M^+ + e^-$). 이온화 효율은 거의 100 %에 근접하기 때문에 검출 감도가 매우 좋다.

또한 ICP/MS는 용액 주입이 자동적으로 이루어지며, 몇 분 이내에 20 ~ 30종의 원소를 동시에 측정 가능하다. 일반 광학 방출 분광법인 ICP-OES에 비해서 감도면에서 몇십에서 몇백 배 정도 높지만, 매트릭스 방해와 스펙트럼 방해가 큰 단점이다.

4.10.4 인터페이스

원자화/이온화는 대기압(1 ~ 2 Torr)에서 발생하기 때문에 ICP와 MS 구성 요소 사이의 인터페이스(interface)는 MS 시스템을 위한 진공 환경을 만드는 데 결정적인 역할을 한다. 대략 실온에서 작동하는 이온 초점 장치 근처에 6,000 ~ 10,000 K에서 작동하는 플라스마를 배치하는 것은 매우 어려운 일이다. 또한 플라스마는 기기의 이온 렌즈와 질량 분석기에 필요한 진공보다 훨씬 높은 압력에서 작동한다. 따라서 인터페이스는 플라스마와 이온 렌즈 시스템이 공존하도록 온도를 낮추고 진공을 유지하게 하는 역할과 더불어 플라스마에 의해 생성된 이온이 이온 렌즈 영역으로 통과하는 역할을 한다. 인터페이스는 스키머(skimmer) 또는 원뿔(cone)이라고 하는 2 ~ 3개의 뒤집힌 깔때기 모양의 장치로 구성되어 있다(그림 4.66). 분석기 내부의 진공도를 지속적으로 끌어 올리려면 펌핑 시스템이 필요하다. 효율적으로 압력을 감소시키기 위해, 이온 스트림이 사중 극자에 도달하기 전에 압력을 10^{-6} Torr 이하로 점진적으로 낮추기 위해 여러 개의 펌프가 사용되기도 한다.

스키머는 니켈이나 백금으로 만들어지는 경우가 가장 많다. 니켈 스키머는 가격이 저렴하지만 백금 스키머는 수명이 길며 일부 산(acid)에 대한 내성이 강하고 기기 성능을 약간 향상시키기도 한다. 스키머의 작은 구멍은 이온 빔의 통과를 허용할 만큼 충분한 지름이 되어야 하며, 동시에 많은 양의 기체가 기기에 유입되어 기기의 진공 시스템에 부담을 주지 않아야 하므로 보통은 약 1 mm 정도가 이상적인 것으로 알려져 있다. 분석 물질 이온들이 작은 구멍을 통해 펌핑된 진공 시스템으로 흘러 들어가면, 초음속 제트가 생성되고 시료 이온은 진공 시스템에서 확장되어 고속으로 MS 시스템으로 전달된다. 인터페이스에 있는 샘플러와 스키머는 ICP 토치에서 나오는 이온 빔의 중앙 부분을 샘플링하는 역할을 하며, 쉐도우 스톱 또는 이와 유사한 장치가 스키머 앞에 놓여짐으로써 강렬한 광원인 ICP 토치에서 나오는 광자를 차단하기도 한다.

인터페이스에 있는 샘플러 및 스키머 구멍의 직경이 매우 작기 때문에 ICP-MS는 시료에 녹아있는 전체 고체의 양에 대해 몇 가지 제한이 있다. 일반적으로 최상의 기기 성능과 안정성을 위해서 시료는 용존 고체의 농도가 0.2 % 이하인 것이 좋다. 농도가 매우 높은 시료를 분석할 경우에는 스키머의 작은 구멍이 막혀서 감도와 검출능력이 저하되고 유지 보수를 위해 시스템을 멈춰야 할 수도 있기 때문에 ICP-MS를 사용하기 전에 삭임(digestion)된 유형의 시료를 희석해야 바람직하다.

4.10.5 질량 분석관

ICP-MS 시스템에서 사용되는 질량 분석관의 주요 유형은 사중 극자(Q), 비행 시간(TOF) 및 자기 부채꼴형(sector) 등이다. 전반적인 성능과 가격들을 고려하여 대부분의 실험실에서는 사중 극자 질량 분석관이 장착된 ICP-MS를 선택하고 있으며, 사중 극자 질량 분석관은 0.7 ~ 1.0 amu의 분해능을 갖고 있는데, 대부분의 일반 원소 분석에 충분하다. 그러나 관심 있는 원소 동위 원소로부터 중첩되는 분자 또는 동중 이온의 간섭을 분리하기에 분해능이 충분하지 않은 경우가 있다. 표 4.16은 몇 가지 중요한 원소의 극미량 측정을 어렵게 만드는 일반적으로 발생하는 방해 물질들을 보여주고 있는데, 특정 매트릭스에서는 특히 어렵다.

ICP-MS에서 고분해능 질량 분석기를 사용하면 질량 겹침으로 인한 간섭 효과를 없애거나 줄일 수 있는데 이중 초점 자기 부채꼴형 분석기가 있다. 일반적인 HR-ICP-MS 기기는 최대 10,000의 분해능을 가지며 사용자가보다 쉽게 작동할 수 있도록 저, 중 또는 고분해능을 사전에 설정하여 작동할 수 있다. 예를 들어 ^{56}Fe (55.93494)와 ArO^+ (55.95729)를 효과적으로 분리하기 위해서는 최소 분해능이 2,500 이상은 되어야 한다. HR-ICP-MS를 사용하면 많은 간섭 문제를 해결할 수는

표 4.16 ICP-MS에서 일반적인 방해

다원자 화학종	방해받는 원소
$^{12}C^{15}N$, $^{12}C^{14}NH$	^{27}Al
^{8}ArH	^{39}K
^{40}Ar	^{40}Ca
$^{35}Cl^{16}O$	^{51}V
$^{35}Cl^{16}OH$	^{52}Cr
$^{36}Ar^{16}O$	^{52}Cr
$^{40}Ar^{12}C$	^{52}Cr
$^{38}Ar^{16}OH$	^{55}Mn
$^{40}Ar^{16}O$	^{56}Fe
$^{40}Ar^{16}OH$	^{57}Fe
$^{40}Ar^{35}Cl$	^{75}As
ArAr	^{80}Se

있지만 모든 간섭 문제를 해결할 수 있는 것은 아니다.

고분해능 기기는 여러 단점이 있는데, 먼저는 사중 극자형-ICP-MS 가격의 2 ~ 3배이며, 작동과 유지보수가 더 복잡하다는 것이다. 또한 분해능이 10배 증가하면 그 만큼의 신호 세기의 감소가 동반된다. 즉, 분석 물질의 농도가 매우 낮으면 실제 검출 능력에 한계가 있게 된다. 또한 사중 극자형 시스템보다 훨씬 느리다. 큰 질량 점프를 위해 전압을 조절할 때 자석에 필요한 안정화 시간이 길기 때문에 자기 부채꼴형 HR-ICP-MS 장비는 일반적으로 사중 극자형 장비보다 4 ~ 5배 느리다. 따라서 신속하게 많은 양의 시료 분석 및 다중 이온 분석을 위한 분석에는 일반적으로 적합하지 않다. 또한 분석에서 원소의 프로파일링을 위한 레이저 절제 기술을 사용하기에는 스캔 속도가 너무 느려서 유사한 질량의 1 ~ 3개 원소 이상은 측정이 불가능하다. 이러한 유형의 HR-ICP-MS 기기는 작은 수의 시료에 대한 고도로 전문화된 요구 사항이 있는 실험실에서만 사용하고 있다.

4.10.6 충돌/반응 셀

ICP-MS에서 플라스마, 시료 또는 이 둘의 조합에서 생성된 이온이 분석 물질 이온의 것과 동일한 m/z일 때 방해가 나타나는데, 몇 가지 일반적인 간섭 및 영향을 받는 이온을 표 4.16에 나타내었다.

플라스마로부터의 아르곤과 시료 매트릭스로부터의 산소가 결합하여 56 Da인 ArO^+의 다원자 화학종을 형성하는데, 철 동위 원소 중에서 가장 많은 양의 동위 원소인 ^{56}Fe과 56 Da에서 겹치게 된다(그림 4.67). 따라서 질량 56 Da의 동위 원소와 같은

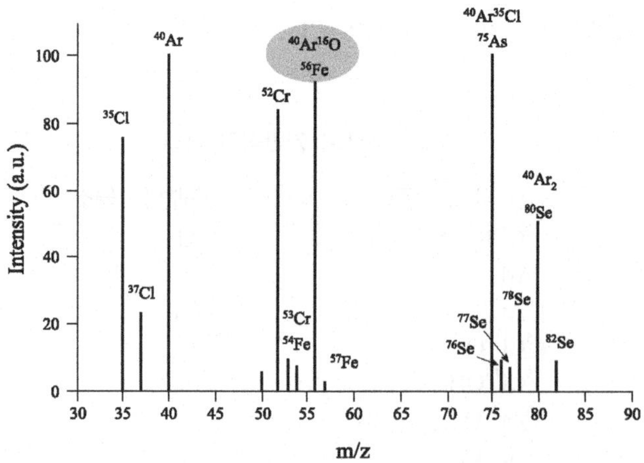

그림 4.67 ICP-MS 질량 스펙트럼[32]

[32] http://www.chromedia.org/chromedia?waxtrapp=thcseDsHiemBpdmBlIEcCE&subNav=rggpgpDsHiemBpdmBlIEcCEZ

철에 대해 대체 질량을 사용할 수도 있지만, 이 동위 원소를 사용하면 최상의 검출 한계를 달성하지 못하며, 고분해능 질량 분석기를 사용할 수도 있지만 감도도 저하되며 고가의 장비이다. 이러한 경우에 **유니버설 셀**(universal cell)이 사용될 수 있다. 충돌 셀(collision cell) 및 반응 셀(reaction cell) 모드 모두에서 작동할 수 있는 기능을 포함하고 있는 유니버설 셀은 이온 광학기와 분석관(사중 극자) 사이에 배치된다.

충돌 셀 모드에서 작동할 때, 유니버설 셀은 간섭 이온(이 경우에는 ArO^+)이 분석 물질 이온(Fe^+)보다 물리적으로 크다는 직선 방향 원리를 사용한다. 두 이온이 비활성 기체 분자의 구름을 통과할 때 방해 이온은 크기가 크기 때문에 분석 이온보다 비활성 기체 원자와 더 빈번하게 충돌하며 이 충돌에 의해서 이온이 가지고 있는 특정 양의 운동 에너지가 제거된다. 따라서 비활성 기체 분자 구름을 통과하여 이온의 이동이 끝나면 분석 대상 이온은 방해 이온과 비교할 때 더 많은 에너지를 보유하게 된다. 셀의 출구에 에너지 장벽을 배치하여 에너지가 높은 분석 물질 이온은 통과하고 에너지가 낮은 간섭은 통과시키지 않도록 조정할 수 있는데, 이 과정을 일반적으로 **운동 에너지 분별**(kinetic energy discrimination, KED)이라고 한다. 충돌 셀은 바탕을 감소시키기도 하지만 분석 물질 신호를 감소시킬 수도 있다.

유니버설 셀이 반응 셀 모드에서 작동할 때는 반응 셀은 발열(빠른) 및 흡열(저속) 반응을 이용한다. 방해 이온은 암모니아와 같은 활성 기체와 발열 반응하는 경향이 있는 반면에 분석 이온은 흡열 반응을 한다. 따라서 방해 물질과 분석 물질 이온을 반응성 기체 구름을 통해 통과시키면 방해 이온은 화학적으로 새로운 화학종으로 전환된다. ArO^+가 방해 물질인 경우에 방해 이온은 중성 분자로 변환되고 중성 분자는 더 이상 전하를 띠지 않기 때문에 반응 셀 사중 극자에서는 안정적이지 않으므로 셀로부터 빠르게 방출된다. 반면에 분석 물질 이온은 영향을 받지 않고 반응 셀과 사중 극자를 통과한다. 반응 셀의 강점은 분석 물질 이온을 거의 완전히 보존하면서 간섭 물질을 가장 효과적으로 제거한다는 것이다.

한편, 모든 셀 기반 ICP-MS 시스템이 암모니아와 같은 희석되지 않은 반응성 기체를 사용하여 작동할 수 있는 것은 아니다. 반응성 기체는 간섭을 효율적으로 제거하지만 적절하게 제어되지 않으면 새로운 간섭을 생성할 수도 있다. 반응 셀은 사중 극자 질량 분석기가 단일 m/z만 통과시키는 것과 동일한 원리인 질량 밴드 통과 필터의 생성을 통해 이러한 새로운 간섭을 방지하기 위해 활성 사중 극자를 사용해야 한다. 헥사 폴 또는 옥타 폴을 사용하는 셀 기반 ICP-MS 시스템은 밴드 통과 필터를 만들 수 없다. 유니버설 셀은 충돌 셀 모드와 반응 셀 모드 모두에서 사용할 수 있어 두 가지 장점을 모두 제공한다.

4.10.7 검출기

이온이 m/z에 의해 분리되면, 적절한 검출기에 의해 검출되거나 계수되어야 한다. 검출기의 기본 목적은 검출기에 닿는 이온의 수를 교정 표준 물질을 사용하여 시료 내의 해당 원소의 원자 수와 관련이 있는 전기 신호로 변환하는 것이다. 초기 ICP-MS 기기에서 사용된 채널 전자 증배관(EM)은 불연속 다이노드 형태 검출기로 대체되었다. 불연속 다이노드 검출기는 일반적으로 EM보다 넓은 선형 동적 범위를 가지며, 이는 분석된 농도가 수 ppt ~ 수백 ppm 농도 범위이기 때문에 ICP-MS에서 중요하다. 불연속 다이노드 유형 검출기는 펄스 계측 및 아날로그의 두 가지 모드로 작동할 수 있어 계측기의 선형 범위를 확장하고 과도하게 높은 신호에서 검출기를 보호하는데 사용할 수 있다.

ICP-MS 검출기에 대해 기억해야 할 몇 가지 사항은 다음과 같다.

- 검출기는 소모품인데, 일반적인 불연속 다이노드 검출기는 이온이 검출기의 표면에 충돌하여 전자로 변환되면 활성 막 코팅이 소모되므로 사용법에 따라 사중극자 ICP-MS에서 수명이 6 ~ 18개월 정도이다.
- 대부분의 제조업체는 잠재적으로 치명적으로 높은 이온 신호로부터 보호하기 위한 검출기 회로를 설계한다. 그러나 사용자는 알려진 고농도의 시료를 희석하거나, 덜 풍부한 동위 원소를 선택하여 분석하는 것이 검출기 보호를 위해 바람직하다.
- ICP-MS 검출기는 고가이므로 이들을 보호하기 위해 주의를 기울여야 한다.
- 대부분의 검출기는 이온과 마찬가지로 광자에 민감하다. 따라서 어두운 곳에서 여분의 검출기를 보관할 때는 주의해야 하며, 고전압 전원 공급 장치가 켜져 있는 동안에는 검출기를 빛에 노출시키지 말아야 한다.

4.10.8 검출 한계

ICP-MS의 큰 장점 중 하나는 다양한 원소에 대한 극히 낮은 검출 한계이다. 일부 원소는 ppq (parts per quadrillion)까지도 가능하지만 대부분은 ppt (parts per trillion) 농도 수준까지 검출할 수 있다. 표 4.17은 원소별로 몇 가지 일반적인 검출 한계를 나타내고 있다. S, Se, B, Si, P, Br, I, K 및 Ca를 비롯한 여러 원소들은 ICP-MS에서 상당히 높은 검출 한계를 갖는데, I 및 Br의 경우는 ICP 플라스마에서 형성되는 양이온이 거의 없기 때문이며, S, Se, P, K, Ca와 같은 원소의 경우 시료 매트릭스 또는 플라스마 화학종 등 동중 원소 방해와 분자 방해가 1차 동위 원소를 방해하기 때문이다. 따라서 더 적은 간섭을 가진 덜 풍부한 동위 원소(사용 가능한 경우)가 이

표 4.17 원소들에 대한 ICP-MS에서의 검출 한계

원소	검출 한계(ppt)
U, Cs, Bi	10 이하
Ag, Be, Cd, Rb, Sn, Sb, Au	10~50
Ba, Pb, Se, Sr, Co, W, Mo, Mg	50~100
Cr, Cu, Mn	100~200
Zn, As, Ti	400~500
Li, P	1~3 ppb
Ca	20 ppb 이하

들 원소의 측정에 사용되어야 한다는 것을 의미한다.

4.10.9 유지 관리

매일, 주간 및 연간 절차에 의해 유지 관리가 필요한데, 유지 보수 빈도는 일반적으로 장비가 수행한 시료의 양과 누적 가동 시간에 의해 결정된다. 일상적인 가장 빈번한 유지 관리는 연동 펌프에 연결된 시료 튜브와 폐기 튜브를 교체하는 것이다. 튜브는 상당히 빨리 마모되어 시료 라인에 구멍과 막힘이 발생하여 결과가 왜곡될 수도 있다. 정기적인 청소 또는 교체가 필요한 기타 부품에는 시료 팁, 분무기 팁, 샘플 콘, 스키머 콘, 인젝터 튜브, 토치 및 렌즈 등이 있다. 또한 장비에 가하는 작업 부하에 따라 인터페이스 진공 펌프의 오일도 교체해야 한다.

4.10.10 정성 및 정량 분석

측정된 각 원소에 대해서, 동위 원소의 비율은 자연계에서는 고정되어 있기 때문에 일반적으로 하나의 동위 원소만 측정할 필요가 있다. 하지만 납(Pb)의 경우는 두 가지 원천에서 유래하는데, 일부는 지구가 생성되었을 때 이미 있었던 것이고 일부는 방사성 물질의 붕괴 결과이다. 이는 납 동위 원소 비율이 납의 원천에 따라 달라질 수 있는 상황이 된다. 따라서 시료 중의 납 농도를 정확하게 측정하기 위해서는 이용 가능한 동위 원소 중 몇 가지를 합산하는 것이 필요하다.

ICP-MS는 원자 질량 범위가 7 ~ 250인 원소를 측정 가능한데 Li ~ U가 포함된다. 일부 질량은 시료에서 아르곤이 풍부하기 때문에 40 Da은 금지되며 아르곤의 이량체(dimer) 질량인 80 Da 및 ArO^+로 인한 56 Da도 금지되어 있는데 후자의 경우는 기기에 반응 챔버가 장착되어 있지 않으면 Fe 분석을 크게 방해한다. 전형적인 ICP-MS는 ppt (ng/L) 농도의 검출이 가능하며 농도 범위는 10^8까지 가능하다.

4.11 질량 분석법의 측정 방법 및 전략

4.11.1 질량 스펙트럼의 생성 과정

사중 극자 질량 분석관 기기에서 m/z 값이 다른 이온들이 질량 분석관을 통과함에 따라서 전자 증배관(EM)의 전류 출력은 변한다. 특정 시간에 분석관 내에서 발견된 m/z 값은 그 순간에 스캔된 변수값(즉, 사중 극자 분석관 형태인 경우는 사중 극자 막대에 걸린 전압)과 관계가 있다. 예를 들어 분자량이 200인 화합물의 분자 이온을 생각해 보자.

질량 분석관 전압이 m/z 200인 이온들을 검출기까지 통과하도록 스캔하는 동안 m/z 200인 이온들 모두가 몰려와서 정확하게 동시에 증배관의 표면과 충돌한다고 가정해 볼 수 있다. 대부분의 사중 극자 분석관의 경우 ΔM이 1(즉, 질량 분해능이 1)인데, 이 경우 m/z 200인 이온 모두가 동시에 분석관을 통과하지는 않는다. 대신에 좁은 범위의 m/z 값만이 이런 조건하에서 어느 주어진 시간에 분석관을 통과하도록 허락되어 있기 때문에 몇 개의 m/z 200인 이온들을 걸어준 전압의 값(또는 다른 변수)이 m/z 199.5 정도에 해당될 때 분석관을 통해서 '누출(leak)'이 시작된다.

이온들의 숫자는 이 변수의 값이 m/z 200.0에 도달할 때까지는 증가하며, 이 값이 m/z 200.5에 해당하는 값으로 도달함에 따라서 다시 점점 줄어든다. m/z 200인 이온들이 이보다 적은 값이나 큰 값에서 분석관을 통과하게 되면 그들은 m/z 199나 m/z 201 이온들의 통과하는 것과 겹치게 되며, 질량 분해능은 낮아지게 된다. 이 경우에 결과로 나타나는 '피크'는 약 m/z 200.0에서 최댓값을 가진 전형적인 GC나 LC 피크와 유사한 곡선을 나타내게 된다(그림 4.68). 최대를 나타내는 실제 값은 m/z 200.0과는 약간 다르며, m/z 199.8에서 m/z 200.3 사이이다. 이런 정보들이 질량 스펙트럼 피크로 변형되기 위해서는 분석관의 변수들이 199.5에서 200.5 사이의 m/z 값을 가진

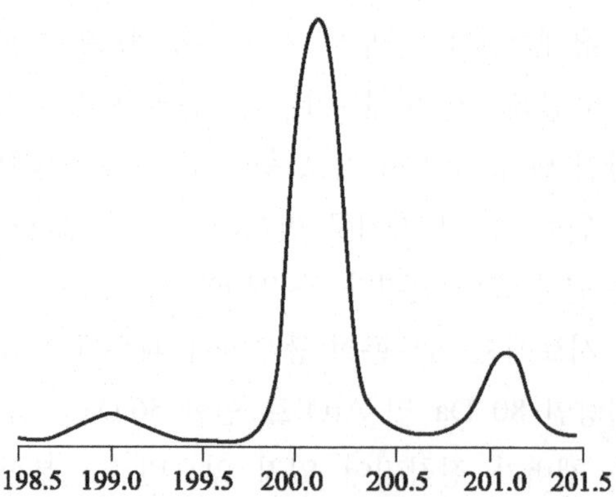

그림 4.68 질량 스펙트럼의 피크

이온들이 통과하도록 허락되는 시간 동안에 증배관 전류 신호의 최댓값을 확인하여야 한다. 평균적으로 실제 최대 전류는 200.0보다 약간 큰 값에서 일어나기 때문에 실제로 허용된 m/z 값의 '창(window)'은 199.7부터 200.7이 되도록 프로그램되어 있다.

자료 시스템은 이 자료에 대해서는 두 개의 값을 정하도록 되어 있다. 하나는 m/z 값을 확인하는 것이며, 다른 하나는 전자 증배관에 의해서 생성된 최대 신호 전류의 세기를 정량하는 것이다. 어떤 자료 시스템은 최댓값에 대한 정수 m/z 값만을 정하도록 된 시스템이어서 m/z 199.7 ~ 200.7에 있는 피크는 m/z 200으로 표시된다. 어떤 시스템의 경우는 최댓값을 더 정확하게 보고하여 0.05 Da까지 표시하는 경우도 있다. 따라서 질량 스펙트럼은 m/z 값들의 집합과 분석관에 의해서 스캔된 전체 m/z 값에 대해서 정해진 창으로부터 생성된 증배관의 최대 신호값으로 구성되어 있다.

스캔하는 동안 얻어진 최대 신호 중에서 가장 큰 값을 100 %로 하고, 나머지는 이에 상대적인 값으로 나타낸다. 이 스펙트럼에서 가장 세기가 큰 이온(100 % 상대 세기)을 **주피크**(base peak)라고 한다. 어느 화합물의 질량 스펙트럼에서 주피크는 고정된 것으로 생각하기 쉽지만 사실은 설정한 질량 범위에 따라서 달라질 수도 있다. 예를 들면, 중간 정도 분자량의 일차 지방족 아민 화합물이 m/z 10 ~ 300까지 스캔된 후 기록되면 스펙트럼상에서 주피크는 거의 항상 m/z 30에서 나타난다. 하지만 만일 스펙트럼이 질량 범위 m/z 35 ~ 300까지만 스캔되면(일반적으로 대부분의 실험실에서는 사중 극자 GC/MS 경우는 이 범위를 사용) m/z 30 이온은 기록되지 않게 되며, 따라서 스펙트럼상의 다른 이온이 주피크가 될 것이다.

숫자로 질량 스펙트럼을 나타내는 경우(tabular form)도 있는데, 여기에는 매 m/z 값이 나타나 있지 않는데 이는 유기 화합물이 질량마다 조각 이온을 형성할 수 없기 때문이다. 모든 스펙트럼에서 나타나는 '잡음' 피크의 수를 줄이기 위해서 피크가 기록되지 않게 증배관 출력에 대한 문턱값을 가지고 조율하는 것이 좋은데 일반적으로 스펙트럼상 가장 세기가 큰 이온(기준 이온)의 0.1 %로 정한다.

4.11.2 전체 질량 스펙트럼

전체 질량 스캔(full scan)은 질량 스펙트럼을 연속해서 기록하는 방법으로서 미리 설정한 질량 범위 내의 모든 이온들을 검출한다. 스펙트럼을 기록하는 데 필요한 감도는 이온원의 효율, 이온이 분석관을 통해서 검출기까지 통과하는 정도, 이온들의 체류 시간(dwell time)에 의존한다. 질량당 체류 시간은 질량 스캔의 폭(예, m/z 50 ~ 550)과 크로마토그램의 스캔 속도(예, 500 ms)에 의해 정해지는데, 위의 경우는 1,000 질량/초의 스캔 속도가 된다. 선택된 질량 범위로부터 각 질량은 짧은 기간(그림 4.69, 1 ms/u)의 스캔 시간 동안에 단지 한 번만 측정되며, 사중 극자형 분석관의

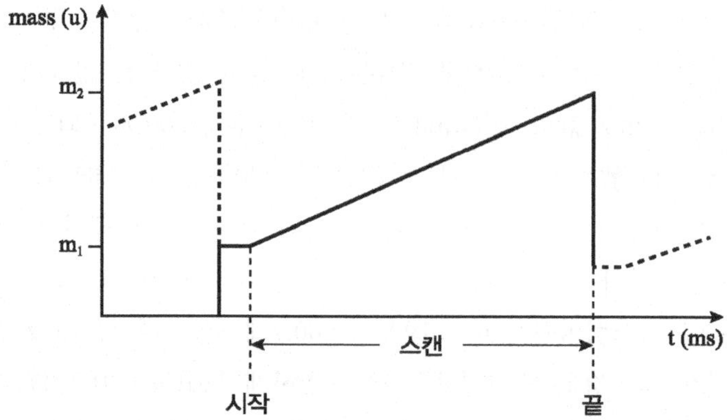

그림 4.69 사중 극자 분석관에서 스캔 방법

경우 이온원 내에서 동시에 생성된 다른 이온들은 질량 스캔하는 동안에 가려지게 된다.

사중 극자형 질량 분석기에서 대부분의 화합물에 대한 일반적인 감도는 1 ng 정도이다. 전체 스캔의 경우 스캔 시간을 연장하면 감도가 증가할 수 있지만 크로마토그래피의 속도 때문에 상한선이 있다. 실제로 모세관 기체 크로마토그래피가 연결된 장치에서는 0.5 ~ 1초의 스캔 속도가 사용된다.

정량 분석을 위해서는 크로마토그래프 피크의 스캔 속도가 면적과 높이를 정확하게 측정하기에 적절해야 함을 확인하여야 한다. 이 때문에 사중 극자형 기기에서는 스캔 속도와 감도를 증가시키기 위해서 SIM/MID (multiple ion detection) 방식을 선택하여 사용한다.

이온 트랩형(QIT 혹은 LIT) 질량 분석기에서는 이온화 과정 중에 생성된 모든 이온들이 동시에 검출되며, 기능의 방식은 사중 극자형 기기의 분석관 성질과 반대이다(표 4.18). 이온 트랩형 질량 분석기의 스캔 속도는 11,000 u/s 이상이며, 이온 트

표 4.18 이온 트랩과 사중 극자형 기기에서의 듀티 사이클[33]

스캔 범위(u/s)	질량당 체류 시간(dwell time)		지수
	이온 트랩형(s/u)	사중 극자형(s/u)	
1	0.83	1	0.8
3	0.82	0.33	2.5
10	0.79	0.1	8
30	0.71	0.033	21
100	0.52	0.01	52
300	0.3	0.0033	91

33 Hans-Joachim Hübschmann, Handbook of GC/MS: Fundamentals and Applications, Wiley- VCH, (2000).

랩형 질량 분석기에서 전체 스펙트럼을 생성할 경우 일반적인 감도는 10 pg 또는 그 이하이다. 이온 트랩형 기기의 경우에는 감도가 매우 높은데, 이는 단위 질량당 체류 시간이 길기 때문이다. 사중 극자형 기기와 비교할 때 질량 범위에 따라 다르기는 하지만 스캔 주기에 있어서 100배 이상의 증가를 나타낼 수 있다.

이온 트랩형과 사중 극자형 질량 분석기에서 전체 스캔 자료를 기록하는 데 있어서 이온당 체류 시간을 질량 범위가 50 ~ 550 Da이며, 스캔 속도가 500 ms일 때 비교하면 이온 트랩형에서는 이온화되는 동안 이온이 트랩되고 생성된 모든 이온을 동시에 25 ms까지 트랩할 수 있어 트랩된 모든 이온들이 검출되는 반면에, 사중 극자에서는 500 Da/500 ms = 1 u/ms의 체류 시간이 되므로 한 번 스캔하는 동안 각 이온들은 단지 1 ms 동안만 측정하게 되어 생성된 이온들 중에서 일부분만 검출된다.

4.11.3 선택 이온 모니터링

전통적으로 사용되는 사중 극자형 기기에서는 전체 스캔 방식에서의 검출 한계가 미량 물질 분석에 불충분할 수 있는데, 이는 스캔하는 동안에 분석관의 이온당 체류 시간이 매우 짧기 때문이다. 따라서 개별 질량을 기록하는 수단인 SIM과 MID에 의해서 몇 개의 선택된 이온들 간에 같은 체류 시간을 나눔으로써 더 좋은 감도를 얻을 수 있다.

또한 높은 스캔 속도를 얻을 수 있으므로 크로마토그래프의 피크들이 더 정밀하게 표현될 수 있다. SIM 방법은 알고 있는 화합물에 대해서 정량 분석을 하는 네 주로 사용된다. 질량 선택 검출기로서의 GC/MS나 LC/MS 시스템의 작동 방식은 조각 이온이나 분자 이온 등 몇 개 이온을 선택해서 원하는 분석물들이 선택적으로 검출될 수 있다. 이때 선택된 것 이외의 화합물들은 검출되지 않기 때문에 미량 분석에 있어서 과량으로 존재하는 방해 매트릭스가 차폐될 수 있다.

크로마토그래프가 연결된 질량 분석기에서는 크로마토그램에서의 머무름 시간이 약간 다름에도 불구하고 정성적으로 분석물이 정확하게 맞는지 여부를 결정하는 기준을 위해서 물질당 3개 이상의 기준 이온(criteria ion)들을 선택할 필요가 있다. 개별 질량 기록법에서는 스펙트럼 라이브러리와 비교함으로써 물질을 규명하는 것은 더 이상 의미가 없으며, 다만 선택된 이온들의 상대적 세기가 정성 분석의 판단 근거(quality criteria 또는 qualifier)가 된다(1개 이온: 기준이 없음, 2개 이온: 1개 기준이 있음, 3개 이온: 3개의 기준이 있음).

화합물들을 검출하기 위한 이런 과정은 매트릭스에 의한 머무름 시간의 변화에 따른 오차에 의해 영향을 받을 수도 있다. 미량 분석에 있어서 SIM 분석은 약 10 % 정도의 잘못된 양성 검출(false positive) 결과를 나타낸다고 알려져 있다. 따라서 양성 검출 SIM 자료는 일반적인 GC나 LC 검출기의 결과로부터 양성 결과를 확인하는 방법과 마찬가지로 의심스러운 분석 물질에 대해서는 전체 질량 스펙트럼을 얻어서 확인하는 것이 바람직하다.

SIM/MID 방식을 사용하여 분석할 때 우선되어야 하는 것은 전체 스캔 방식에서 분석한 후 SIM 선택을 위해 필요한 이온과 머무름 시간을 정하는 것이다. 사중 극자형 기기에서 높은 감도를 얻기 위해서는 단지 몇 개(3 ~ 4개) 정도 이온 검출만이 가능하므로 여러 가지 화합물의 분석을 위해서는 검출되는 질량들을 머무름 시간에 따라서 그룹화하여야 한다. 더 많은 화합물들을 검출하기 위해서는 가능하면 시간에 따른 그룹화를 많이 해줘서 서술자들을 더 자주 더 정교하게 조절해 주는 것이 좋다.

이온 트랩형 분석관은 전체 스펙트럼 대신에 몇 개 이온을 위해서만 사용되기 때문에 극단적으로 낮은 검출 한계(<1 pg/성분)가 가능하며, 분석관의 사용 가능한 작업 범위가 상당 부분 확장된다. 사중 극자의 전통적인 SIM 작동과는 다르게 검출 감도는 선택된 이온의 수에 따라 약간 변한다(그림 4.70). 따라서 사중 극자에서는 scan 모드와 SIM 모드에서의 감도가 $10 \sim 10^3$ 정도의 차이가 나지만, 이온 트랩형 분석관(LIT 혹은 QIT)에서는 감도 차이가 그다지 높지 않으며 때로는 차이가 없는 경우도 있다.

표 4.19는 해당 PCB를 SIM으로 분석하기 위한 SIM 이온과 시간창(time window)이며, 그림 4.71은 PCB 표준물을 SIM 분석으로 얻은 크로마토그램이다.

각 염화페놀에 대해서 SIM 질량으로서 3 ~ 4개 이온이 선택되었으며, 각 시간창이

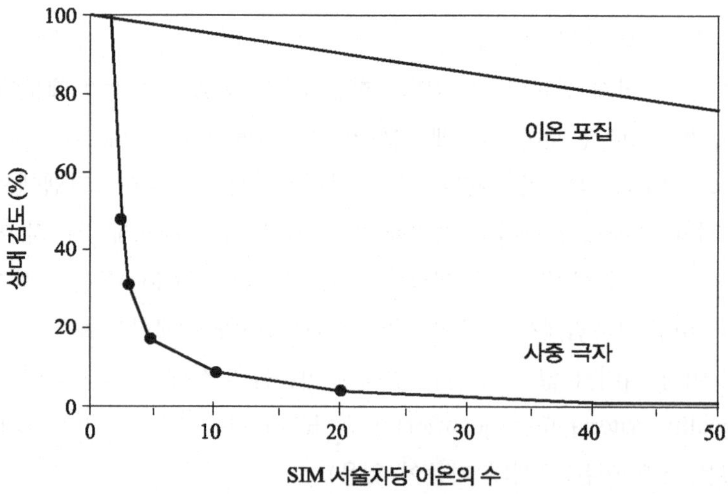

그림 4.70 이온 트랩과 사중 극자에서 SIM의 감도 비교[34]

[34] Hans-Joachim Hübschmann, Handbook of GC/MS: Fundamentals and Applications, Wiley-VCH, (2000).

표 4.19 염화페놀류 분석을 위한 SIM 파라미터

염화페놀의 SIM 이온 선택 및 시간 창				
번호	물질	SIM 질량(m/z)	머무름 시간(분)	시간 창(분:초)
1	4-chloro-3-methlphenol	142/107/77	11.76	11:00~15:00
2	2,3,4-trichlorophenol	196/198/200/160	12.65	11:00~15:00
3	2,3,6-trichlorophenol	196/198/200/160	13.12	11:00~15:00
4	2,4-dichlorophenol	162/164/63	13.30	11:00~15:00
5	3,4-dichlorophenol	162/164/63	13.60	11:00~15:00
6	2,3,4,6-tetrachlorophenol	230/232/234	15.70	15:00~25:00

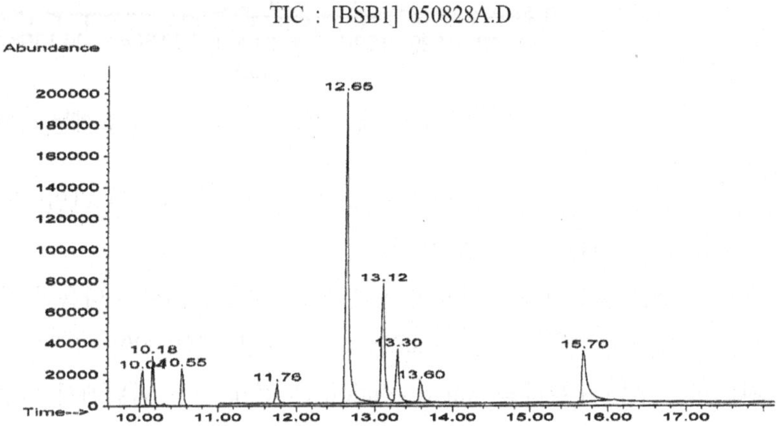

그림 4.71 SIM을 이용한 분석에 의해 나타난 크로마토그램

교체되는 시점에서는 바탕선에서 계단 형태로 나타나기도 한다. 바탕선의 높이가 다른 것은 각 신호들에 대한 화학적 잡음의 기여도가 다르기 때문이다. 원하는 머무름 시간 창안에 피크를 나타냄으로써 분석 물질의 신호를 표시하여 자세히 볼 수도 있다(그림 4.71).

4.11.4 질량 분석법에서 분해능

4.11.4.1 분해능

질량 분석법에서 분해능(resolution)은 (m/z)/(Δm/z)로 정의되며 Δm/z는 여러 가지 방법이 있지만 그림 4.72에서와 같은 질량 피크의 **중간 높이에서의 피크의 너비**(full width at half maximum, FWHM)를 사용하는 것이 일반적이다. m/z 분해능이 클수록 질량 피크의 너비는 좁아져서 비슷한 m/z의 이온들을 분리하는 능력이 좋아진다. 또한 m/z 분해능이 높으면 m/z 피크의 중심이 확실하게 정해지므로 m/z를 결정하는 정밀도가 좋아진다.

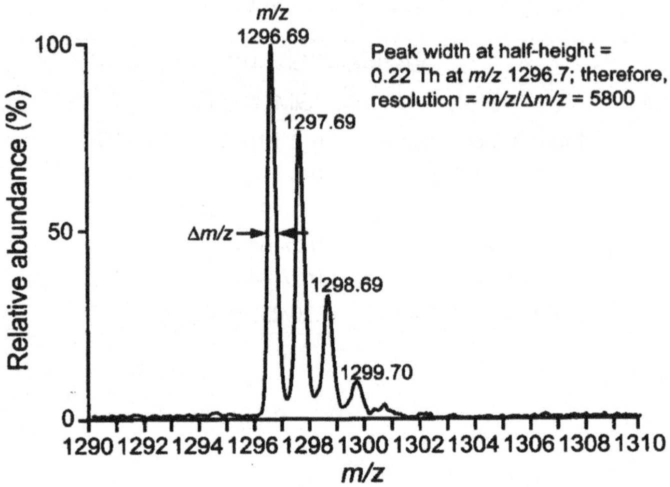

그림 4.72 절반 높이에서의 피크 너비를 사용한 분해능의 정의[35]

따라서 반 높이에서 0.22의 너비를 갖는 질량 1296.7의 단일 하전 이온의 경우에 분해능은 5,800 (1296.7/0.22)이다.

서로 다른 유형의 분석관에 대한 분해능 증가의 순서는 다음과 같다: 사중 극자(단위 분해능) < 비행 시간(~ 60,000) < 오비트랩(~ 250,000) < FT-ICRMS (3,000,000까지). 여기서 **단위 분해능**(unit resolution)은 전체 질량 범위에서 질량 X + 1로부터 질량 X를 분해(분리)하는 능력이다(그림 4.73). 분해능과 관련되어 있고 그림에 표시된 용어인 **피크 용량**(peak capacity)은 인접한 두 질량 사이에 들어갈 수 있는 피크의 수인데, 분해능이 높아짐에 따라 최대 용량도 증가한다.

기기의 분해능을 고려할 때는 분해능을 측정하는 질량과 사용되는 분석관의 유형을 알고 있어야 한다. 예를 들어, TOF 분석기의 경우에 동일한 분해능을 얻기 위해서 m/z 200의 피크 너비는 m/z 600 너비의 1/3이어야 하기 때문에 m/z 200에서보다 m/z 600에서 8,000의 분해능을 얻는 것이 더 쉽다. 따라서 분해능 8,000에서 피크 너비가 0.075 Da인 m/z 600 이온에 대한 피크의 정확한 프로파일을 얻는 데 필요한 데이터 포인트를 얻는 것보다도 피크 폭이 0.025 Da인 m/z 200에서 이온에 대한 피크의 정확한 프로파일을 얻는 데 필요한 데이터 포인트를 얻는 것이 더 어렵다. 하지만 질량이 커질 때 분해능을 유지하는 것이 더 힘든 FT 기기의 경우는 반대이다. 예를 들어, 9.8 Tesla 자석을 사용하고 0.5초의 과도 에큐지션(transient acquisition)을 사용하는 FT-ICRMS는 m/z 40에서 거의 1,000,000의 분해능을 갖지만 m/z 800에서

---

35 Michael Kinter, Nicholas E. Sherman, Protein Sequencing and Identification Using Tandem Mass Spectrometry, Wiley-Interscience, New York, (2000).

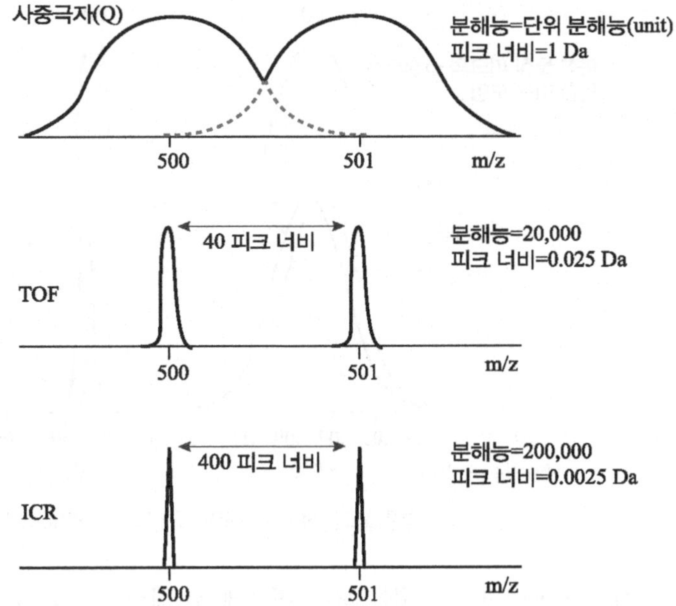

그림 4.73 분석관에 따른 분해능의 예

는 단지 47,000, m/z 8,000에서는 4,700의 분해능을 갖는다.

동중핵(isobaric) 이온의 분리에 필요한 분해능은 질량이 커짐에 따라 동반해서 증가해야 하는데 이는 가능한 실험식의 수와 가능한 원소의 수가 증가하기 때문이다. 질량이 28인 가능한 실험식은 CO, N_2 및 C_2H_4이며, 정확한 질량은 각각 27.9949, 28.0062 및 28.0313 Da이다. CO와 N_2의 질량의 차이는 0.0113 Da이며, CO와 C_2H_4 차이는 0.0364 Da, N_2와 C_2H_4의 차이는 0.0251 Da이다. 따라서 N_2와 C_2H_4를 구별하기 위해서는 약 1,200의 분해능이 필요하지만, N_2와 CO의 분리에 필요한 분해능은 약 2,500이다. 더 높은 질량에서 다른 실험식을 분리하려면 훨씬 더 높은 분해능이 필요하다. 예를 들어, 조성이 $C_{10\text{-}100}H_{10\text{-}100}N_{0\text{-}10}O_{0\text{-}10}P_{0\text{-}5}S_{0\text{-}5}$로 제한되는 경우에도 질량 500.1 ± 0.5 Da에 대해 19,000가지가 넘는 가능한 실험식(가능한 화학종)이 있다. 동시에 500.1 ± 0.0005 Da (0.5 mDa)에 대해 가능한 수식은 28개뿐이다. 이 28개 화학종을 분리하기 위해서는 1,000,000 이상의 분해능이 필요하다. 다시 말해, 고분해능은 실험식의 수를 제한하는 데 매우 중요한 자산이지만 모든 문제를 해결할 수는 없다.

개별 원소에 대한 정확한 원자 질량이 알려져 있기 때문에 화합물의 정확한 질량을 계산할 수 있다. 예를 들어, 카페인 ($C_8H_{10}N_4O_2$)은 8 C, 10 H, 4 N, 2 O 원자로 구성되어 있으며 명목 이온 질량은 194이다. 그러나 각 원소들의 정확한 질량이 합쳐지면 정밀 질량은 194.0804 Da이다. 분해능이 충분하면 동일한 명목 이온 질량을 가지지만 다른 실험식을 가진 두 가지 화합물을 분리할 수 있다. 예를 들어, 명목 이온 질량은 카페인과 동일하게 194이지만 정밀 질량은 194.0732 Da인 안트라센

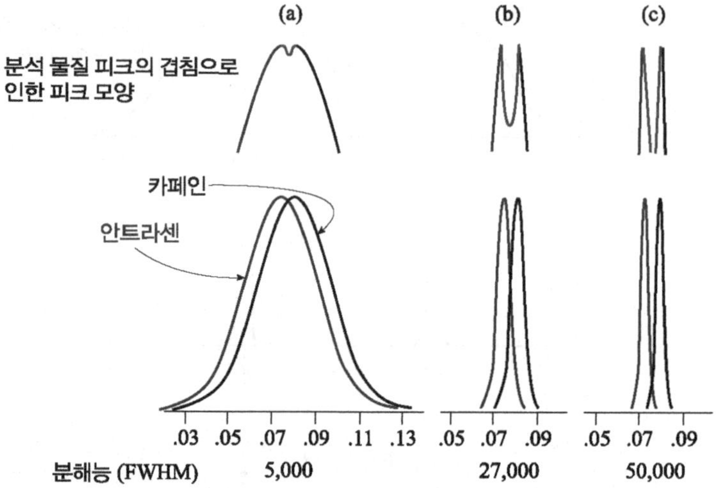

그림 4.74 혼합물의 정확한 질량 측정에서 분해능의 영향

($C_{14}H_{10}O$)을 카페인과 구분해야 하는 경우에 두 화합물을 피크 높이의 50 %에서 분리하기 위해서는 $\frac{194.0732}{0.0072}$=27,000의 분해능이 필요하다.

이온의 질량을 정확하게 측정할 수 있는 능력이 반드시 동일한 명목 이온 질량의 다른 모든 가능한 이온으로부터 완전히 분리되어 측정되어야 한다는 것을 의미하지는 않는다. 카페인과 안트라센의 경우, 두 이온에 대한 정확한 질량 측정은 단지 분해능이 5,000인 기기에서 가능하다. 그러나 그림 4.74에 의하면 두 화합물의 혼합물은 분해능 5,000에서는 완전히 분리되지 않으며 얻어진 정확한 질량은 두 정확한 질량의 평균이 될 것이다(그림 4.74(a)). 화합물의 정확한 질량은 화합물이 서로 분해(분리)될 때만 얻을 수 있다. 화합물의 피크는 27,000 분해능에서 절반 높이에서 여전히 중복되고 있으므로(그림 4.74(b)) 두 화합물을 완전히 분리하기 위해서는 ~50,000의 분해능이 필요하다(그림 4.74(c)). 따라서 정확한 질량 측정이 중요할 때, 가능한 한 높은 분해능을 갖는 기기를 사용하여야 한다.

4.11.4.2 정밀 질량 측정

이온의 질량을 측정함에 있어서 정확도는 다른 이온으로부터 하나의 이온을 구분하는 능력과 질량 스케일이 얼마나 정확하게 교정되었는지의 조합이다. 주어진 명목 이온 질량에 대해 여러 원소 구성이 가능하다. 예를 들어, 위에서 언급한 것처럼 m/z 28에 세 가지 가능한 화학식인 CO, N_2, C_2H_4가 있으며 질량이 증가함에 따라 급격히 증가한다. 동중핵 이온 세트의 각 구성 요소에 대한 정확한 측정을 얻으려면 서로가 분리되는 것이 필수적이다. 분해능이 증가하고 피크가 좁아짐에 따라 관찰된 피크가 고유한 화학종이며 피크의 윤곽이 Gaussian인 것을 확신하는 것이 쉬워진다. 결과적

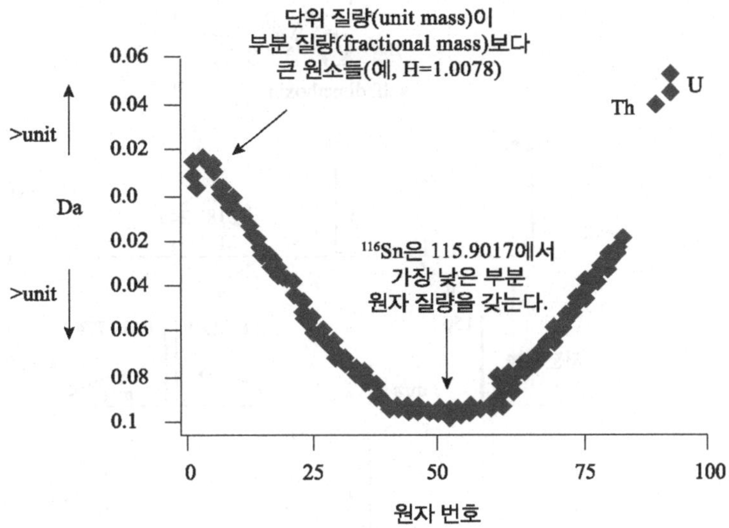

그림 4.75 원소의 부분 질량(fractional mass)에서 변동[36]

으로, 피크의 중심을 결정할 수 있고 이온의 정확한 질량을 계산할 수 있게 된다.

원자 질량은 탄소 = 12, 수소 = 1, 질소 = 14, 산소 = 16과 같은 정수 단위로 생각하는 것이 일반적이다. 그러나 탄소-12 동위 원소(^{12}C)만이 공식적으로 정수인 12 Da이고, 다른 모든 원소의 질량은 이 ^{12}C를 기준으로 상대적인 값으로 표현된다. 따라서 수소는 1.007825 Da, 질소는 14.0031 Da, 산소는 15.9949 Da이 된다. 그림 4.75는 **부분 질량**(fractional mass, **질량 결손**(mass defect)이라고도 함)의 변화가 원소의 원자 질량의 함수인 방법을 보여 주고 있다. 추가 질량은 단위 수보다 높은 질량을 갖는 원소의 경우 **질량 과도**(mass sufficiency)라고 하며, 단위 수 아래의 질량을 갖는 원소의 경우 그 변동을 **질량 부족**(mass deficiency)이라고 한다. 원소의 정확한 질량 값은 항상 해당 원소의 특정 동위 원소를 가리키며 가장 중요한 원소는 이 동위 원소들 중에서 가장 풍부한 것들, 즉 ^{12}C, ^{28}Si와 같은 것이다.

분해능과 정확한 질량 측정값에 대한 실제 적용은 그림 4.76에 나와 있다. 항생제인 sulfadimethoxine (m.w. 310)이 ESI로 이온화될 때, 주피크는 m/z 311에서 양성자화된 분자이다. 이 이온을 선구 이온으로 사용하여 CID에 의해 생성 이온을 만들면 m/z 156에서 이온이 생성한다. 이 이온은 사중 극자 분석관(저분해능)을 사용할 때는 단일 화학종으로 나타난다. 그러나 고분해능 기기에서는 두 개의 동중원소 화학종이 관찰되는데(그림 4.76), 피크를 완전히 분리하려면 약 5,000의 분해능이 필요하다. 정확한 질량 측정을 하면 m/z 156에서 두 개의 이온이 실제로 m/z 156.0120 및 m/z 156.0774에서 나타나고, 각 이온은 S-N 결합이 끊어져서 생성된 조각 이온에 해

36 J. Greaves, J. Roboz, Mass Spectrometry for the Novice, CRC Press, (2014)

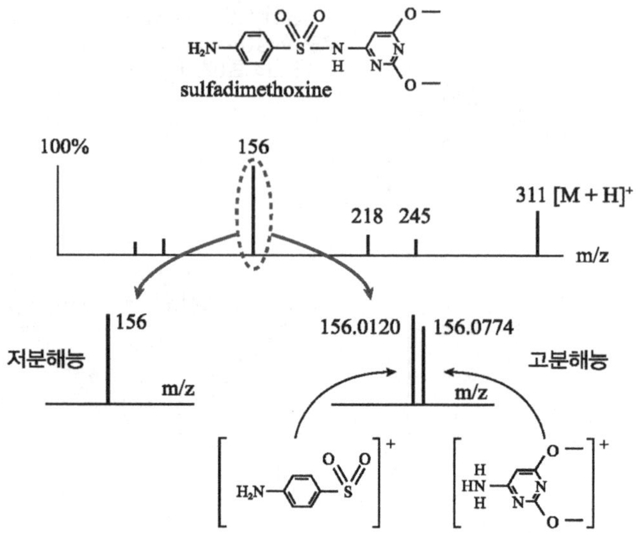

그림 4.76 고분해능에서 동중핵의 분리[37]

당한다.

다시 한 번 몇 가지 용어들에 대해서 설명하면 다음과 같다. **정밀 질량**(exact mass)은 구성 원자의 알려진 질량의 합계이며, **정확 질량**(accurate mass)은 질량 분석기를 사용하여 얻은 실험적으로 결정된 값을 나타낸다. 후자는 사용된 특정 기기의 성능을 반영한다. 이 용어들은 **분자 질량**(molecular mass) (또는 원소에 대한 원자 질량)과 혼동되어서는 안 된다. 분자(원자) 질량은 분자(원소)에 존재하는 모든 동위 원소의 상대 세기를 계산하여 질량을 평균한 것이다. 예를 들면, 원소 C는 12.01, Cl은 35.45, Br은 79.9이다. 염소(Cl)와 브로민(Br)은 분자 질량(molecular mass)과 **단일 동위 원소 질량**(monoisotopic mass)(각 원소 중에서 주 동위원소의 질량의 합)을 구별할 필요가 있는 중요한 예이다. 왜냐하면 이들 원소를 포함하는 화합물에 대한 질량 계산에 있어서 실질적인 차이가 있기 때문인데, Cl은 한 개당 질량 단위의 절반(0.5 Da)(평균 질량: 35.45, 단일 동위 원소 질량: 34.96)과 Br은 1 질량 단위(1 Da)(평균 질량: 79.9, 단일 동위 원소 질량: 78.9)의 차이가 생긴다. 화합물의 동위 원소 패턴이 분리가 되는 경우에, 보고된 피크는 일반적으로 클러스터에서 가장 세기가 큰 이온인 단일 동위 원소 이온이다. 분자 질량은 단백질처럼 관측된 피크가 동위 원소 성분을 분리할 수 없는 경우에 의의가 있다.

4.11.4.3 측정의 정확도

얻어진 정확 질량이 특정 실험식을 반영하는지 알려면 질량 허용치(mass tolerance)

37 J. Greaves, J. Roboz, Mass Spectrometry for the Novice, CRC Press, (2014)

로써 질량 윈도우(mass window)를 사용하는 것이 일반적이다. 5 parts per million (5 ppm)이 일반적으로 사용되고 있는데 이는 20 Da 당, 즉 0.001 Da (0.1 mDa)를 나타낸다. m/z 100에서 5 ppm은 대략 전자 한 개의 질량에 해당한다. ppm 질량 윈도우의 유용성은 밀리 돌턴(혹은 millimass) 단위로 표현될 때 5 ppm 윈도우의 크기가 증가하기 때문에 한 화합물이 질량 스케일 내에 들어가는지에 의존한다. 예를 들어, 5 ppm은 200 Da에서 1 mDa와 동일하지만 1 kDa에서는 5 mDa (5 mmu)에 해당한다. 크기가 질량 의존적인 질량 윈도우는 분자식을 얻거나 확인할 때는 부적절한 측정 방법이다. 또한 가능한 실험식의 수가 질량과 함께 증가하기 때문에 부적절한 방법이다.

다른 방법은 ppm 대신 질량으로 정의된 질량 윈도우를 사용하는 것이다. Journal of Organic Chemistry는 합성된 화합물의 질량 측정값에 대해서, 최대 1 kDa의 구조 확인 데이터에 대한 정확한 질량 측정에서 수용 가능한 오차로 질량에 따른 변동 값보다는 고정된 3 mDa 질량 윈도우를 사용하고 있다.

가능한 실험식의 수는 유기 화학과 생화학의 일반적인 원소(C, H, N, O, P, S, Si, 할로젠)로 작업할 때조차도 포함된 원소들의 수에 의존하여 급격하게 증가한다. 표 4.20은 원소의 수의 변화에 따른 영향과 ppm 또는 mDa 질량 윈도우를 사용했을 때의 영향을 보여 주고 있다.

3 mDa 윈도우의 경우 낮은 질량에서는 가능한 실험식의 수가 증가하다가 더 높은 값에서는 수가 제한된다는 것을 알 수 있다. 전환점은 m/z 600이며 3 mDa = 5 ppm 지점이다. 실험식의 가장 큰 숫자가 나타나는 질량은 원소의 질량 과도 또는 질량 부족이 계산에 포함될 때 변경된다.

탄소와 수소가 유일한 원소일 때, 수소의 질량 과도는 예를 들어, 982 Da (정확한 질량 = 983.1111 Da)에서는 $C_{70}H_{142}$에 대해 1.1111 Da, 100 Da에서는 C_7H_{16}에 대해 0.1252 Da (100.1252 Da의 정밀 질량을 산출)만큼 질량이 증가한다. 표 4.20에서 볼 수 있듯이 분율 질량의 증가는 헤테로 원자가 포함될 때 급격히 감소한다. 정밀 질량의 정도는 탄화수소 $C_{40}H_{82}$ = 562.6417 Da, 트리펩티드 trp-trp-trp $C_{33}H_{32}N_6O_4$ = 576.2496 Da 및 pentabromobiphenyl $C_{12}H_5Br_5$ = 543.6306 Da (^{79}Br5 동위 원소)를 비교함으로써 설명되는데, 이 화합물들의 명목 이온 질량이 각각 562, 576, 544 Da인 반면, 질량 과다 및 질량 결함은 +0.6417, +0.2496, −0.3694가 된다.

1 kDa 이상의 정확한 질량을 측정하는 것은 별로 의미가 없다고 주장하기도 하지만, 정확한 질량 측정을 한 후에 성분들의 조합을 통해서 가능한 화학식의 수가 결정되므로 이는 가치가 있는 일이다. C, H, N, O, P, S, Si 및 할로젠 원소(표 4.20)를 사용하여 1 kDa에 도달하도록 짜맞출 수 있는 많은 조합이 있다. 그러나 20개의 아미노산만 사용하면(글리신 57.0215 Da에서 트립토판 186.0793 Da의 잔기 질량) 수

표 4.20 다른 질량에서 가능한 실험식의 수[38]

가능한 화학식 $C_{0-500}H_{3-500}N_{0-15}O_{0-15}$			가능한 화학식 $C_{0-500}H_{3-500}N_{0-15}O_{0-15}P_{0-1}S_{0-3}Si_{0-1}F_{0-3}Cl_{9-1}Br_{0-3}$		
	Mass Window			Mass Window	
Mass (Da)	3 mDa	5 ppm	Mass (Da)	3 mDa	5 ppm
100.0500	3	1	100.0000	16	2
250.0750	9	5	249.9250	697	291
500.1500	19	14	499.9000	13,950	11,630
1000.3000	16	28	999.9000	53,764	97,324

천 돌턴의 질량에 대한 가능한 조합의 수는 제한적이게 되므로 정확한 질량 측정은 의미가 있게 된다.

정밀 질량 측정의 오류는 동종핵 방해에 의한 왜곡과 같은 측정 자체에 기인한 오차와 기기 설계 및 제조 허용 오차로 인한 오차라는 두 가지 요소가 있다. 예를 들면 이온을 얼마나 효과적으로 집중시킬 수 있고 전원 공급 장치의 품질이 어떠한지 등이 포함될 수 있다.

미지의 실험식을 결정할 때 분석 물질의 동위 원소 패턴, 질소 규칙, 존재하는 원소 및 다른 분광학 데이터를 포함하는 다른 정보를 고려하는 것이 중요하다. 화학적으로 불가능한 화학식(예: N_5H_2)은 배제해야 하므로 부여된 화학식이 적절한지 주의를 기울여야 한다. 예를 들어 브로민이 존재한다면, ^{79}Br과 ^{81}Br 동위 원소는 1 : 1 비율로 발생해야 한다. C, H, N, O만이 관련된 원소인 경우, 정확한 질량 값은 화합물의 본성을 나타낼 수 있다. 즉, 수소는 1(단위)보다 큰, 즉 1.007825 Da의 부분 질량을 갖는 가장 빈번히 발생하는 원소이다. 포화 화합물은 많은 수의 수소를 함유하므로 정밀 질량은 그들의 명목 이온 질량보다 상당히 높으며, 예를 들어 알케인 $C_{14}H_{30}$의 정확한 질량은 210.2348 Da이다. 대조적으로, 방향족 화합물은 수소 원자가 훨씬 적기 때문에 정밀 질량은 명목 이온 질량에 훨씬 더 가깝다. 예를 들어, pyrene ($C_{16}H_{10}$)의 정밀 질량은 202.0783 Da이다. 또한 질소보다 무거운 모든 원소의 정확한 질량은 1(단위 질량)보다 적다(질량이 부족함). 따라서 이들의 존재는 정확한 질량 값에서 실질적인 차이를 만들 수 있다. 예를 들어 iodobenzene C_6H_5I는 정밀 질량이 203.9436 Da이지만, 벤젠(C_6H_6)의 정밀 질량은 78.0470 Da이다. 아이오딘의 질량 결핍은 수소(1개의 아이오딘이 12개 이상의 수소보다 차이가 큼)의 질량 과다에 해당한다.

질량과 같은 매개 변수를 여러 번 측정할 때 결과의 정밀도를 결정해야 한다. 정밀

38 J. Greaves, J. Roboz, Mass Spectrometry for the Novice, CRC Press, (2014)

도는 일련의 반복 측정의 값이 얼마나 밀접하게 밀집되어 있는지를 측정하지만 데이터가 정확한지 여부에 대한 정보는 제공하지 않는다. 예를 들어, 질량 스케일의 교정이 부정확하지만 반복 질량 측정치는 서로 매우 근접할 수 있다. 즉, 매우 정밀하지만 부정확한 교정으로 인한 오차로 인해 결과가 정확하지 않을 수 있다. 정밀도는 의미가 있는 항목이지만 정확도와 혼동되어서는 안 된다.

기기를 고분해능으로 작동할 수 있다고 해서 반드시 정확한 질량 값이 보장되는 것은 아니다. 그림 4.74에 나타낸 카페인과 안트라센의 경우에 이 두 화합물의 분자 이온을 분리하는 데 고분해능(27,000)이 필요하지만 이 분리를 달성해도 두 화합물의 정확한 질량이 자동으로 제공되지는 않는다. 정확한 질량 측정을 수행하는 능력은 분석관의 질량 스케일의 교정에 달려 있다. 아울러, 혼합물이 아닌 어느 화합물의 정밀 질량은 5,000의 분해능에서도 얻을 수 있다. 물론, 고분해능은 동종핵 화학종을 분리하고 질량이 매우 근접하게 밀집된 화학종들에 대해서 정밀한 측정을 용이하게 하기 때문에 정확한 질량 측정을 얻는 중요한 요소이다.

단백질학의 질량 분석법에서도 m/z의 정확도(이는 질량 정확도라고 함)가 특별히 중요한데, 이는 대부분의 값들이 단지 한 번에 결정되기 때문이다. 펩타이드의 분자량 측정에서는 이 값이 $[M+H]^+$ 형태로 측정된다. 질량 정확도는 참값(계산값 또는 이론값)과 측정값의 절대차, 즉 $\pm x$ Da로 표시될 수 있다. 예를 들어, 계산값이 1,000.0 Da인 펩타이드의 $[M+H]^+$의 측정값이 1,000.2 Da이면 질량 정확도는 0.2 Da이다. 또 다른 방법으로 질량 정확도는 참값 질량에 대해서 측정된 질량의 상대 편차로 나타낼 수도 있다. 이 상대 편차는 절대 편차를 분석 물질의 질량으로 나눈 값으로 계산되는데 질량 정확도는 20 ppm이 된다.

질량 정확도를 결정하는 인자들은 측정 시 사용된 m/z 분해능, 사용된 질량 분석관의 형태, 자료를 기록한 방법과 같은 기본적인 파라미터들은 물론이고 기기 검정의 질과 같은 실제적인 파라미터들이 해당된다. 기기 검정이 적절하게 되었을 경우에 단위 분해능에서 작동되는 사중 극자형과 이온 트랩형 질량 분석관의 경우는 100 ~ 200 ppm의 질량 정확도를 나타낸다. 지연 추출법과 반사 이온 광학을 사용한 분해능이 10,0000 이상인 TOF 기기는 정확도가 5 ~ 20 ppm 정도가 된다(표 4.13).

4.11.4.4 동위 원소의 분리

동위 원소 집단을 분리하는 것도 분해능에 따라서 달라진다. 예를 들어, 그림 4.77(b)에서 보는 바와 같이 다른 동위 원소 화학종으로부터 생성된 m/z 피크들이 불충분한 m/z 분해능(저분해능) 때문에 한 개의 m/z 피크로 겹쳐 나타난다. 이런 상황에서는 화합물의 평균 질량이 측정되며, 정밀도는 ±0.5 ~ 1.0 Da 정도가 되며 이온의 전하

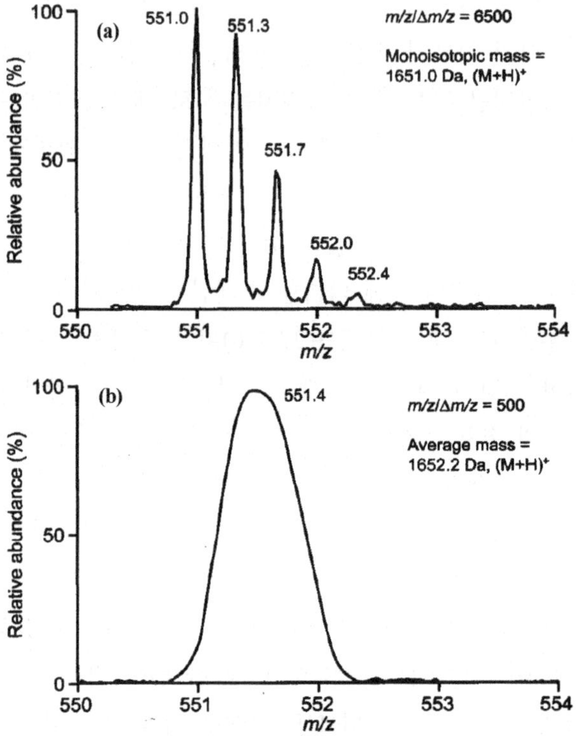

그림 4.77 펩타이드의 동위 원소 분리[39]

상태에 의존한다. 동위 원소 집단이 분리될 때 측정되는 질량은 단일 동위 원소 이온의 m/z에 기초한 것이다. 질량 분해능이 높으면 질량 측정의 정밀도는 ±0.01 Da 이상이 될 수 있다. 앞에서 설명했듯이 단일 동위 원소 질량과 평균 질량의 차이는 중요한데, 이것은 값이 많이 다르기 때문이다. 예를 들면, 그림 4.77에 나타낸 화합물의 경우 계산된 단일 동위 원소 질량 $[M+H]^+$가 1651.0 Da인 반면에, 계산된 평균 질량은 $[M+H]^+$가 1652.2 Da으로서 1.2 Da의 차이가 있다.

아울러, m/z 분해능이 좋으면 이온의 전하 상태도 결정할 수 있다. 그림 4.78에서 나타낸 스펙트럼은 단일(1가), 이중(2가), 삼중(3가)으로 하전된 이온의 동위 원소 집단의 분해능을 나타낸 것이다. 동위 원소 간의 질량차가 1.0 Da일 때 측정된 m/z는 동위 원소 집단 내의 다른 이온들의 m/z 차이가 1.0으로서 단일 하전된 이온일 것이라고 예상할 수 있다(그림 4.78(a)). 이중(+2)으로 하전된 이온의 경우에는 동위 원소 집단에서 분리된 이온들이 0.5 Da 간격인 것을 볼 수 있는데, 이는 1.0 Da을 전하 두 개로 나눈 값이다(그림 4.78(b)). 삼중(+3)으로 하전된 이온의 경우는 동위 원소 집단

39 Michael Kinter, Nicholas E. Sherman, Protein Sequencing and Identification Using Tandem Mass Spectrometry, Wiley-Interscience, New York, (2000).

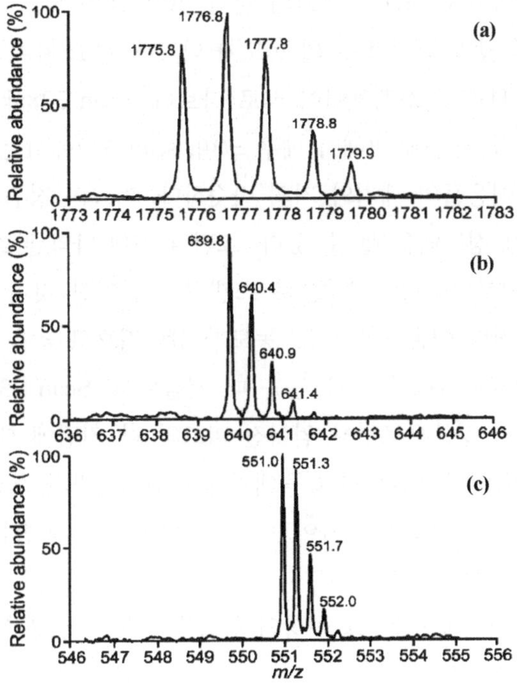

그림 4.78 다른 전하 상태에서 펩타이드 이온들의 분리된 동위 원소 집단들. (a): 1가 전하; (b): 2가 전하; (c): 3가 전하[40]

에서 분리된 이온 간의 m/z 차는 0.33 Da이 된다(그림 4.78(c)).

4.11.5 농도에 따른 이온의 세기

스캔형 질량 분석관이 질량 스펙트럼을 만들기 위해서 스캔하는 데는 짧지만 그래도 어느 정도의 시간이 필요하다. 따라서 스캔하는 동안에 시료 농도(피크의 위치)가 변하면 전체 스펙트럼에 대한 이온들의 상대적 세기는 스펙트럼에 따라서 재현성이 없을 수 있다. GC/MS나 LC/MS의 모세관 컬럼에 의해서 생성된 매우 좁은 GC나 LC 피크의 경우에는 시료 농도가 시간에 따라서 매우 빨리 변하며, 같은 화합물이지만 한 피크의 위치에 따라 서로 다른 스펙트럼을 나타낸다. 그 예를 그림 4.79에서 볼 수 있는데, Δ9-tetrahydrocannabinal (THC)에 대한 GC 피크의 위치에 따른 스펙트럼이다. 시료의 95% 이상이 0.06분 = 3.6초 이내에 용출된다. 이 시간 동안 질량 분석기가 m/z 35에서 m/z 400까지 8번 스캔할 경우에 $\frac{3.6}{8}$=0.45초/scan의 스캔 속도가

40 Michael Kinter, Nicholas E. Sherman, Protein Sequencing and Identification Using Tandem Mass Spectrometry, Wiley-Interscience, New York, (2000).

된다. 그럼에도 불구하고 피크의 앞과 뒤의 굵은 선으로 표시된 곳에서는 scan 328과 332에서 앞과 뒤의 THC의 농도가 약 2배 정도 차이가 있는데, scan 328과 332에서 얻어진 THC의 스펙트럼이 서로 다르다. Scan 328에서 높은 질량 이온들의 세기는 낮은 질량 이온에 비해서 매우 크며, scan 332에서는 낮은 질량 이온들의 세기가 높은 질량 이온들의 세기와 거의 비슷하다. 피크의 정점에서 얻어진 scan 330에서는 이들의 중간 정도임을 볼 수 있다. 그림 4.79에 나타낸 스펙트럼은 질량 분석기가 낮은 질량에서부터 높은 질량으로 스캔해서 얻어진 것이다. 이런 조건에서 scan 328에서 낮은 질량 이온들은 THC 농도가 상대적으로 낮을 때 검출기에 도달하며, 높은 질량 이온들은 시료 농도가 높을 때 검출된다. Scan 332에서는 위와 반대가 된다.

한편, 단일 성분으로부터 얻어진 피크의 각 지점에 대한 스펙트럼들의 차이는 그리 중요하지 않다. 이는 피크 꼭대기에 대한 한 번의 스캔 또는 피크 전체에 걸친 스펙트럼을 평균함으로써 만들어진 스펙트럼이며 그 화합물에 대한 일반적인 스펙트럼을 나타내기 때문이다.

그렇지만 두 개 또는 그 이상의 화합물이 동시에 용출될 때는 원하는 성분의 스펙

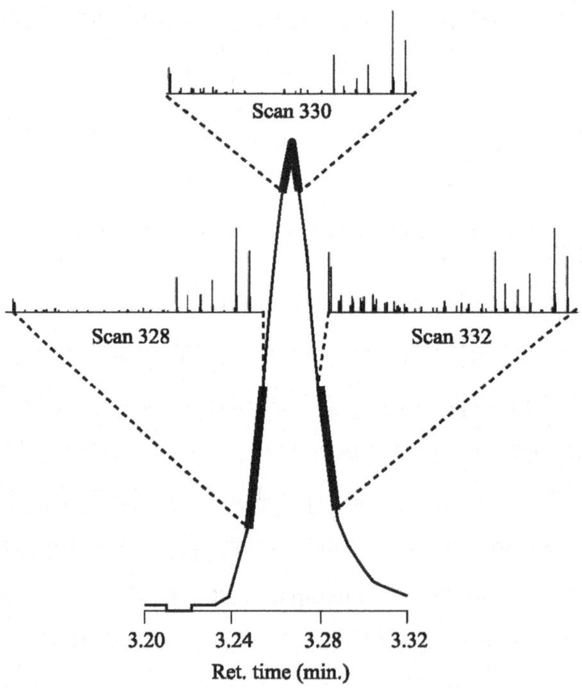

그림 4.79 좁은 GC 피크에서 농도 차에 따른 질량 스펙트럼의 변화[41]

41 Hans-Joachim Hübschmann, Handbook of GC/MS: Fundamentals and Applications, Wiley- VCH, Germany, (2001).

트럼에서 동시에 용출되는 성분의 스펙트럼이 겹쳐서 나타나는 것을 최소화하기 위해서 피크의 양 옆에 있는 스펙트럼들을 사용할 때도 있다. 이론적으로는, 원하지 않은 바탕 스펙트럼에 의해 기여된 부분을 빼줄 수 있어야 한다. 그러나 피크가 겹치게 될 때는 빼주기 위한 바탕 스펙트럼을 잘 선택해야 하는 문제점이 있다. 원하는 성분이 먼저 용출되고 이 성분의 피크가 최고점에 도달하기 전에 이미 두 번째 성분의 농도가 증가되는 경우가 있다(그림 4.80).

이때 합리적인 바탕 스펙트럼은 두 번째 성분의 농도가 첫 번째 성분의 스펙트럼이 취해지는 지점(B)의 농도와 같은 지점인 C를 택하는 것이 좋다. 그렇지만, 서로 다른 성분으로부터 빼주게 되는 두 번째 성분의 두 스펙트럼은 같지 않은데, 이는 이 성분의 농도가 두 번 스캔하는 동안에 농도가 반대 방향으로 바뀌게 되기 때문이다. 이와 같이 두 번째 성분의 스펙트럼으로부터 생긴 나머지 피크들은 이미 빼주었음에도 불구하고 첫 번째 스펙트럼 피크의 앞쪽 지점(A)에서 스펙트럼을 선택하는 것이다. 따라서 이 경우 전체 스펙트럼에 대한 상대적 세기는 그 성분의 표준 스펙트럼을 나타내지 못하는 경우도 있게 된다.

4.12 질량 스펙트럼의 해석

이온화 과정 중에 얻은 에너지의 양과 분석 물질의 구조는 질량 스펙트럼의 복잡성을 결정한다. 동위 원소 조성을 비롯하여 질소 규칙, 고리와 이중 결합 및 정확한 질량 값들이 추가 정보를 제공하기도 한다.

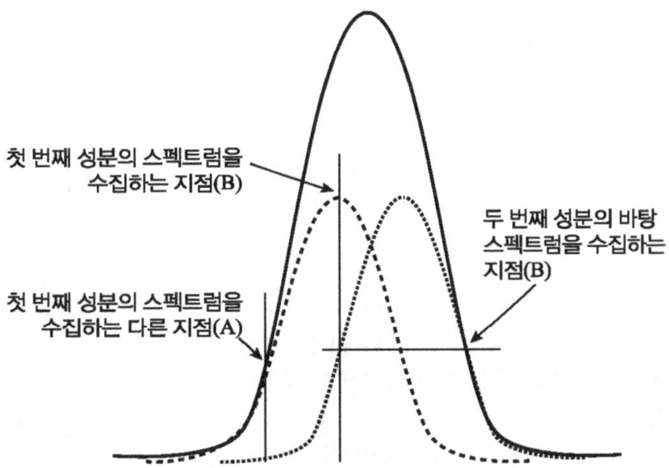

그림 4.80 동시 용출되는 GC 피크에서 각 성분들의 스펙트럼 얻기 작업

4.12.1 분자 질량

다양한 이온 유형이 분자 질량 영역에서 관찰될 수 있다. 분석 물질이 이온화 단계에서 완전히 손상되지 않으면 EI를 사용할 때 양이온 모드에서는 분자 이온 $[M]^+$이 관찰되며, 다른 이온화 방법이 사용될 때는 중성 분자에 하전된 화학종이 첨가하여 형성된 이온으로 관찰될 수도 있다. 종종 양성자화 된 분자 $[M+H]^+$를 형성하기 위해 분석 물질에 양성자를 부가함으로써 전하가 제공되기도 한다. ESI에서는 $[M+Na]^+$와 $[M+K]^+$, CI에서는 시약 기체에 따라서 $[M+C_2H_5]^+$와 $[M+NH_4]^+$ 등 이온화 방법에 따라서 수많은 다른 분자 부가물이 생성될 수 있다. 더 적은 빈도로 사용되는 음이온 이온화의 경우에 생성된 이온에는 전자 한 개를 획득하여서 생성된 $[M]^-$, 양성자의 손실에 의한 $[M\text{-}H]^-$, 할로젠 또는 기타 음이온의 첨가에 의해 생성된 이온인 $[M+Cl]^-$ 및 $[M+CH_3COO]^-$들이 있다. 표 4.21은 몇 가지 중요한 이온화 기술에 대한 분자 이온 영역에서 관찰된 이온을 보여 주고 있다.

이러한 분자 질량 영역에서 관찰되는 이온들로부터 분자 질량을 알아내는 것은 결코 쉬운 일은 아니며, 이온화 방법, 사용된 시약 기체, 이온화 세기 등을 충분히 고려해야 분자 질량을 알 수가 있다.

4.12.2 동위 원소 패턴

유기 화합물의 경우에는 질량 분석에 있어서 주목할 만한 동위 원소 패턴을 가진 몇 개 원소들만이 중요하지만, 무기 화합물의 경우에는 금속 원소들의 동위 원소 패턴

표 4.21 분자 이온 영역에서 관찰되는 일반적인 이온

이온화법	양이온	음이온
EI	$[M]^+$	
ECNI	$[M+H]^+$	$[M]^-$
CI	$[M+CH_5]^+$	
	$[M+C_4H_9]^+$	
	$[M+NH_4]^+$	$[M-H]^-$
ESI	$[M+H]^+$	$[M+\text{할로젠}]^-$
	$[M+\text{알칼리 금속}]^+$	$[M]^-$
	$[M]^+$	$[M-H]^-$
	$[M+nH]^{n+}$	
APCI	$[M+H]^+$	
APPI	$[M]^+$	$[M-H]^-$
	$[M+H]^+$	
MALDI	$[M+H]^+$	
	$[M+Na]^+$	

이 많이 있으며, 그들 중에는 매우 복잡한 것들도 있다. 표 4.22에서 볼 수 있듯이 탄소(C), 황(S), 염소(Cl), 브로민(Br), 규소(Si) 원소 등은 여러 동위 원소들로 구성되어 있지만, 플루오린(F), 인(P), 아이오딘(I) 원소는 주기율표상에 존재하는 몇 안 되는 단일 동위 원소(monoisotopic)들이다.

동위 원소 신호가 질량 스펙트럼에 나타나면 이 원소들은 그들의 전형적인 패턴에 따라서 인식되며 분자 이온과 조각 이온들에 있는 그들의 숫자가 정해질 수 있는데, 탄소 원자(동위 원소 ^{13}C의 세기는 1.1%)의 최대수를 계산할 때는 다른 원소들로부터의 기여분도 고려해야 한다.

화합물에 염소(Cl)와 브로민(Br)이 따로 있다면 염소화와 브로민화의 정도를 질량 스펙트럼의 패턴에서 세기의 변화를 비교함으로써 알 수 있다. 하지만 화합물에 염소와 브로민이 동시에 포함된 경우에는 치환된 정도를 질량 패턴의 비교만으로는 알

표 4.22 정밀 질량과 중성 동위 원소의 존재비

원소	동위 원소	명목 이온 질량(g/mol)	정밀 질량 (g/mol)	존재비 (%)	동위 원소 (A+1)	계산 인자 (A+2)
수소(H)	^{1}H	1	1.007825	99.99		
	$D(^{2}H)$	2	2.014102	0.01		
탄소(C)	^{12}C	12	12.000000	98.9		
	^{13}C	13	13.003354	1.1	1.1	0.006
질소(N)	^{14}N	14	14.003074	99.6	0.4	
	^{15}N	15	15.000108	0.4	0.4	
산소(O)	^{16}O	16	15.994915	99.76		
	^{17}O	17	16.999133	0.04	0.04	0.20
	^{18}O	18	17.999160	0.20		
플루오린(F)	F	19	18.998405	100		
규소(Si)	^{28}Si	28	27.976927	92.2	5.1	3.4
	^{29}Si	29	28.976491	4.7		
	^{30}Si	30	29.973761	3.1		
인(P)	P	31	30.973763	100		
황(S)	^{32}S	32	31.972074	95.02	0.8	4.4
	^{33}S	33	32.971461	0.76		
	^{34}S	34	33.976865	4.22		
염소(Cl)	^{35}Cl	35	34.968855	75.77		32.5
	^{37}Cl	37	36.965896	24.23		
브로민(Br)	^{79}Br	79	78.918348	50.5		98.0
	^{81}Br	81	80.916344	49.5		
아이오딘(I)	I	127	126.904352	100		

수 없다.

황(S) 원소도 동위 원소 피크 간의 간격은 2 Da (A+2)이다. 하지만 분자 내에 있는 황의 비율이 낮을 때는 황의 존재를 확신하기 힘들다. 이런 경우는 조각화에 대한 상세한 조사가 필요하다. 규소(Si)는 잔류물 분석에서 자주 접하게 되는 원소인데 성분의 실란 유도체화(silylation), 정제 과정(초자 연결 부위의 그리스), GC의 격막이나 컬럼의 번짐을 통해서 나타나는 원소이다.

분석 물질이 특정 헤테로 원자를 포함할 때 스펙트럼의 동위 원소 패턴에 영향이 있다(그림 4.4). 특유의 동위 원소 패턴을 나타내는 일반적인 원소 중에는 염소(^{35}Cl과 ^{37}Cl 동위 원소의 비율이 3 : 1)와 브로민(^{79}Br : ^{81}Br의 비율이 1 : 1)이 있다. 이 두 원소의 동위 원소 사이에는 2 Da 간격(A+2)이 있다. 한 가지 원소가 여러 개 있을 때, 동위 원소 빈도는 존재하는 각 원자에 대한 동위 원소의 비율을 교차로 곱해서 얻는다. 예를 들어 두 개의 염소인 경우는 (3 : 1) (3 : 1) = (3 × 3)(3 × 1 + 1 × 3) : (1 × 1) = 9 : 6 : 1이다. 3개의 염소의 경우 비율은 10 : 9 : 3 : 0.3이며, 2개의 브로민은 1 : 2 : 1이며 3개의 브로민에 대해서는 1 : 3 : 3 : 1의 비율을 나타낸다(그림 4.4). 예를 들어, 은은 질량 105 및 107의 1 : 1 비율을 가지고 있어서 브로민처럼 보이며, 구리는 염소의 동위 원소 패턴과 유사하다.

C, H, N, O 만 존재하는 경우에는 동위 원소 프로파일을 사용하여 분자 내에 존재하는 탄소 원자의 수를 알 수 있다. ^{13}C는 자연계에서 ^{12}C의 1.1 %이다. 즉, 분자 내의 임의의 주어진 탄소가 ^{13}C일 가능성이 1.1 %이므로, 탄소 원자의 수는 M+1 이온의 세기로부터 결정될 수 있다. 예를 들어, ^{13}C에 대해서 22 %의 세기는 해당 화학종에 20개의 탄소 원자가 있음을 의미한다. ^{2}H, ^{15}N, ^{18}O의 빈도는 각각 0.015, 0.37, 0.2 %이므로 ^{2}H의 영향은 미미하며 분자 내에 질소 원자가 2개 있어도 ^{15}N은 M+1의 세기에 0.75 %만을 더할 뿐이다. 또한, ^{18}O도 이 동위 원소가 M+2 이온의 일부로 보여질 수 있기 때문에 세기에 대한 영향은 무의미하다. ^{13}C 동위 원소의 기여도에 대한 다른 예가 그림 4.81에 나와 있다. 탄소 원자의 수가 C_{91}로 증가하면 분자의 어디엔가 적어도 하나의 ^{13}C가 있을 가능성이 높아진다. 따라서 한 개의 ^{13}C를 포함하는 피크는 ^{12}C만이 존재하는 피크보다 더 세기가 강하다. 그림 4.81에서 보는 바와 같이, C_{1000}에 도달할 때까지, 동위 원소 클러스터의 가장 세기가 큰 이온은 10개의 ^{13}C 원자(즉, $^{12}C_{990}{}^{13}C_{10}$)를 포함하고, $^{12}C_{1000}$ 이온의 세기는 최소일 것이다(세기 = 0.01 %). C_{1000}을 포함한 화합물의 분자(평균) 질량은 10.7개의 ^{13}C 원자를 포함할 것이다. 탄소 수가 ^{13}C 이온이 ^{12}C 이온보다 세게 나오는 경우는 EI 스펙트럼에서는 흔하지 않지만, 생체 분자의 ESI 및 MALDI 스펙트럼에서는 종종 나타난다.

4.12.3 질량 스펙트럼의 정보와 해석

4.12.3.1 EI 스펙트럼

전자 이온화(EI) 스펙트럼은 유기 화합물을 이온화시키는 데 필요한(~ 10 eV) 것보다 훨씬 높은 70 eV로 가속되는 충돌 전자에 의해 생성된 조각 이온을 포함하기 때문에 복잡할 수 있다. EI는 GC/MS를 이용한 분자량이 작은 비극성 화합물의 분석에서 주요 이온화 방법이다.

EI 스펙트럼은 조각내기 과정의 해석에 대한 오랜 규칙이 있다. 기지의 화합물에 대한 손실 가능성은 작은 기능기(예를 들어, methyl (-CH_3)과 methodxy (-OCH_3) 기능기)가 쉽게 조각내기될 것인지를 고려하여 화합물의 구조를 결정할 수 있게 해준다. 첫 번째 손실은 일반적으로 홀수 질량인 조각이며 이어지는 손실은 보통 짝수 질량이다. 예를 들어, 알케인에서 첫 번째 손실은 -CH_3 (15 Da)이며 모든 후속되는 조각은 -CH_2- (14 Da) 기가 제거되는 것이다.

헤테로 원자들과 탄소 간의 연결이 탄소와 탄소 연결보다 일반적으로 결합력이 더 약하기 때문에 이 지점에서는 조각내기가 더 쉽게 일어난다. 표 4.23은 분자 이온으로부터의 일반적인 손실에 대한 정보이다. 화합물이 알려지지 않은 경우, 분자 이온으로부터 31 Da의 손실은 methoxy (-OCH_3) 기의 존재를 의미하는 것과 같은 구조 정보를 제공할 수 있다.

EI 스펙트럼을 해석할 때, 가장 큰 m/z (주피크일 수 있으며, 1 % 미만의 이온일 수 있음)를 먼저 찾아 이 이온이 분자 이온인지를 결정해야 한다. 이를 위한 가장 쉬운 방법은 다음 순서로 높은 m/z 값을 갖는 이온이 의도된 분자 이온의 조각으로 해석될 수 있는지를 알아보는 것이다. 즉, 이 조각 이온이 분자 이온으로 예상되는 이온과의 차이가 3 ~ 14 Da이면 이 범위에는 논리적인 조각이 없기 때문에 예상했던

표 4.23 EI에서 관찰되는 분자 이온으로부터의 일반적인 손실

질량 손실 (Da)	기능기	질량 손실 (Da)	기능기
1	H	29	-C_2H_5, -CHO
2	H_2	31	CH_3O-
15	-CH_3	32	CH_3OH
17	-OH	36	HCl
18	H_2O	43	-C_3H_7, CH_3CO-
20	HF	44	CO_2
26	C_2H_2	57	-C_4H_9
27	HCN	73	-$Si(CH_3)_3$
28	C_2H_4, CO, N_2	77	-C_6H_5

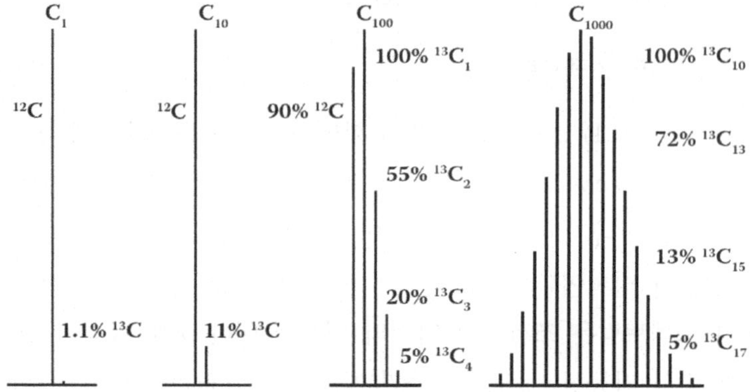

그림 4.81 탄소수에 따른 동위 원소의 패턴

이온은 분자 이온이 될 수 없다. 마찬가지로 21 ~ 25 Da의 손실을 설명하는 데 사용할 수 있는 화학적으로 가능한 조각은 없다. 두 경우 모두 분자 이온은 예상한 것보다 더 큰 m/z 값을 가져야 한다.

다음으로는 제안된 분자 질량 및 조각이 다음 규칙 및 고려 사항과 일치하는지 확인해야 한다. 큰 세기의 분자 이온은 방향족임을 나타내고, 14 Da (-CH_2-)으로 분리된 다중 이온은 탄화수소임을 나타내며, -CH_3, -C_2H_5, -CH_3O, -CH_3CO, -C_4H_9는 각각 15, 29, 31, 43, 57 Da이 분자 이온으로부터 직접(홀수 질량) 떨어져(손실) 나온 것들이다. 또한, 스펙트럼의 동위 원소 패턴으로부터는 할로젠 또는 금속(그림 4.4)과 같은 특정 원소가 포함되어 있다고 할 수 있으며, 탄소 원자의 수는 ^{13}C 동위 원소 피크(그림 4.81)의 세기로부터 계산될 수 있다.

또 다른 고려 사항은 중성 화학종이 홀수 분자량을 갖는다면 존재하는 질소 원자의 수는 홀수가 되어야 하고, 반대로 짝수 분자량을 갖는다면 영 또는 짝수 개의 질소가 존재함을 나타낸다는 **질소 규칙**(nitrogen rule)이다. 질소 규칙은 질소(^{14}N)가 원자가가 홀수 원자가인 유일한 원소라는 수학적 결과이다.

이중 결합 등가(double bond equivalents, DBEs)는 고리와 이중 결합의 수를 사용하여 포화도를 알아내는 도구이다. DBE = a (C + Si) − b (H + 할로젠)/2 + c (N + P)/2 + 1이다. 여기서 a, b, c는 각 기능기의 원자수이다. 예를 들어, 벤젠()의 경우는 C_6H_5이므로 DBE = 6 − 6 / 2 + 0 / 2 + 1 = 4(1개의 고리와 3개의 이중 결합)이다.

이온이 홀수 또는 짝수 질량을 가지며 홀수 또는 짝수 개의 전자를 운반하는지 여부는 유용한 정보를 제공하지만 혼란스러울 수도 있다. 분자(안정한 라디칼 제외)는 짝수 개의 전자를 가지고 있다. 그러므로 전자가 EI에서 제거될 때 홀수 전자 화학종이 생성되며, 전자가 홀수인 것을 라디칼 이온이라 한다. 이전에 언급했듯이, 라디칼 분자 이온은 전기 전하와 비공유 전자가 있는 라디칼임을 나타내기 위해 $[M]^{\bullet+}$로 표기

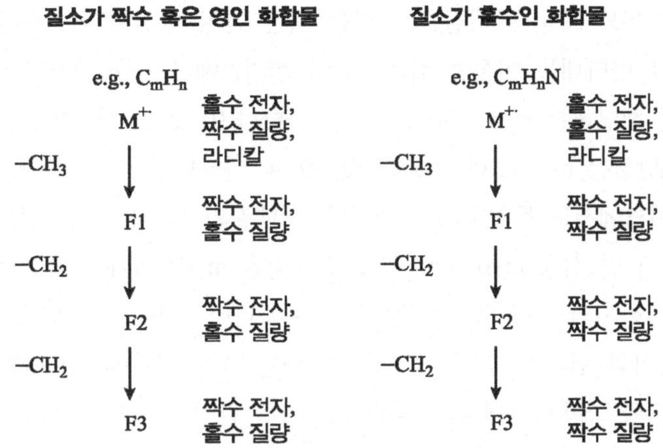

그림 4.82 짝수/홀수 전자 화학종과 그들의 질량

해야 한다. 그러나 질량 분석법에서는 주로 $[M]^+$로 표기하고 있다. 분자 이온($[M]^{\cdot+}$)으로부터 $-CH_3$ (15 Da) 중성 라디칼(홀수 전자 종)이 제거되어 짝수 개의 전자를 갖는 조각 이온을 생성하는 경향이 있다. 일단 그러한 이온이 형성되고 연속적인 추가 손실($-CH_2$ (14 Da))로 인해 생성된 조각은 짝수 개의 전자를 가질 것이다. 이때 생성된 조각 이온들은 분자 이온에 질소 수가 짝수 혹은 영일 경우에는 홀수 m/z 값에서 관찰되며, 질소 수가 홀수인 경우에는 짝수 질량에서 관찰된다(그림 4.82). 그림 4.82의 두 경우에 전자 이온화는 홀수 전자 라디칼의 형성 결과이다. 첫 번째 손실은 보통 홀수 전자 화학종(예, CH_3)이며 짝수 전자 조각을 생성한다. 연이은 손실(예, CH_2)은 짝수 전자 화학종이며 짝수 전자 조각을 형성한다. 이와 같이, 분자 이온과 조각의 질량은 질소 규칙에 의해서 짝수 혹은 홀수가 된다.

4.12.3.2 ESI 스펙트럼

모든 생체 고분자를 포함한 거대 분자는 구조상으로 전기 분무 이온화(ESI) 동안에 전하가 가해질 수 있는 다수의 위치를 가지며, 각각의 m/z 값에서 관찰되는 다중 전하 상태의 이온 포락 곡선이 형성된다. 충분한 분해능을 갖는 기기(즉, 사중 극자 이상의 분석관)의 경우, 동위 원소들 사이의 간격은 분자 질량이 수천 돌턴(FT-ICRMS 기기의 경우는 그 이상)인 화합물에 대한 이온의 전하 상태를 결정하는 데 사용될 수도 있다. 동위 원소는 정의상 1 질량 단위(중성자) 벌어져 있고(예: ^{12}C 및 ^{13}C) 스펙트럼의 x축은 m/z이기 때문에 관찰된 동위 원소 간격은 1을 이온의 전하 상태로 나눈 값이다. m/z 축의 간격은 1가, 2가, 3가, 4가로 하전된 이온의 경우 각각 1을 1, 2, 3, 4로 나눈 값이 된다. 따라서 겉보기 간격은 각각 1.0, 0.5, 0.33, 0.25 질량 단위이다(그림 4.78).

펩타이드 또는 단백질을 분석할 때는 단일 하전된 이온뿐만 아니라 다중의 전하 상태를 나타내는 이온을 살펴보아야 한다. 예를 들어, 2,000 Da의 펩타이드는 $[M+H]^+$에 해당하는 m/z 2,001는 거의 나타나지 않고, $[M+2H]^{2+}$, $[M+3H]^{3+}$, $[M+4H]^{4+}$에 해당하는 m/z 1,100, 667.7 및 501이 나타난다. 이 모든 이온은 분자 화학종이며 펩타이드에서도 동일하게 적용된다. 단백질의 이온은 많은 전하 상태를 나타내며, 예를 들어 말 심장 myoglobin의 스펙트럼은 m/z 848과 1,542 사이에 해당하는 +20에서 +11까지의 전하 상태 범위의 이온을 나타낸다(그림 4.83(a)). 이 스펙트럼에서 피크 사이의 간격이 점진적으로 증가하는 것을 주목할 필요가 있다. 생체 고분자의 ESI 질량 스펙트럼에서의 점진적인 이온 간격 증가는 주어진 숫자를 일련의 숫자로 나눈 수학적 결과이다. 그러므로 전하 상태가 15, 14, 13, 12, 11, 10 인 10 kDa 단백질의 경우, 첨가된 양성자가 포함될 때 이온은 각각 m/z 668, 715, 770, 834, 910, 1,001에서 나타난다. 따라서 다중 이온들 사이의 간격은 47, 55, 64, 76, 91 Da, 즉 값들 사이의 차이가 증가하게 나타난다. 분포의 세기는 m/z 값이 낮아지면서 비뚤어져 나타난다(그림 4.83(a)). 전하 상태의 차이로부터 유도된 일련의 연립 방정식의 해를 디콘볼루션(deconvolution)(그림 4.83(b))이라 하는데, 단백질 또는 다른 생체 고분자의 분자 질량을 산출하며 계산을 위해 컴퓨터 소프트웨어를 쉽게 사용할 수 있다.

각 다중 전하 상태(예: $[M+15H]^{15+}$ 이온에서 15개의 양성자)를 생성하기 위해 이

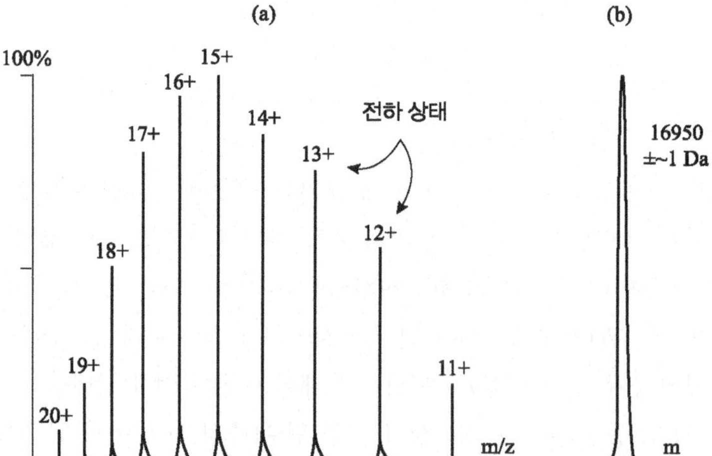

그림 4.83 (a) Myoglobin의 ESI 스펙트럼과 (b) 디콘볼루션한 후 단백질의 분자 질량을 나타냄[42]

[42] J. Greaves, J. Roboz, Mass Spectrometry for the Novice, CRC Press, (2014).

온화 중에 부가된 양성자의 질량은 디콘볼루션하는 과정에서 제거되어 중성(즉, 전하가 영(0)) 상태의 값을 나타내게 된다(그림 4.83(b)). 얻어진 질량은 모든 동위 원소 화학종들이 평균화된 분자 질량이며, 이는 동위 원소가 서로 분리되지 않는다는 것을 반영하고 있다.

디콘볼루션 과정에서 오차가 증가되기 때문에 생체 고분자 등의 질량을 결정할 때 질량 스케일의 정확한 교정이 특히 중요하다. 예를 들어, 분석 물질의 질량을 얻기 위해 관찰된 m/z 값에 10을 곱하면 전하 상태가 10인 이온에 대해서 0.1 Da 오차는 1 Da 오차가 된다. 잘된 질량 교정의 경우, myoglobin과 같은 작은 단백질의 분자량에서의 실험 오차는 약 1 Da정도이다.

생체 고분자의 ESI 질량 스펙트럼의 특성은 polyethylene glycol (PEG)과 같은 합성 고분자의 스펙트럼에서 관찰된 것과는 대조적이다(그림 4.84). PEG에서는 구조적으로 전하를 띨 수 있는 위치가 거의 없어서 단일 전하를 가지므로 각각의 m/z 값은 이들 중합체에 대한 개별 화합물에 해당한다. 평균 분자량이 낮은(예를 들어, ~500 Da인 PEG의 경우) 별개의 성분은 단일 전하를 지니고, 44 Da (-CH_2CH_2O-에 해당) 만큼 균등하게 이격된 이온을 생성한다. 더 높은 평균 분자 질량을 갖는 PEG에 대해 이중 또는 삼중으로 하전된 피크가 관찰될 수도 있지만, 각 피크의 개별 성분 사이의 간격은 여전히 일정하고 일관성이 있다(즉, 44 / 2 = 22 및 44 / 3 = 14.7). 합성 고분자의 스펙트럼은 항상 그렇지는 않지만 종종 생체 고분자에서 나타나는 일그러진 패턴보다는 Gaussian 분포를 나타낸다.

4.12.3.3 기피 이온

구조 규명을 위한 정성 분석이나 정량 분석을 위한 질량 분석법을 수행 시에 질량 스펙트럼상에서 분석 물질과 관계가 없는 것처럼 보이는 이온들을 만나게 되는 경우

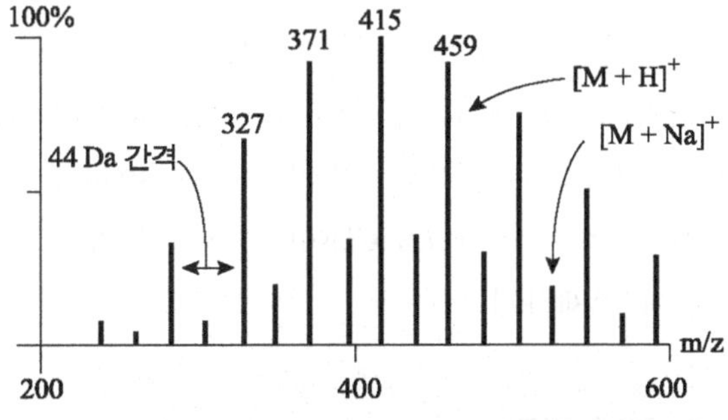

그림 4.84 PEG의 ESI 스펙트럼[43]

---

[43] Hans-Joachim Hübschmann, Handbook of GC/MS: Fundamentals and Applications, Wiley-VCH, (2000).

들이 종종 있는데, 이 이온들은 일반적으로 오염 물질로 인해 발생한다.

Tygon 튜브 등에서 유래되는 프탈레이 계열의 일반적인 물질은 dioctylphthalate인데, EI 스펙트럼은 m/z 149(주피크)가 주요 피크이며 m/z 390에서 낮은 세기(< 1 %)에서 분자 이온이 검출된다. ESI에서는 m/z 391에서 $[M+H]^+$ 및 m/z 413에서 $[M+Na]^+$가 관찰된다. Dioctylphthalate의 존재가 유익한 경우도 있는데, m/z 391 또는 m/z 413 이온이 흐름 주입 분석(FIA)에서 ESI-TOF 기기의 정확한 질량 측정을 위한 고정 질량(lock mass)으로 사용될 수 있다는 것이다.

GC 컬럼에 의한 오염 물질은 오븐 온도가 증가함에 따라 세기가 증가하면서 발생한다. 일반적으로 사용되는 정지상(5 % phenyl 치환기를 갖는 DB-5, Rtx-5, HP-5 등)에 대해 컬럼으로부터 나온 이온인 m/z 207, 281 및 355 등이 EI에서 관찰된다. 이들은 컬럼 온도가 상승함에 따라 세기가 증가하는 연속적인 컬럼 번짐에 존재한다. 이들 이온 사이의 간격은 dimethyl siloxane의 기본구성 단위인 $(-(CH_3)_2SiO-$, 74 Da)에 해당한다. GC의 시료 주입구에 있는 격막(septum) 및 샘플 바이알의 뚜껑 또한 규소산염에 기여하며 종종 m/z 400 ~ 600 범위에서 나타난다. 이들 화합물은 GC로부터 용리되는 뚜렷한 피크로서 관찰된다. 규소산염이 주로 기여하는 것은 그들의 동위 원소 패턴인데, ^{29}Si와 ^{30}Si 동위 원소는 C, H, N 또는 O만을 함유하는 화합물에서 예상하는 것보다 훨씬 더 강한 $[M+1]^+$ 및 $[M+2]^+$를 비롯한 그 이상의 이온에 기여하고 있다.

ESI 스펙트럼은 종종 polyethylene glycol (PEG)에서 유래된 44 Da만큼 분리된 이온의 포락선을 포함하고 있다. 반복 단위는 PEG의 잔기인 $-C_2H_4O-$(44 Da)이다. 원인은 에틸렌글리콜계 세제 및 TWEEN이 함유된 TRIS 완충액뿐만 아니라 PEG 자체에 의한 것이다. 58 Da 간격의 이온은 PEG의 반복 단위($-C_3H_6O-$)에 해당한다.

ESI 스펙트럼에서 ^{13}C 이온의 부족은 무기염의 존재를 나타내는데, 이러한 화합물의 스펙트럼은 종종 이온이 $[염_n+전하]^{+/-}$ 형태인 클러스터의 형성으로 인해 최대 수백 m/z까지 반복되는 피크를 나타낸다. 예를 들어 양이온 모드에서는 $[(CF_3COONa)_n + Na]^+$ 및 음이온 모드에서는 $[(CF_3COONa)_n + CF_3COO]^-$에 해당하는 이온을 제공하는 136 Da의 반복 단위(CF_3COONa)를 갖는 sodium trifluoroacetate가 있다. 염화소듐의 경우에 반복은 58 Da (NaCl)이며, 이 경우 염소 원자의 수에 따라 뚜렷한 동위 원소 패턴이 존재하게 된다.

4.12.4 구조 확인 과정

질량 스펙트럼을 완전히 해석하기 위한 믿을만하고 빠른 규칙이란 없다. 특별히 아래 내용은 전자 충격 이온화법(EI)에 국한된 설명이라 해도 과언은 아니다.

UV, IR, NMR 등과 같은 다른 분광학적인 방법으로 얻어진 스펙트럼과는 달리 질량 스펙트럼은 화합물에 의한 에너지의 흡수나 방출을 나타내지 않고 조각 형성, 재배열, 화학 반응 등과 같은 이온화에 따른 스펙트럼들이 정량·정성 분석에 이용된다. 따라서 이온화를 위해서 필요한 에너지인 전자 빔, 온도, 압력과 시간 요소가 스펙트럼 형성에서 주된 역할을 한다. 다른 모든 분광학적인 절차에서는 화합물 중에 포함된 어떤 작용기의 모양이나 다른 구조적인 요소가 항상 나타난다. 하지만 질량분석법에서 어떤 자세한 구조에 대한 양상은 항상 화합물의 전체 구조에 의존하며, 어떤 특별한 조건하에서만 일어나든지 또는 어떤 조건에서는 전혀 일어나지 않을 수도 있다. 질량 분석기에서는 일반적으로 나타나야 할 신호가 나타나지 않는다고 해서 어떤 구조적인 요소가 존재하지 않는다고 증명해 주지는 못하며, 추가적인 정보가 없이는 한 질량 스펙트럼이 특별한 화학 구조와 관련이 있다고 연관 지을 수도 없다.

그럼에도 불구하고 질량 스펙트럼 내에 담긴 정보를 해석하기 위한 절차가 필요하다. 물질의 구조를 해석하기 위해서는 질량 분석에서 얻는 스펙트럼과 고분해능 자료 외에도 UV, IR, NMR 스펙트럼, 용해도, 용출 온도, 산성 혹은 염기성 정제 과정, 합성 반응식 등의 물질에 대한 다른 정보도 함께 해석되어야 한다. 질량 스펙트럼을 해석하기 위해서는 다음과 같은 절차가 효율적이다(EI를 중심으로).

1) 정확한 질량 스펙트럼 얻는다.

단일 물질로부터 생성된 질량 스펙트럼인지 아니면 그 물질에 포함되지 않아야 할 신호들이 있는지 확인한다. 스펙트럼에 바탕 신호로부터 유래된 것이 있으면 바탕 신호를 빼주어서 분석 물질의 본래 스펙트럼을 얻어야 재현성 있는 자료가 될 수 있으며, 정량·정성 분석에 신뢰성을 줄 수 있다.

2) 라이브러리 검색을 통해서 모르는 물질에 대한 정보를 얻는다.

대부분의 질량 분석기의 데이터베이스에는 수십만 종의 화합물에 대한 EI 스펙트럼들이 설치되어 있거나 따로 구매해서 설치하도록 되어 있으며, 이를 통한 라이브러리 탐색이 가능하도록 되어 있다. 라이브러리 탐색을 통해서 미지 물질이 어떤 부류에 속한 물질인지에 대한 정보를 알 수도 있다.

3) 분자 이온이 무엇인지 알아낸다.

스펙트럼에서 분자 이온을 나타내는 신호가 어느 것인지 알아내는 것이 중요한데, $M^{+/-}$, $[M+H]^{+}$ 혹은 $[M-H]^{+/-}$가 될 수도 있다. 경우에 따라서는 전기적인 잡음이나 화학적 바탕에 해당하는 신호가 분자 이온으로 착각될 수도 있다. EI 스펙트럼으로부터 분자량을 찾기가 힘들 경우 CI나 ESI 등의 방법으로 분자량을 먼저 찾은 후 EI 스펙트럼을 얻는 것이 효율적이다.

4) 동위 원소 패턴으로부터 원소들에 대한 정보를 얻는 것이 효율적이다.
염소(Cl), 브로민(Br), 규소(Si), 황(S) 등에 대한 동위 원소 패턴이 있는지 조사한다(표 4.22). 분자 이온 신호의 $[M+1]^+$ 혹은 $[M+2]^+$ 이온들을 보면 화합물에 포함된 모든 원소의 동위 원소들이 나타나 있기 때문에 동위 원소 패턴으로부터 탄소 원자의 최대 숫자가 몇 개인지 알아낼 수 있다. 동위 원소 신호가 없으면 인(P), 플루오린(F), 아이오딘(I), 비소(As) 등 단일 동위 원소의 원소들이 존재한다는 것을 알 수 있다. 분자 이온 또는 유사 분자 이온만이 동위 원소에 대한 완전한 정보를 줄 수 있다.

5) 질소 규칙으로부터 질소의 존재를 알 수 있다.
홀수 분자량은 실험식에서 질소 원자가 홀수 개가 존재하고 짝수 분자량은 질소 원자가 짝수 개 혹은 하나도 없음을 나타낸다.

6) 조각화 패턴을 통해서 조각 이온들의 정보를 얻는다.
조각화 패턴으로부터 조각 이온들의 쌍이 있으며, 그것들의 합이 분자량을 나타내는지 알 수 있으며, 어떤 조각 이온이 α-균열(α-cleavage)에 의해 만들어진 것인지 알아낸다. 낮은 질량 영역에 있는 특성 조각 이온으로부터 McLafferty 재배열, retro-Diels-Alder 재배열 등을 통해서 형성된 이온들이나 방향족 구조들에 대한 정보들을 얻는다.

7) 구조를 예측한다.
위에 언급된 질량 스펙트럼과 다른 정보들을 통해서 대략적인 부분 구조를 유추한 후에 마지막으로 분자 구조를 가정한다.

4.13 질량 분석기의 유지 관리

4.13.1 기기 조율

질량 분석기는 분석관을 비롯한 여러 구성 요소와 파라미터들이 이온들의 움직임에 적합하게 설치 또는 설정되어 있지 않으면 의미 있는 정보(최적의 피크 모양, 분해능, 감도, 정확한 질량축 등)를 생성하지 못한다. 따라서 기기를 사용함에 따라 이온원, 분석관, 전자 증배관 등의 상태가 약간의 변화가 일어날 수 있기 때문에 조율(tuning) 혹은 교정(calibration)되어야 한다. 이 작업은 분자와 그 조각의 특성 분석,

다른 화합물로부터의 분해능 및 분석 물질의 정량화에 있어서 매우 중요하다.

상용 질량 분석기들은 일반적으로 조율을 위한 자동화된 루틴을 제공하지만 최상의 성능 및 특수 목적을 위한 수동 조율이 필요할 때도 있다. 질량 분석기에서 조율의 한 가지 목적은 이온 손실을 줄이고 높은 감도를 제공하기 위함이며, 다른 한 가지는 질량 스케일(질량 축)에 대한 정확한 값을 얻는 것이다.

조율은 이온원에서 시작해 순차적으로 진행하여 분석관으로 그리고 검출기로 이온을 유도하는 전압을 점진적으로 최적화한다. API 방법 역시 전압 및 기체 흐름 또한 진공 챔버로 들어가는 이온에 영향을 미치기 때문에 이러한 파라미터에 대한 조율이 필요하다.

조율을 위해서는 기준 되는 물질이 필요한데 다양한 표준 화합물을 표 4.24에 나타내었다. 조율 물질은 분석 대상 물질에 따라 달라질 수 있는데 VOC 분석 시에는 bromofluorobenzene (BFB)을 직접 주입하고, semi-VOC의 경우에는 decafluorotriphenylphosphine (DFTPP)을 직접 주입하여 조율을 실시한다. 한편 ESI, APCI, MALDI, FAB 등에서 많이 사용되고 있는 고분자량에 대한 조율(검정) 물질로서는 다른 화합물이 이용되며, 실험실에 따라서 그들이 자주 사용하는 화합물을 사용하여 수동으로 감도와 질량축 등을 조율하는 경우도 있다.

비록 기기는 정확한 질량 측정을 위해서 매일 교정하기는 하지만 사중 극자형 질량 분석기는 매우 안정하며 몇 주 또는 몇 달 동안도 거의 동일한 교정 상태를 유지하기도 한다. 하지만 보편적으로 사용되고 있는 EI-GC/MS의 경우는 매일 사용 전에 조율하는 것이 바람직하다.

EI에서 가장 일반적으로 사용되는 표준 물질은 perfluorotri-n-butylamine [$(CF_3CF_2CF_2CF_2)_3N$; PFTBA]이며, 이 물질은 일반적인 질량 범위(m/z 30 ~ 600)에 걸쳐서 광범위하게 조각 이온들을 나타내고 있기 때문이다. 조율 시 적절하게 조절하는 파라미터와 PFTBA의 조각 이온수는 분석관의 종류와 제조사에 따라 다르나 보통은 3개의

표 4.24 조율과 조율을 위한 화합물

화합물	이온화 방법	질량 범위
Perfluorotributylamine (FC-43)	EI	1 ~ 650
Perfluorokerosene (PFK)	EI	1 ~ 1,000
Triazines and Ultramark family	EI	1 ~ 1,000 (2,000)
Polyethylene glycol	APCI/ESI	100 ~ 2,000
Sodium formate	ESI	100 ~ 1,500
Sodium, rubidium, cesium iodide	ESI	100 ~ 5,000+
Phosphazines	ESI	100 ~ 3,000
Peptides	MALDI	500 ~ 5,000
Peptides and proteins	MALDI	1,000 ~ 150,000+

m/z, 즉 69(낮은 질량), 219(중간 질량), 502(높은 질량)와 더불어 동위 원소인 [A+1]을 파라미터로 조율한다. 대부분의 조율 과정에서 조율되는 m/z는 사용자가 바꿀 수 있다. 반복적인 실험에서는 제조사에서 추천하는 파라미터를 사용하는 것이 가장 바람직하며 최상의 상태를 나타낸다. PFTBA는 질량 분석기의 기기 내부의 작은 바이알에 들어 있으며, 조율을 실행하면 휘발성이 크므로 자동적으로 질량 분석기의 진공 영역 내로 분사된다.

조율은 최적의 기기 상태에서 실험할 수 있도록 질량 분석기의 여러 가지 파라미터값을 조절(이온원에 있는 각종 렌즈들의 전압 조절, AMU gain, AMU offset의 조절을 통한 피크 너비의 조절, EM 전압 조절, 질량축의 조절 등)하는 작업으로, 기준 이온들의 상대적인 세기, 질량축, 동위 원소비, 피크 너비, EM 전압 등이 조율 결과에 대한 판단 요소가 된다.

신호 출력의 세기에 직접적으로 영향을 미치는 EM에 걸어주는 전압(gain)과 이온원 내의 여러 가지 구성 요소들에 대한 전압을 조절해 줌으로써 적절한 감도를 얻을 수 있다. 후자의 경우는 시료를 분석할 때마다 이온원의 금속 표면의 상태가 산화 반응 등에 의해서 약간씩 변하기 때문이다. 이온들이 많이 생기면 생길수록 이온원의 표면은 전기적으로 중성화되며, 중합체 유기 화합물들이 쌓이게 되어 이온원에서의 전기장 세기의 변화를 가져와 이온화가 방해될 뿐만 아니라 이온들이 이온원을 빠져나와 분석관으로 들어가는 것도 방해를 받게 된다. 조율은 이러한 퇴적물이 쌓이는 것에 대한 효과에 대해서 대응하는 역할을 한다.

이온원 표면이 오염되어 조율이 되지 않는 경우에는 이온원을 기기로부터 분리해서 분해하여 청결하게 하여야 한다. 아이러니하게도 깨끗한 이온원은 더러운 이온원보다 더 자주 조율을 해 주어야 하는데, 이것은 표면에 퇴적되는 양이 초기에는 급격하게 증가하지만 여러 번 시료를 분석하고 난 후에는 퇴적되는 정도가 점차 줄어들기 때문이다. 좋은 분해능과 피크 모양을 얻는 것은 더 복잡하며, 감도에 있어서 다소간의 손실을 감수해야 한다. 즉, 이온들이 분석관으로 들어가는 조건을 제한할수록 통과하는 이온의 수는 그만큼 줄어든다. 이온원과 분석관에서의 변수는 분해능과 피크 모양에 영향을 미친다. 이들 모두가 받아들여질 수 있는 정도의 분해능과 감도를 얻을 수 있도록 서로 간에 연결되어서 조절되어야 한다.

한편, 자동 조율이 마쳐지면 조율 결과 보고서가 프린트되거나 파일로 저장된다(그림 4.85). 이 보고서는 기기의 자체 교정의 결과이므로 잘 보관하여야 한다. 조율 결과 보고서로부터 기기의 상태를 판단하는 것이 중요한데 다음과 같은 것들이 있다.

먼저, PFTBA를 사용한 조율에서는 주요 조각 이온인 m/z 69, 219, 502 이온에 대한 질량 축이 제대로 맞았는지 여부와 이들의 상대 세기를 확인하여야 하며, 아울러 동위 원소 비율도 점검해야 한다. m/z 69 (-CF_3), 219 (-C_4F_9), 502 (M-C_3F_7) 등의 질량축이 정확한지(그림 4.85(a))와 이들의 상대 세기가 제조사에서 제공하는 범위(일반적으로는 m/z 69 (100%), m/z 219 (35 ~ 55 %), m/z 502 (3 ~ 7 %)) 안에 포함되는지(그림 4.85(b)), ^{13}C 동위 원소 비율값이 m/z 70에서 1.1 % (탄소 1개), m/z 220에서 4.4 % (탄소 4개) 등이 제대로 나타났는지를 확인하여야 한다(그림 4.85(c)).

또한, m/z 18 (H_2O), m/z 28 (N_2, CO), m/z 32 (O_2) 등의 이온 세기(그림 4.85(d))를 확인하여 질량 분석기의 진공 상태와 함께 터보 펌프의 정상 작동 여부(그림 4.85 (e))를 점검하여야 한다. 일반적으로 주피크인 m/z 69에 비해 20 % 이하이면 적합하며, 그 이상이 되면 진공 상태의 이상이 있을 수 있거나 아직 최적의 진공 상태에 도달하지 않은 것이다.

아울러, 전자 증배관(EM) 값(그림 4.85(f))도 기기의 사용 횟수나 기간에 따라 감소되므로 제작사에서 제시하는 값에 도달하기 전에 EM을 미리 준비하여 교체해주는 것도 바람직하다.

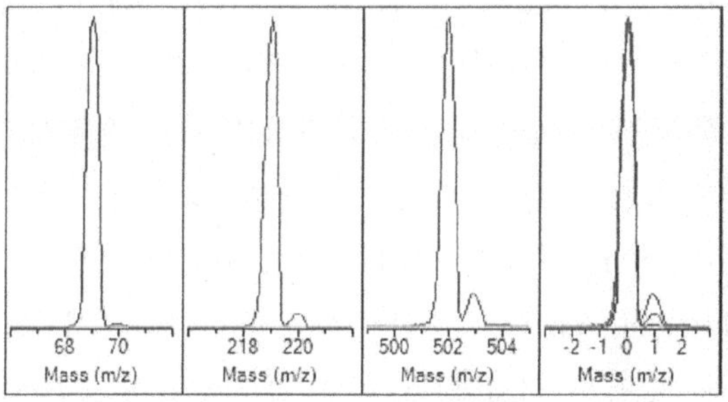

Ion Polarity	Pos	Mass Gain	-751
Emission	34.6	Mass Offset	-36
Electron Energy	70.0	Amu Gain	1009
Filament	2	Amu Offset	125.75
Repeller	19.96	Width219	-0.015
Ion Focus	74.5	DC Polarity	Pos
Entrance Lens	0.0	HED Enable	On
Ent Lens Offset	Dynamic	EM Volts	1382.3 (f)
Ion Body	0.00	Extractor Lens	0.00
		Scan Speed	3
		Averages	3
PFTBA	Open	Step Size	0.10

Actual m/z	Abund	Rel Abund	Pw50
69.00	215,677	100.0%	0.56
219.00	124,848	57.9%	0.55
502.00	8,247	3.8%	0.57

Temperatures and Pressures

MS Source	230	Turbo Speed	100.0	(e)
MS Quad	150	Hi Vac	1.26e-05	

Low	High	Step	Speed	Threshold	Peaks	Base	Abundance	Total Ion
10.00	701.00	0.10	3	100	83	69.00	206,336	722,789

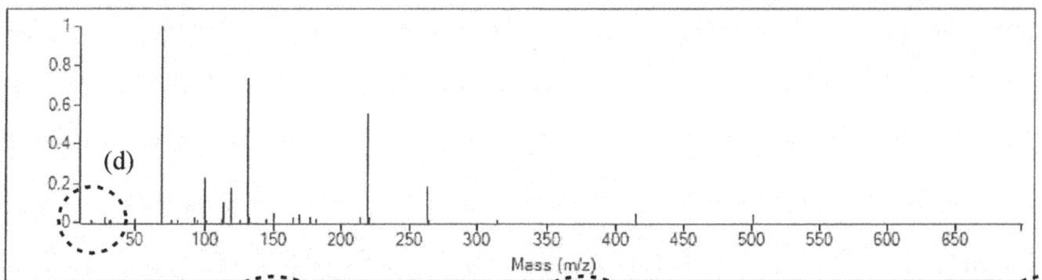

Target m/z	Actual m/z (a)	Abund	Rel Abund (b)	Iso m/z	Iso Abund	Iso Ratio (c)
69.00	69.00	206,336	100.0%	70.00	2,347	1.1%
219.00	219.00	114,496	55.5%	220.00	5,152	4.5%
502.00	502.00	7,384	3.6%	503.00	702	9.5%

Air/Water Check: H2O ~0.8% N2 ~2.3% O2 ~0.7% CO2 ~0.1% N2/H2O ~290.6%
Column(1) Flow: 0.62 Column(2): 0.00 ml/min Interface Temp: 280

그림 4.85 PFTBA를 사용한 EI 조율 보고서

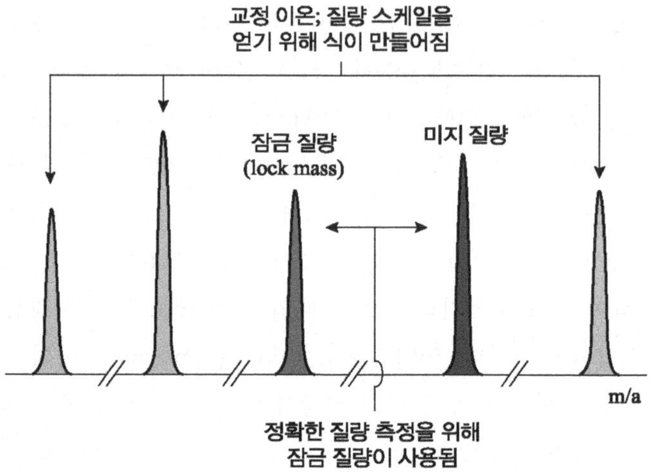

그림 4.86 질량 스케일 교정과 잠금 질량의 사용

4.13.2 정확한 질량 교정

명목 이온 질량 데이터 이외에, HRMS를 이용하여 이온의 질량(m/z 값)이 소수점 셋째 또는 넷째 자리까지 측정되는 정확한 질량 측정을 사용하면 훨씬 많은 정보를 얻을 수 있다. 이 정도의 정확도를 얻으려면 질량 눈금을 보다 정확하게 정의하기 위해 수많은 데이터 포인트를 사용하여 질량 교정을 개선해야 한다. 그러나 세심한 교정을 하더라도 일내(intra-) 혹은 일간(inter-) 변동은 불가피하다. 이러한 오류는 분석에서 알려진 화합물, 소위 **잠금 질량**(lock mass)을 포함시켜서 따로 혹은 시료와 함께 주입하여 시료가 분석되는 동안에 교정을 실시함으로써 막을 수 있다. GC/MS에서는 잠금 질량 이온을 제공하는 화합물은 배치 도입(batch inlet)을 통해 이온원으로 흘러 들어가며, 전자 분무 이온화(ESI)의 경우 탐침을 사용하여 잠금 질량을 독립적으로 도입할 수 있다.

그림 4.86은 미지 분석 물질에 대한 정확한 질량 데이터를 결정할 수 있도록 사용된 일련의 교정 이온과 알려진 잠금 질량에 대한 피크를 보여 주고 있는데, 펩타이드나 손상되지 않은 단백질과 같은 고분자량 분석 물질을 ESI를 사용하여 분석할 경우에는 다중 하전된 이온의 m/z 값은 대개 3,000 미만이기 때문에 기존 교정 파일은 약 3 kDa까지 유효하다. 그러나 MALDI-TOF의 경우 이온은 일반적으로 단일 전하를 띠기 때문에 원하는 질량 범위에 걸쳐 알려진 분자량의 펩타이드와 단백질의 혼합물을 분석하여 질량 스케일을 m/z 150,000 이상까지 교정해야 한다. MALDI 기기는 5 kDa 이상의 선형 모드에서 작동해야 하며 분해능은 100 이하로 급속히 떨어진다. 분해능의 결핍 때문에 분자 질량을 ± 0.1 %로 제한하여 미지의 분석 물질의 질량

을 측정하기에 충분히 정확한 교정 데이터를 얻기는 어렵다. 그러나 반사경 모드(<5 kDa)가 사용되는 경우 질량 교정은 정확한 질량 측정이 가능할 만큼 충분할 수 있다.

4.13.3 이온원의 세척

GC/MS의 EI나 CI 이온원을 청소해 주기 위해서는 이온원을 비롯한 질량 분석기의 온도를 실온으로 낮춘 후 대기압으로 노출시킨 다음 세척해 주는 것이 일반적이지만 최근에는 편리성을 위해서 제조사에 따라서 이온원 부분만을 대기압으로 노출시킨 후 청소해주는 방법들을 사용하기도 한다.

세척이 필요한 첫 번째 징조는 큰 질량에서의 감응도가 감소할 때이다. 만일 m/z 502/503이 검출되지 않거나 상대 세기가 미약(보통은 2 % 이하)하면 질량 분석기는 자동 조율에 실패하게 된다. 청소해야 할 시점은 보통은 조율 결과 보고서를 기준으로 판단하게 되는데, 이 이온 세기, EM 전압의 급작스런 증가 등이 중요한 파라미터가 된다.

LC/MS의 ESI, APCI 이온화 방법에서는 대기압 상태에서 유기 용매와 수용액이 휘발됨에 따라서 완충 용액으로 사용된 물질들이 스키머 또는 콘 렌즈 등에 석출되어서 전압이 제대로 걸리지 않은 경우가 대부분이므로 이를 증류수와 유기 용매로 간단하게 씻어준다. 아울러 이온원의 세척 절차는 제조사에서 제공하는 절차에 따라서 사용자가 직접 수행할 수도 있지만, 제조사에서 훈련을 받은 엔지니어가 해야 하는 경우도 있을 수 있다.

4.14 정량 분석

기기 분석에 의한 정량화에서 중요한 것은 검출 방법(예: GC-FID, LC-UV, GC-MS, LC-MS)보다는 데이터가 적절한 검정 곡선을 통해 어떻게 표준화되는가에 의존된다. 작은 분자의 정량 분석을 위한 가장 중요한 MS 시스템은 QqQ 질량 분석기인데 특히 SRM 모드에서 사용될 경우이다. 검정 곡선은 농도가 알려진 한 세트 시료로부터 관찰한 신호(y-축) 대 그들의 농도(x-축)를 나타내는 일련의 도시이다. 정량화에는 세 가지 일반적인 방법이 있는데, **외부 표준법**(external standard), **내부 표준법**(internal standard) 및 **표준물 첨가법**(standard addition)이다.

한편, 모든 화학 분석에 적용되는 원칙이지만 질량 분석법에서의 정량 분석에서도 분석하고자 하는 시료와 동일한(혹은 유사한) 바탕 시료에 농도에 따라 표준 물질을 **소량 첨가**('spike' 혹은 'fortification')한 후에 시험 방법과 동일한 시료 전처리 과정을 거친 후 질량 분석기로 분석한 결과로부터 검정 곡선(calibration curve)을 작성한다. 이는 시료에 대한 매질 효과(matrix effect)를 충분히 반영하기 위함이다.

바탕 매트릭스는 분석 물질이 존재하는 물질, 예를 들어 혈장, 뇨, 물, 침전물 또는 공기 등이며, 이를 통해서 어떤 시약도 측정에 기여(또는 방해)하지 않는다는 것을 보여 주기 위한 바탕 시료가 정량 및 정성 분석에서 사용되어야 한다. 바탕 시료에 포함된 매트릭스의 영향으로 인하여 검정 곡선의 직선식이 달라져서 정량 결과에 영향을 미치기 때문에 정량 분석에 있어서 매우 중요하다. 어떤 바탕 시료(특별히, 생체 시료)에는 분석 물질이 내인성(endogenous) 농도로 포함될 수도 있음을 알고 있어야 한다. 미지 농도의 분석 물질을 포함하고 있는 시료와 검정 곡선 작성을 위한 시료의 추출과 분석에는 동일한 시험 방법이 사용되어야 한다.

4.14.1 외부 표준법

외부 표준법(external standard)은 분석 농도 범위 내에서 알려진 양의 분석 물질을 분석 물질이 전혀 포함되어 있지 않은 바탕 시료에 소량 첨가하여 얻은 검정 곡선을 사용한다. 검정 곡선 시료의 신호 강도를 알려진 분석 물질 농도에 대해 도시될 때 일반적으로 선형인 검정 곡선이 얻어진다(그림 4.87). 직선의 기울기는 선형 회귀 방정식으로 나타낼 수 있다. $y = ax + b$, 여기서 y=특정 m/z 값에서 측정된 신호 세기, a=직선의 기울기, x=분석 대상 물질의 알려진 농도, b=절편. 분석 물질의 미지의 농도 값(x 값)은 분석 물질에 대해 얻은 신호의 세기를 y에 대입하여 얻는다.

외부 표준법이나 다음에 설명될 내부 표준법에 사용되는 검정 곡선은 유사하다.

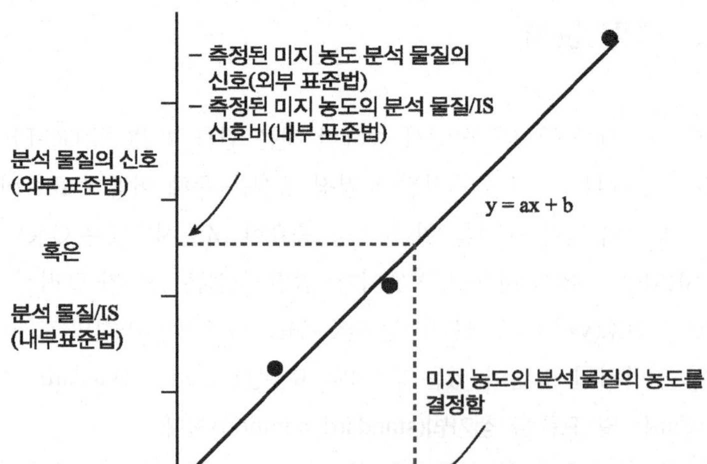

그림 4.87 외부 표준법과 내부 표준법에 대한 검정 곡선

차이점은 외부 표준법에서 y-축은 분석 물질의 신호 세기에 해당하는 반면 내부 표준 방법에서는 y-축이 분석 물질과 내부 표준 물질(IS)의 신호 비율(분석 물질/IS)로 구성된다는 점이다.

외부 표준법은 상대적으로 편리하지만, 특히 시료 전처리가 간단하고 자동 시료 주입구를 사용하는 경우 외부 표준 방법은 시료의 변동성은 설명하지 못한다. 예를 들어, 동일한 농도의 분석 물질이 존재하는 A와 B의 두 시료를 취했는데, 시료 전처리 과정이나 MS 주입 등에서 분석 물질의 손실이 발생할 경우에 분석 물질 추출 효율이 시료 A에서는 100 %지만 시료 B에서는 70 %인 경우 신호 세기는 차이가 있을 것이다(그림 4.88(a)). 이 값을 검정 곡선 식에 대입하면 계산된 농도는 원래 두 시료에서는 분석 물질의 농도가 같았더라도 추출 효율에서 차이가 있었기 때문에 검정 곡선에 의한 정량에서는 30 % 차이가 난다.

4.14.2 내부 표준법

내부 표준법(internal standard)은 시료 전처리 전에 각 시료에 알려진 농도의 화합물(내부 표준 물질, IS)을 첨가하여 외부 표준화에서는 보정할 수 없는 회수율 문제를 보정한다. IS로 선택된 화합물은 분석 물질과 동일한 추출 효율, 크로마토그래피 머무름 시간 및 질량 분석 특성을 가져야 한다. 이러한 특성은 분석 물질과 유사한 화학 구조를 갖는 내부 표준 물질일 경우에 가능한데, 질량 분석법에서는 더 정확한 정량 분석을 위해서 동위 원소가 표지된(예, 중수소(D) 치환) 화합물을 사용하기도 한다.

IS 기반 검정 곡선은 분석 물질의 농도가 증가하는 일련의 시료를 사용하여 외부 표준법에 기반한 것과 동일한 방법으로 준비된다. 그러나 IS는 알려진 일정한 양을

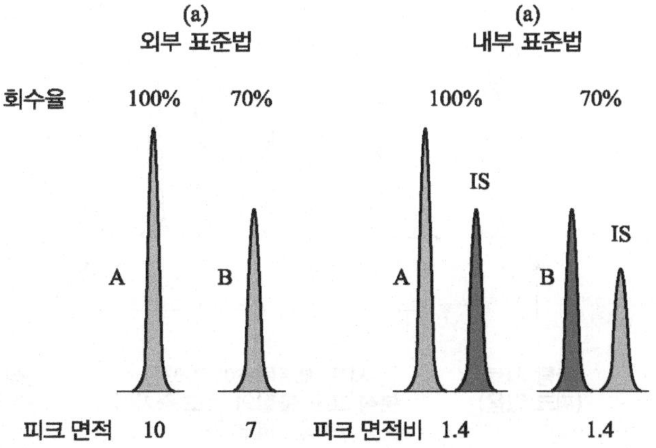

그림 4.88 방법의 정확성에서 분석 물질의 회수에 대한 영향

분석 물질 추출 전에 각각의 시료에 첨가하여야 하며, 마찬가지로 검정 곡선용 시료에도 동일한 양의 IS를 첨가한다. 시료 전처리 과정이 필요한 경우는 시료 전처리를 거친 후에 IS와 분석 물질에 대한 신호를 측정하여(그림 4.89), 분석 물질의 피크 면적과 IS의 피크 면적의 비율(분석 물질/IS)을 분석 물질의 알려진 농도에 대해 도시한다(그림 4.87).

동일하고 일정한 양의 IS를 모든 시료에 첨가할 때 이점은 앞에서 설명한 두 시료(A 및 B)가 동일한 분석 물질 농도를 갖지만 다른 회수율을 갖는다는 것을 보여 준다는 것이다. 즉, 추출 단계 이전에 IS를 첨가하기 때문에(그림 4.88b) IS가 분석 물질(IS가 동위 원소로 표지된 경우 본질적으로 동일함)과 유사하므로, 추출 과정에서 시료의 손실이 IS와 분석 물질이 동일하게 일어나기 때문에 보정이 되는 등 크로마토그래피 및 질량 분석 동안에 분석 물질의 거동과 거의 동일함을 기반으로 개선이 이루어져서 정확도가 향상된다. 따라서 시료 B에서 70 % 회수율은 분석 대상 물질과 IS 모두에 적용되므로 신호 비율은 시료 A의 경우와 동일하며 회수율은 100 %가 된다(그림 4.88b). 분석 물질/IS 비율이 동일하므로 이 값을 검정 곡선의 직선식에 (y 값으로) 삽입하면 계산된 농도는 두 시료에 대해 동일하게 나타나게 되며, IS를 사용하는 것이 외부 표준화를 어떻게 개선하는가를 보여준다.

IS와 분석 대상 물질의 구조가 유사할 경우 특히 IS가 동위 원소 표지가 되어 있을 때 크로마토그래프로부터의 동시 용출이 될 수 있다. 예를 들어, HPLC에서 UV 검출기 또는 GC에서 FID 검출기인 경우에 분석 물질과 IS는 머물름 시간에서 완전한 분리가 있어야 하므로 이러한 공용리(co-elution)는 적합하지 않다(그림 4.90(a)). 하지만 질량 분석법에서 IS는 크로마토그래피 머무름 시간이 아닌 질량 차를 사용하

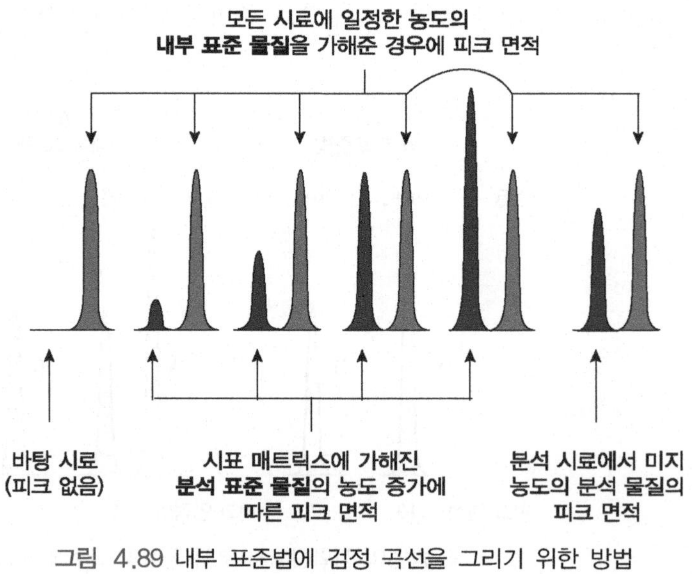

그림 4.89 내부 표준법에 검정 곡선을 그리기 위한 방법

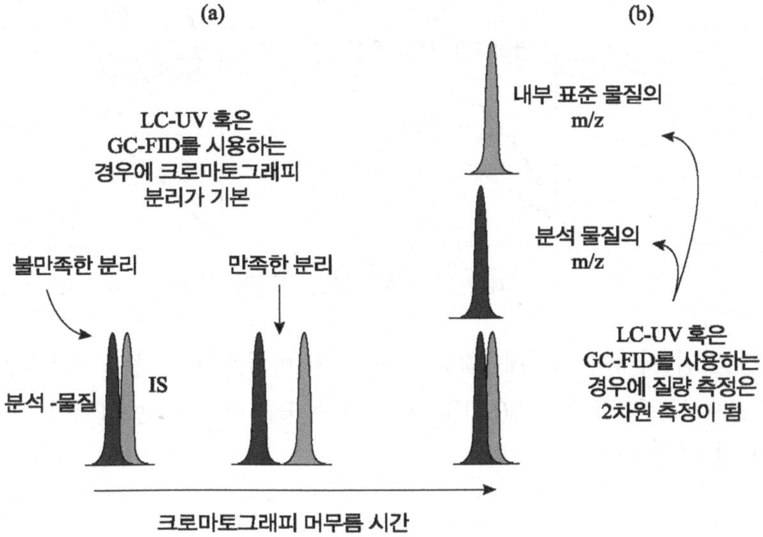

그림 4.90 (a) 크로마토그래피 분리, (b) 질량 분리

여 분리할 수 있는데(그림 4.90(b)), 질량에 근거한 분리는 분석 물질의 동위 원소 표지된 유사체를 IS로 사용하기 때문이다. 이 동위 원소 내부 표준 물질의 물리·화학적 특성은 본질적으로 분석 물질의 물리·화학적 특성과 동일하다. 작은 분자(예: 약물)의 경우, 동위 원소 표지된 IS의 분자 질량은 분석 물질의 ^{13}C 동위 원소 기여로 인한 간섭을 피하기 위해 적어도 3 Da 이상인 것이 좋다. 예를 들어, 작은 분자 약물의 동위 원소 표지는 $-CH_3$ 그룹을 $-CD_3$ 그룹으로 치환할 수 있다. 세 개의 ^{12}C를 세 개의 ^{13}C로 치환함으로써 동일한 결과를 얻을 수 있지만 상당히 비용이 많이 든다.

검정 곡선은 항상 원점을 통과하는 것도 아니며 모든 범위에 걸쳐서 항상 선형도 아니다(그림 4.91). 직선이 원점을 통과하지 않은(그림 4.91(a)) 이유는 분석 물질이 이미 시료에 존재한다는 것, 즉 내인성이거나 동일한 크로마토그래피 머무름 시간에서 검출되는 이차적인 물질이 신호에 기여하고 있다는 것이다. 즉, 분석 물질의 내인성 농도를 포함하고 있다는 것이다. 두 번째 경우에는 분석 물질이 아닌 다른 화합물의 기여에 의한 것이므로 방해 물질을 보상하기 위해 농도를 보정해서 계산하여야 한다. 방해 화합물의 간섭은 삼중 사중 극자(QqQ) 방법을 사용함으로써 감소시킬 수 있다.

분석 물질의 농도가 증가함에 따라 발생하는 비선형 감응은 그림 4.91(b)에 나타나 있다. 이는 더 높은 분석 물질 농도에서 이온화 효율의 변화 또는 검출기 감응의 포화로 인한 것일 수 있다. 비선형 곡선을 다루는 데는 두 가지 접근법이 있는데, 감응에서의 감소를 수용하기 위해 2차 방정식을 사용하거나 감응의 선형 부분만 사용되도록 시료의 양을 조정하는 것이다. 정확한 정량 분석을 위해서는 검정 곡선의 선

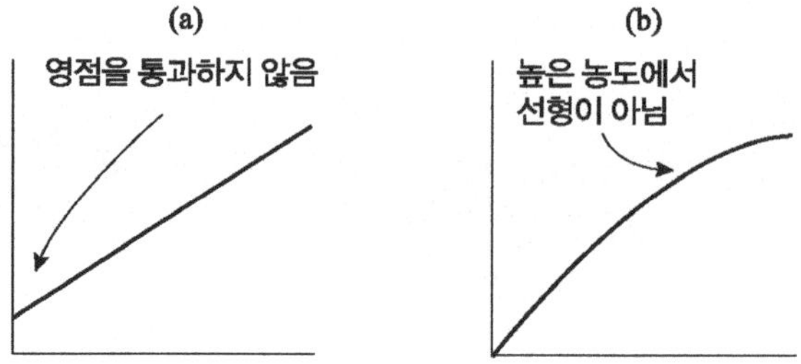

그림 4.91 추가적인 고려가 필요한 검정 곡선

형 범위 이내에서만 계산값을 얻는 것이 바람직하며, 검정 곡선 작성에 사용된 최저 농도(보통은 정량 한계(LOQ))와 최고 농도를 벗어난 농도(외삽)는 신뢰성이 없는 값으로 간주된다.

4.14.3 표준물 첨가법

표준물 첨가법(standard addition)은 반드시 매트릭스 효과를 반영시켜야 하는 정량 분석 실험에서 동일한 바탕 시료를 구하기 힘들 때 사용하는 방법으로써 이 방법은 농도 측정의 정확성을 더욱 높일 수 있지만, 여러 개의 분취 시료가 필요하기 때문에 충분한 양의 시료를 사용할 수 있어야 한다. 표준물 첨가법을 위한 검정 곡선 작성은 다음과 같다.

검정 곡선에 사용되는 수만큼의 시료를 동일한 양으로 취한 후, 첫 분취 시료를 제외하고 그 이후의 분취 시료들에 알고 있는 양을 증가시켜 가면서 첨가한다. 이후 분석 물질은 각 시료로부터 추출되고 분석되며 첨가된 분석 물질의 양(x-축) 대 감응 신호(y-축)의 그래프로 도시한다(그림 4.92). 검정 곡선의 직선을 x-축의 음수 측까지 연장하면, x-축의 음수 측(양수로 표현될 때)의 곡선의 절편이 분석 물질의 농도가 되며 농도는 양(+)으로 표시한다. 표준물 첨가법의 장점은 시료 중에 포함된 내인성 방해물질들의 효과(매트릭스 효과)를 충분히 반영하고 있으며, 분석 물질이 자체 표준으로 사용되기 때문에 IS가 필요 없다는 것이다. 이 방법은 매우 정확하지만 여러 시료를 준비하려면 충분한 양의 시료가 필요하다.

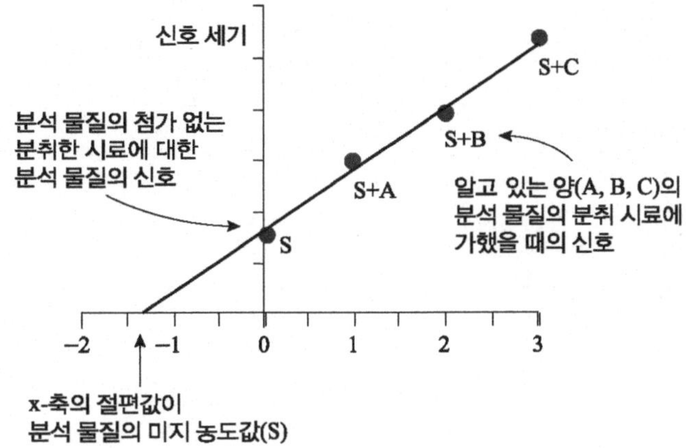

그림 4.92 표준물 첨가법을 사용한 분석 물질 농도 측정

세 가지 정량화 방법 중 정확성과 속도면에서 내부 표준법이 가장 선호되는 방법인데, IS의 사용이 회수율을 보완할 수는 있지만 절대 회수율을 높이지는 않는다. 절대 회수율은 추출된 시료의 분석 물질에서 나온 신호를 독립적으로 주입된 동일한 화합물의 알려진 양의 신호와 비교하거나, 크로마토그래피 컬럼에 주입 직전에 시료에 두 번째 표준 물질을 추가하여 평가할 수도 있다.

찾아보기

ㅇ

ㅈ

영문 및 기타

저자 소개

명승운

현) 경기대학교 화학과 교수
전) 한국과학기술연구원 책임연구원
전) 한국분석과학회장

크로마토그래피 및 질량 분석학의 이해

저　　자　명승운
발 행 인　김지영
발 행 처　자유아카데미
주　　소　경기도 파주시 회동길 37-42
　　　　　파주출판도시
전　　화　031-955-1321
팩　　스　031-955-1322
홈페이지　www.freeaca.com
전자우편　main@freeaca.com (대표)
　　　　　editor@freeaca.com (편집)
　　　　　crm@freeaca.com (영업)
등　　록　제406-2003-017호, 1980. 7. 12
제1판1쇄　2018년 11월 29일 발행
제1판3쇄　2024년　1월　5일 발행
정　　가　27,000원

저자와의 협의하에 인지생략

ISBN 979-11-5808-205-5　93430